绿色食品工作指南

（2022 版）

张华荣　主编

中国农业出版社

北　京

本 书 编 委 会

主　　任：张华荣

副 主 任：唐　泓　杨培生　陈兆云　张志华

主　　编：张华荣

执行主编：张志华　刘艳辉　张　宪

副 主 编：余汉新　李显军　何　庆　唐　伟　马　雪

技术编审：粘昊菲

参编人员（以姓氏笔画为序）：

王多玉	王宗英	王俊飞	王雪薇	丛晓娜
兰宝艳	乔春楠	刘青青	孙　辉	杜海洋
时松凯	迟　腾	张　侨	张会影	张晓云
张逸先	陈　倩	陈　曦	陈红彬	赵　辉
赵建坤	郜维娓	修文彦	高继红	常筱磊
盖文婷	穆建华			

序

　　为了推动新时期我国绿色食品事业高质量发展，规范和指导绿色食品工作，提高绿色食品品牌的公信度和影响力，从 2013 年开始，中国绿色食品发展中心持续组织编写《绿色食品工作指南》，系统整理收录与绿色食品事业发展相关的政策法规、部门规章，以及绿色食品产业发展规划、技术标准和制度规范等。

　　《绿色食品工作指南》体系完整，内容全面。在产业维度上，既包括绿色食品生产管理，又包括绿色食品原料标准化生产基地建设和绿色食品生产资料推广应用；在工作维度上，覆盖从标准制定、业务培训、检查审核、检测检验、标志许可到证后监管各个工作环节，囊括了全套绿色食品技术规范与管理制度。

　　《绿色食品工作指南（2022 版）》在 2021 版的基础上，对已修订、调整的内容进行了更新和补充，主要包括《绿色食品标志管理办法》《绿色食品产品适用标准目录（2021 版）》《绿色食品　产地环境质量》《绿色食品　产地环境调查、监测与评价规范》《绿色食品　肥料使用准则》《绿色食品标志许可审查程序》《绿色食品标志许可审查工作规范》《绿色食品现场检查工作规范》《中国绿色食品发展中心关于进一步完善绿色食品审查要求的通知》《绿色食品颁证文件》《中国绿色食品发展中心关于推行使用绿色食品粘贴式标签的通知》《中国绿色食品发展中心关于调整绿色食品收费标准的通知》《中国绿色食品商标标志设计使用规范手册（2021 版）》《绿色食品产品包装标签变更备案暂行规定》等。

　　《绿色食品工作指南》专业性强，实用性高，受众面广。该书是指导各级绿色食品工作机构开展相关工作的工具书，是服务绿色食品申报主体的辅导书，是专家学者研究绿色食品理论技术的参考书，也是社会公众和广大消费者了解绿色食品的科普书。

　　绿色食品是我国的一项开创性事业，方兴未艾，前景广阔。衷心希望广大读者对《绿色食品工作指南》多提宝贵意见和建议，为促进绿色食品事业持续健康发展发挥积极作用。

张华荣

2022 年 3 月

目　　录

第三篇　标志许可审查

第四篇　标识管理

第五篇　质量监督

第六篇　基地建设

第七篇　绿色生资

第 一 篇

法 规 与 规 章

中华人民共和国食品安全法

（2009 年 2 月 28 日第十一届全国人民代表大会常务委员会第七次会议通过；
2015 年 4 月 24 日第十二届全国人民代表大会常务委员会第十四次会议修订；
根据 2018 年 12 月 29 日第十三届全国人民代表大会常务委员会第七次会议《关于修改
〈中华人民共和国产品质量法〉等五部法律的决定》修正；2018 年 12 月 29 日施行）

第一章　总　　则

第一条　为了保证食品安全，保障公众身体健康和生命安全，制定本法。

第二条　在中华人民共和国境内从事下列活动，应当遵守本法：

（一）食品生产和加工（以下称食品生产），食品销售和餐饮服务（以下称食品经营）；

（二）食品添加剂的生产经营；

（三）用于食品的包装材料、容器、洗涤剂、消毒剂和用于食品生产经营的工具、设备（以下称食品相关产品）的生产经营；

（四）食品生产经营者使用食品添加剂、食品相关产品；

（五）食品的储存和运输；

（六）对食品、食品添加剂、食品相关产品的安全管理。供食用的源于农业的初级产品（以下称食用农产品）的质量安全管理，遵守《中华人民共和国农产品质量安全法》的规定。但是，食用农产品的市场销售、有关质量安全标准的制定、有关安全信息的公布和本法对农业投入品作出规定的，应当遵守本法的规定。

第三条　食品安全工作实行预防为主、风险管理、全程控制、社会共治，建立科学、严格的监督管理制度。

第四条　食品生产经营者对其生产经营食品的安全负责。食品生产经营者应当依照法律、法规和食品安全标准从事生产经营活动，保证食品安全，诚信自律，对社会和公众负责，接受社会监督，承担社会责任。

第五条　国务院设立食品安全委员会，其职责由国务院规定。国务院食品安全监督管理部门依照本法和国务院规定的职责，对食品生产经营活动实施监督管理。国务院卫生行政部门依照本法和国务院规定的职责，组织开展食品安全风险监测和风险评估，会同国务院食品安全监督管理部门制定并公布食品安全国家标准。国务院其他有关部门依照本法和国务院规定的职责，承担有关食品安全工作。

第六条　县级以上地方人民政府对本行政区域的食品安全监督管理工作负责，统一领导、组织、协调本行政区域的食品安全监督管理工作以及食品安全突发事件应对工作，建立健全食品安全全程监督管理工作机制和信息共享机制。县级以上地方人民政府依照本法和国务院的规定，确定本级食品安全监督管理、卫生行政部门和其他有关部门的职责。有关部门在各自职责范围内负责本行政区域的食品安全监督管理工作。县级人民政府食品安全监督管理部门可以在乡镇或者特定区域设立派出机构。

第七条　县级以上地方人民政府实行食品安全监督管理责任制。上级人民政府负责对下一级人民政府的食品安全监督管理工作进行评议、考核。县级以上地方人民政府负责对本级食品安全监督管理部门和其他有关部门的食品安全监督管理工作进行评议、考核。

第八条　县级以上人民政府应当将食品安全工作纳入本级国民经济和社会发展规划，将食品安全工作经费列入本级政府财政预算，加强食品安全监督管理能力建设，为食品安全工作提供保障。县级以上人民政府食品安全监督管理部门和其他有关部门应当加强沟通、密切配合，按照各自职责分工，依法行使职权，承担责任。

第九条　食品行业协会应当加强行业自律，按照章程建立健全行业规范和奖惩机制，提供食品安全信息、技术等服务，引导和督促食品生产经营者依法生产经营，推动行业诚信建设，宣传、普及食品安全知识。消费者协会和其他消费者组织对违反本法规定，损害消费者合法权益的行为，依法进行社会监督。

第十条　各级人民政府应当加强食品安全的宣传教育，普及食品安全知识，鼓励社会组织、基层群众性自治组织、食品生产经营者开展食品安全法律、法规以及食品安全标准和知识的普及工作，倡导健康的饮食方式，增强消费者食品安全意识和自我保护能力。新闻媒体应当开展食品安全法律、法规以及食品安全标准和知识的公益宣传，并对食品安全违法行为进行舆论监督。有关食品安全的宣传报道应当真实、公正。

第十一条　国家鼓励和支持开展与食品安全有关的基础研究、应用研究，鼓励和支持食品生产经营者为提高食品安全水平采用先进技术和先进管理规范。国家对农药的使用实行严格的管理制度，加快淘汰剧毒、高毒、高残留农药，推动替代产品的研发和应用，鼓励使用高效低毒低残留农药。

第十二条　任何组织或者个人有权举报食品安全违法行为，依法向有关部门了解食品安全信息，对食品安全监督管理工作提出意见和建议。

第十三条　对在食品安全工作中作出突出贡献的单位和个人，按照国家有关规定给予表彰、奖励。

第二章　食品安全风险监测和评估

第十四条　国家建立食品安全风险监测制度，对食源性疾病、食品污染以及食品中的有害因素进行监测。国务院卫生行政部门会同国务院食品安全监督管理等部门，制定、实施国家食品安全风险监测计划。国务院食品安全监督管理部门和其他有关部门获知有关食品安全风险信息后，应当立即核实并向国务院卫生行政部门通报。对有关部门通报的食品安全风险信息以及医疗机构报告的食源性疾病等有关疾病信息，国务院卫生行政部门应当会同国务院有关部门分析研究，认为必要的，及时调整国家食品安全风险监测计划。省、自治区、直辖市人民政府卫生行政部门会同同级食品安全监督管理等部门，根据国家食品安全风险监测计划，结合本行政区域的具体情况，制定、调整本行政区域的食品安全风险监测方案，报国务院卫生行政部门备案并实施。

第十五条　承担食品安全风险监测工作的技术机构应当根据食品安全风险监测计划和监测方案开展监测工作，保证监测数据真实、准确，并按照食品安全风险监测计划和监测方案的要求报送监测数据和分析结果。食品安全风险监测工作人员有权进入相关食用农产品种植养殖、食品生产经营场所采集样品、收集相关数据。采集样品应当按照市场价格支付费用。

第十六条　食品安全风险监测结果表明可能存在食品安全隐患的，县级以上人民政府卫生行政部门应当及时将相关信息通报同级食品安全监督管理等部门，并报告本级人民政府和上级人民政府卫生行政部门。食品安全监督管理等部门应当组织开展进一步调查。

第十七条　国家建立食品安全风险评估制度，运用科学方法，根据食品安全风险监测信息、科学数据以及有关信息，对食品、食品添加剂、食品相关产品中生物性、化学性和物理性危害因素进行风险评估。国务院卫生行政部门负责组织食品安全风险评估工作，成立由医学、农业、食品、营养、生物、环境等方面的专家组成的食品安全风险评估专家委员会进行食品安全风险评估。食品安全风险评估结果由国务院卫生行政部门公布。对农药、肥料、兽药、饲料和饲料添加剂等的安全性评估，应当有食品安全风险评估专家委员会的专家参加。食品安全风险评估不得向生产经营者收取费用，采集样品应当按照市场价格支付费用。

第十八条　有下列情形之一的，应当进行食品安全风险评估：

（一）通过食品安全风险监测或者接到举报发现食品、食品添加剂、食品相关产品可能存在安全隐患的；

（二）为制定或者修订食品安全国家标准提供科学依据需要进行风险评估的；

（三）为确定监督管理的重点领域、重点品种需要进行风险评估的；

（四）发现新的可能危害食品安全因素的；

（五）需要判断某一因素是否构成食品安全隐患的；

（六）国务院卫生行政部门认为需要进行风险评估的其他情形。

第十九条 国务院食品安全监督管理、农业行政等部门在监督管理工作中发现需要进行食品安全风险评估的，应当向国务院卫生行政部门提出食品安全风险评估的建议，并提供风险来源、相关检验数据和结论等信息、资料。属于本法第十八条规定情形的，国务院卫生行政部门应当及时进行食品安全风险评估，并向国务院有关部门通报评估结果。

第二十条 省级以上人民政府卫生行政、农业行政部门应当及时相互通报食品、食用农产品安全风险监测信息。国务院卫生行政、农业行政部门应当及时相互通报食品、食用农产品安全风险评估结果等信息。

第二十一条 食品安全风险评估结果是制定、修订食品安全标准和实施食品安全监督管理的科学依据。经食品安全风险评估，得出食品、食品添加剂、食品相关产品不安全结论的，国务院食品安全监督管理等部门应当依据各自职责立即向社会公告，告知消费者停止食用或者使用，并采取相应措施，确保该食品、食品添加剂、食品相关产品停止生产经营；需要制定、修订相关食品安全国家标准的，国务院卫生行政部门应当会同国务院食品安全监督管理部门立即制定、修订。

第二十二条 国务院食品安全监督管理部门应当会同国务院有关部门，根据食品安全风险评估结果、食品安全监督管理信息，对食品安全状况进行综合分析。对经综合分析表明可能具有较高程度安全风险的食品，国务院食品安全监督管理部门应当及时提出食品安全风险警示，并向社会公布。

第二十三条 县级以上人民政府食品安全监督管理部门和其他有关部门、食品安全风险评估专家委员会及其技术机构，应当按照科学、客观、及时、公开的原则，组织食品生产经营者、食品检验机构、认证机构、食品行业协会、消费者协会以及新闻媒体等，就食品安全风险评估信息和食品安全监督管理信息进行交流沟通。

第三章　食品安全标准

第二十四条 制定食品安全标准，应当以保障公众身体健康为宗旨，做到科学合理、安全可靠。

第二十五条 食品安全标准是强制执行的标准。除食品安全标准外，不得制定其他食品强制性标准。

第二十六条 食品安全标准应当包括下列内容：

（一）食品、食品添加剂、食品相关产品中的致病性微生物，农药残留、兽药残留、生物毒素、重金属等污染物质以及其他危害人体健康物质的限量规定；

（二）食品添加剂的品种、使用范围、用量；

（三）专供婴幼儿和其他特定人群的主辅食品的营养成分要求；

（四）对与卫生、营养等食品安全要求有关的标签、标志、说明书的要求；

（五）食品生产经营过程的卫生要求；

（六）与食品安全有关的质量要求；

（七）与食品安全有关的食品检验方法与规程；

（八）其他需要制定为食品安全标准的内容。

第二十七条 食品安全国家标准由国务院卫生行政部门会同国务院食品安全监督管理部门制定、公布，国务院标准化行政部门提供国家标准编号。食品中农药残留、兽药残留的限量规定及其检验方法与规程由国务院卫生行政部门、国务院农业行政部门会同国务院食品安全监督管理部门制定。屠宰畜、禽的检验规程由国务院农业行政部门会同国务院卫生行政部门制定。

第二十八条 制定食品安全国家标准，应当依据食品安全风险评估结果并充分考虑食用农产品安全风险评估结果，参照相关的国际标准和国际食品安全风险评估结果，并将食品安全国家标准草案向社会公布，广泛听取食品生产经营者、消费者、有关部门等方面的意见。食品安全国家标准应当经国务院卫生行政部门组织的食品安全国家标准审评委员会审查通过。食品安全国家标准审评委员会由医学、农业、食品、营养、生物、环境等方面的专家以及国务院有关部门、食品行业协会、消费者协会的代表组成，对食品安全国家标准草案的科学性和实用性等进行审查。

第二十九条 对地方特色食品，没有食品安全国家标准的，省、自治区、直辖市人民政府卫生行政部门可以制定并公布食品安全地方标准，报国务院卫生行政部门备案。食品安全国家标准制定后，该地方标准即行废止。

第三十条 国家鼓励食品生产企业制定严于食品安全国家标准或者地方标准的企业标准，在本企业适用，并报省、自治区、直辖市人民政府卫生行政部门备案。

第三十一条 省级以上人民政府卫生行政部门应当在其网站上公布制定和备案的食品安全国家标准、地方标准和企业标准，供公众免费查阅、下载。对食品安全标准执行过程中的问题，县级以上人民政府卫生行政部门应当会同有关部门及时给予指导、解答。

第三十二条 省级以上人民政府卫生行政部门应当会同同级食品安全监督管理、农业行政等部门，分别对食品安全国家标准和地方标准的执行情况进行跟踪评价，并根据评价结果及时修订食品安全标准。省级以上人民政府食品安全监督管理、农业行政等部门应当对食品安全标准执行中存在的问题进行收集、汇总，并及时向同级卫生行政部门通报。食品生产经营者、食品行业协会发现食品安全标准在执行中存在问题的，应当立即向卫生行政部门报告。

第四章 食品生产经营

第三十三条 食品生产经营应当符合食品安全标准，并符合下列要求：

（一）具有与生产经营的食品品种、数量相适应的食品原料处理和食品加工、包装、储存等场所，保持该场所环境整洁，并与有毒、有害场所以及其他污染源保持规定的距离；

（二）具有与生产经营的食品品种、数量相适应的生产经营设备或者设施，有相应的消毒、更衣、盥洗、采光、照明、通风、防腐、防尘、防蝇、防鼠、防虫、洗涤以及处理废水、存放垃圾和废弃物的设备或者设施；

（三）有专职或者兼职的食品安全专业技术人员、食品安全管理人员和保证食品安全的规章制度；

（四）具有合理的设备布局和工艺流程，防止待加工食品与直接入口食品、原料与成品交叉污染，避免食品接触有毒物、不洁物；

（五）餐具、饮具和盛放直接入口食品的容器，使用前应当洗净、消毒，炊具、用具用后应当洗净，保持清洁；

（六）储存、运输和装卸食品的容器、工具和设备应当安全、无害，保持清洁，防止食品污染，并符合保证食品安全所需的温度、湿度等特殊要求，不得将食品与有毒、有害物品一同储存、运输；

（七）直接入口的食品应当使用无毒、清洁的包装材料、餐具、饮具和容器；

（八）食品生产经营人员应当保持个人卫生，生产经营食品时，应当将手洗净，穿戴清洁的工作衣、帽等；销售无包装的直接入口食品时，应当使用无毒、清洁的容器、售货工具和设备；

（九）用水应当符合国家规定的生活饮用水卫生标准；

（十）使用的洗涤剂、消毒剂应当对人体安全、无害；

（十一）法律、法规规定的其他要求。非食品生产经营者从事食品储存、运输和装卸的，应当符合前款第六项的规定。

第三十四条　禁止生产经营下列食品、食品添加剂、食品相关产品：

（一）用非食品原料生产的食品或者添加食品添加剂以外的化学物质和其他可能危害人体健康物质的食品，或者用回收食品作为原料生产的食品；

（二）致病性微生物、农药残留、兽药残留、生物毒素、重金属等污染物质以及其他危害人体健康的物质含量超过食品安全标准限量的食品、食品添加剂、食品相关产品；

（三）用超过保质期的食品原料、食品添加剂生产的食品、食品添加剂；

（四）超范围、超限量使用食品添加剂的食品；

（五）营养成分不符合食品安全标准的专供婴幼儿和其他特定人群的主辅食品；

（六）腐败变质、油脂酸败、霉变生虫、污秽不洁、混有异物、掺假掺杂或者感官性状异常的食品、食品添加剂；

（七）病死、毒死或者死因不明的禽、畜、兽、水产动物肉类及其制品；

（八）未按规定进行检疫或者检疫不合格的肉类，或者未经检验或者检验不合格的肉类制品；

（九）被包装材料、容器、运输工具等污染的食品、食品添加剂；

（十）标注虚假生产日期、保质期或者超过保质期的食品、食品添加剂；

（十一）无标签的预包装食品、食品添加剂；

（十二）国家为防病等特殊需要明令禁止生产经营的食品；

（十三）其他不符合法律、法规或者食品安全标准的食品、食品添加剂、食品相关产品。

第三十五条　国家对食品生产经营实行许可制度。从事食品生产、食品销售、餐饮服务，应当依法取得许可。但是，销售食用农产品，不需要取得许可。县级以上地方人民政府食品安全监督管理部门应当依照《中华人民共和国行政许可法》的规定，审核申请人提交的本法第三十三条第一款第一项至第四项规定要求的相关资料，必要时对申请人的生产经营场所进行现场核查；对符合规定条件的，准予许可；对不符合规定条件的，不予许可并书面说明理由。

第三十六条　食品生产加工小作坊和食品摊贩等从事食品生产经营活动，应当符合本法规定的与其生产经营规模、条件相适应的食品安全要求，保证所生产经营的食品卫生、无毒、无害，食品安全监督管理部门应当对其加强监督管理。县级以上地方人民政府应当对食品生产加工小作坊、食品摊贩等进行综合治理，加强服务和统一规划，改善其生产经营环境，鼓励和支持其改进生产经营条件，进入集中交易市场、店铺等固定场所经营，或者在指定的临时经营区域、时段经营。食品生产加工小作坊和食品摊贩等的具体管理办法由省、自治区、直辖市制定。

第三十七条 利用新的食品原料生产食品，或者生产食品添加剂新品种、食品相关产品新品种，应当向国务院卫生行政部门提交相关产品的安全性评估材料。国务院卫生行政部门应当自收到申请之日起六十日内组织审查；对符合食品安全要求的，准予许可并公布；对不符合食品安全要求的，不予许可并书面说明理由。

第三十八条 生产经营的食品中不得添加药品，但是可以添加按照传统既是食品又是中药材的物质。按照传统既是食品又是中药材的物质目录由国务院卫生行政部门会同国务院食品安全监督管理部门制定、公布。

第三十九条 国家对食品添加剂生产实行许可制度。从事食品添加剂生产，应当具有与所生产食品添加剂品种相适应的场所、生产设备或者设施、专业技术人员和管理制度，并依照本法第三十五条第二款规定的程序，取得食品添加剂生产许可。生产食品添加剂应当符合法律、法规和食品安全国家标准。

第四十条 食品添加剂应当在技术上确有必要且经过风险评估证明安全可靠，方可列入允许使用的范围；有关食品安全国家标准应当根据技术必要性和食品安全风险评估结果及时修订。食品生产经营者应当按照食品安全国家标准使用食品添加剂。

第四十一条 生产食品相关产品应当符合法律、法规和食品安全国家标准。对直接接触食品的包装材料等具有较高风险的食品相关产品，按照国家有关工业产品生产许可证管理的规定实施生产许可。食品安全监督管理部门应当加强对食品相关产品生产活动的监督管理。

第四十二条 国家建立食品安全全程追溯制度。食品生产经营者应当依照本法的规定，建立食品安全追溯体系，保证食品可追溯。国家鼓励食品生产经营者采用信息化手段采集、留存生产经营信息，建立食品安全追溯体系。国务院食品安全监督管理部门会同国务院农业行政等有关部门建立食品安全全程追溯协作机制。

第四十三条 地方各级人民政府应当采取措施鼓励食品规模化生产和连锁经营、配送。国家鼓励食品生产经营企业参加食品安全责任保险。

第四十四条 食品生产经营企业应当建立健全食品安全管理制度，对职工进行食品安全知识培训，加强食品检验工作，依法从事生产经营活动。食品生产经营企业的主要负责人应当落实企业食品安全管理制度，对本企业的食品安全工作全面负责。食品生产经营企业应当配备食品安全管理人员，加强对其培训和考核。经考核不具备食品安全管理能力的，不得上岗。食品安全监督管理部门应当对企业食品安全管理人员随机进行监督抽查考核并公布考核情况。监督抽查考核不得收取费用。

第四十五条　食品生产经营者应当建立并执行从业人员健康管理制度。患有国务院卫生行政部门规定的有碍食品安全疾病的人员，不得从事接触直接入口食品的工作。从事接触直接入口食品工作的食品生产经营人员应当每年进行健康检查，取得健康证明后方可上岗工作。

第四十六条　食品生产企业应当就下列事项制定并实施控制要求，保证所生产的食品符合食品安全标准：

（一）原料采购、原料验收、投料等原料控制；

（二）生产工序、设备、储存、包装等生产关键环节控制；

（三）原料检验、半成品检验、成品出厂检验等检验控制；

（四）运输和交付控制。

第四十七条　食品生产经营者应当建立食品安全自查制度，定期对食品安全状况进行检查评价。生产经营条件发生变化，不再符合食品安全要求的，食品生产经营者应当立即采取整改措施；有发生食品安全事故潜在风险的，应当立即停止食品生产经营活动，并向所在地县级人民政府食品安全监督管理部门报告。

第四十八条　国家鼓励食品生产经营企业符合良好生产规范要求，实施危害分析与关键控制点体系，提高食品安全管理水平。对通过良好生产规范、危害分析与关键控制点体系认证的食品生产经营企业，认证机构应当依法实施跟踪调查；对不再符合认证要求的企业，应当依法撤销认证，及时向县级以上人民政府食品安全监督管理部门通报，并向社会公布。认证机构实施跟踪调查不得收取费用。

第四十九条　食用农产品生产者应当按照食品安全标准和国家有关规定使用农药、肥料、兽药、饲料和饲料添加剂等农业投入品，严格执行农业投入品使用安全间隔期或者休药期的规定，不得使用国家明令禁止的农业投入品。禁止将剧毒、高毒农药用于蔬菜、瓜果、茶叶和中草药材等国家规定的农作物。食用农产品的生产企业和农民专业合作经济组织应当建立农业投入品使用记录制度。县级以上人民政府农业行政部门应当加强对农业投入品使用的监督管理和指导，建立健全农业投入品安全使用制度。

第五十条　食品生产者采购食品原料、食品添加剂、食品相关产品，应当查验供货者的许可证和产品合格证明；对无法提供合格证明的食品原料，应当按照食品安全标准进行检验；不得采购或者使用不符合食品安全标准的食品原料、食品添加剂、食品相关产品。食品生产企业应当建立食品原料、食品添加剂、食品相关产品进货查验记录制度，如实记录食品原料、食品添加剂、食品相关产品的名称、规格、数量、生产日期或者生产批号、保质期、进货日期以及供货者名称、地址、联系方式等内容，并保存相关凭证。记录和凭证保存期限不得少于产品保质期满后六个月；没有明确保质期的，保存期限不得少于二年。

第五十一条　食品生产企业应当建立食品出厂检验记录制度，查验出厂食品的检验合格证和安全状况，如实记录食品的名称、规格、数量、生产日期或者生产批号、保质期、检验合格证号、销售日期以及购货者名称、地址、联系方式等内容，并保存相关凭证。记录和凭证保存期限应当符合本法第五十条第二款的规定。

第五十二条　食品、食品添加剂、食品相关产品的生产者，应当按照食品安全标准对所生产的食品、食品添加剂、食品相关产品进行检验，检验合格后方可出厂或者销售。

第五十三条　食品经营者采购食品，应当查验供货者的许可证和食品出厂检验合格证或者其他合格证明（以下称合格证明文件）。食品经营企业应当建立食品进货查验记录制度，如实记录食品的名称、规格、数量、生产日期或者生产批号、保质期、进货日期以及供货者名称、地址、联系方式等内容，并保存相关凭证。记录和凭证保存期限应当符合本法第五十条第二款的规定。实行统一配送经营方式的食品经营企业，可以由企业总部统一查验供货者的许可证和食品合格证明文件，进行食品进货查验记录。从事食品批发业务的经营企业应当建立食品销售记录制度，如实记录批发食品的名称、规格、数量、生产日期或者生产批号、保质期、销售日期以及购货者名称、地址、联系方式等内容，并保存相关凭证。记录和凭证保存期限应当符合本法第五十条第二款的规定。

第五十四条　食品经营者应当按照保证食品安全的要求储存食品，定期检查库存食品，及时清理变质或者超过保质期的食品。食品经营者储存散装食品，应当在储存位置标明食品的名称、生产日期或者生产批号、保质期、生产者名称及联系方式等内容。

第五十五条　餐饮服务提供者应当制定并实施原料控制要求，不得采购不符合食品安全标准的食品原料。倡导餐饮服务提供者公开加工过程，公示食品原料及其来源等信息。餐饮服务提供者在加工过程中应当检查待加工的食品及原料，发现有本法第三十四条第六项规定情形的，不得加工或者使用。

第五十六条　餐饮服务提供者应当定期维护食品加工、储存、陈列等设施、设备；定期清洗、校验保温设施及冷藏、冷冻设施。餐饮服务提供者应当按照要求对餐具、饮具进行清洗消毒，不得使用未经清洗消毒的餐具、饮具；餐饮服务提供者委托清洗消毒餐具、饮具的，应当委托符合本法规定条件的餐具、饮具集中消毒服务单位。

第五十七条　学校、托幼机构、养老机构、建筑工地等集中用餐单位的食堂应当严格遵守法律、法规和食品安全标准；从供餐单位订餐的，应当从取得食品生产经营许可的企业订购，并按照要求对订购的食品进行查验。供餐单位应当严格遵守法律、法规和食品安全标准，当餐加工，确保食品安全。学校、托幼机构、养老机构、建筑工地等集中用餐单位的主管部门应当加强对集中用餐单位的食品安全教育和日常管理，降低食品安全风险，及时消除食品安全隐患。

第五十八条 餐具、饮具集中消毒服务单位应当具备相应的作业场所、清洗消毒设备或者设施，用水和使用的洗涤剂、消毒剂应当符合相关食品安全国家标准和其他国家标准、卫生规范。餐具、饮具集中消毒服务单位应当对消毒餐具、饮具进行逐批检验，检验合格后方可出厂，并应当随附消毒合格证明。消毒后的餐具、饮具应当在独立包装上标注单位名称、地址、联系方式、消毒日期以及使用期限等内容。

第五十九条 食品添加剂生产者应当建立食品添加剂出厂检验记录制度，查验出厂产品的检验合格证和安全状况，如实记录食品添加剂的名称、规格、数量、生产日期或者生产批号、保质期、检验合格证号、销售日期以及购货者名称、地址、联系方式等相关内容，并保存相关凭证。记录和凭证保存期限应当符合本法第五十条第二款的规定。

第六十条 食品添加剂经营者采购食品添加剂，应当依法查验供货者的许可证和产品合格证明文件，如实记录食品添加剂的名称、规格、数量、生产日期或者生产批号、保质期、进货日期以及供货者名称、地址、联系方式等内容，并保存相关凭证。记录和凭证保存期限应当符合本法第五十条第二款的规定。

第六十一条 集中交易市场的开办者、柜台出租者和展销会举办者，应当依法审查入场食品经营者的许可证，明确其食品安全管理责任，定期对其经营环境和条件进行检查，发现其有违反本法规定行为的，应当及时制止并立即报告所在地县级人民政府食品安全监督管理部门。

第六十二条 网络食品交易第三方平台提供者应当对入网食品经营者进行实名登记，明确其食品安全管理责任；依法应当取得许可证的，还应当审查其许可证。网络食品交易第三方平台提供者发现入网食品经营者有违反本法规定行为的，应当及时制止并立即报告所在地县级人民政府食品安全监督管理部门；发现严重违法行为的，应当立即停止提供网络交易平台服务。

第六十三条 国家建立食品召回制度。食品生产者发现其生产的食品不符合食品安全标准或者有证据证明可能危害人体健康的，应当立即停止生产，召回已经上市销售的食品，通知相关生产经营者和消费者，并记录召回和通知情况。食品经营者发现其经营的食品有前款规定情形的，应当立即停止经营，通知相关生产经营者和消费者，并记录停止经营和通知情况。食品生产者认为应当召回的，应当立即召回。由于食品经营者的原因造成其经营的食品有前款规定情形的，食品经营者应当召回。食品生产经营者应当对召回的食品采取无害化处理、销毁等措施，防止其再次流入市场。但是，对因标签、标志或者说明书不符合食品安全标准而被召回的食品，食品生产者在采取补救措施且能保证食品安全的情况下可以继续销售；销售时应当向消费者明示补救措施。食品生产经营者应当将食品召回和处理情况向所在地县级人民政府食品安全监督管理部门报告；需要对召回的食品进行无害化处理、销毁的，应当提前报告时间、地点。食品安全监督管理部门认为必要的，可以实施现场监督。食品生产经营者未依照本条规定召回或者停止经营的，县级以上人民政府食品安全监督管理部门可以责令其召回或者停止经营。

第六十四条 食用农产品批发市场应当配备检验设备和检验人员或者委托符合本法规定的食品检验机构，对进入该批发市场销售的食用农产品进行抽样检验；发现不符合食品安全标准的，应当要求销售者立即停止销售，并向食品安全监督管理部门报告。

第六十五条 食用农产品销售者应当建立食用农产品进货查验记录制度，如实记录食用农产品的名称、数量、进货日期以及供货者名称、地址、联系方式等内容，并保存相关凭证。记录和凭证保存期限不得少于六个月。

第六十六条 进入市场销售的食用农产品在包装、保鲜、储存、运输中使用保鲜剂、防腐剂等食品添加剂和包装材料等食品相关产品，应当符合食品安全国家标准。

第六十七条 预包装食品的包装上应当有标签。标签应当标明下列事项：

（一）名称、规格、净含量、生产日期；

（二）成分或者配料表；

（三）生产者的名称、地址、联系方式；

（四）保质期；

（五）产品标准代号；

（六）储存条件；

（七）所使用的食品添加剂在国家标准中的通用名称；

（八）生产许可证编号；

（九）法律、法规或者食品安全标准规定应当标明的其他事项。专供婴幼儿和其他特定人群的主辅食品，其标签还应当标明主要营养成分及其含量。食品安全国家标准对标签标注事项另有规定的，从其规定。

第六十八条 食品经营者销售散装食品，应当在散装食品的容器、外包装上标明食品的名称、生产日期或者生产批号、保质期以及生产经营者名称、地址、联系方式等内容。

第六十九条 生产经营转基因食品应当按照规定显著标示。

第七十条 食品添加剂应当有标签、说明书和包装。标签、说明书应当载明本法第六十七条第一款第一项至第六项、第八项、第九项规定的事项，以及食品添加剂的使用范围、用量、使用方法，并在标签上载明"食品添加剂"字样。

第七十一条　食品和食品添加剂的标签、说明书，不得含有虚假内容，不得涉及疾病预防、治疗功能。生产经营者对其提供的标签、说明书的内容负责。食品和食品添加剂的标签、说明书应当清楚、明显，生产日期、保质期等事项应当显著标注，容易辨识。食品和食品添加剂与其标签、说明书的内容不符的，不得上市销售。

第七十二条　食品经营者应当按照食品标签标示的警示标志、警示说明或者注意事项的要求销售食品。

第七十三条　食品广告的内容应当真实合法，不得含有虚假内容，不得涉及疾病预防、治疗功能。食品生产经营者对食品广告内容的真实性、合法性负责。县级以上人民政府食品安全监督管理部门和其他有关部门以及食品检验机构、食品行业协会不得以广告或者其他形式向消费者推荐食品。消费者组织不得以收取费用或者其他牟取利益的方式向消费者推荐食品。

第七十四条　国家对保健食品、特殊医学用途配方食品和婴幼儿配方食品等特殊食品实行严格监督管理。

第七十五条　保健食品声称保健功能，应当具有科学依据，不得对人体产生急性、亚急性或者慢性危害。保健食品原料目录和允许保健食品声称的保健功能目录，由国务院食品安全监督管理部门会同国务院卫生行政部门、国家中医药管理部门制定、调整并公布。保健食品原料目录应当包括原料名称、用量及其对应的功效；列入保健食品原料目录的原料只能用于保健食品生产，不得用于其他食品生产。

第七十六条　使用保健食品原料目录以外原料的保健食品和首次进口的保健食品应当经国务院食品安全监督管理部门注册。但是，首次进口的保健食品中属于补充维生素、矿物质等营养物质的，应当报国务院食品安全监督管理部门备案。其他保健食品应当报省、自治区、直辖市人民政府食品安全监督管理部门备案。进口的保健食品应当是出口国（地区）主管部门准许上市销售的产品。

第七十七条　依法应当注册的保健食品，注册时应当提交保健食品的研发报告、产品配方、生产工艺、安全性和保健功能评价、标签、说明书等材料及样品，并提供相关证明文件。国务院食品安全监督管理部门经组织技术审评，对符合安全和功能声称要求的，准予注册；对不符合要求的，不予注册并书面说明理由。对使用保健食品原料目录以外原料的保健食品作出准予注册决定的，应当及时将该原料纳入保健食品原料目录。依法应当备案的保健食品，备案时应当提交产品配方、生产工艺、标签、说明书以及表明产品安全性和保健功能的材料。

第七十八条 保健食品的标签、说明书不得涉及疾病预防、治疗功能，内容应当真实，与注册或者备案的内容相一致，载明适宜人群、不适宜人群、功效成分或者标志性成分及其含量等，并声明"本品不能代替药物"。保健食品的功能和成分应当与标签、说明书相一致。

第七十九条 保健食品广告除应当符合本法第七十三条第一款的规定外，还应当声明"本品不能代替药物"；其内容应当经生产企业所在地省、自治区、直辖市人民政府食品安全监督管理部门审查批准，取得保健食品广告批准文件。省、自治区、直辖市人民政府食品安全监督管理部门应当公布并及时更新已经批准的保健食品广告目录以及批准的广告内容。

第八十条 特殊医学用途配方食品应当经国务院食品安全监督管理部门注册。注册时，应当提交产品配方、生产工艺、标签、说明书以及表明产品安全性、营养充足性和特殊医学用途临床效果的材料。特殊医学用途配方食品广告适用《中华人民共和国广告法》和其他法律、行政法规关于药品广告管理的规定。

第八十一条 婴幼儿配方食品生产企业应当实施从原料进厂到成品出厂的全过程质量控制，对出厂的婴幼儿配方食品实施逐批检验，保证食品安全。生产婴幼儿配方食品使用的生鲜乳、辅料等食品原料、食品添加剂等，应当符合法律、行政法规的规定和食品安全国家标准，保证婴幼儿生长发育所需的营养成分。婴幼儿配方食品生产企业应当将食品原料、食品添加剂、产品配方及标签等事项向省、自治区、直辖市人民政府食品安全监督管理部门备案。婴幼儿配方乳粉的产品配方应当经国务院食品安全监督管理部门注册。注册时，应当提交配方研发报告和其他表明配方科学性、安全性的材料。不得以分装方式生产婴幼儿配方乳粉，同一企业不得用同一配方生产不同品牌的婴幼儿配方乳粉。

第八十二条 保健食品、特殊医学用途配方食品、婴幼儿配方乳粉的注册人或者备案人应当对其提交材料的真实性负责。省级以上人民政府食品安全监督管理部门应当及时公布注册或者备案的保健食品、特殊医学用途配方食品、婴幼儿配方乳粉目录，并对注册或者备案中获知的企业商业秘密予以保密。保健食品、特殊医学用途配方食品、婴幼儿配方乳粉生产企业应当按照注册或者备案的产品配方、生产工艺等技术要求组织生产。

第八十三条 生产保健食品，特殊医学用途配方食品、婴幼儿配方食品和其他专供特定人群的主辅食品的企业，应当按照良好生产规范的要求建立与所生产食品相适应的生产质量管理体系，定期对该体系的运行情况进行自查，保证其有效运行，并向所在地县级人民政府食品安全监督管理部门提交自查报告。

第五章 食品检验

第八十四条 食品检验机构按照国家有关认证认可的规定取得资质认定后，方可从事食品检验活动。但是，法律另有规定的除外。食品检验机构的资质认定条件和检验规范，由国务院食品安全监督管理部门规定。符合本法规定的食品检验机构出具的检验报告具有同等效力。县级以上人民政府应当整合食品检验资源，实现资源共享。

第八十五条 食品检验由食品检验机构指定的检验人独立进行。检验人应当依照有关法律、法规的规定，并按照食品安全标准和检验规范对食品进行检验，尊重科学，恪守职业道德，保证出具的检验数据和结论客观、公正，不得出具虚假检验报告。

第八十六条 食品检验实行食品检验机构与检验人负责制。食品检验报告应当加盖食品检验机构公章，并有检验人的签名或者盖章。食品检验机构和检验人对出具的食品检验报告负责。

第八十七条 县级以上人民政府食品安全监督管理部门应当对食品进行定期或者不定期的抽样检验，并依据有关规定公布检验结果，不得免检。进行抽样检验，应当购买抽取的样品，委托符合本法规定的食品检验机构进行检验，并支付相关费用；不得向食品生产经营者收取检验费和其他费用。

第八十八条 对依照本法规定实施的检验结论有异议的，食品生产经营者可以自收到检验结论之日起七个工作日内向实施抽样检验的食品安全监督管理部门或者其上一级食品安全监督管理部门提出复检申请，由受理复检申请的食品安全监督管理部门在公布的复检机构名录中随机确定复检机构进行复检。复检机构出具的复检结论为最终检验结论。复检机构与初检机构不得为同一机构。复检机构名录由国务院认证认可监督管理、食品安全监督管理、卫生行政、农业行政等部门共同公布。采用国家规定的快速检测方法对食用农产品进行抽查检测，被抽查人对检测结果有异议的，可以自收到检测结果时起四小时内申请复检。复检不得采用快速检测方法。

第八十九条 食品生产企业可以自行对所生产的食品进行检验，也可以委托符合本法规定的食品检验机构进行检验。食品行业协会和消费者协会等组织、消费者需要委托食品检验机构对食品进行检验的，应当委托符合本法规定的食品检验机构进行。

第九十条 食品添加剂的检验，适用本法有关食品检验的规定。

第六章　食品进出口

第九十一条　国家出入境检验检疫部门对进出口食品安全实施监督管理。

第九十二条　进口的食品、食品添加剂、食品相关产品应当符合我国食品安全国家标准。进口的食品、食品添加剂应当经出入境检验检疫机构依照进出口商品检验相关法律、行政法规的规定检验合格。进口的食品、食品添加剂应当按照国家出入境检验检疫部门的要求随附合格证明材料。

第九十三条　进口尚无食品安全国家标准的食品，由境外出口商、境外生产企业或者其委托的进口商向国务院卫生行政部门提交所执行的相关国家（地区）标准或者国际标准。国务院卫生行政部门对相关标准进行审查，认为符合食品安全要求的，决定暂予适用，并及时制定相应的食品安全国家标准。进口利用新的食品原料生产的食品或者进口食品添加剂新品种、食品相关产品新品种，依照本法第三十七条的规定办理。出入境检验检疫机构按照国务院卫生行政部门的要求，对前款规定的食品、食品添加剂、食品相关产品进行检验。检验结果应当公开。

第九十四条　境外出口商、境外生产企业应当保证向我国出口的食品、食品添加剂、食品相关产品符合本法以及我国其他有关法律、行政法规的规定和食品安全国家标准的要求，并对标签、说明书的内容负责。进口商应当建立境外出口商、境外生产企业审核制度，重点审核前款规定的内容；审核不合格的，不得进口。发现进口食品不符合我国食品安全国家标准或者有证据证明可能危害人体健康的，进口商应当立即停止进口，并依照本法第六十三条的规定召回。

第九十五条　境外发生的食品安全事件可能对我国境内造成影响，或者在进口食品、食品添加剂、食品相关产品中发现严重食品安全问题的，国家出入境检验检疫部门应当及时采取风险预警或者控制措施，并向国务院食品安全监督管理、卫生行政、农业行政部门通报。接到通报的部门应当及时采取相应措施。县级以上人民政府食品安全监督管理部门对国内市场上销售的进口食品、食品添加剂实施监督管理。发现存在严重食品安全问题的，国务院食品安全监督管理部门应当及时向国家出入境检验检疫部门通报。国家出入境检验检疫部门应当及时采取相应措施。

第九十六条　向我国境内出口食品的境外出口商或者代理商、进口食品的进口商应当向国家出入境检验检疫部门备案。向我国境内出口食品的境外食品生产企业应当经国家出入境检验检疫部门注册。已经注册的境外食品生产企业提供虚假材料，或者因其自身的原因致使进口食品发生重大食品安全事故的，国家出入境检验检疫部门应当撤销注册并公告。国家出入境检验检疫部门应当定期公布已经备案的境外出口商、代理商、进口商和已经注册的境外食品生产企业名单。

第九十七条　进口的预包装食品、食品添加剂应当有中文标签；依法应当有说明书的，还应当有中文说明书。标签、说明书应当符合本法以及我国其他有关法律、行政法规的规定和食品安全国家标准的要求，并载明食品的原产地以及境内代理商的名称、地址、联系方式。预包装食品没有中文标签、中文说明书或者标签、说明书不符合本条规定的，不得进口。

第九十八条　进口商应当建立食品、食品添加剂进口和销售记录制度，如实记录食品、食品添加剂的名称、规格、数量、生产日期、生产或者进口批号、保质期、境外出口商和购货者名称、地址及联系方式、交货日期等内容，并保存相关凭证。记录和凭证保存期限应当符合本法第五十条第二款的规定。

第九十九条　出口食品生产企业应当保证其出口食品符合进口国（地区）的标准或者合同要求。出口食品生产企业和出口食品原料种植、养殖场应当向国家出入境检验检疫部门备案。

第一百条　国家出入境检验检疫部门应当收集、汇总下列进出口食品安全信息，并及时通报相关部门、机构和企业：

（一）出入境检验检疫机构对进出口食品实施检验检疫发现的食品安全信息；

（二）食品行业协会和消费者协会等组织、消费者反映的进口食品安全信息；

（三）国际组织、境外政府机构发布的风险预警信息及其他食品安全信息，以及境外食品行业协会等组织、消费者反映的食品安全信息；

（四）其他食品安全信息。国家出入境检验检疫部门应当对进出口食品的进口商、出口商和出口食品生产企业实施信用管理，建立信用记录，并依法向社会公布。对有不良记录的进口商、出口商和出口食品生产企业，应当加强对其进出口食品的检验检疫。

第一百零一条　国家出入境检验检疫部门可以对向我国境内出口食品的国家（地区）的食品安全管理体系和食品安全状况进行评估和审查，并根据评估和审查结果，确定相应检验检疫要求。

第七章　食品安全事故处置

第一百零二条　国务院组织制定国家食品安全事故应急预案。县级以上地方人民政府应当根据有关法律、法规的规定和上级人民政府的食品安全事故应急预案以及本行政区域的实际情况，制定本行政区域的食品安全事故应急预案，并报上一级人民政府备案。食品安全事故应急预案应当对食品安全事故分级、事故处置组织指挥体系与职责、预防预警机制、处置程序、应急保障措施等作出规定。食品生产经营企业应当制定食品安全事故处置方案，定期检查本企业各项食品安全防范措施的落实情况，及时消除事故隐患。

第一百零三条 发生食品安全事故的单位应当立即采取措施，防止事故扩大。事故单位和接收病人进行治疗的单位应当及时向事故发生地县级人民政府食品安全监督管理、卫生行政部门报告。县级以上人民政府农业行政等部门在日常监督管理中发现食品安全事故或者接到事故举报，应当立即向同级食品安全监督管理部门通报。发生食品安全事故，接到报告的县级人民政府食品安全监督管理部门应当按照应急预案的规定向本级人民政府和上级人民政府食品安全监督管理部门报告。县级人民政府和上级人民政府食品安全监督管理部门应当按照应急预案的规定上报。任何单位和个人不得对食品安全事故隐瞒、谎报、缓报，不得隐匿、伪造、毁灭有关证据。

第一百零四条 医疗机构发现其接收的病人属于食源性疾病病人或者疑似病人的，应当按照规定及时将相关信息向所在地县级人民政府卫生行政部门报告。县级人民政府卫生行政部门认为与食品安全有关的，应当及时通报同级食品安全监督管理部门。县级以上人民政府卫生行政部门在调查处理传染病或者其他突发公共卫生事件中发现与食品安全相关的信息，应当及时通报同级食品安全监督管理部门。

第一百零五条 县级以上人民政府食品安全监督管理部门接到食品安全事故的报告后，应当立即会同同级卫生行政、农业行政等部门进行调查处理，并采取下列措施，防止或者减轻社会危害：

（一）开展应急救援工作，组织救治因食品安全事故导致人身伤害的人员；

（二）封存可能导致食品安全事故的食品及其原料，并立即进行检验；对确认属于被污染的食品及其原料，责令食品生产经营者依照本法第六十三条的规定召回或者停止经营；

（三）封存被污染的食品相关产品，并责令进行清洗消毒；

（四）做好信息发布工作，依法对食品安全事故及其处理情况进行发布，并对可能产生的危害加以解释、说明。发生食品安全事故需要启动应急预案的，县级以上人民政府应当立即成立事故处置指挥机构，启动应急预案，依照前款和应急预案的规定进行处置。发生食品安全事故，县级以上疾病预防控制机构应当对事故现场进行卫生处理，并对与事故有关的因素开展流行病学调查，有关部门应当予以协助。县级以上疾病预防控制机构应当向同级食品安全监督管理、卫生行政部门提交流行病学调查报告。

第一百零六条 发生食品安全事故，设区的市级以上人民政府食品安全监督管理部门应当立即会同有关部门进行事故责任调查，督促有关部门履行职责，向本级人民政府和上一级人民政府食品安全监督管理部门提出事故责任调查处理报告。涉及两个以上省、自治区、直辖市的重大食品安全事故由国务院食品安全监督管理部门依照前款规定组织事故责任调查。

第一百零七条　调查食品安全事故，应当坚持实事求是、尊重科学的原则，及时、准确查清事故性质和原因，认定事故责任，提出整改措施。调查食品安全事故，除了查明事故单位的责任，还应当查明有关监督管理部门、食品检验机构、认证机构及其工作人员的责任。

第一百零八条　食品安全事故调查部门有权向有关单位和个人了解与事故有关的情况，并要求提供相关资料和样品。有关单位和个人应当予以配合，按照要求提供相关资料和样品，不得拒绝。任何单位和个人不得阻挠、干涉食品安全事故的调查处理。

第八章　监督管理

第一百零九条　县级以上人民政府食品安全监督管理部门根据食品安全风险监测、风险评估结果和食品安全状况等，确定监督管理的重点、方式和频次，实施风险分级管理。县级以上地方人民政府组织本级食品安全监督管理、农业行政等部门制定本行政区域的食品安全年度监督管理计划，向社会公布并组织实施。食品安全年度监督管理计划应当将下列事项作为监督管理的重点：

（一）专供婴幼儿和其他特定人群的主辅食品；

（二）保健食品生产过程中的添加行为和按照注册或者备案的技术要求组织生产的情况，保健食品标签、说明书以及宣传材料中有关功能宣传的情况；

（三）发生食品安全事故风险较高的食品生产经营者；

（四）食品安全风险监测结果表明可能存在食品安全隐患的事项。

第一百一十条　县级以上人民政府食品安全监督管理部门履行食品安全监督管理职责，有权采取下列措施，对生产经营者遵守本法的情况进行监督检查：

（一）进入生产经营场所实施现场检查；

（二）对生产经营的食品、食品添加剂、食品相关产品进行抽样检验；

（三）查阅、复制有关合同、票据、账簿以及其他有关资料；

（四）查封、扣押有证据证明不符合食品安全标准或者有证据证明存在安全隐患以及用于违法生产经营的食品、食品添加剂、食品相关产品；

（五）查封违法从事生产经营活动的场所。

第一百一十一条 对食品安全风险评估结果证明食品存在安全隐患，需要制定、修订食品安全标准的，在制定、修订食品安全标准前，国务院卫生行政部门应当及时会同国务院有关部门规定食品中有害物质的临时限量值和临时检验方法，作为生产经营和监督管理的依据。

第一百一十二条 县级以上人民政府食品安全监督管理部门在食品安全监督管理工作中可以采用国家规定的快速检测方法对食品进行抽查检测。对抽查检测结果表明可能不符合食品安全标准的食品，应当依照本法第八十七条的规定进行检验。抽查检测结果确定有关食品不符合食品安全标准的，可以作为行政处罚的依据。

第一百一十三条 县级以上人民政府食品安全监督管理部门应当建立食品生产经营者食品安全信用档案，记录许可颁发、日常监督检查结果、违法行为查处等情况，依法向社会公布并实时更新；对有不良信用记录的食品生产经营者增加监督检查频次，对违法行为情节严重的食品生产经营者，可以通报投资主管部门、证券监督管理机构和有关的金融机构。

第一百一十四条 食品生产经营过程中存在食品安全隐患，未及时采取措施消除的，县级以上人民政府食品安全监督管理部门可以对食品生产经营者的法定代表人或者主要负责人进行责任约谈。食品生产经营者应当立即采取措施，进行整改，消除隐患。责任约谈情况和整改情况应当纳入食品生产经营者食品安全信用档案。

第一百一十五条 县级以上人民政府食品安全监督管理等部门应当公布本部门的电子邮件地址或者电话，接受咨询、投诉、举报。接到咨询、投诉、举报，对属于本部门职责的，应当受理并在法定期限内及时答复、核实、处理；对不属于本部门职责的，应当移交有权处理的部门并书面通知咨询、投诉、举报人。有权处理的部门应当在法定期限内及时处理，不得推诿。对查证属实的举报，给予举报人奖励。有关部门应当对举报人的信息予以保密，保护举报人的合法权益。举报人举报所在企业的，该企业不得以解除、变更劳动合同或者其他方式对举报人进行打击报复。

第一百一十六条 县级以上人民政府食品安全监督管理等部门应当加强对执法人员食品安全法律、法规、标准和专业知识与执法能力等的培训，并组织考核。不具备相应知识和能力的，不得从事食品安全执法工作。食品生产经营者、食品行业协会、消费者协会等发现食品安全执法人员在执法过程中有违反法律、法规规定的行为以及不规范执法行为的，可以向本级或者上级人民政府食品安全监督管理等部门或者监察机关投诉、举报。接到投诉、举报的部门或者机关应当进行核实，并将经核实的情况向食品安全执法人员所在部门通报；涉嫌违法违纪的，按照本法和有关规定处理。

第一百一十七条 县级以上人民政府食品安全监督管理等部门未及时发现食品安全

系统性风险，未及时消除监督管理区域内的食品安全隐患的，本级人民政府可以对其主要负责人进行责任约谈。地方人民政府未履行食品安全职责，未及时消除区域性重大食品安全隐患的，上级人民政府可以对其主要负责人进行责任约谈。被约谈的食品安全监督管理等部门、地方人民政府应当立即采取措施，对食品安全监督管理工作进行整改。责任约谈情况和整改情况应当纳入地方人民政府和有关部门食品安全监督管理工作评议、考核记录。

第一百一十八条　国家建立统一的食品安全信息平台，实行食品安全信息统一公布制度。国家食品安全总体情况、食品安全风险警示信息、重大食品安全事故及其调查处理信息和国务院确定需要统一公布的其他信息由国务院食品安全监督管理部门统一公布。食品安全风险警示信息和重大食品安全事故及其调查处理信息的影响限于特定区域的，也可以由有关省、自治区、直辖市人民政府食品安全监督管理部门公布。未经授权不得发布上述信息。县级以上人民政府食品安全监督管理、农业行政部门依据各自职责公布食品安全日常监督管理信息。公布食品安全信息，应当做到准确、及时，并进行必要的解释说明，避免误导消费者和社会舆论。

第一百一十九条　县级以上地方人民政府食品安全监督管理、卫生行政、农业行政部门获知本法规定需要统一公布的信息，应当向上级主管部门报告，由上级主管部门立即报告国务院食品安全监督管理部门；必要时，可以直接向国务院食品安全监督管理部门报告。县级以上人民政府食品安全监督管理、卫生行政、农业行政部门应当相互通报获知的食品安全信息。

第一百二十条　任何单位和个人不得编造、散布虚假食品安全信息。县级以上人民政府食品安全监督管理部门发现可能误导消费者和社会舆论的食品安全信息，应当立即组织有关部门、专业机构、相关食品生产经营者等进行核实、分析，并及时公布结果。

第一百二十一条　县级以上人民政府食品安全监督管理等部门发现涉嫌食品安全犯罪的，应当按照有关规定及时将案件移送公安机关。对移送的案件，公安机关应当及时审查；认为有犯罪事实需要追究刑事责任的，应当立案侦查。公安机关在食品安全犯罪案件侦查过程中认为没有犯罪事实，或者犯罪事实显著轻微，不需要追究刑事责任，但依法应当追究行政责任的，应当及时将案件移送食品安全监督管理等部门和监察机关，有关部门应当依法处理。公安机关商请食品安全监督管理、生态环境等部门提供检验结论、认定意见以及对涉案物品进行无害化处理等协助的，有关部门应当及时提供，予以协助。

第九章　法律责任

第一百二十二条　违反本法规定，未取得食品生产经营许可从事食品生产经营活动，或者未取得食品添加剂生产许可从事食品添加剂生产活动的，由县级以上人民政府食品安全监督管理部门没收违法所得和违法生产经营的食品、食品添加剂以及用于违法生产经营的工具、设备、原料等物品；违法生产经营的食品、食品添加剂货值金额不足一万元的，并处五万元以上十万元以下罚款；货值金额一万元以上的，并处货值金额十倍以上二十倍以下罚款。明知从事前款规定的违法行为，仍为其提供生产经营场所或者其他条件的，由县级以上人民政府食品安全监督管理部门责令停止违法行为，没收违法所得，并处五万元以上十万元以下罚款；使消费者的合法权益受到损害的，应当与食品、食品添加剂生产经营者承担连带责任。

第一百二十三条　违反本法规定，有下列情形之一，尚不构成犯罪的，由县级以上人民政府食品安全监督管理部门没收违法所得和违法生产经营的食品，并可以没收用于违法生产经营的工具、设备、原料等物品；违法生产经营的食品货值金额不足一万元的，并处十万元以上十五万元以下罚款；货值金额一万元以上的，并处货值金额十五倍以上三十倍以下罚款；情节严重的，吊销许可证，并可以由公安机关对其直接负责的主管人员和其他直接责任人员处五日以上十五日以下拘留：

（一）用非食品原料生产食品、在食品中添加食品添加剂以外的化学物质和其他可能危害人体健康的物质，或者用回收食品作为原料生产食品，或者经营上述食品；

（二）生产经营营养成分不符合食品安全标准的专供婴幼儿和其他特定人群的主辅食品；

（三）经营病死、毒死或者死因不明的禽、畜、兽、水产动物肉类，或者生产经营其制品；

（四）经营未按规定进行检疫或者检疫不合格的肉类，或者生产经营未经检验或者检验不合格的肉类制品；

（五）生产经营国家为防病等特殊需要明令禁止生产经营的食品；

（六）生产经营添加药品的食品。明知从事前款规定的违法行为，仍为其提供生产经营场所或者其他条件的，由县级以上人民政府食品安全监督管理部门责令停止违法行为，没收违法所得，并处十万元以上二十万元以下罚款；使消费者的合法权益受到损害的，应当与食品生产经营者承担连带责任。违法使用剧毒、高毒农药的，除依照有关法律、法规规定给予处罚外，可以由公安机关依照第一款规定给予拘留。

第一百二十四条　违反本法规定，有下列情形之一，尚不构成犯罪的，由县级以上人民政府食品安全监督管理部门没收违法所得和违法生产经营的食品、食品添加剂，并可以没收用于违法生产经营的工具、设备、原料等物品；违法生产经营的食品、食品添加剂货值金额不足一万元的，并处五万元以上十万元以下罚款；货值金额一万元以上的，并处货值金额十倍以上二十倍以下罚款；情节严重的，吊销许可证：

（一）生产经营致病性微生物，农药残留、兽药残留、生物毒素、重金属等污染物质以及其他危害人体健康的物质含量超过食品安全标准限量的食品、食品添加剂；

（二）用超过保质期的食品原料、食品添加剂生产食品、食品添加剂，或者经营上述食品、食品添加剂；

（三）生产经营超范围、超限量使用食品添加剂的食品；

（四）生产经营腐败变质、油脂酸败、霉变生虫、污秽不洁、混有异物、掺假掺杂或者感官性状异常的食品、食品添加剂；

（五）生产经营标注虚假生产日期、保质期或者超过保质期的食品、食品添加剂；

（六）生产经营未按规定注册的保健食品、特殊医学用途配方食品、婴幼儿配方乳粉，或者未按注册的产品配方、生产工艺等技术要求组织生产；

（七）以分装方式生产婴幼儿配方乳粉，或者同一企业以同一配方生产不同品牌的婴幼儿配方乳粉；

（八）利用新的食品原料生产食品，或者生产食品添加剂新品种，未通过安全性评估；

（九）食品生产经营者在食品安全监督管理部门责令其召回或者停止经营后，仍拒不召回或者停止经营。除前款和本法第一百二十三条、第一百二十五条规定的情形外，生产经营不符合法律、法规或者食品安全标准的食品、食品添加剂的，依照前款规定给予处罚。生产食品相关产品新品种，未通过安全性评估，或者生产不符合食品安全标准的食品相关产品的，由县级以上人民政府食品安全监督管理部门依照第一款规定给予处罚。

第一百二十五条　违反本法规定，有下列情形之一的，由县级以上人民政府食品安全监督管理部门没收违法所得和违法生产经营的食品、食品添加剂，并可以没收用于违法生产经营的工具、设备、原料等物品；违法生产经营的食品、食品添加剂货值金额不足一万元的，并处五千元以上五万元以下罚款；货值金额一万元以上的，并处货值金额五倍以上十倍以下罚款；情节严重的，责令停产停业，直至吊销许可证：

（一）生产经营被包装材料、容器、运输工具等污染的食品、食品添加剂；

（二）生产经营无标签的预包装食品、食品添加剂或者标签、说明书不符合本法规定的食品、食品添加剂；

（三）生产经营转基因食品未按规定进行标示；

（四）食品生产经营者采购或者使用不符合食品安全标准的食品原料、食品添加剂、食品相关产品。生产经营的食品、食品添加剂的标签、说明书存在瑕疵但不影响食品安全且不会对消费者造成误导的，由县级以上人民政府食品安全监督管理部门责令改正；拒不改正的，处二千元以下罚款。

第一百二十六条 违反本法规定，有下列情形之一的，由县级以上人民政府食品安全监督管理部门责令改正，给予警告；拒不改正的，处五千元以上五万元以下罚款；情节严重的，责令停产停业，直至吊销许可证：

（一）食品、食品添加剂生产者未按规定对采购的食品原料和生产的食品、食品添加剂进行检验；

（二）食品生产经营企业未按规定建立食品安全管理制度，或者未按规定配备或者培训、考核食品安全管理人员；

（三）食品、食品添加剂生产经营者进货时未查验许可证和相关证明文件，或者未按规定建立并遵守进货查验记录、出厂检验记录和销售记录制度；

（四）食品生产经营企业未制定食品安全事故处置方案；

（五）餐具、饮具和盛放直接入口食品的容器，使用前未经洗净、消毒或者清洗消毒不合格，或者餐饮服务设施、设备未按规定定期维护、清洗、校验；

（六）食品生产经营者安排未取得健康证明或者患有国务院卫生行政部门规定的有碍食品安全疾病的人员从事接触直接入口食品的工作；

（七）食品经营者未按规定要求销售食品；

（八）保健食品生产企业未按规定向食品安全监督管理部门备案，或者未按备案的产品配方、生产工艺等技术要求组织生产；

（九）婴幼儿配方食品生产企业未将食品原料、食品添加剂、产品配方、标签等向食品安全监督管理部门备案；

（十）特殊食品生产企业未按规定建立生产质量管理体系并有效运行，或者未定期提交自查报告；

（十一）食品生产经营者未定期对食品安全状况进行检查评价，或者生产经营条件发生变化，未按规定处理；

（十二）学校、托幼机构、养老机构、建筑工地等集中用餐单位未按规定履行食品安全管理责任；

（十三）食品生产企业、餐饮服务提供者未按规定制定、实施生产经营过程控制要求。餐具、饮具集中消毒服务单位违反本法规定用水，使用洗涤剂、消毒剂，或者出厂的餐具、饮具未按规定检验合格并随附消毒合格证明，或者未按规定在独立包装上标注相关内容的，由县级以上人民政府卫生行政部门依照前款规定给予处罚。食品相关产品生产者未按规定对生产的食品相关产品进行检验的，由县级以上人民政府食品安全监督管理部门依照第一款规定给予处罚。食用农产品销售者违反本法第六十五条规定的，由县级以上人民政府食品安全监督管理部门依照第一款规定给予处罚。

第一百二十七条 对食品生产加工小作坊、食品摊贩等的违法行为的处罚，依照省、自治区、直辖市制定的具体管理办法执行。

第一百二十八条 违反本法规定，事故单位在发生食品安全事故后未进行处置、报告的，由有关主管部门按照各自职责分工责令改正，给予警告；隐匿、伪造、毁灭有关证据的，责令停产停业，没收违法所得，并处十万元以上五十万元以下罚款；造成严重后果的，吊销许可证。

第一百二十九条 违反本法规定，有下列情形之一的，由出入境检验检疫机构依照本法第一百二十四条的规定给予处罚：

（一）提供虚假材料，进口不符合我国食品安全国家标准的食品、食品添加剂、食品相关产品；

（二）进口尚无食品安全国家标准的食品，未提交所执行的标准并经国务院卫生行政部门审查，或者进口利用新的食品原料生产的食品或者进口食品添加剂新品种、食品相关产品新品种，未通过安全性评估；

（三）未遵守本法的规定出口食品；

（四）进口商在有关主管部门责令其依照本法规定召回进口的食品后，仍拒不召回。违反本法规定，进口商未建立并遵守食品、食品添加剂进口和销售记录制度、境外出口商或者生产企业审核制度的，由出入境检验检疫机构依照本法第一百二十六条的规定给予处罚。

第一百三十条 违反本法规定，集中交易市场的开办者、柜台出租者、展销会的举办者允许未依法取得许可的食品经营者进入市场销售食品，或者未履行检查、报告等义务的，由县级以上人民政府食品安全监督管理部门责令改正，没收违法所得，并处五万元以上二十万元以下罚款；造成严重后果的，责令停业，直至由原发证部门吊销许可证；使消费者的合法权益受到损害的，应当与食品经营者承担连带责任。食用农产品批发市场违反本法第六十四条规定的，依照前款规定承担责任。

第一百三十一条 违反本法规定，网络食品交易第三方平台提供者未对入网食品经营者进行实名登记、审查许可证，或者未履行报告、停止提供网络交易平台服务等义务的，由县级以上人民政府食品安全监督管理部门责令改正，没收违法所得，并处五万元以上二十万元以下罚款；造成严重后果的，责令停业，直至由原发证部门吊销许可证；使消费者的合法权益受到损害的，应当与食品经营者承担连带责任。消费者通过网络食品交易第三方平台购买食品，其合法权益受到损害的，可以向入网食品经营者或者食品生产者要求赔偿。网络食品交易第三方平台提供者不能提供入网食品经营者的真实名称、地址和有效联系方式的，由网络食品交易第三方平台提供者赔偿。网络食品交易第三方平台提供者赔偿后，有权向入网食品经营者或者食品生产者追偿。网络食品交易第三方平台提供者作出更有利于消费者承诺的，应当履行其承诺。

第一百三十二条　违反本法规定，未按要求进行食品储存、运输和装卸的，由县级以上人民政府食品安全监督管理等部门按照各自职责分工责令改正，给予警告；拒不改正的，责令停产停业，并处一万元以上五万元以下罚款；情节严重的，吊销许可证。

第一百三十三条　违反本法规定，拒绝、阻挠、干涉有关部门、机构及其工作人员依法开展食品安全监督检查、事故调查处理、风险监测和风险评估的，由有关主管部门按照各自职责分工责令停产停业，并处二千元以上五万元以下罚款；情节严重的，吊销许可证；构成违反治安管理行为的，由公安机关依法给予治安管理处罚。违反本法规定，对举报人以解除、变更劳动合同或者其他方式打击报复的，应当依照有关法律的规定承担责任。

第一百三十四条　食品生产经营者在一年内累计三次因违反本法规定受到责令停产停业、吊销许可证以外处罚的，由食品安全监督管理部门责令停产停业，直至吊销许可证。

第一百三十五条　被吊销许可证的食品生产经营者及其法定代表人、直接负责的主管人员和其他直接责任人员自处罚决定作出之日起五年内不得申请食品生产经营许可，或者从事食品生产经营管理工作、担任食品生产经营企业食品安全管理人员。因食品安全犯罪被判处有期徒刑以上刑罚的，终身不得从事食品生产经营管理工作，也不得担任食品生产经营企业食品安全管理人员。食品生产经营者聘用人员违反前两款规定的，由县级以上人民政府食品安全监督管理部门吊销许可证。

第一百三十六条　食品经营者履行了本法规定的进货查验等义务，有充分证据证明其不知道所采购的食品不符合食品安全标准，并能如实说明其进货来源的，可以免予处罚，但应当依法没收其不符合食品安全标准的食品；造成人身、财产或者其他损害的，依法承担赔偿责任。

第一百三十七条　违反本法规定，承担食品安全风险监测、风险评估工作的技术机构、技术人员提供虚假监测、评估信息的，依法对技术机构直接负责的主管人员和技术人员给予撤职、开除处分；有执业资格的，由授予其资格的主管部门吊销执业证书。

第一百三十八条　违反本法规定，食品检验机构、食品检验人员出具虚假检验报告的，由授予其资质的主管部门或者机构撤销该食品检验机构的检验资质，没收所收取的检验费用，并处检验费用五倍以上十倍以下罚款，检验费用不足一万元的，并处五万元以上十万元以下罚款；依法对食品检验机构直接负责的主管人员和食品检验人员给予撤职或者开除处分；导致发生重大食品安全事故的，对直接负责的主管人员和食品检验人员给予开除处分。违反本法规定，受到开除处分的食品检验机构人员，自处分决定作出之日起十年内不得从事食品检验工作；因食品安全违法行为受到刑事处罚或者因出具虚假检验报告导致发生重大食品安全事故受到开除处分的食品检验机构人员，终身不得从事食品检验工作。食品检验机构聘用不得从事食品检验工作的人员的，由授予其资质的主管部门或者机构撤销该食品检验机构的检验资质。食品检验机构出具虚假检验报告，使消费者的合法权益受到损害的，应当与食品生产经营者承担连带责任。

第一百三十九条　违反本法规定，认证机构出具虚假认证结论，由认证认可监督管理部门没收所收取的认证费用，并处认证费用五倍以上十倍以下罚款，认证费用不足一万元的，并处五万元以上十万元以下罚款；情节严重的，责令停业，直至撤销认证机构批准文件，并向社会公布；对直接负责的主管人员和负有直接责任的认证人员，撤销其执业资格。认证机构出具虚假认证结论，使消费者的合法权益受到损害的，应当与食品生产经营者承担连带责任。

第一百四十条　违反本法规定，在广告中对食品作虚假宣传，欺骗消费者，或者发布未取得批准文件、广告内容与批准文件不一致的保健食品广告的，依照《中华人民共和国广告法》的规定给予处罚。广告经营者、发布者设计、制作、发布虚假食品广告，使消费者的合法权益受到损害的，应当与食品生产经营者承担连带责任。社会团体或者其他组织、个人在虚假广告或者其他虚假宣传中向消费者推荐食品，使消费者的合法权益受到损害的，应当与食品生产经营者承担连带责任。违反本法规定，食品安全监督管理等部门、食品检验机构、食品行业协会以广告或者其他形式向消费者推荐食品，消费者组织以收取费用或者其他牟取利益的方式向消费者推荐食品的，由有关主管部门没收违法所得，依法对直接负责的主管人员和其他直接责任人员给予记大过、降级或者撤职处分；情节严重的，给予开除处分。对食品作虚假宣传且情节严重的，由省级以上人民政府食品安全监督管理部门决定暂停销售该食品，并向社会公布；仍然销售该食品的，由县级以上人民政府食品安全监督管理部门没收违法所得和违法销售的食品，并处二万元以上五万元以下罚款。

第一百四十一条　违反本法规定，编造、散布虚假食品安全信息，构成违反治安管理行为的，由公安机关依法给予治安管理处罚。媒体编造、散布虚假食品安全信息的，由有关主管部门依法给予处罚，并对直接负责的主管人员和其他直接责任人员给予处分；使公民、法人或者其他组织的合法权益受到损害的，依法承担消除影响、恢复名誉、赔偿损失、赔礼道歉等民事责任。

第一百四十二条 违反本法规定，县级以上地方人民政府有下列行为之一的，对直接负责的主管人员和其他直接责任人员给予记大过处分；情节较重的，给予降级或者撤职处分；情节严重的，给予开除处分；造成严重后果的，其主要负责人还应当引咎辞职：

（一）对发生在本行政区域内的食品安全事故，未及时组织协调有关部门开展有效处置，造成不良影响或者损失；

（二）对本行政区域内涉及多环节的区域性食品安全问题，未及时组织整治，造成不良影响或者损失；

（三）隐瞒、谎报、缓报食品安全事故；

（四）本行政区域内发生特别重大食品安全事故，或者连续发生重大食品安全事故。

第一百四十三条 违反本法规定，县级以上地方人民政府有下列行为之一的，对直接负责的主管人员和其他直接责任人员给予警告、记过或者记大过处分；造成严重后果的，给予降级或者撤职处分：

（一）未确定有关部门的食品安全监督管理职责，未建立健全食品安全全程监督管理工作机制和信息共享机制，未落实食品安全监督管理责任制；

（二）未制定本行政区域的食品安全事故应急预案，或者发生食品安全事故后未按规定立即成立事故处置指挥机构、启动应急预案。

第一百四十四条 违反本法规定，县级以上人民政府食品安全监督管理、卫生行政、农业行政等部门有下列行为之一的，对直接负责的主管人员和其他直接责任人员给予记大过处分；情节较重的，给予降级或者撤职处分；情节严重的，给予开除处分；造成严重后果的，其主要负责人还应当引咎辞职：

（一）隐瞒、谎报、缓报食品安全事故；

（二）未按规定查处食品安全事故，或者接到食品安全事故报告未及时处理，造成事故扩大或者蔓延；

（三）经食品安全风险评估得出食品、食品添加剂、食品相关产品不安全结论后，未及时采取相应措施，造成食品安全事故或者不良社会影响；

（四）对不符合条件的申请人准予许可，或者超越法定职权准予许可；

（五）不履行食品安全监督管理职责，导致发生食品安全事故。

第一百四十五条　违反本法规定，县级以上人民政府食品安全监督管理、卫生行政、农业行政等部门有下列行为之一，造成不良后果的，对直接负责的主管人员和其他直接责任人员给予警告、记过或者记大过处分；情节较重的，给予降级或者撤职处分；情节严重的，给予开除处分：

（一）在获知有关食品安全信息后，未按规定向上级主管部门和本级人民政府报告，或者未按规定相互通报；

（二）未按规定公布食品安全信息；

（三）不履行法定职责，对查处食品安全违法行为不配合，或者滥用职权、玩忽职守、徇私舞弊。

第一百四十六条　食品安全监督管理等部门在履行食品安全监督管理职责过程中，违法实施检查、强制等执法措施，给生产经营者造成损失的，应当依法予以赔偿，对直接负责的主管人员和其他直接责任人员依法给予处分。

第一百四十七条　违反本法规定，造成人身、财产或者其他损害的，依法承担赔偿责任。生产经营者财产不足以同时承担民事赔偿责任和缴纳罚款、罚金时，先承担民事赔偿责任。

第一百四十八条　消费者因不符合食品安全标准的食品受到损害的，可以向经营者要求赔偿损失，也可以向生产者要求赔偿损失。接到消费者赔偿要求的生产经营者，应当实行首负责任制，先行赔付，不得推诿；属于生产者责任的，经营者赔偿后有权向生产者追偿；属于经营者责任的，生产者赔偿后有权向经营者追偿。生产不符合食品安全标准的食品或者经营明知是不符合食品安全标准的食品，消费者除要求赔偿损失外，还可以向生产者或者经营者要求支付价款十倍或者损失三倍的赔偿金；增加赔偿的金额不足一千元的，为一千元。但是，食品的标签、说明书存在不影响食品安全且不会对消费者造成误导的瑕疵的除外。

第一百四十九条　违反本法规定，构成犯罪的，依法追究刑事责任。

第十章　附　则

第一百五十条　本法下列用语的含义：食品，指各种供人食用或者饮用的成品和原料以及按照传统既是食品又是中药材的物品，但是不包括以治疗为目的的物品。食品安全，指食品无毒、无害，符合应当有的营养要求，对人体健康不造成任何急性、亚急性或者慢性危害。预包装食品，指预先定量包装或者制作在包装材料、容器中的食品。食品添加剂，指为改善食品品质和色、香、味以及为防腐、保鲜和加工工艺的需要而加入食品中的人工合成或者天然物质，包括营养强化剂。用于食品的包装材料和容器，指包装、盛放食品或者食品添加剂用的纸、竹、木、金属、搪瓷、陶瓷、塑料、橡胶、天然纤维、化学纤维、玻璃等制品和直接接触食品或者食品添加剂的涂料。用于食品生产经营的工具、设备，指在食品或者食品添加剂生产、销售、使用过程中直接接触食品或者食品添加剂的机械、管道、传送带、容器、用具、餐具等。用于食品的洗涤剂、消毒剂，指直接用于洗涤或者消毒食品、餐具、饮具以及直接接触食品的工具、设备或者食品包装材料和容器的物质。食品保质期，指食品在标明的储存条件下保持品质的期限。食源性疾病，指食品中致病因素进入人体引起的感染性、中毒性等疾病，包括食物中毒。食品安全事故，指食源性疾病、食品污染等源于食品，对人体健康有危害或者可能有危害的事故。

第一百五十一条 转基因食品和食盐的食品安全管理，本法未作规定的，适用其他法律、行政法规的规定。

第一百五十二条 铁路、民航运营中食品安全的管理办法由国务院食品安全监督管理部门会同国务院有关部门依照本法制定。保健食品的具体管理办法由国务院食品安全监督管理部门依照本法制定。食品相关产品生产活动的具体管理办法由国务院食品安全监督管理部门依照本法制定。国境口岸食品的监督管理由出入境检验检疫机构依照本法以及有关法律、行政法规的规定实施。军队专用食品和自供食品的食品安全管理办法由中央军事委员会依照本法制定。

第一百五十三条 国务院根据实际需要，可以对食品安全监督管理体制作出调整。

第一百五十四条 本法自 2015 年 10 月 1 日起施行。

中华人民共和国农产品质量安全法

（2006 年 4 月 29 日第十届全国人民代表大会常务委员会第二十一次会议通过，根据 2018 年 10 月 26 日第十三届全国人民代表大会常务委员会第六次会议《关于修改〈中华人民共和国野生动物保护法〉等十五部法律的决定》修正，2018 年 10 月 26 日施行）

第一章 总 则

第一条 为保障农产品质量安全，维护公众健康，促进农业和农村经济发展，制定本法。

第二条 本法所称农产品，是指来源于农业的初级产品，即在农业活动中获得的植物、动物、微生物及其产品。本法所称农产品质量安全，是指农产品质量符合保障人的健康、安全的要求。

第三条 县级以上人民政府农业行政主管部门负责农产品质量安全的监督管理工作；县级以上人民政府有关部门按照职责分工，负责农产品质量安全的有关工作。

第四条 县级以上人民政府应当将农产品质量安全管理工作纳入本级国民经济和社会发展规划，并安排农产品质量安全经费，用于开展农产品质量安全工作。

第五条 县级以上地方人民政府统一领导、协调本行政区域内的农产品质量安全工作，并采取措施，建立健全农产品质量安全服务体系，提高农产品质量安全水平。

第六条 国务院农业行政主管部门应当设立由有关方面专家组成的农产品质量安全风险评估专家委员会，对可能影响农产品质量安全的潜在危害进行风险分析和评估。国务院农业行政主管部门应当根据农产品质量安全风险评估结果采取相应的管理措施，并将农产品质量安全风险评估结果及时通报国务院有关部门。

第七条 国务院农业行政主管部门和省、自治区、直辖市人民政府农业行政主管部门应当按照职责权限，发布有关农产品质量安全状况信息。

第八条 国家引导、推广农产品标准化生产，鼓励和支持生产优质农产品，禁止生产、销售不符合国家规定的农产品质量安全标准的农产品。

第九条 国家支持农产品质量安全科学技术研究，推行科学的质量安全管理方法，推广先进安全的生产技术。

第十条 各级人民政府及有关部门应当加强农产品质量安全知识的宣传，提高公众的农产品质量安全意识，引导农产品生产者、销售者加强质量安全管理，保障农产品消费安全。

第二章 农产品质量安全标准

第十一条 国家建立健全农产品质量安全标准体系。农产品质量安全标准是强制性的技术规范。农产品质量安全标准的制定和发布，依照有关法律、行政法规的规定执行。

第十二条 制定农产品质量安全标准应当充分考虑农产品质量安全风险评估结果，并听取农产品生产者、销售者和消费者的意见，保障消费安全。

第十三条 农产品质量安全标准应当根据科学技术发展水平以及农产品质量安全的需要，及时修订。

第十四条 农产品质量安全标准由农业行政主管部门商有关部门组织实施。

第三章 农产品产地

第十五条 县级以上地方人民政府农业行政主管部门按照保障农产品质量安全的要求，根据农产品品种特性和生产区域大气、土壤、水体中有毒有害物质状况等因素，认为不适宜特定农产品生产的，提出禁止生产的区域，报本级人民政府批准后公布。具体办法由国务院农业行政主管部门商国务院生态环境主管部门制定。农产品禁止生产区域的调整，依照前款规定的程序办理。

第十六条 县级以上人民政府应当采取措施，加强农产品基地建设，改善农产品的生产条件。县级以上人民政府农业行政主管部门应当采取措施，推进保障农产品质量安全的标准化生产综合示范区、示范农场、养殖小区和无规定动植物疫病区的建设。

第十七条 禁止在有毒有害物质超过规定标准的区域生产、捕捞、采集食用农产品和建立农产品生产基地。

第十八条 禁止违反法律、法规的规定向农产品产地排放或者倾倒废水、废气、固体废物或者其他有毒有害物质。农业生产用水和用作肥料的固体废物，应当符合国家规定的标准。

第十九条 农产品生产者应当合理使用化肥、农药、兽药、农用薄膜等化工产品，防止对农产品产地造成污染。

第四章　农产品生产

第二十条　国务院农业行政主管部门和省、自治区、直辖市人民政府农业行政主管部门应当制定保障农产品质量安全的生产技术要求和操作规程。县级以上人民政府农业行政主管部门应当加强对农产品生产的指导。

第二十一条　对可能影响农产品质量安全的农药、兽药、饲料和饲料添加剂、肥料、兽医器械，依照有关法律、行政法规的规定实行许可制度。国务院农业行政主管部门和省、自治区、直辖市人民政府农业行政主管部门应当定期对可能危及农产品质量安全的农药、兽药、饲料和饲料添加剂、肥料等农业投入品进行监督抽查，并公布抽查结果。

第二十二条　县级以上人民政府农业行政主管部门应当加强对农业投入品使用的管理和指导，建立健全农业投入品的安全使用制度。

第二十三条　农业科研教育机构和农业技术推广机构应当加强对农产品生产者质量安全知识和技能的培训。

第二十四条　农产品生产企业和农民专业合作经济组织应当建立农产品生产记录，如实记载下列事项：

（一）使用农业投入品的名称、来源、用法、用量和使用、停用的日期；

（二）动物疫病、植物病虫草害的发生和防治情况；

（三）收获、屠宰或者捕捞的日期。农产品生产记录应当保存二年。禁止伪造农产品生产记录。国家鼓励其他农产品生产者建立农产品生产记录。

第二十五条　农产品生产者应当按照法律、行政法规和国务院农业行政主管部门的规定，合理使用农业投入品，严格执行农业投入品使用安全间隔期或者休药期的规定，防止危及农产品质量安全。禁止在农产品生产过程中使用国家明令禁止使用的农业投入品。

第二十六条　农产品生产企业和农民专业合作经济组织，应当自行或者委托检测机构对农产品质量安全状况进行检测；经检测不符合农产品质量安全标准的农产品，不得销售。

第二十七条　农民专业合作经济组织和农产品行业协会对其成员应当及时提供生产技术服务，建立农产品质量安全管理制度，健全农产品质量安全控制体系，加强自律管理。

第五章　农产品包装和标识

第二十八条　农产品生产企业、农民专业合作经济组织以及从事农产品收购的单位或者个人销售的农产品，按照规定应当包装或者附加标识的，须经包装或者附加标识后方可销售。包装物或者标识上应当按照规定标明产品的品名、产地、生产者、生产日期、保质期、产品质量等级等内容；使用添加剂的，还应当按照规定标明添加剂的名称。具体办法由国务院农业行政主管部门制定。

第二十九条　农产品在包装、保鲜、储存、运输中所使用的保鲜剂、防腐剂、添加剂等材料，应当符合国家有关强制性的技术规范。

第三十条　属于农业转基因生物的农产品，应当按照农业转基因生物安全管理的有关规定进行标识。

第三十一条　依法需要实施检疫的动植物及其产品，应当附具检疫合格标志、检疫合格证明。

第三十二条　销售的农产品必须符合农产品质量安全标准，生产者可以申请使用无公害农产品标志。农产品质量符合国家规定的有关优质农产品标准的，生产者可以申请使用相应的农产品质量标志。禁止冒用前款规定的农产品质量标志。

第六章　监督检查

第三十三条　有下列情形之一的农产品，不得销售：

（一）含有国家禁止使用的农药、兽药或者其他化学物质的；

（二）农药、兽药等化学物质残留或者含有的重金属等有毒有害物质不符合农产品质量安全标准的；

（三）含有的致病性寄生虫、微生物或者生物毒素不符合农产品质量安全标准的；

（四）使用的保鲜剂、防腐剂、添加剂等材料不符合国家有关强制性的技术规范的；

（五）其他不符合农产品质量安全标准的。

第三十四条　国家建立农产品质量安全监测制度。县级以上人民政府农业行政主管部门应当按照保障农产品质量安全的要求，制定并组织实施农产品质量安全监测计划，对生产中或者市场上销售的农产品进行监督抽查。监督抽查结果由国务院农业行政主管部门或者省、自治区、直辖市人民政府农业行政主管部门按照权限予以公布。监督抽查检测应当委托符合本法第三十五条规定条件的农产品质量安全检测机构进行，不得向被抽查人收取费用，抽取的样品不得超过国务院农业行政主管部门规定的数量。上级农业行政主管部门监督抽查的农产品，下级农业行政主管部门不得另行重复抽查。

第三十五条　农产品质量安全检测应当充分利用现有的符合条件的检测机构。从事农产品质量安全检测的机构，必须具备相应的检测条件和能力，由省级以上人民政府农业行政主管部门或者其授权的部门考核合格。具体办法由国务院农业行政主管部门制定。农产品质量安全检测机构应当依法经计量认证合格。

第三十六条　农产品生产者、销售者对监督抽查检测结果有异议的，可以自收到检测结果之日起五日内，向组织实施农产品质量安全监督抽查的农业行政主管部门或者其上级农业行政主管部门申请复检。采用国务院农业行政主管部门会同有关部门认定的快速检测方法进行农产品质量安全监督抽查检测，被抽查人对检测结果有异议的，可以自收到检测结果时起四小时内申请复检。复检不得采用快速检测方法。因检测结果错误给当事人造成损害的，依法承担赔偿责任。

第三十七条　农产品批发市场应当设立或者委托农产品质量安全检测机构，对进场销售的农产品质量安全状况进行抽查检测；发现不符合农产品质量安全标准的，应当要求销售者立即停止销售，并向农业行政主管部门报告。农产品销售企业对其销售的农产品，应当建立健全进货检查验收制度；经查验不符合农产品质量安全标准的，不得销售。

第三十八条　国家鼓励单位和个人对农产品质量安全进行社会监督。任何单位和个人都有权对违反本法的行为进行检举、揭发和控告。有关部门收到相关的检举、揭发和控告后，应当及时处理。

第三十九条　县级以上人民政府农业行政主管部门在农产品质量安全监督检查中，可以对生产、销售的农产品进行现场检查，调查了解农产品质量安全的有关情况，查阅、复制与农产品质量安全有关的记录和其他资料；对经检测不符合农产品质量安全标准的农产品，有权查封、扣押。

第四十条　发生农产品质量安全事故时，有关单位和个人应当采取控制措施，及时向所在地乡级人民政府和县级人民政府农业行政主管部门报告；收到报告的机关应当及时处理并报上一级人民政府和有关部门。发生重大农产品质量安全事故时，农业行政主管部门应当及时通报同级市场监督管理部门。

第四十一条　县级以上人民政府农业行政主管部门在农产品质量安全监督管理中，发现有本法第三十三条所列情形之一的农产品，应当按照农产品质量安全责任追究制度的要求，查明责任人，依法予以处理或者提出处理建议。

第四十二条　进口的农产品必须按照国家规定的农产品质量安全标准进行检验；尚

未制定有关农产品质量安全标准的，应当依法及时制定，未制定之前，可以参照国家有关部门指定的国外有关标准进行检验。

第七章　法律责任

第四十三条　农产品质量安全监督管理人员不依法履行监督职责，或者滥用职权的，依法给予行政处分。

第四十四条　农产品质量安全检测机构伪造检测结果的，责令改正，没收违法所得，并处五万元以上十万元以下罚款，对直接负责的主管人员和其他直接责任人员处一万元以上五万元以下罚款；情节严重的，撤销其检测资格；造成损害的，依法承担赔偿责任。农产品质量安全检测机构出具检测结果不实，造成损害的，依法承担赔偿责任；造成重大损害的，并撤销其检测资格。

第四十五条　违反法律、法规规定，向农产品产地排放或者倾倒废水、废气、固体废物或者其他有毒有害物质的，依照有关环境保护法律、法规的规定处罚；造成损害的，依法承担赔偿责任。

第四十六条　使用农业投入品违反法律、行政法规和国务院农业行政主管部门的规定的，依照有关法律、行政法规的规定处罚。

第四十七条　农产品生产企业、农民专业合作经济组织未建立或者未按照规定保存农产品生产记录的，或者伪造农产品生产记录的，责令限期改正；逾期不改正的，可以处二千元以下罚款。

第四十八条　违反本法第二十八条规定，销售的农产品未按照规定进行包装、标识的，责令限期改正；逾期不改正的，可以处二千元以下罚款。

第四十九条　有本法第三十三条第四项规定情形，使用的保鲜剂、防腐剂、添加剂等材料不符合国家有关强制性的技术规范的，责令停止销售，对被污染的农产品进行无害化处理，对不能进行无害化处理的予以监督销毁；没收违法所得，并处二千元以上二万元以下罚款。

第五十条　农产品生产企业、农民专业合作经济组织销售的农产品有本法第三十三条第一项至第三项或者第五项所列情形之一的，责令停止销售，追回已经销售的农产品，对违法销售的农产品进行无害化处理或者予以监督销毁；没收违法所得，并处二千元以上二万元以下罚款。农产品销售企业销售的农产品有前款所列情形的，依照前款规定处理、处罚。农产品批发市场中销售的农产品有第一款所列情形的，对违法销售的农产品依照第一款规定处理，对农产品销售者依照第一款规定处罚。农产品批发市场违反本法第三十七条第一款规定的，责令改正，处二千元以上二万元以下罚款。

第五十一条　违反本法第三十二条规定，冒用农产品质量标志的，责令改正，没收违法所得，并处二千元以上二万元以下罚款。

第五十二条　本法第四十四条，第四十七条至第四十九条，第五十条第一款、第四款和第五十一条规定的处理、处罚，由县级以上人民政府农业行政主管部门决定；第五十条第二款、第三款规定的处理、处罚，由市场监督管理部门决定。法律对行政处罚及处罚机关有其他规定的，从其规定。但是，对同一违法行为不得重复处罚。

第五十三条　违反本法规定，构成犯罪的，依法追究刑事责任。

第五十四条　生产、销售本法第三十三条所列农产品，给消费者造成损害的，依法承担赔偿责任。农产品批发市场中销售的农产品有前款规定情形的，消费者可以向农产品批发市场要求赔偿；属于生产者、销售者责任的，农产品批发市场有权追偿。消费者也可以直接向农产品生产者、销售者要求赔偿。

第八章　附　　则

第五十五条　生猪屠宰的管理按照国家有关规定执行。

第五十六条　本法自 2006 年 11 月 1 日起施行。

中华人民共和国商标法

（1982 年 8 月 23 日第五届全国人民代表大会常务委员会第二十四次会议通过，根据 1993 年 2 月 22 日第七届全国人民代表大会常务委员会第三十次会议《关于修改〈中华人民共和国商标法〉的决定》第一次修正，根据 2001 年 10 月 27 日第九届全国人民代表大会常务委员会第二十四次会议《关于修改〈中华人民共和国商标法〉的决定》第二次修正，根据 2013 年 8 月 30 日第十二届全国人民代表大会常务委员会第四次会议《关于修改〈中华人民共和国商标法〉的决定》第三次修正，根据 2019 年 4 月 23 日第十三届全国人民代表大会常务委员会第十次会议《关于修改〈中华人民共和国建筑法〉等八部法律的决定》第四次修正，2019 年 4 月 23 日起施行）

第一章　总　　则

第一条　为了加强商标管理，保护商标专用权，促使生产、经营者保证商品和服务质量，维护商标信誉，以保障消费者和生产、经营者的利益，促进社会主义市场经济的发展，特制定本法。

第二条　国务院工商行政管理部门商标局主管全国商标注册和管理的工作。国务院工商行政管理部门设立商标评审委员会，负责处理商标争议事宜。

第三条　经商标局核准注册的商标为注册商标，包括商品商标、服务商标和集体商标、证明商标；商标注册人享有商标专用权，受法律保护。本法所称集体商标，是指以团体、协会或者其他组织名义注册，供该组织成员在商事活动中使用，以表明使用者在该组织中的成员资格的标志。本法所称证明商标，是指由对某种商品或者服务具有监督能力的组织所控制，而由该组织以外的单位或者个人使用于其商品或者服务，用以证明该商品或者服务的原产地、原料、制造方法、质量或者其他特定品质的标志。集体商标、证明商标注册和管理的特殊事项，由国务院工商行政管理部门规定。

第四条　自然人、法人或者其他组织在生产经营活动中，对其商品或者服务需要取得商标专用权的，应当向商标局申请商标注册。不以使用为目的的恶意商标注册申请，应当予以驳回。本法有关商品商标的规定，适用于服务商标。

第五条　两个以上的自然人、法人或者其他组织可以共同向商标局申请注册同一商标，共同享有和行使该商标专用权。

第六条　法律、行政法规规定必须使用注册商标的商品，必须申请商标注册，未经核准注册的，不得在市场销售。

第七条　申请注册和使用商标，应当遵循诚实信用原则。商标使用人应当对其使用商标的商品质量负责。各级工商行政管理部门应当通过商标管理，制止欺骗消费者的行为。

第八条　任何能够将自然人、法人或者其他组织的商品与他人的商品区别开的标志，包括文字、图形、字母、数字、三维标志、颜色组合和声音等，以及上述要素的组合，均可以作为商标申请注册。

第九条　申请注册的商标，应当有显著特征，便于识别，并不得与他人在先取得的合法权利相冲突。商标注册人有权标明"注册商标"或者注册标记。

第十条　下列标志不得作为商标使用：

（一）同中华人民共和国的国家名称、国旗、国徽、国歌、军旗、军徽、军歌、勋章等相同或者近似的，以及同中央国家机关的名称、标志、所在地特定地点的名称或者标志性建筑物的名称、图形相同的；

（二）同外国的国家名称、国旗、国徽、军旗等相同或者近似的，但经该国政府同意的除外；

（三）同政府间国际组织的名称、旗帜、徽记等相同或者近似的，但经该组织同意或者不易误导公众的除外；

（四）与表明实施控制、予以保证的官方标志、检验印记相同或者近似的，但经授权的除外；

（五）同"红十字""红新月"的名称、标志相同或者近似的；

（六）带有民族歧视性的；

（七）带有欺骗性，容易使公众对商品的质量等特点或者产地产生误认的；

（八）有害于社会主义道德风尚或者有其他不良影响的。县级以上行政区划的地名或者公众知晓的外国地名，不得作为商标。但是，地名具有其他含义或者作为集体商标、证明商标组成部分的除外；已经注册的使用地名的商标继续有效。

第十一条　下列标志不得作为商标注册：

（一）仅有本商品的通用名称、图形、型号的；

（二）仅直接表示商品的质量、主要原料、功能、用途、重量、数量及其他特点的；

（三）其他缺乏显著特征的。前款所列标志经过使用取得显著特征，并便于识别的，可以作为商标注册。

第十二条　以三维标志申请注册商标的，仅由商品自身的性质产生的形状、为获得技术效果而需有的商品形状或者使商品具有实质性价值的形状，不得注册。

第十三条　为相关公众所熟知的商标，持有人认为其权利受到侵害时，可以依照本法规定请求驰名商标保护。就相同或者类似商品申请注册的商标是复制、摹仿或者翻译他人未在中国注册的驰名商标，容易导致混淆的，不予注册并禁止使用。就不相同或者不相类似商品申请注册的商标是复制、摹仿或者翻译他人已经在中国注册的驰名商标，误导公众，致使该驰名商标注册人的利益可能受到损害的，不予注册并禁止使用。

第十四条　驰名商标应当根据当事人的请求，作为处理涉及商标案件需要认定的事实进行认定。认定驰名商标应当考虑下列因素：

（一）相关公众对该商标的知晓程度；

（二）该商标使用的持续时间；

（三）该商标的任何宣传工作的持续时间、程度和地理范围；

（四）该商标作为驰名商标受保护的记录；

（五）该商标驰名的其他因素。在商标注册审查、工商行政管理部门查处商标违法案件过程中，当事人依照本法第十三条规定主张权利的，商标局根据审查、处理案件的需要，可以对商标驰名情况作出认定。在商标争议处理过程中，当事人依照本法第十三条规定主张权利的，商标评审委员会根据处理案件的需要，可以对商标驰名情况作出认定。在商标民事、行政案件审理过程中，当事人依照本法第十三条规定主张权利的，最高人民法院指定的人民法院根据审理案件的需要，可以对商标驰名情况作出认定。生产、经营者不得将"驰名商标"字样用于商品、商品包装或者容器上，或者用于广告宣传、展览以及其他商业活动中。

第十五条　未经授权，代理人或者代表人以自己的名义将被代理人或者被代表人的商标进行注册，被代理人或者被代表人提出异议的，不予注册并禁止使用。就同一种商品或者类似商品申请注册的商标与他人在先使用的未注册商标相同或者近似，申请人与该他人具有前款规定以外的合同、业务往来关系或者其他关系而明知该他人商标存在，该他人提出异议的，不予注册。

第十六条　商标中有商品的地理标志，而该商品并非来源于该标志所标示的地区，误导公众的，不予注册并禁止使用；但是，已经善意取得注册的继续有效。前款所称地理标志，是指标示某商品来源于某地区，该商品的特定质量、信誉或者其他特征，主要由该地区的自然因素或者人文因素所决定的标志。

第十七条　外国人或者外国企业在中国申请商标注册的，应当按其所属国和中华人民共和国签订的协议或者共同参加的国际条约办理，或者按对等原则办理。

第十八条　申请商标注册或者办理其他商标事宜，可以自行办理，也可以委托依法设立的商标代理机构办理。外国人或者外国企业在中国申请商标注册和办理其他商标事宜的，应当委托依法设立的商标代理机构办理。

第十九条　商标代理机构应当遵循诚实信用原则，遵守法律、行政法规，按照被代理人的委托办理商标注册申请或者其他商标事宜；对在代理过程中知悉的被代理人的商业秘密，负有保密义务。委托人申请注册的商标可能存在本法规定不得注册情形的，商标代理机构应当明确告知委托人。商标代理机构知道或者应当知道委托人申请注册的商标属于本法第四条、第十五条和第三十二条规定情形的，不得接受其委托。商标代理机构除对其代理服务申请商标注册外，不得申请注册其他商标。

第二十条　商标代理行业组织应当按照章程规定，严格执行吸纳会员的条件，对违反行业自律规范的会员实行惩戒。商标代理行业组织对其吸纳的会员和对会员的惩戒情况，应当及时向社会公布。

第二十一条　商标国际注册遵循中华人民共和国缔结或者参加的有关国际条约确立的制度，具体办法由国务院规定。

第二章　商标注册的申请

第二十二条　商标注册申请人应当按规定的商品分类表填报使用商标的商品类别和商品名称，提出注册申请。商标注册申请人可以通过一份申请就多个类别的商品申请注册同一商标。商标注册申请等有关文件，可以以书面方式或者数据电文方式提出。

第二十三条　注册商标需要在核定使用范围之外的商品上取得商标专用权的，应当另行提出注册申请。

第二十四条　注册商标需要改变其标志的，应当重新提出注册申请。

第二十五条　商标注册申请人自其商标在外国第一次提出商标注册申请之日起六个月内，又在中国就相同商品以同一商标提出商标注册申请的，依照该外国同中国签订的协议或者共同参加的国际条约，或者按照相互承认优先权的原则，可以享有优先权。依照前款要求优先权的，应当在提出商标注册申请的时候提出书面声明，并且在三个月内提交第一次提出的商标注册申请文件的副本；未提出书面声明或者逾期未提交商标注册申请文件副本的，视为未要求优先权。

第二十六条　商标在中国政府主办的或者承认的国际展览会展出的商品上首次使用的，自该商品展出之日起六个月内，该商标的注册申请人可以享有优先权。依照前款要求优先权的，应当在提出商标注册申请的时候提出书面声明，并且在三个月内提交展出其商品的展览会名称、在展出商品上使用该商标的证据、展出日期等证明文件；未提出书面声明或者逾期未提交证明文件的，视为未要求优先权。

第二十七条 为申请商标注册所申报的事项和所提供的材料应当真实、准确、完整。

第三章　商标注册的审查和核准

第二十八条 对申请注册的商标，商标局应当自收到商标注册申请文件之日起九个月内审查完毕，符合本法有关规定的，予以初步审定公告。

第二十九条 在审查过程中，商标局认为商标注册申请内容需要说明或者修正的，可以要求申请人作出说明或者修正。申请人未作出说明或者修正的，不影响商标局作出审查决定。

第三十条 申请注册的商标，凡不符合本法有关规定或者同他人在同一种商品或者类似商品上已经注册的或者初步审定的商标相同或者近似的，由商标局驳回申请，不予公告。

第三十一条 两个或者两个以上的商标注册申请人，在同一种商品或者类似商品上，以相同或者近似的商标申请注册的，初步审定并公告申请在先的商标；同一天申请的，初步审定并公告使用在先的商标，驳回其他人的申请，不予公告。

第三十二条 申请商标注册不得损害他人现有的在先权利，也不得以不正当手段抢先注册他人已经使用并有一定影响的商标。

第三十三条 对初步审定公告的商标，自公告之日起三个月内，在先权利人、利害关系人认为违反本法第十三条第二款和第三款、第十五条、第十六条第一款、第三十条、第三十一条、第三十二条规定的，或者任何人认为违反本法第四条、第十条、第十一条、第十二条、第十九条第四款规定的，可以向商标局提出异议。公告期满无异议的，予以核准注册，发给商标注册证，并予公告。

第三十四条 对驳回申请、不予公告的商标，商标局应当书面通知商标注册申请人。商标注册申请人不服的，可以自收到通知之日起十五日内向商标评审委员会申请复审。商标评审委员会应当自收到申请之日起九个月内作出决定，并书面通知申请人。有特殊情况需要延长的，经国务院工商行政管理部门批准，可以延长三个月。当事人对商标评审委员会的决定不服的，可以自收到通知之日起三十日内向人民法院起诉。

第三十五条 对初步审定公告的商标提出异议的，商标局应当听取异议人和被异议人陈述事实和理由，经调查核实后，自公告期满之日起十二个月内作出是否准予注册的决定，并书面通知异议人和被异议人。有特殊情况需要延长的，经国务院工商行政管理部门批准，可以延长六个月。商标局作出准予注册决定的，发给商标注册证，并予公告。异议人不服的，可以依照本法第四十四条、第四十五条的规定向商标评审委员会请求宣告该注册商标无效。商标局作出不予注册决定，被异议人不服的，可以自收到通知之日起十五日内向商标评审委员会申请复审。商标评审委员会应当自收到申请之日起十二个月内作出复审决定，并书面通知异议人和被异议人。有特殊情况需要延长的，经国务院工商行政管理部门批准，可以延长六个月。被异议人对商标评审委员会的决定不服的，可以自收到通知之日起三十日内向人民法院起诉。人民法院应当通知异议人作为第三人参加诉讼。商标评审委员会在依照前款规定进行复审的过程中，所涉及的在先权利的确定必须以人民法院正在审理或者行政机关正在处理的另一案件的结果为依据的，可以中止审查。中止原因消除后，应当恢复审查程序。

第三十六条　法定期限届满，当事人对商标局作出的驳回申请决定、不予注册决定不申请复审或者对商标评审委员会作出的复审决定不向人民法院起诉的，驳回申请决定、不予注册决定或者复审决定生效。经审查异议不成立而准予注册的商标，商标注册申请人取得商标专用权的时间自初步审定公告三个月期满之日起计算。自该商标公告期满之日起至准予注册决定作出前，对他人在同一种或者类似商品上使用与该商标相同或者近似的标志的行为不具有追溯力；但是，因该使用人的恶意给商标注册人造成的损失，应当给予赔偿。

第三十七条　对商标注册申请和商标复审申请应当及时进行审查。

第三十八条　商标注册申请人或者注册人发现商标申请文件或者注册文件有明显错误的，可以申请更正。商标局依法在其职权范围内作出更正，并通知当事人。前款所称更正错误不涉及商标申请文件或者注册文件的实质性内容。

第四章　注册商标的续展、变更、转让和使用许可

第三十九条　注册商标的有效期为十年，自核准注册之日起计算。

第四十条　注册商标有效期满，需要继续使用的，商标注册人应当在期满前十二个月内按照规定办理续展手续；在此期间未能办理的，可以给予六个月的宽展期。每次续展注册的有效期为十年，自该商标上一届有效期满次日起计算。期满未办理续展手续的，注销其注册商标。商标局应当对续展注册的商标予以公告。

第四十一条　注册商标需要变更注册人的名义、地址或者其他注册事项的，应当提出变更申请。

第四十二条　转让注册商标的，转让人和受让人应当签订转让协议，并共同向商标局提出申请。受让人应当保证使用该注册商标的商品质量。转让注册商标的，商标注册人对其在同一种商品上注册的近似的商标，或者在类似商品上注册的相同或者近似的商标，应当一并转让。对容易导致混淆或者有其他不良影响的转让，商标局不予核准，书面通知申请人并说明理由。转让注册商标经核准后，予以公告。受让人自公告之日起享有商标专用权。

第四十三条　商标注册人可以通过签订商标使用许可合同，许可他人使用其注册商标。许可人应当监督被许可人使用其注册商标的商品质量。被许可人应当保证使用该注册商标的商品质量。经许可使用他人注册商标的，必须在使用该注册商标的商品上标明被许可人的名称和商品产地。许可他人使用其注册商标的，许可人应当将其商标使用许可报商标局备案，由商标局公告。商标使用许可未经备案不得对抗善意第三人。

第五章　注册商标的无效宣告

第四十四条　已经注册的商标，违反本法第四条、第十条、第十一条、第十二条、第十九条第四款规定的，或者是以欺骗手段或者其他不正当手段取得注册的，由商标局宣告该注册商标无效；其他单位或者个人可以请求商标评审委员会宣告该注册商标无效。商标局作出宣告注册商标无效的决定，应当书面通知当事人。当事人对商标局的决定不服的，可以自收到通知之日起十五日内向商标评审委员会申请复审。商标评审委员会应当自收到申请之日起九个月内作出决定，并书面通知当事人。有特殊情况需要延长的，经国务院工商行政管理部门批准，可以延长三个月。当事人对商标评审委员会的决定不服的，可以自收到通知之日起三十日内向人民法院起诉。其他单位或者个人请求商标评审委员会宣告注册商标无效的，商标评审委员会收到申请后，应当书面通知有关当事人，并限期提出答辩。商标评审委员会应当自收到申请之日起九个月内作出维持注册商标或者宣告注册商标无效的裁定，并书面通知当事人。有特殊情况需要延长的，经国务院工商行政管理部门批准，可以延长三个月。当事人对商标评审委员会的裁定不服的，可以自收到通知之日起三十日内向人民法院起诉。人民法院应当通知商标裁定程序的对方当事人作为第三人参加诉讼。

第四十五条　已经注册的商标，违反本法第十三条第二款和第三款、第十五条、第十六条第一款、第三十条、第三十一条、第三十二条规定的，自商标注册之日起五年内，在先权利人或者利害关系人可以请求商标评审委员会宣告该注册商标无效。对恶意注册的，驰名商标所有人不受五年的时间限制。商标评审委员会收到宣告注册商标无效的申请后，应当书面通知有关当事人，并限期提出答辩。商标评审委员会应当自收到申请之日起十二个月内作出维持注册商标或者宣告注册商标无效的裁定，并书面通知当事人。有特殊情况需要延长的，经国务院工商行政管理部门批准，可以延长六个月。当事人对商标评审委员会的裁定不服的，可以自收到通知之日起三十日内向人民法院起诉。人民法院应当通知商标裁定程序的对方当事人作为第三人参加诉讼。商标评审委员会在依照前款规定对无效宣告请求进行审查的过程中，所涉及的在先权利的确定必须以人民法院正在审理或者行政机关正在处理的另一案件的结果为依据的，可以中止审查。中止原因消除后，应当恢复审查程序。

第四十六条　法定期限届满，当事人对商标局宣告注册商标无效的决定不申请复审或者对商标评审委员会的复审决定、维持注册商标或者宣告注册商标无效的裁定不向人民法院起诉的，商标局的决定或者商标评审委员会的复审决定、裁定生效。

第四十七条　依照本法第四十四条、第四十五条的规定宣告无效的注册商标，由商标局予以公告，该注册商标专用权视为自始即不存在。宣告注册商标无效的决定或者裁定，对宣告无效前人民法院作出并已执行的商标侵权案件的判决、裁定、调解书和工商行政管理部门作出并已执行的商标侵权案件的处理决定以及已经履行的商标转让或者使用许可合同不具有追溯力。但是，因商标注册人的恶意给他人造成的损失，应当给予赔偿。依照前款规定不返还商标侵权赔偿金、商标转让费、商标使用费，明显违反公平原则的，应当全部或者部分返还。

第六章　商标使用的管理

第四十八条　本法所称商标的使用，是指将商标用于商品、商品包装或者容器以及商品交易文书上，或者将商标用于广告宣传、展览以及其他商业活动中，用于识别商品来源的行为。

第四十九条　商标注册人在使用注册商标的过程中，自行改变注册商标、注册人名义、地址或者其他注册事项的，由地方工商行政管理部门责令限期改正；期满不改正的，由商标局撤销其注册商标。注册商标成为其核定使用的商品的通用名称或者没有正当理由连续三年不使用的，任何单位或者个人可以向商标局申请撤销该注册商标。商标局应当自收到申请之日起九个月内作出决定。有特殊情况需要延长的，经国务院工商行政管理部门批准，可以延长三个月。

第五十条　注册商标被撤销、被宣告无效或者期满不再续展的，自撤销、宣告无效或者注销之日起一年内，商标局对与该商标相同或者近似的商标注册申请，不予核准。

第五十一条 违反本法第六条规定的，由地方工商行政管理部门责令限期申请注册，违法经营额五万元以上的，可以处违法经营额百分之二十以下的罚款，没有违法经营额或者违法经营额不足五万元的，可以处一万元以下的罚款。

第五十二条 将未注册商标冒充注册商标使用的，或者使用未注册商标违反本法第十条规定的，由地方工商行政管理部门予以制止，限期改正，并可以予以通报，违法经营额五万元以上的，可以处违法经营额百分之二十以下的罚款，没有违法经营额或者违法经营额不足五万元的，可以处一万元以下的罚款。

第五十三条 违反本法第十四条第五款规定的，由地方工商行政管理部门责令改正，处十万元罚款。

第五十四条 对商标局撤销或者不予撤销注册商标的决定，当事人不服的，可以自收到通知之日起十五日内向商标评审委员会申请复审。商标评审委员会应当自收到申请之日起九个月内作出决定，并书面通知当事人。有特殊情况需要延长的，经国务院工商行政管理部门批准，可以延长三个月。当事人对商标评审委员会的决定不服的，可以自收到通知之日起三十日内向人民法院起诉。

第五十五条 法定期限届满，当事人对商标局作出的撤销注册商标的决定不申请复审或者对商标评审委员会作出的复审决定不向人民法院起诉的，撤销注册商标的决定、复审决定生效。被撤销的注册商标，由商标局予以公告，该注册商标专用权自公告之日起终止。

第七章　注册商标专用权的保护

第五十六条 注册商标的专用权，以核准注册的商标和核定使用的商品为限。

第五十七条 有下列行为之一的，均属侵犯注册商标专用权：

（一）未经商标注册人的许可，在同一种商品上使用与其注册商标相同的商标的；

（二）未经商标注册人的许可，在同一种商品上使用与其注册商标近似的商标，或者在类似商品上使用与其注册商标相同或者近似的商标，容易导致混淆的；

（三）销售侵犯注册商标专用权的商品的；

（四）伪造、擅自制造他人注册商标标识或者销售伪造、擅自制造的注册商标标识的；

（五）未经商标注册人同意，更换其注册商标并将该更换商标的商品又投入市场的；

（六）故意为侵犯他人商标专用权行为提供便利条件，帮助他人实施侵犯商标专用权行为的；

（七）给他人的注册商标专用权造成其他损害的。

第五十八条 将他人注册商标、未注册的驰名商标作为企业名称中的字号使用，误导公众，构成不正当竞争行为的，依照《中华人民共和国反不正当竞争法》处理。

第五十九条 注册商标中含有的本商品的通用名称、图形、型号，或者直接表示商品的质量、主要原料、功能、用途、重量、数量及其他特点，或者含有的地名，注册商标专用权人无权禁止他人正当使用。三维标志注册商标中含有的商品自身的性质产生的形状、为获得技术效果而需有的商品形状或者使商品具有实质性价值的形状，注册商标专用权人无权禁止他人正当使用。商标注册人申请商标注册前，他人已经在同一种商品或者类似商品上先于商标注册人使用与注册商标相同或者近似并有一定影响的商标的，注册商标专用权人无权禁止该使用人在原使用范围内继续使用该商标，但可以要求其附加适当区别标识。

第六十条 有本法第五十七条所列侵犯注册商标专用权行为之一，引起纠纷的，由当事人协商解决；不愿协商或者协商不成的，商标注册人或者利害关系人可以向人民法院起诉，也可以请求工商行政管理部门处理。工商行政管理部门处理时，认定侵权行为成立的，责令立即停止侵权行为，没收、销毁侵权商品和主要用于制造侵权商品、伪造注册商标标识的工具，违法经营额五万元以上的，可以处违法经营额五倍以下的罚款，没有违法经营额或者违法经营额不足五万元的，可以处二十五万元以下的罚款。对五年内实施两次以上商标侵权行为或者有其他严重情节的，应当从重处罚。销售不知道是侵犯注册商标专用权的商品，能证明该商品是自己合法取得并说明提供者的，由工商行政管理部门责令停止销售。对侵犯商标专用权的赔偿数额的争议，当事人可以请求进行处理的工商行政管理部门调解，也可以依照《中华人民共和国民事诉讼法》向人民法院起诉。经工商行政管理部门调解，当事人未达成协议或者调解书生效后不履行的，当事人可以依照《中华人民共和国民事诉讼法》向人民法院起诉。

第六十一条 对侵犯注册商标专用权的行为，工商行政管理部门有权依法查处；涉嫌犯罪的，应当及时移送司法机关依法处理。

第六十二条 县级以上工商行政管理部门根据已经取得的违法嫌疑证据或者举报，对涉嫌侵犯他人注册商标专用权的行为进行查处时，可以行使下列职权：

（一）询问有关当事人，调查与侵犯他人注册商标专用权有关的情况；

（二）查阅、复制当事人与侵权活动有关的合同、发票、账簿以及其他有关资料；

（三）对当事人涉嫌从事侵犯他人注册商标专用权活动的场所实施现场检查；

（四）检查与侵权活动有关的物品；对有证据证明是侵犯他人注册商标专用权的物品，可以查封或者扣押。工商行政管理部门依法行使前款规定的职权时，当事人应当予以协助、配合，不得拒绝、阻挠。在查处商标侵权案件过程中，对商标权属存在争议或者权利人同时向人民法院提起商标侵权诉讼的，工商行政管理部门可以中止案件的查处。中止原因消除后，应当恢复或者终结案件查处程序。

第六十三条　侵犯商标专用权的赔偿数额，按照权利人因被侵权所受到的实际损失确定；实际损失难以确定的，可以按照侵权人因侵权所获得的利益确定；权利人的损失或者侵权人获得的利益难以确定的，参照该商标许可使用费的倍数合理确定。对恶意侵犯商标专用权，情节严重的，可以在按照上述方法确定数额的一倍以上五倍以下确定赔偿数额。赔偿数额应当包括权利人为制止侵权行为所支付的合理开支。人民法院为确定赔偿数额，在权利人已经尽力举证，而与侵权行为相关的账簿、资料主要由侵权人掌握的情况下，可以责令侵权人提供与侵权行为相关的账簿、资料；侵权人不提供或者提供虚假的账簿、资料的，人民法院可以参考权利人的主张和提供的证据判定赔偿数额。权利人因被侵权所受到的实际损失、侵权人因侵权所获得的利益、注册商标许可使用费难以确定的，由人民法院根据侵权行为的情节判决给予五百万元以下的赔偿。人民法院审理商标纠纷案件，应权利人请求，对属于假冒注册商标的商品，除特殊情况外，责令销毁；对主要用于制造假冒注册商标的商品的材料、工具，责令销毁，且不予补偿；或者在特殊情况下，责令禁止前述材料、工具进入商业渠道，且不予补偿。假冒注册商标的商品不得在仅去除假冒注册商标后进入商业渠道。

第六十四条　注册商标专用权人请求赔偿，被控侵权人以注册商标专用权人未使用注册商标提出抗辩的，人民法院可以要求注册商标专用权人提供此前三年内实际使用该注册商标的证据。注册商标专用权人不能证明此前三年内实际使用过该注册商标，也不能证明因侵权行为受到其他损失的，被控侵权人不承担赔偿责任。销售不知道是侵犯注册商标专用权的商品，能证明该商品是自己合法取得并说明提供者的，不承担赔偿责任。

第六十五条　商标注册人或者利害关系人有证据证明他人正在实施或者即将实施侵犯其注册商标专用权的行为，如不及时制止将会使其合法权益受到难以弥补的损害的，可以依法在起诉前向人民法院申请采取责令停止有关行为和财产保全的措施。

第六十六条　为制止侵权行为，在证据可能灭失或者以后难以取得的情况下，商标注册人或者利害关系人可以依法在起诉前向人民法院申请保全证据。

第六十七条　未经商标注册人许可，在同一种商品上使用与其注册商标相同的商标，构成犯罪的，除赔偿被侵权人的损失外，依法追究刑事责任。伪造、擅自制造他人注册商标标识或者销售伪造、擅自制造的注册商标标识，构成犯罪的，除赔偿被侵权人的损失外，依法追究刑事责任。销售明知是假冒注册商标的商品，构成犯罪的，除赔偿被侵权人的损失外，依法追究刑事责任。

第六十八条　商标代理机构有下列行为之一的，由工商行政管理部门责令限期改正，给予警告，处一万元以上十万元以下的罚款；对直接负责的主管人员和其他直接责任人员给予警告，处五千元以上五万元以下的罚款；构成犯罪的，依法追究刑事责任：

（一）办理商标事宜过程中，伪造、变造或者使用伪造、变造的法律文件、印章、签名的；

（二）以诋毁其他商标代理机构等手段招徕商标代理业务或者以其他不正当手段扰乱商标代理市场秩序的；

（三）违反本法第四条、第十九条第三款和第四款规定的。商标代理机构有前款规定行为的，由工商行政管理部门记入信用档案；情节严重的，商标局、商标评审委员会并可以决定停止受理其办理商标代理业务，予以公告。商标代理机构违反诚实信用原则，侵害委托人合法利益的，应当依法承担民事责任，并由商标代理行业组织按照章程规定予以惩戒。对恶意申请商标注册的，根据情节给予警告、罚款等行政处罚；对恶意提起商标诉讼的，由人民法院依法给予处罚。

第六十九条　从事商标注册、管理和复审工作的国家机关工作人员必须秉公执法，廉洁自律，忠于职守，文明服务。商标局、商标评审委员会以及从事商标注册、管理和复审工作的国家机关工作人员不得从事商标代理业务和商品生产经营活动。

第七十条　工商行政管理部门应当建立健全内部监督制度，对负责商标注册、管理和复审工作的国家机关工作人员执行法律、行政法规和遵守纪律的情况，进行监督检查。

第七十一条　从事商标注册、管理和复审工作的国家机关工作人员玩忽职守、滥用职权、徇私舞弊，违法办理商标注册、管理和复审事项，收受当事人财物，牟取不正当利益，构成犯罪的，依法追究刑事责任；尚不构成犯罪的，依法给予处分。

第八章　附　　则

第七十二条　申请商标注册和办理其他商标事宜的，应当缴纳费用，具体收费标准另定。

第七十三条　本法自 1983 年 3 月 1 日起施行。1963 年 4 月 10 日国务院公布的《商标管理条例》同时废止；其他有关商标管理的规定，凡与本法抵触的，同时失效。本法施行前已经注册的商标继续有效。

食品生产许可管理办法

（2020年1月2日国家市场监督管理总局令第24号公布，2020年3月1日起施行）

第一章　总　　则

第一条　为规范食品、食品添加剂生产许可活动，加强食品生产监督管理，保障食品安全，根据《中华人民共和国行政许可法》《中华人民共和国食品安全法》《中华人民共和国食品安全法实施条例》等法律法规，制定本办法。

第二条　在中华人民共和国境内，从事食品生产活动，应当依法取得食品生产许可。

食品生产许可的申请、受理、审查、决定及其监督检查，适用本办法。

第三条　食品生产许可应当遵循依法、公开、公平、公正、便民、高效的原则。

第四条　食品生产许可实行一企一证原则，即同一个食品生产者从事食品生产活动，应当取得一个食品生产许可证。

第五条　市场监督管理部门按照食品的风险程度，结合食品原料、生产工艺等因素，对食品生产实施分类许可。

第六条　国家市场监督管理总局负责监督指导全国食品生产许可管理工作。

县级以上地方市场监督管理部门负责本行政区域内的食品生产许可监督管理工作。

第七条　省、自治区、直辖市市场监督管理部门可以根据食品类别和食品安全风险状况，确定市、县级市场监督管理部门的食品生产许可管理权限。

保健食品、特殊医学用途配方食品、婴幼儿配方食品、婴幼儿辅助食品、食盐等食品的生产许可，由省、自治区、直辖市市场监督管理部门负责。

第八条　国家市场监督管理总局负责制定食品生产许可审查通则和细则。

省、自治区、直辖市市场监督管理部门可以根据本行政区域食品生产许可审查工作的需要，对地方特色食品制定食品生产许可审查细则，在本行政区域内实施，并向国家市场监督管理总局报告。国家市场监督管理总局制定公布相关食品生产许可审查细则后，地方特色食品生产许可审查细则自行废止。

县级以上地方市场监督管理部门实施食品生产许可审查，应当遵守食品生产许可审查通则和细则。

第九条　县级以上地方市场监督管理部门应当加快信息化建设，推进许可申请、受理、审查、发证、查询等全流程网上办理，并在行政机关的网站上公布生产许可事项，提高办事效率。

第二章　申请与受理

第十条　申请食品生产许可，应当先行取得营业执照等合法主体资格。

企业法人、合伙企业、个人独资企业、个体工商户、农民专业合作组织等，以营业执照载明的主体作为申请人。

第十一条　申请食品生产许可，应当按照以下食品类别提出：粮食加工品，食用油、油脂及其制品，调味品，肉制品，乳制品，饮料，方便食品，饼干，罐头，冷冻饮品，速冻食品，薯类和膨化食品，糖果制品，茶叶及相关制品，酒类，蔬菜制品，水果制品，炒货食品及坚果制品，蛋制品，可可及焙烤咖啡产品，食糖，水产制品，淀粉及淀粉制品，糕点，豆制品，蜂产品，保健食品，特殊医学用途配方食品，婴幼儿配方食品，特殊膳食食品，其他食品等。

国家市场监督管理总局可以根据监督管理工作需要对食品类别进行调整。

第十二条　申请食品生产许可，应当符合下列条件：

（一）具有与生产的食品品种、数量相适应的食品原料处理和食品加工、包装、储存等场所，保持该场所环境整洁，并与有毒、有害场所以及其他污染源保持规定的距离；

（二）具有与生产的食品品种、数量相适应的生产设备或者设施，有相应的消毒、更衣、盥洗、采光、照明、通风、防腐、防尘、防蝇、防鼠、防虫、洗涤以及处理废水、存放垃圾和废弃物的设备或者设施；保健食品生产工艺有原料提取、纯化等前处理工序的，需要具备与生产的品种、数量相适应的原料前处理设备或者设施；

（三）有专职或者兼职的食品安全专业技术人员、食品安全管理人员和保证食品安全的规章制度；

（四）具有合理的设备布局和工艺流程，防止待加工食品与直接入口食品、原料与成品交叉污染，避免食品接触有毒物、不洁物；

（五）法律、法规规定的其他条件。

第十三条　申请食品生产许可，应当向申请人所在地县级以上地方市场监督管理部门提交下列材料：

（一）食品生产许可申请书；

（二）食品生产设备布局图和食品生产工艺流程图；

（三）食品生产主要设备、设施清单；

（四）专职或者兼职的食品安全专业技术人员、食品安全管理人员信息和食品安全管理制度。

第十四条 申请保健食品、特殊医学用途配方食品、婴幼儿配方食品等特殊食品的生产许可，还应当提交与所生产食品相适应的生产质量管理体系文件以及相关注册和备案文件。

第十五条 从事食品添加剂生产活动，应当依法取得食品添加剂生产许可。

申请食品添加剂生产许可，应当具备与所生产食品添加剂品种相适应的场所、生产设备或者设施、食品安全管理人员、专业技术人员和管理制度。

第十六条 申请食品添加剂生产许可，应当向申请人所在地县级以上地方市场监督管理部门提交下列材料：

（一）食品添加剂生产许可申请书；

（二）食品添加剂生产设备布局图和生产工艺流程图；

（三）食品添加剂生产主要设备、设施清单；

（四）专职或者兼职的食品安全专业技术人员、食品安全管理人员信息和食品安全管理制度。

第十七条 申请人应当如实向市场监督管理部门提交有关材料和反映真实情况，对申请材料的真实性负责，并在申请书等材料上签名或者盖章。

第十八条 申请人申请生产多个类别食品的，由申请人按照省级市场监督管理部门确定的食品生产许可管理权限，自主选择其中一个受理部门提交申请材料。受理部门应当及时告知有相应审批权限的市场监督管理部门，组织联合审查。

第十九条 县级以上地方市场监督管理部门对申请人提出的食品生产许可申请，应当根据下列情况分别作出处理：

（一）申请事项依法不需要取得食品生产许可的，应当即时告知申请人不受理；

（二）申请事项依法不属于市场监督管理部门职权范围的，应当即时作出不予受理的决定，并告知申请人向有关行政机关申请；

（三）申请材料存在可以当场更正的错误的，应当允许申请人当场更正，由申请人在更正处签名或者盖章，注明更正日期；

（四）申请材料不齐全或者不符合法定形式的，应当当场或者在5个工作日内一次告知申请人需要补正的全部内容。当场告知的，应当将申请材料退回申请人；在5个工作日内告知的，应当收取申请材料并出具收到申请材料的凭据。逾期不告知的，自收到申请材料之日起即为受理；

（五）申请材料齐全、符合法定形式，或者申请人按照要求提交全部补正材料的，应当受理食品生产许可申请。

第二十条 县级以上地方市场监督管理部门对申请人提出的申请决定予以受理的，应当出具受理通知书；决定不予受理的，应当出具不予受理通知书，说明不予受理的理由，并告知申请人依法享有申请行政复议或者提起行政诉讼的权利。

第三章 审查与决定

第二十一条 县级以上地方市场监督管理部门应当对申请人提交的申请材料进行审查。需要对申请材料的实质内容进行核实的，应当进行现场核查。

市场监督管理部门开展食品生产许可现场核查时，应当按照申请材料进行核查。对首次申请许可或者增加食品类别的变更许可的，根据食品生产工艺流程等要求，核查试制食品的检验报告。开展食品添加剂生产许可现场核查时，可以根据食品添加剂品种特点，核查试制食品添加剂的检验报告和复配食品添加剂配方等。试制食品检验可以由生产者自行检验，或者委托有资质的食品检验机构检验。

现场核查应当由食品安全监管人员进行，根据需要可以聘请专业技术人员作为核查人员参加现场核查。核查人员不得少于 2 人。核查人员应当出示有效证件，填写食品生产许可现场核查表，制作现场核查记录，经申请人核对无误后，由核查人员和申请人在核查表和记录上签名或者盖章。申请人拒绝签名或者盖章的，核查人员应当注明情况。

申请保健食品、特殊医学用途配方食品、婴幼儿配方乳粉生产许可，在产品注册或者产品配方注册时经过现场核查的项目，可以不再重复进行现场核查。

市场监督管理部门可以委托下级市场监督管理部门，对受理的食品生产许可申请进行现场核查。特殊食品生产许可的现场核查原则上不得委托下级市场监督管理部门实施。

核查人员应当自接受现场核查任务之日起 5 个工作日内，完成对生产场所的现场核查。

第二十二条 除可以当场作出行政许可决定的外，县级以上地方市场监督管理部门应当自受理申请之日起 10 个工作日内作出是否准予行政许可的决定。因特殊原因需要延长期限的，经本行政机关负责人批准，可以延长 5 个工作日，并应当将延长期限的理由告知申请人。

第二十三条　县级以上地方市场监督管理部门应当根据申请材料审查和现场核查等情况，对符合条件的，作出准予生产许可的决定，并自作出决定之日起 5 个工作日内向申请人颁发食品生产许可证；对不符合条件的，应当及时作出不予许可的书面决定并说明理由，同时告知申请人依法享有申请行政复议或者提起行政诉讼的权利。

第二十四条　食品添加剂生产许可申请符合条件的，由申请人所在地县级以上地方市场监督管理部门依法颁发食品生产许可证，并标注食品添加剂。

第二十五条　食品生产许可证发证日期为许可决定作出的日期，有效期为 5 年。

第二十六条　县级以上地方市场监督管理部门认为食品生产许可申请涉及公共利益的重大事项，需要听证的，应当向社会公告并举行听证。

第二十七条　食品生产许可直接涉及申请人与他人之间重大利益关系的，县级以上地方市场监督管理部门在作出行政许可决定前，应当告知申请人、利害关系人享有要求听证的权利。

申请人、利害关系人在被告知听证权利之日起 5 个工作日内提出听证申请的，市场监督管理部门应当在 20 个工作日内组织听证。听证期限不计算在行政许可审查期限之内。

第四章　许可证管理

第二十八条　食品生产许可证分为正本、副本。正本、副本具有同等法律效力。

国家市场监督管理总局负责制定食品生产许可证式样。省、自治区、直辖市市场监督管理部门负责本行政区域食品生产许可证的印制、发放等管理工作。

第二十九条　食品生产许可证应当载明：生产者名称、社会信用代码、法定代表人（负责人）、住所、生产地址、食品类别、许可证编号、有效期、发证机关、发证日期和二维码。

副本还应当载明食品明细。生产保健食品、特殊医学用途配方食品、婴幼儿配方食品的，还应当载明产品或者产品配方的注册号或者备案登记号；接受委托生产保健食品的，还应当载明委托企业名称及住所等相关信息。

第三十条　食品生产许可证编号由 SC（"生产"的汉语拼音字母缩写）和 14 位阿拉伯数字组成。数字从左至右依次为：3 位食品类别编码、2 位省（自治区、直辖市）代码、2 位市（地）代码、2 位县（区）代码、4 位顺序码、1 位校验码。

第三十一条　食品生产者应当妥善保管食品生产许可证，不得伪造、涂改、倒卖、出租、出借、转让。

食品生产者应当在生产场所的显著位置悬挂或者摆放食品生产许可证正本。

第五章 变更、延续与注销

第三十二条 食品生产许可证有效期内，食品生产者名称、现有设备布局和工艺流程、主要生产设备设施、食品类别等事项发生变化，需要变更食品生产许可证载明的许可事项的，食品生产者应当在变化后 10 个工作日内向原发证的市场监督管理部门提出变更申请。

食品生产者的生产场所迁址的，应当重新申请食品生产许可。

食品生产许可证副本载明的同一食品类别内的事项发生变化的，食品生产者应当在变化后 10 个工作日内向原发证的市场监督管理部门报告。

食品生产者的生产条件发生变化，不再符合食品生产要求，需要重新办理许可手续的，应当依法办理。

第三十三条 申请变更食品生产许可的，应当提交下列申请材料：

（一）食品生产许可变更申请书；

（二）与变更食品生产许可事项有关的其他材料。

第三十四条 食品生产者需要延续依法取得的食品生产许可的有效期的，应当在该食品生产许可有效期届满 30 个工作日前，向原发证的市场监督管理部门提出申请。

第三十五条 食品生产者申请延续食品生产许可，应当提交下列材料：

（一）食品生产许可延续申请书；

（二）与延续食品生产许可事项有关的其他材料。

保健食品、特殊医学用途配方食品、婴幼儿配方食品的生产企业申请延续食品生产许可的，还应当提供生产质量管理体系运行情况的自查报告。

第三十六条 县级以上地方市场监督管理部门应当根据被许可人的延续申请，在该食品生产许可有效期届满前作出是否准予延续的决定。

第三十七条 县级以上地方市场监督管理部门应当对变更或者延续食品生产许可的申请材料进行审查，并按照本办法第二十一条的规定实施现场核查。

申请人声明生产条件未发生变化的，县级以上地方市场监督管理部门可以不再进行现场核查。

申请人的生产条件及周边环境发生变化，可能影响食品安全的，市场监督管理部门应当就变化情况进行现场核查。

保健食品、特殊医学用途配方食品、婴幼儿配方食品注册或者备案的生产工艺发生变化的，应当先办理注册或者备案变更手续。

第三十八条　市场监督管理部门决定准予变更的，应当向申请人颁发新的食品生产许可证。食品生产许可证编号不变，发证日期为市场监督管理部门作出变更许可决定的日期，有效期与原证书一致。但是，对因迁址等原因而进行全面现场核查的，其换发的食品生产许可证有效期自发证之日起计算。

因食品安全国家标准发生重大变化，国家和省级市场监督管理部门决定组织重新核查而换发的食品生产许可证，其发证日期以重新批准日期为准，有效期自重新发证之日起计算。

第三十九条　市场监督管理部门决定准予延续的，应当向申请人颁发新的食品生产许可证，许可证编号不变，有效期自市场监督管理部门作出延续许可决定之日起计算。

不符合许可条件的，市场监督管理部门应当作出不予延续食品生产许可的书面决定，并说明理由。

第四十条　食品生产者终止食品生产，食品生产许可被撤回、撤销，应当在 20 个工作日内向原发证的市场监督管理部门申请办理注销手续。

食品生产者申请注销食品生产许可的，应当向原发证的市场监督管理部门提交食品生产许可注销申请书。

食品生产许可被注销的，许可证编号不得再次使用。

第四十一条　有下列情形之一，食品生产者未按规定申请办理注销手续的，原发证的市场监督管理部门应当依法办理食品生产许可注销手续，并在网站进行公示：

（一）食品生产许可有效期届满未申请延续的；

（二）食品生产者主体资格依法终止的；

（三）食品生产许可依法被撤回、撤销或者食品生产许可证依法被吊销的；

（四）因不可抗力导致食品生产许可事项无法实施的；

（五）法律法规规定的应当注销食品生产许可的其他情形。

第四十二条　食品生产许可证变更、延续与注销的有关程序参照本办法第二章、第三章的有关规定执行。

第六章　监督检查

第四十三条　县级以上地方市场监督管理部门应当依据法律法规规定的职责，对食品生产者的许可事项进行监督检查。

第四十四条　县级以上地方市场监督管理部门应当建立食品许可管理信息平台，便于公民、法人和其他社会组织查询。

县级以上地方市场监督管理部门应当将食品生产许可颁发、许可事项检查、日常监督检查、许可违法行为查处等情况记入食品生产者食品安全信用档案，并通过国家企业信用信息公示系统向社会公示；对有不良信用记录的食品生产者应当增加监督检查频次。

第四十五条　县级以上地方市场监督管理部门及其工作人员履行食品生产许可管理职责，应当自觉接受食品生产者和社会监督。

接到有关工作人员在食品生产许可管理过程中存在违法行为的举报，市场监督管理部门应当及时进行调查核实。情况属实的，应当立即纠正。

第四十六条　县级以上地方市场监督管理部门应当建立食品生产许可档案管理制度，将办理食品生产许可的有关材料、发证情况及时归档。

第四十七条　国家市场监督管理总局可以定期或者不定期组织对全国食品生产许可工作进行监督检查；省、自治区、直辖市市场监督管理部门可以定期或者不定期组织对本行政区域内的食品生产许可工作进行监督检查。

第四十八条　未经申请人同意，行政机关及其工作人员、参加现场核查的人员不得披露申请人提交的商业秘密、未披露信息或者保密商务信息，法律另有规定或者涉及国家安全、重大社会公共利益的除外。

第七章　法律责任

第四十九条　未取得食品生产许可从事食品生产活动的，由县级以上地方市场监督管理部门依照《中华人民共和国食品安全法》第一百二十二条的规定给予处罚。

食品生产者生产的食品不属于食品生产许可证上载明的食品类别的，视为未取得食品生产许可从事食品生产活动。

第五十条　许可申请人隐瞒真实情况或者提供虚假材料申请食品生产许可的，由县级以上地方市场监督管理部门给予警告。申请人在 1 年内不得再次申请食品生产许可。

第五十一条　被许可人以欺骗、贿赂等不正当手段取得食品生产许可的，由原发证的市场监督管理部门撤销许可，并处 1 万元以上 3 万元以下罚款。被许可人在 3 年内不得再次申请食品生产许可。

第五十二条　违反本办法第三十一条第一款规定，食品生产者伪造、涂改、倒卖、出租、出借、转让食品生产许可证的，由县级以上地方市场监督管理部门责令改正，给予警告，并处 1 万元以下罚款；情节严重的，处 1 万元以上 3 万元以下罚款。

违反本办法第三十一条第二款规定，食品生产者未按规定在生产场所的显著位置悬挂或者摆放食品生产许可证的，由县级以上地方市场监督管理部门责令改正；拒不改正的，给予警告。

第五十三条 违反本办法第三十二条第一款规定，食品生产许可证有效期内，食品生产者名称、现有设备布局和工艺流程、主要生产设备设施等事项发生变化，需要变更食品生产许可证载明的许可事项，未按规定申请变更的，由原发证的市场监督管理部门责令改正，给予警告；拒不改正的，处1万元以上3万元以下罚款。

违反本办法第三十二条第二款规定，食品生产者的生产场所迁址后未重新申请取得食品生产许可从事食品生产活动的，由县级以上地方市场监督管理部门依照《中华人民共和国食品安全法》第一百二十二条的规定给予处罚。

违反本办法第三十二条第三款、第四十条第一款规定，食品生产许可证副本载明的同一食品类别内的事项发生变化，食品生产者未按规定报告的，食品生产者终止食品生产，食品生产许可被撤回、撤销或者食品生产许可证被吊销，未按规定申请办理注销手续的，由原发证的市场监督管理部门责令改正；拒不改正的，给予警告，并处5000元以下罚款。

第五十四条 食品生产者违反本办法规定，有《中华人民共和国食品安全法实施条例》第七十五条第一款规定的情形的，依法对单位的法定代表人、主要负责人、直接负责的主管人员和其他直接责任人员给予处罚。

被吊销生产许可证的食品生产者及其法定代表人、直接负责的主管人员和其他直接责任人员自处罚决定作出之日起5年内不得申请食品生产经营许可，或者从事食品生产经营管理工作、担任食品生产经营企业食品安全管理人员。

第五十五条 市场监督管理部门对不符合条件的申请人准予许可，或者超越法定职权准予许可的，依照《中华人民共和国食品安全法》第一百四十四条的规定给予处分。

第八章 附 则

第五十六条 取得食品经营许可的餐饮服务提供者在其餐饮服务场所制作加工食品，不需要取得本办法规定的食品生产许可。

第五十七条 食品添加剂的生产许可管理原则、程序、监督检查和法律责任，适用本办法有关食品生产许可的规定。

第五十八条 对食品生产加工小作坊的监督管理，按照省、自治区、直辖市制定的具体管理办法执行。

第五十九条 各省、自治区、直辖市市场监督管理部门可以根据本行政区域实际情况，制定有关食品生产许可管理的具体实施办法。

第六十条 市场监督管理部门制作的食品生产许可电子证书与印制的食品生产许可证书具有同等法律效力。

第六十一条 本办法自 2020 年 3 月 1 日起施行。原国家食品药品监督管理总局 2015 年 8 月 31 日公布，根据 2017 年 11 月 7 日原国家食品药品监督管理总局《关于修改部分规章的决定》修正的《食品生产许可管理办法》同时废止。

食品安全国家标准
预包装食品标签通则

GB 7718—2011

1 范围

本标准适用于直接提供给消费者的预包装食品标签和非直接提供给消费者的预包装食品标签。

本标准不适用于为预包装食品在储藏运输过程中提供保护的食品储运包装标签、散装食品和现制现售食品的标识。

2 术语和定义

2.1 预包装食品

预先定量包装或者制作在包装材料和容器中的食品，包括预先定量包装以及预先定量制作在包装材料和容器中并且在一定量限范围内具有统一的质量或体积标识的食品。

2.2 食品标签

食品包装上的文字、图形、符号及一切说明物。

2.3 配料

在制造或加工食品时使用的，并存在（包括以改性的形式存在）于产品中的任何物质，包括食品添加剂。

2.4 生产日期（制造日期）

食品成为最终产品的日期，也包括包装或灌装日期，即将食品装入（灌入）包装物或容器中，形成最终销售单元的日期。

2.5 保质期

预包装食品在标签指明的储存条件下，保持品质的期限。在此期限内，产品完全适于销售，并保持标签中不必说明或已经说明的特有品质。

2.6 规格

同一预包装内含有多件预包装食品时，对净含量和内含件数关系的表述。

2.7　主要展示版面

预包装食品包装物或包装容器上容易被观察到的版面。

3　基本要求

3.1　应符合法律、法规的规定，并符合相应食品安全标准的规定。

3.2　应清晰、醒目、持久，应使消费者购买时易于辨认和识读。

3.3　应通俗易懂、有科学依据，不得标示封建迷信、色情、贬低其他食品或违背营养科学常识的内容。

3.4　应真实、准确，不得以虚假、夸大、使消费者误解或欺骗性的文字、图形等方式介绍食品，也不得利用字号大小或色差误导消费者。

3.5　不应直接或以暗示性的语言、图形、符号，误导消费者将购买的食品或食品的某一性质与另一产品混淆。

3.6　不应标注或者暗示具有预防、治疗疾病作用的内容，非保健食品不得明示或者暗示具有保健作用。

3.7　不应与食品或者其包装物（容器）分离。

3.8　应使用规范的汉字（商标除外）。具有装饰作用的各种艺术字，应书写正确，易于辨认。

3.8.1　可以同时使用拼音或少数民族文字，拼音不得大于相应汉字。

3.8.2　可以同时使用外文，但应与中文有对应关系（商标、进口食品的制造者和地址、国外经销者的名称和地址、网址除外）。所有外文不得大于相应的汉字（商标除外）。

3.9　预包装食品包装物或包装容器最大表面面积大于 $35cm^2$ 时（最大表面面积计算方法见附录 A），强制标示内容的文字、符号、数字的高度不得小于 1.8mm。

3.10　一个销售单元的包装中含有不同品种、多个独立包装可单独销售的食品，每件独立包装的食品标识应当分别标注。

3.11　若外包装易于开启识别或透过外包装物能清晰地识别内包装物（容器）上的所有强制标示内容或部分强制标示内容，可不在外包装物上重复标示相应的内容；否则应在外包装物上按要求标示所有强制标示内容。

4　标示内容

4.1　直接向消费者提供的预包装食品标签标示内容。

4.1.1　一般要求

直接向消费者提供的预包装食品标签标示应包括食品名称、配料表、净含量和规格、生产者和（或）经销者的名称、地址和联系方式、生产日期和保质期、储存条件、食品生产许可证编号、产品标准代号及其他需要标示的内容。

4.1.2 食品名称

4.1.2.1 应在食品标签的醒目位置，清晰地标示反映食品真实属性的专用名称。

4.1.2.1.1 当国家标准、行业标准或地方标准中已规定了某食品的一个或几个名称时，应选用其中的一个，或等效的名称。

4.1.2.1.2 无国家标准、行业标准或地方标准规定的名称时，应使用不使消费者误解或混淆的常用名称或通俗名称。

4.1.2.2 标示"新创名称""奇特名称""音译名称""牌号名称""地区俚语名称"或"商标名称"时，应在所示名称的同一展示版面标示 4.1.2.1 规定的名称。

4.1.2.2.1 当"新创名称""奇特名称""音译名称""牌号名称""地区俚语名称"或"商标名称"含有易使人误解食品属性的文字或术语（词语）时，应在所示名称的同一展示版面邻近部位使用同一字号标示食品真实属性的专用名称。

4.1.2.2.2 当食品真实属性的专用名称因字号或字体颜色不同易使人误解食品属性时，也应使用同一字号及同一字体颜色标示食品真实属性的专用名称。

4.1.2.3 为不使消费者误解或混淆食品的真实属性、物理状态或制作方法，可以在食品名称前或食品名称后附加相应的词或短语。如干燥的、浓缩的、复原的、熏制的、油炸的、粉末的、粒状的等。

4.1.3 配料表

4.1.3.1 预包装食品的标签上应标示配料表，配料表中的各种配料应按 4.1.2 的要求标示具体名称，食品添加剂按照 4.1.3.1.4 的要求标示名称。

4.1.3.1.1 配料表应以"配料"或"配料表"为引导词。当加工过程中所用的原料已改变为其他成分（如酒、酱油、食醋等发酵产品）时，可用"原料"或"原料与辅料"代替"配料""配料表"，并按本标准相应条款的要求标示各种原料、辅料和食品添加剂。加工助剂不需要标示。

4.1.3.1.2 各种配料应按制造或加工食品时加入量的递减顺序——排列；加入量不超过 2% 的配料可以不按递减顺序排列。

4.1.3.1.3 如果某种配料是由两种或两种以上的其他配料构成的复合配料（不包括复合食品添加剂），应在配料表中标示复合配料的名称，随后将复合配料的原始配料在括号内按加入量的递减顺序标示。当某种复合配料已有国家标准、行业标准或地方标准，且其加入量小于食品总量的 25% 时，不需要标示复合配料的原始配料。

4.1.3.1.4 食品添加剂应当标示其在 GB 2760 中的食品添加剂通用名称。食品添加剂通用名称可以标示为食品添加剂的具体名称，也可标示为食品添加剂的功能类别名称并同时标示食品添加剂的具体名称或国际编码（INS 号）（标示形式见附录 B）。在同一预包装食品的标签上，应选择附录 B 中的一种形式标示食品添加剂。当采用同时标示食品添加剂的功能类别名称和国际编码的形式时，若某种食品添加剂尚不存在相应的国际编码，或因致敏物质标示需要，可以标示其具体名称。食品添加剂的名称不包括其制法。加入量小于食品总量 25% 的复合配料中含有的食品添加剂，若符合 GB 2760 规定的带入原则且在最终产品中不起工艺作用的，不需要标示。

4.1.3.1.5 在食品制造或加工过程中，加入的水应在配料表中标示。在加工过程中已挥发的水或其他挥发性配料不需要标示。

4.1.3.1.6 可食用的包装物也应在配料表中标示原始配料，国家另有法律法规规定的除外。

4.1.3.2 下列食品配料，可以选择按表 1 的方式标示。

表 1　配料标示方式

配料类别	标示方式
各种植物油或精炼植物油，不包括橄榄油	"植物油"或"精炼植物油"；如经过氢化处理，应标示为"氢化"或"部分氢化"
各种淀粉，不包括化学改性淀粉	"淀粉"
加入量不超过 2% 的各种香辛料或香辛料浸出物（单一的或合计的）	"香辛料""香辛料类"或"复合香辛料"
胶基糖果的各种胶基物质制剂	"胶姆糖基础剂""胶基"
添加量不超过 10% 的各种果脯蜜饯水果	"蜜饯""果脯"
食用香精、香料	"食用香精""食用香料""食用香精香料"

4.1.4　配料的定量标示

4.1.4.1 如果在食品标签或食品说明书上特别强调添加了或含有一种或多种有价值、有特性的配料或成分，应标示所强调配料或成分的添加量或在成品中的含量。

4.1.4.2 如果在食品的标签上特别强调一种或多种配料或成分的含量较低或无时，应标示所强调配料或成分在成品中的含量。

4.1.4.3 食品名称中提及的某种配料或成分而未在标签上特别强调，不需要标示该种配料或成分的添加量或在成品中的含量。

4.1.5　净含量和规格

4.1.5.1 净含量的标示应由净含量、数字和法定计量单位组成（标示形式参见附录 C）。

4.1.5.2 应依据法定计量单位，按以下形式标示包装物（容器）中食品的净含量：

a）液态食品，用体积升（L）（l）、毫升（mL）（ml），或用质量克（g）、千克（kg）；

b）固态食品，用质量克（g）、千克（kg）；

c）半固态或黏性食品，用质量克（g）、千克（kg）或体积升（L）（l）、毫升（mL）（ml）。

4.1.5.3 净含量的计量单位应按表 2 标示。

表 2　净含量计量单位的标示方式

计量方式	净含量（Q）的范围	计量单位
体积	$Q<1\,000mL$ $Q\geqslant1\,000mL$	毫升（mL）（ml） 升（L）（l）
质量	$Q<1\,000g$ $Q\geqslant1\,000g$	克（g） 千克（kg）

4.1.5.4 净含量字符的最小高度应符合表 3 的规定。

表 3　净含量字符的最小高度

净含量（Q）的范围	字符的最小高度 mm
$Q\leqslant50mL$；$Q\leqslant50g$	2
$50mL<Q\leqslant200mL$；$50g<Q\leqslant200g$	3
$200mL<Q\leqslant1L$；$200g<Q\leqslant1kg$	4
$Q>1kg$；$Q>1L$	6

4.1.5.5 净含量应与食品名称在包装物或容器的同一展示版面标示。

4.1.5.6 容器中含有固、液两相物质的食品，且固相物质为主要食品配料时，除标示净含量外，还应以质量或质量分数的形式标示沥干物（固形物）的含量（标示形式参见附录 C）。

4.1.5.7 同一预包装内含有多个单件预包装食品时，大包装在标示净含量的同时还应标示规格。

4.1.5.8 规格的标示应由单件预包装食品净含量和件数组成，或只标示件数，可不标示"规格"二字。单件预包装食品的规格即指净含量（标示形式参见附录 C）。

4.1.6　生产者、经销者的名称、地址和联系方式

4.1.6.1 应当标注生产者的名称、地址和联系方式。生产者名称和地址应当是依法登记注册、能够承担产品安全质量责任的生产者的名称、地址。有下列情形之一的，应按下列要求予以标示。

4.1.6.1.1 依法独立承担法律责任的集团公司、集团公司的子公司，应标示各自的名称和地址。

4.1.6.1.2 不能依法独立承担法律责任的集团公司的分公司或集团公司的生产基地，应标示集团公司和分公司（生产基地）的名称、地址；或仅标示集团公司的名称、地址及产地，产地应当按照行政区划标注到地市级地域。

4.1.6.1.3 受其他单位委托加工预包装食品的，应标示委托单位和受委托单位的名称和地址；或仅标示委托单位的名称和地址及产地，产地应当按照行政区划标注到地市级地域。

4.1.6.2 依法承担法律责任的生产者或经销者的联系方式应标示以下至少一项内容：电话、传真、网络联系方式等，或与地址一并标示的邮政地址。

4.1.6.3 进口预包装食品应标示原产国国名或地区区名（如香港、澳门、台湾），以及在中国依法登记注册的代理商、进口商或经销者的名称、地址和联系方式，可不标示生产者的名称、地址和联系方式。

4.1.7 日期标示

4.1.7.1 应清晰标示预包装食品的生产日期和保质期。如日期标示采用"见包装物某部位"的形式，应标示所在包装物的具体部位。日期标示不得另外加贴、补印或篡改（标示形式参见附录C）。

4.1.7.2 当同一预包装内含有多个标示了生产日期及保质期的单件预包装食品时，外包装上标示的保质期应按最早到期的单件食品的保质期计算。外包装上标示的生产日期应为最早生产的单件食品的生产日期，或外包装形成销售单元的日期；也可在外包装上分别标示各单件装食品的生产日期和保质期。

4.1.7.3 应按年、月、日的顺序标示日期，如果不按此顺序标示，应注明日期标示顺序（标示形式参见附录C）。

4.1.8 储存条件

预包装食品标签应标示储存条件（标示形式参见附录C）。

4.1.9 食品生产许可证编号

预包装食品标签应标示食品生产许可证编号的，标示形式按照相关规定执行。

4.1.10 产品标准代号

在国内生产并在国内销售的预包装食品（不包括进口预包装食品）应标示产品所执行的标准代号和顺序号。

4.1.11 其他标示内容

4.1.11.1 辐照食品

4.1.11.1.1 经电离辐射线或电离能量处理过的食品，应在食品名称附近标示"辐照食品"。

4.1.11.1.2 经电离辐射线或电离能量处理过的任何配料，应在配料表中标明。

4.1.11.2 转基因食品

转基因食品的标示应符合相关法律、法规的规定。

4.1.11.3 营养标签

4.1.11.3.1 特殊膳食类食品和专供婴幼儿的主辅类食品，应当标示主要营养成分及其含量，标示方式按照 GB 13432 执行。

4.1.11.3.2 其他预包装食品如需标示营养标签，标示方式参照相关法规标准执行。

4.1.11.4 质量（品质）等级

食品所执行的相应产品标准已明确规定质量（品质）等级的，应标示质量（品质）等级。

4.2 非直接提供给消费者的预包装食品标签标示内容

非直接提供给消费者的预包装食品标签应按照 4.1 项下的相应要求标示食品名称、规格、净含量、生产日期、保质期和储存条件，其他内容如未在标签上标注，则应在说明书或合同中注明。

4.3 标示内容的豁免

4.3.1 下列预包装食品可以免除标示保质期：酒精度大于等于 10% 的饮料酒；食醋；食用盐；固态食糖类；味精。

4.3.2 当预包装食品包装物或包装容器的最大表面面积小于 $10cm^2$ 时（最大表面面积计算方法见附录 A），可以只标示产品名称、净含量、生产者（或经销商）的名称和地址。

4.4 推荐标示内容

4.4.1 批号

根据产品需要，可以标示产品的批号。

4.4.2 食用方法

根据产品需要，可以标示容器的开启方法、食用方法、烹调方法、复水再制方法等对消费者有帮助的说明。

4.4.3 致敏物质

4.4.3.1 以下食品及其制品可能导致过敏反应，如果用作配料，宜在配料表中使用易辨识的名称，或在配料表邻近位置加以提示：

a) 含有麸质的谷物及其制品（如小麦、黑麦、大麦、燕麦、斯佩耳特小麦或它们的杂交品系）；

b) 甲壳纲类动物及其制品（如虾、龙虾、蟹等）；

c) 鱼类及其制品；

d) 蛋类及其制品；

e) 花生及其制品；

f) 大豆及其制品；

g) 乳及乳制品（包括乳糖）；

h) 坚果及其果仁类制品。

4.4.3.2 如加工过程中可能带入上述食品或其制品，宜在配料表临近位置加以提示。

5 其他

按国家相关规定需要特殊审批的食品，其标签标识按照相关规定执行。

附 录 A

包装物或包装容器最大表面积计算方法

A. 1 长方体形包装物或长方体形包装容器计算方法

长方体形包装物或长方体形包装容器的最大一个侧面的高度（cm）乘以宽度（cm）。

A. 2 圆柱形包装物、圆柱形包装容器或近似圆柱形包装物、近似圆柱形包装容器计算方法

包装物或包装容器的高度（cm）乘以圆周长（cm）的 40％。

A. 3 其他形状的包装物或包装容器计算方法

包装物或包装容器的总表面积的 40％。

如果包装物或包装容器有明显的主要展示版面，应以主要展示版面的面积为最大表面面积。

包装袋等计算表面面积时应除去封边所占尺寸。瓶形或罐形包装计算表面面积时不包括肩部、颈部、顶部和底部的凸缘。

附　录　B

食品添加剂在配料表中的标示形式

B.1　按照加入量的递减顺序全部标示食品添加剂的具体名称

配料：水，全脂奶粉，稀奶油，植物油，巧克力（可可液块，白砂糖，可可脂，磷脂，聚甘油蓖麻醇酯，食用香精，柠檬黄），葡萄糖浆，丙二醇脂肪酸酯，卡拉胶，瓜尔胶，胭脂树橙，麦芽糊精，食用香料。

B.2　按照加入量的递减顺序全部标示食品添加剂的功能类别名称及国际编码

配料：水，全脂奶粉，稀奶油，植物油，巧克力［可可液块，白砂糖，可可脂，乳化剂（322，476），食用香精，着色剂（102）］，葡萄糖浆，乳化剂（477），增稠剂（407，412），着色剂（160b），麦芽糊精，食用香料。

B.3　按照加入量的递减顺序全部标示食品添加剂的功能类别名称及具体名称

配料：水，全脂奶粉，稀奶油，植物油，巧克力［可可液块，白砂糖，可可脂，乳化剂（磷脂，聚甘油蓖麻醇酯），食用香精，着色剂（柠檬黄）］，葡萄糖浆，乳化剂（丙二醇脂肪酸酯），增稠剂（卡拉胶，瓜尔胶），着色剂（胭脂树橙），麦芽糊精，食用香料。

B.4　建立食品添加剂项一并标示的形式

B.4.1　一般原则

直接使用的食品添加剂应在食品添加剂项中标注。营养强化剂、食用香精香料、胶基糖果中基础剂物质可在配料表的食品添加剂项外标注。非直接使用的食品添加剂不在食品添加剂项中标注。食品添加剂项在配料表中的标注顺序由需纳入该项的各种食品添加剂的总重量决定。

B.4.2　全部标示食品添加剂的具体名称

配料：水，全脂奶粉，稀奶油，植物油，巧克力（可可液块，白砂糖，可可脂，磷脂，聚甘油蓖麻醇酯，食用香精，柠檬黄），葡萄糖浆，食品添加剂（丙二醇脂肪酸酯，卡拉胶，瓜尔胶，胭脂树橙），麦芽糊精，食用香料。

B.4.3　全部标示食品添加剂的功能类别名称及国际编码

配料：水，全脂奶粉，稀奶油，植物油，巧克力［可可液块，白砂糖，可可脂，乳化剂（322，476），食用香精，着色剂（102）]，葡萄糖浆，食品添加剂［乳化剂（477），增稠剂（407，412），着色剂（160b）]，麦芽糊精，食用香料。

B.4.4　全部标示食品添加剂的功能类别名称及具体名称

配料：水，全脂奶粉，稀奶油，植物油，巧克力［可可液块，白砂糖，可可脂，乳化剂（磷脂，聚甘油蓖麻醇酯），食用香精，着色剂（柠檬黄）]，葡萄糖浆，食品添加剂［乳化剂（丙二醇脂肪酸酯），增稠剂（卡拉胶，瓜尔胶），着色剂（胭脂树橙）]，麦芽糊精，食用香料。

附　录　C
部分标签项目的推荐标示形式

C.1　概述

本附录以示例形式提供了预包装食品部分标签项目的推荐标示形式，标示相应项目时可选用但不限于这些形式。如需要根据食品特性或包装特点等对推荐形式调整使用的，应与推荐形式基本涵义保持一致。

C.2　净含量和规格的标示

为方便表述，净含量的示例统一使用质量为计量方式，使用冒号为分隔符。标签上应使用实际产品适用的计量单位，并可根据实际情况选择空格或其他符号作为分隔符，便于识读。

C.2.1　单件预包装食品的净含量（规格）可以有如下标示形式：

净含量（或净含量/规格）：450g；

净含量（或净含量/规格）：225 克（200 克＋送 25 克）；

净含量（或净含量/规格）：200 克＋赠 25 克；

净含量（或净含量/规格）：（200＋25）克。

C.2.2　净含量和沥干物（固形物）可以有如下标示形式（以"糖水梨罐头"为例）：

净含量（或净含量/规格）：425 克沥干物（或固形物或梨块）：不低于 255 克（或不低于 60%）。

C.2.3　同一预包装内含有多件同种类的预包装食品时，净含量和规格均可以有如下标示形式：

净含量（或净含量/规格）：40 克×5；

净含量（或净含量/规格）：5×40 克；

净含量（或净含量/规格）：200 克（5×40 克）；

净含量（或净含量/规格）：200 克（40 克×5）；

净含量（或净含量/规格）：200 克（5 件）；

净含量：200 克　　规格：5×40 克；

净含量：200 克　　规格：40 克×5；

净含量：200 克　　规格：5 件；

净含量（或净含量/规格）：200 克（100 克＋50 克×2）；

净含量（或净含量/规格）：200 克（80 克×2＋40 克）；

净含量：200 克　　规格：100 克＋50 克×2；

净含量：200 克　　规格：80 克×2＋40 克。

C. 2. 4　同一预包装内含有多件不同种类的预包装食品时，净含量和规格可以有如下标示形式：

净含量（或净含量/规格）：200 克（A 产品 40 克×3，B 产品 40 克×2）；

净含量（或净含量/规格）：200 克（40 克×3，40 克×2）；

净含量（或净含量/规格）：100 克 A 产品，50 克×2B 产品，50 克 C 产品；

净含量（或净含量/规格）：A 产品：100 克，B 产品：50 克×2，C 产品：50 克；

净含量/规格：100 克（A 产品），50 克×2（B 产品），50 克（C 产品）；

净含量/规格：A 产品 100 克，B 产品 50 克×2，C 产品 50 克。

C. 3　日期的标示

日期中年、月、日可用空格、斜线、连字符、句点等符号分隔，或不用分隔符。年代号一般应标示 4 位数字，小包装食品也可以标示 2 位数字。月、日应标示 2 位数字。

日期的标示可以有如下形式：

2010 年 3 月 20 日；

2010 03 20；2010/03/20；20100320；

20 日 3 月 2010 年；3 月 20 日 2010 年；

（月/日/年）：03 20 2010；03/20/2010；03202010。

C. 4　保质期的标示

保质期可以有如下标示形式：

最好在……之前食（饮）用；……之前食（饮）用最佳；……之前最佳；

此日期前最佳……；此日期前食（饮）用最佳……；

保质期（至）……；保质期××个月（或××日，或××天，或××周，或×年）。

C. 5　储存条件的标示

储存条件可以标示"储存条件""储藏条件""储藏方法"等标题，或不标示标题。

储存条件可以有如下标示形式：

常温（或冷冻，或冷藏，或避光，或阴凉干燥处）保存；

××～××℃保存；

请置于阴凉干燥处；

常温保存，开封后需冷藏；

温度：≤××℃，湿度：≤××%。

———————————

农产品包装和标识管理办法

（2006 年 9 月 30 日农业部第 25 次常务会议审议通过，2006 年 11 月 1 日起施行）

第一章　总　则

第一条　为规范农产品生产经营行为，加强农产品包装和标识管理，建立健全农产品可追溯制度，保障农产品质量安全，依据《中华人民共和国农产品质量安全法》，制定本办法。

第二条　农产品的包装和标识活动应当符合本办法规定。

第三条　农业部负责全国农产品包装和标识的监督管理工作。

县级以上地方人民政府农业行政主管部门负责本行政区域内农产品包装和标识的监督管理工作。

第四条　国家支持农产品包装和标识科学研究，推行科学的包装方法，推广先进的标识技术。

第五条　县级以上人民政府农业行政主管部门应当将农产品包装和标识管理经费纳入年度预算。

第六条　县级以上人民政府农业行政主管部门对在农产品包装和标识工作中作出突出贡献的单位和个人，予以表彰和奖励。

第二章　农产品包装

第七条　农产品生产企业、农民专业合作经济组织以及从事农产品收购的单位或者个人，用于销售的下列农产品必须包装：

（一）获得无公害农产品、绿色食品、有机农产品等认证的农产品，但鲜活畜、禽、水产品除外。

（二）省级以上人民政府农业行政主管部门规定的其他需要包装销售的农产品。

符合规定包装的农产品拆包后直接向消费者销售的，可以不再另行包装。

第八条　农产品包装应当符合农产品储藏、运输、销售及保障安全的要求，便于拆卸和搬运。

第九条　包装农产品的材料和使用的保鲜剂、防腐剂、添加剂等物质必须符合国家强制性技术规范要求。

包装农产品应当防止机械损伤和二次污染。

第三章　农产品标识

第十条　农产品生产企业、农民专业合作经济组织以及从事农产品收购的单位或者个人包装销售的农产品，应当在包装物上标注或者附加标识标明品名、产地、生产者或者销售者名称、生产日期。

有分级标准或者使用添加剂的，还应当标明产品质量等级或者添加剂名称。

未包装的农产品，应当采取附加标签、标识牌、标识带、说明书等形式标明农产品的品名、生产地、生产者或者销售者名称等内容。

第十一条　农产品标识所用文字应当使用规范的中文。标识标注的内容应当准确、清晰、显著。

第十二条　销售获得无公害农产品、绿色食品、有机农产品等质量标志使用权的农产品，应当标注相应标志和发证机构。

禁止冒用无公害农产品、绿色食品、有机农产品等质量标志。

第十三条　畜禽及其产品、属于农业转基因生物的农产品，还应当按照有关规定进行标识。

第四章　监督检查

第十四条　农产品生产企业、农民专业合作经济组织以及从事农产品收购的单位或者个人，应当对其销售农产品的包装质量和标识内容负责。

第十五条　县级以上人民政府农业行政主管部门依照《中华人民共和国农产品质量安全法》对农产品包装和标识进行监督检查。

第十六条　有下列情形之一的，由县级以上人民政府农业行政主管部门按照《中华人民共和国农产品质量安全法》第四十八条、四十九条、五十一条、五十二条的规定处理、处罚：

（一）使用的农产品包装材料不符合强制性技术规范要求的；

（二）农产品包装过程中使用的保鲜剂、防腐剂、添加剂等材料不符合强制性技术规范要求的；

（三）应当包装的农产品未经包装销售的；

（四）冒用无公害农产品、绿色食品等质量标志的；

（五）农产品未按照规定标识的。

第五章　附　　则

第十七条　本办法下列用语的含义：

（一）农产品包装：是指对农产品实施装箱、装盒、装袋、包裹、捆扎等。

（二）保鲜剂：是指保持农产品新鲜品质，减少流通损失，延长储存时间的人工合成化学物质或者天然物质。

（三）防腐剂：是指防止农产品腐烂变质的人工合成化学物质或者天然物质。

（四）添加剂：是指为改善农产品品质和色、香、味以及加工性能加入的人工合成化学物质或者天然物质。

（五）生产日期：植物产品是指收获日期；畜禽产品是指屠宰或者产出日期；水产品是指起捕日期；其他产品是指包装或者销售时的日期。

第十八条　本办法自 2006 年 11 月 1 日起施行。

绿色食品标志管理办法

(2012 年 7 月 30 日农业部令 2012 年第 6 号公布,
2019 年 4 月 25 日农业农村部令 2019 年第 2 号、
2022 年 1 月 7 日农业农村部令 2022 年第 1 号修订)

第一章 总 则

第一条 为加强绿色食品标志使用管理,确保绿色食品信誉,促进绿色食品事业健康发展,维护生产经营者和消费者合法权益,根据《中华人民共和国农业法》《中华人民共和国食品安全法》《中华人民共和国农产品质量安全法》和《中华人民共和国商标法》,制定本办法。

第二条 本办法所称绿色食品,是指产自优良生态环境、按照绿色食品标准生产、实行全程质量控制并获得绿色食品标志使用权的安全、优质食用农产品及相关产品。

第三条 绿色食品标志依法注册为证明商标,受法律保护。

第四条 县级以上人民政府农业农村主管部门依法对绿色食品及绿色食品标志进行监督管理。

第五条 中国绿色食品发展中心负责全国绿色食品标志使用申请的审查、颁证和颁证后跟踪检查工作。

省级人民政府农业行政农村部门所属绿色食品工作机构(以下简称"省级工作机构")负责本行政区域绿色食品标志使用申请的受理、初审和颁证后跟踪检查工作。

第六条 绿色食品产地环境、生产技术、产品质量、包装储运等标准和规范,由农业农村部制定并发布。

第七条 承担绿色食品产品和产地环境检测工作的技术机构,应当具备相应的检测条件和能力,并依法经过资质认定,由中国绿色食品发展中心按照公平、公正、竞争的原则择优指定并报农业农村部备案。

第八条 县级以上地方人民政府农业农村主管部门应当鼓励和扶持绿色食品生产,将其纳入本地农业和农村经济发展规划,支持绿色食品生产基地建设。

第二章　标志使用申请与核准

第九条　申请使用绿色食品标志的产品，应当符合《中华人民共和国食品安全法》和《中华人民共和国农产品质量安全法》等法律法规规定，在国家知识产权局商标局核定的范围内，并具备下列条件：

（一）产品或产品原料产地环境符合绿色食品产地环境质量标准；

（二）农药、肥料、饲料、兽药等投入品使用符合绿色食品投入品使用准则；

（三）产品质量符合绿色食品产品质量标准；

（四）包装储运符合绿色食品包装储运标准。

第十条　申请使用绿色食品标志的生产单位（以下简称"申请人"），应当具备下列条件：

（一）能够独立承担民事责任；

（二）具有绿色食品生产的环境条件和生产技术；

（三）具有完善的质量管理和质量保证体系；

（四）具有与生产规模相适应的生产技术人员和质量控制人员；

（五）具有稳定的生产基地；

（六）申请前三年内无质量安全事故和不良诚信记录。

第十一条　申请人应当向省级工作机构提出申请，并提交下列材料：

（一）标志使用申请书；

（二）产品生产技术规程和质量控制规范；

（三）预包装产品包装标签或其设计样张；

（四）中国绿色食品发展中心规定提交的其他证明材料。

第十二条　省级工作机构应当自收到申请之日起十个工作日内完成材料审查。符合要求的，予以受理，并在产品及产品原料生产期内组织有资质的检查员完成现场检查；不符合要求的，不予受理，书面通知申请人并告知理由。

现场检查合格的，省级工作机构应当书面通知申请人，由申请人委托符合第七条规定的检测机构对申请产品和相应的产地环境进行检测；现场检查不合格的，省级工作机构应当退回申请并书面告知理由。

第十三条　检测机构接受申请人委托后，应当及时安排现场抽样，并自产品样品抽样之日起二十个工作日内、环境样品抽样之日起三十个工作日内完成检测工作，出具产品质量检验报告和产地环境监测报告，提交省级工作机构和申请人。

检测机构应当对检测结果负责。

第十四条 省级工作机构应当自收到产品检验报告和产地环境监测报告之日起二十个工作日内提出初审意见。初审合格的，将初审意见及相关材料报送中国绿色食品发展中心。初审不合格的，退回申请并书面告知理由。

省级工作机构应当对初审结果负责。

第十五条 中国绿色食品发展中心应当自收到省级工作机构报送的申请材料之日起三十个工作日内完成书面审查，并在二十个工作日内组织专家评审。必要时，应当进行现场核查。

第十六条 中国绿色食品发展中心应当根据专家评审的意见，在五个工作日内作出是否颁证的决定。同意颁证的，与申请人签订绿色食品标志使用合同，颁发绿色食品标志使用证书，并公告；不同意颁证的，书面通知申请人并告知理由。

第十七条 绿色食品标志使用证书是申请人合法使用绿色食品标志的凭证，应当载明准许使用的产品名称、商标名称、获证单位及其信息编码、核准产量、产品编号、标志使用有效期、颁证机构等内容。

绿色食品标志使用证书分中文、英文版本，具有同等效力。

第十八条 绿色食品标志使用证书有效期三年。

证书有效期满，需要继续使用绿色食品标志的，标志使用人应当在有效期满三个月前向省级工作机构书面提出续展申请。省级工作机构应当在四十个工作日内组织完成相关检查、检测及材料审核。初审合格的，由中国绿色食品发展中心在十个工作日内作出是否准予续展的决定。准予续展的，与标志使用人续签绿色食品标志使用合同，颁发新的绿色食品标志使用证书并公告；不予续展的，书面通知标志使用人并告知理由。

标志使用人逾期未提出续展申请，或者申请续展未获通过的，不得继续使用绿色食品标志。

第三章　标志使用管理

第十九条 标志使用人在证书有效期内享有下列权利：

（一）在获证产品及其包装、标签、说明书上使用绿色食品标志；

（二）在获证产品的广告宣传、展览展销等市场营销活动中使用绿色食品标志；

（三）在农产品生产基地建设、农业标准化生产、产业化经营、农产品市场营销等方面优先享受相关扶持政策。

第二十条 标志使用人在证书有效期内应当履行下列义务：

（一）严格执行绿色食品标准，保持绿色食品产地环境和产品质量稳定可靠；

（二）遵守标志使用合同及相关规定，规范使用绿色食品标志；

（三）积极配合县级以上人民政府农业农村主管部门的监督检查及其所属绿色食品工作机构的跟踪检查。

第二十一条 未经中国绿色食品发展中心许可，任何单位和个人不得使用绿色食品标志。

禁止将绿色食品标志用于非许可产品及其经营性活动。

第二十二条 在证书有效期内，标志使用人的单位名称、产品名称、产品商标等发生变化的，应当经省级工作机构审核后向中国绿色食品发展中心申请办理变更手续。

产地环境、生产技术等条件发生变化，导致产品不再符合绿色食品标准要求的，标志使用人应当立即停止标志使用，并通过省级工作机构向中国绿色食品发展中心报告。

第四章　监督检查

第二十三条 标志使用人应当健全和实施产品质量控制体系，对其生产的绿色食品质量和信誉负责。

第二十四条 县级以上地方人民政府农业农村主管部门应当加强绿色食品标志的监督管理工作，依法对辖区内绿色食品产地环境、产品质量、包装标识、标志使用等情况进行监督检查。

第二十五条 中国绿色食品发展中心和省级工作机构应当建立绿色食品风险防范及应急处置制度，组织对绿色食品及标志使用情况进行跟踪检查。

省级工作机构应当组织对辖区内绿色食品标志使用人使用绿色食品标志的情况实施年度检查。检查合格的，在标志使用证书上加盖年度检查合格章。

第二十六条 标志使用人有下列情形之一的，由中国绿色食品发展中心取消其标志使用权，收回标志使用证书，并予公告：

（一）生产环境不符合绿色食品环境质量标准的；

（二）产品质量不符合绿色食品产品质量标准的；

（三）年度检查不合格的；

（四）未遵守标志使用合同约定的；

（五）违反规定使用标志和证书的；

（六）以欺骗、贿赂等不正当手段取得标志使用权的。

标志使用人依照前款规定被取消标志使用权的，三年内中国绿色食品发展中心不再受理其申请；情节严重的，永久不再受理其申请。

　　第二十七条　任何单位和个人不得伪造、转让绿色食品标志和标志使用证书。

　　第二十八条　国家鼓励单位和个人对绿色食品和标志使用情况进行社会监督。

　　第二十九条　从事绿色食品检测、审核、监管工作的人员，滥用职权、徇私舞弊和玩忽职守的，依照有关规定给予行政处罚或行政处分；涉嫌犯罪的，及时将案件移送司法机关，依法追究刑事责任。

　　承担绿色食品产品和产地环境检测工作的技术机构伪造检测结果的，除依法予以处罚外，由中国绿色食品发展中心取消指定，永久不得再承担绿色食品产品和产地环境检测工作。

　　第三十条　其他违反本办法规定的行为，依照《中华人民共和国食品安全法》《中华人民共和国农产品质量安全法》和《中华人民共和国商标法》等法律法规处罚。

第五章　附　　则

　　第三十一条　绿色食品标志有关收费办法及标准，依照国家相关规定执行。

　　第三十二条　本办法自 2012 年 10 月 1 日起施行。农业部 1993 年 1 月 11 日印发的《绿色食品标志管理办法》〔〔1993〕农（绿）字第 1 号〕同时废止。

农业部关于推进"三品一标"
持续健康发展的意见

农质发〔2016〕6 号

各省、自治区、直辖市及计划单列市农业（农牧、农村经济）、畜牧兽医、农垦、农产品加工、渔业主管厅（局、委、办），新疆生产建设兵团农业（水产、畜牧兽医）局：

无公害农产品、绿色食品、有机农产品和农产品地理标志（以下简称"三品一标"）是我国重要的安全优质农产品公共品牌。经过多年发展，"三品一标"工作取得了明显成效，为提升农产品质量安全水平、促进农业提质增效和农民增收等发挥了重要作用。为进一步推进"三品一标"持续健康发展，现提出如下意见。

一、高度重视"三品一标"发展

（一）发展"三品一标"是践行绿色发展理念的有效途径。中共十八届五中全会提出"创新、协调、绿色、开放、共享"发展理念，"三品一标"倡导绿色、减量和清洁化生产，遵循资源循环无害化利用，严格控制和鼓励减少农业投入品使用，注重产地环境保护，在推进农业可持续发展和建设生态文明等方面，具有重要的示范引领作用。

（二）发展"三品一标"是实现农业提质增效的重要举措。现代农业坚持"产出高效、产品安全、资源节约、环境友好"的发展思路，提质、增效、转方式是现代农业发展的主旋律。"三品一标"通过品牌带动，推行基地化建设、规模化发展、标准化生产、产业化经营，有效提升了农产品品质规格和市场竞争力，在推动农业供给侧结构性改革、现代农业发展、农业增效农民增收和精准扶贫等方面具有重要的促进作用。

（三）发展"三品一标"是适应公众消费的必然要求。伴随我国经济发展步入新常态和全面建成小康社会进入决战决胜阶段，我国消费市场对农产品质量安全的要求快速提升，优质化、多样化、绿色化日益成为消费主流，安全、优质、品牌农产品市场需求旺盛。保障人民群众吃得安全优质是重要民生问题，"三品一标"涵盖安全、优质、特色等综合要素，是满足公众对营养健康农产品消费的重要实现方式。

（四）发展"三品一标"是提升农产品质量安全水平的重要手段。"三品一标"推行标准化生产和规范化管理，将农产品质量安全源头控制和全程监管落实到农产品生产经营环节，有利于实现"产""管"并举，从生产过程提升农产品质量安全水平。

二、明确"三品一标"发展方向

（一）发展思路。认真落实中共十八大和十八届三中、四中、五中全会精神，深入贯彻习近平总书记系列重要讲话精神，遵循"创新、协调、绿色、开放、共享"发展理念，紧紧围绕现代农业发展，充分发挥市场决定性和更好发挥政府推动作用，以标准化生产和基地创建为载体，通过规模化和产业化，推行全程控制和品牌发展战略，促进"三品一标"持续健康发展。

无公害农产品立足安全管控，在强化产地认定的基础上，充分发挥产地准出功能；绿色食品突出安全优质和全产业链优势，引领优质优价；有机农产品彰显生态安全特点，因地制宜，满足公众追求生态、环保的消费需求；农产品地理标志要突出地域特色和品质特性，带动优势地域特色农产品区域品牌创立。

（二）基本原则。一是严把质量安全，持续稳步发展。产品质量和品牌信誉是"三品一标"核心竞争力，必须严格质量标准，规范质量管理，强化行业自律，坚持"审核从紧、监管从严、处罚从重"的工作路线，健全退出机制，维护好"三品一标"品牌公信力。

二是立足资源优势，因地制宜发展。依托各地农业资源禀赋和产业发展基础，统筹规划，合理布局，认真总结"三品一标"成功发展模式和经验，充分发挥典型引领作用，因地制宜地加快发展。

三是政府支持推进，市场驱动发展。充分发挥政府部门在政策引导、投入支持、执法监管等方面的引导作用，营造有利的发展环境。牢固树立消费引领生产的理念，充分发挥市场决定性作用，广泛拓展消费市场。

（三）发展目标。力争通过 5 年左右的推进，使"三品一标"生产规模进一步扩大，产品质量安全稳定在较高水平。"三品一标"获证产品数量年增幅保持在 6％以上，产地环境监测面积占食用农产品生产总面积的 40％，获证产品抽检合格率保持在 98％以上，率先实现"三品一标"产品可追溯。

三、推进"三品一标"发展措施

（一）大力开展基地创建。着力推进无公害农产品产地认定，进一步扩大总量规模，全面提升农产品质量安全水平。在无公害农产品产地认定的基础上，大力推动开展规模化的无公害农产品生产基地创建。稳步推动绿色食品原料标准化基地建设，强化产销对接，促进基地与加工（养殖）联动发展。积极推进全国有机农业示范基地建设，适时开展有机农产品生产示范基地（企业、合作社、家庭农场等）创建。扎实推进以县域为基础的国家农产品地理标志登记保护示范创建，积极开展农产品地理标志登记保护优秀持有人和登记保护企业（合作社、家庭农场、种养大户）示范创建。

（二）**提升审核监管质量。**加快完善"三品一标"审核流程和技术规范，抓紧构建符合"三品一标"标志管理特点的质量安全评价技术准则和考核认定实施细则。严格产地环境监测、评估和产品验证检测，坚持"严"字当头，严把获证审查准入关，牢固树立风险意识，认真落实审核监管措施，加大获证产品抽查和督导巡查，防范系统性风险隐患。健全淘汰退出机制，严肃查处不合格产品，严格规范绿色食品和有机农产品标签标识管理；切实将无公害农产品标识与产地准出和市场准入有机结合，凡加施获证无公害农产品防伪追溯标识的产品，推行等同性合格认定，实施顺畅快捷产地准出和市场准入。严查冒用和超范围使用"三品一标"标志等行为。

（三）**注重品牌培育宣传。**加强品牌培育，将"三品一标"作为农业品牌建设重中之重。做好"三品一标"获证主体宣传培训和技术服务，督导获证产品正确和规范使用标识，不断提升市场影响力和知名度。加大推广宣传，积极办好"绿博会""有机博览会""地标农产品专展"等专业展会。要依托农业影视、农民日报、农业院校等现有各种信息网络媒体和教育培训公共资源，加强"三品一标"等农产品质量安全知识培训、品牌宣传、科普解读、生产指导和消费引导工作，全力为"三品一标"构建市场营销平台和产销联动合作机制，支持"三品一标"产品参加全国性或区域性展会。

（四）**推动改革创新。**结合国家现代农业示范区、农产品质量安全县等农业项目创建，加快发展"三品一标"产品。通过"三品一标"标准化生产示范，辐射带动农产品质量安全整体水平提升。围绕国家化肥农药零增长行动和农业可持续发展要求，大力推广优质安全、生态环保型肥料农药等农业投入品，全面推行绿色、生态和环境友好型生产技术。在无公害农产品生产基地建设中，积极开展减化肥减农药等农业投入品减量化施用和考核认定试点。积极构建"三品一标"等农产品品质规格和全程管控技术体系。加快推进"三品一标"信息化建设，鼓励"三品一标"生产经营主体采用信息化手段进行生产信息管理，实现生产经营电子化记录和精细化管理。推动"三品一标"产品率先建立全程质量安全控制体系和实施追溯管理，全面开展"三品一标"产品质量追溯试点。

（五）**强化体系队伍建设。**"三品一标"工作队伍是农产品质量安全监管体系的重要组成部分和骨干力量，要将"三品一标"队伍纳入全国农产品质量安全监管体系统筹谋划，整体推进建设。加强从业人员业务技能培训，完善激励约束机制，着力培育和打造一支"热心农业、科学公正、廉洁高效"的"三品一标"工作体系。"三品一标"工作队伍要按照农产品质量安全监管统一部署和要求，全力做好农产品质量安全监管的业务支撑和技术保障工作。充分发挥专家智库、行业协（学）会和检验检测、风险评估、科学研究等技术机构作用，为"三品一标"发展提供技术支持。

（六）加大政策支持。各级农业部门要积极争取同级财政部门支持，将"三品一标"工作经费纳入年度财政预算，加大资金支持力度。积极争取建立或扩大"三品一标"奖补政策与资金规模，不断提高生产经营主体和广大农产品生产者发展"三品一标"积极性。尽可能把"三品一标"纳入各类农产品生产经营性投资项目建设重点，并作为考核和评价现代农业示范区、农产品质量安全县、龙头企业、示范合作社、"三园两场"等建设项目的关键指标。

发展"三品一标"，是各级政府赋予农业部门的重要职能，也是现代农业发展的客观需要。各级农业行政主管部门要从新时期农业农村经济发展的全局出发，高度重视发展"三品一标"的重要意义，要把发展"三品一标"作为推动现代农业建设、农业转型升级、农产品质量安全监管的重要抓手，纳入农业农村经济发展规划和农产品质量安全工作计划，予以统筹部署和整体推进。各地要因地制宜制定本地区、本行业的"三品一标"发展规划和推动发展的实施意见，按计划、有步骤加以组织实施和稳步推进。要将"三品一标"发展纳入现代农业示范区、农产品质量安全县和农产品质量安全绩效管理重点，强化监督检查和绩效考核，确保"三品一标"持续健康发展，不断满足人民群众对安全优质品牌农产品的需求。

农业部

2016 年 5 月 4 日

第二篇

标 准 与 培 训

关于绿色食品产品标准执行问题的有关规定

（2014 年 10 月 10 日发布）

为规范绿色食品产品标准执行行为，保证标准的公正性和权威性，现就绿色食品生产、标志审查许可和标志监督管理等工作中产品标准执行的有关问题规定如下：

一、关于绿色食品产品标准的选用原则

（一）初次申报产品应对照《绿色食品产品适用标准目录》（以下简称《产品目录》）选择适用标准，如产品不在《产品目录》范围内的，不予受理。

（二）初次申报产品在《产品目录》范围内，但产品本身或产品配料成分属于卫生部发布的"可用于保健食品的物品名单"中的产品（其中已获卫生部批复可作为普通食品管理的产品除外），需取得国家相关保健食品或新食品原料的审批许可后方可进行申报。

（三）续展产品不在《产品目录》范围内，可按原"申报企业执行标准确认审批通知单"的审批意见执行。

（四）申报产品在《产品目录》范围内，但相应的产品标准中没有明确该产品感官、理化要求的，其感官、理化要求可依次选用相关的国家标准、行业标准、地方标准或经当地标准化行政主管部门备案的企业标准。

（五）《产品目录》或产品标准中有"其他"表述字样，但没有明确列出产品或类别名称的产品，不可参照执行该项产品标准。

（六）《产品目录》实施动态管理。如申请产品属于《产品目录》涵盖类别，但《产品目录》中没有明确列出，可向中心提交相关证明材料及申请，经确认后可增列至《产品目录》中。

（七）年度绿色食品监督抽检产品按当年《绿色食品产品质量抽检计划项目和判定依据》的规定执行。

二、关于绿色食品产品标准的执行问题

（一）绿色食品产品标准执行过程中与《绿色食品　农药使用准则》（NY/T 393）、《绿色食品　兽药使用准则》（NY/T 472）、《绿色食品　渔药使用准则》（NY/T 755）和《绿色食品　食品添加剂使用准则》（NY/T 392）等绿色食品基本技术准则有冲突时，产品标准服从准则标准。

（二）当绿色食品产品标准中理化要求表述为"应符合产品执行的国家标准、行业标准、地方标准或企业标准的规定"时，理化指标应按照国家标准、行业标准、地方标准或经当地标准化行政主管部门备案的企业标准的顺序依次选用；如同一级别标准同时存在两个或两个以上，按发布时间先后选用最新版的标准。

（三）绿色食品产品标准中引用的标准已作废，且无替代标准时，相关指标可不作检测，但需在检验报告备注栏中予以注明。

（四）国家标准经修订，其相关安全卫生指标如严于绿色食品产品标准，具体项目和指标按照《绿色食品　产品检验规则》（NY/T 1055）的规定执行。

本规定自发布之日起执行，原《关于绿色食品标准执行问题的若干规定（试行）》同时废止。

绿色食品产品适用标准目录（2021 版）

一、种植业产品标准			
序号	标准名称	适用产品名称	适用产品别名及说明
1	绿色食品　豆类 NY/T 285—2021	大豆	黄豆、黄大豆、黑豆、黑大豆、乌豆、青豆
		蚕豆	胡豆、佛豆、罗汉豆
		绿豆	菉豆、植豆、青小豆
		小豆	赤豆、红小豆、米赤豆、朱豆
		芸豆	普通菜豆、干菜豆、腰豆
		豇豆	长豆、角豆
		豌豆	雪豆、毕豆、寒豆、荷兰豆
		饭豆	米豆、精米豆、爬山豆
		小扁豆	兵豆、滨豆、洋扁豆、鸡眼豆
		鹰嘴豆	鹰咀豆、鸡豆、桃豆、回鹘豆、回回豆、脑核豆
		木豆	树豆、扭豆、豆蓉
		羽扇豆	鲁冰花
		利马豆	棉豆、懒人豆、荷包豆、白豆
2	绿色食品　茶叶 NY/T 288—2018	绿茶	包括各种绿茶及以绿茶为原料的窨制花茶
		红茶	
		青茶（乌龙茶）	
		黄茶	
		白茶	
		黑茶	普洱茶、紧压茶
			以茶树（Camellia sinensis L. O. Kunts）的芽、叶、嫩茎为原料，以特定工艺加工的、不含任何添加剂的、供人们饮用或食用的产品
3	绿色食品　代用茶 NY/T 2140—2015	代用茶	选用除茶（Camellia sinensis L. O. Kunts）以外，由国家行政主管部门公布的可用于食品的植物花及花蕾、芽叶、果（实）、根茎等为原料，经加工制作，采用冲泡（浸泡或煮）的方式，供人们饮用的产品。涉及保健食品的应符合国家相关规定

（续）

一、种植业产品标准			
序号	标准名称	适用产品名称	适用产品别名及说明
4	绿色食品　咖啡 NY/T 289—2012	生咖啡	咖啡鲜果经干燥脱壳处理所得产品
		焙炒咖啡豆	生咖啡经焙炒所得产品
		咖啡粉	焙炒咖啡豆磨碎后的产品
			注：不适用于脱咖啡因咖啡和速溶型咖啡
5	绿色食品 玉米及玉米粉 NY/T 418—2014	玉米	玉蜀黍、大蜀黍、棒子、苞米、苞谷、玉菱、玉麦、六谷、芦黍、珍珠米
		鲜食玉米	包括甜玉米、糯玉米。同时适用于生、熟产品
		速冻玉米	包括速冻甜玉米、速冻糯玉米。同时适用于生、熟产品
		玉米碴子	玉米粒经脱皮、破碎加工而成的颗粒物，包括玉米仁、玉米糁等
		玉米粉	包括脱胚玉米粉和全玉米粉
6	绿色食品　稻米 NY/T 419—2021	稻谷	
		大米	含糯米
		糙米	稻谷脱壳后保留着皮层和胚芽的米
		胚芽米	胚芽保留率达 75% 以上的精米
		蒸谷米	稻谷经清理、浸泡、蒸煮、干燥等处理后，再按常规稻谷碾米加工方法生产的稻米
		紫（黑）米	
		红米	糙米天然色泽为棕红色的稻米
7	绿色食品 花生及制品 NY/T 420—2017	食用花生（果、仁）	
		油用花生（果、仁）	
		水煮花生（果、仁）	
		烤花生	包括原味烤花生、调味花生
		烤花生仁	包括红衣型、脱红衣型
		烤花生碎	
		乳白花生	
		乳白花生碎	
		炒花生仁	包括红衣型、脱红衣型
		炒花生果	

（续）

一、种植业产品标准			
序号	标准名称	适用产品名称	适用产品别名及说明
7	绿色食品 花生及制品 NY/T 420—2017	油炸花生仁	
		裹衣花生	包括淀粉型、糖衣型、混合型
		花生蛋白粉	
		花生组织蛋白	
		花生酱	包括纯花生酱、稳定型花生酱、复合型花生酱
			注：不包括花生类糖制品，花生类糖制品已归到《绿色食品　糖果》（NY/T 2986—2016）中
8	绿色食品 小麦及小麦粉 NY/T 421—2021	小麦	禾本科小麦属普通小麦种（*Triticum aestivum* L.）的果实，呈卵形或长椭圆形，腹面有深纵沟。按照小麦播种季节不同分为春小麦和冬小麦。按照小麦的用途和面筋含量高低分为强筋小麦、中筋小麦和弱筋小麦
		小麦粉	以小麦为原料，经清理、水分调节、研磨、筛理等工艺加工而成的粉状产品
		全麦粉	以整粒小麦为原料，经制粉工艺制成的，且小麦胚乳、胚芽与麸皮的相对比例与天然完整颖果基本一致的小麦全粉
9	绿色食品 柑橘类水果 NY/T 426—2021	宽皮柑橘类鲜果	
		甜橙类鲜果	
		柚类鲜果	
		柠檬类鲜果	
		金柑类鲜果	
		杂交柑橘类鲜果	
10	绿色食品　西甜瓜 NY/T 427—2016	薄皮甜瓜	果肉厚度一般不大于 2.5 cm 的甜瓜
		厚皮甜瓜	果肉厚度一般大于 2.5 cm 的甜瓜
		西瓜	包括普通西瓜、籽用西瓜（打瓜）、无籽西瓜及用于腌制或育种的小西瓜等
11	绿色食品 白菜类蔬菜 NY/T 654—2020	大白菜	结球白菜、黄芽菜、包心白菜等
		普通白菜	白菜、小白菜、青菜、油菜
		乌塌菜	塌菜、黑菜、塌棵菜、塌地菘等
		紫菜薹	红菜薹
		菜薹	菜心、薹心菜、绿菜薹、菜尖
		薹菜	

（续）

一、种植业产品标准			
序号	标准名称	适用产品名称	适用产品别名及说明
12	绿色食品 茄果类蔬菜 NY/T 655—2020	番茄	番柿、西红柿、洋柿子、小西红柿、樱桃西红柿、樱桃番茄、小柿子
		茄子	矮瓜、吊菜子、落苏、茄瓜
		辣椒	牛角椒、长辣椒、菜椒
		甜椒	灯笼椒、柿子椒
		酸浆	姑娘、挂金灯、金灯、锦灯笼、泡泡草
		香瓜茄	人参果
13	绿色食品 绿叶类蔬菜 NY/T 743—2020	菠菜	菠薐、波斯草、赤根草、角菜、波斯菜、红根菜
		芹菜	芹、旱芹、药芹、野圆荽、塘蒿、苦堇
		落葵	木耳菜、软浆叶、胭脂菜、藤菜
		莴苣	生菜、千斤菜 包括茎用莴苣（莴笋）、皱叶莴苣、直立莴苣（也叫长叶莴苣、散叶莴苣，如油麦菜）、结球莴苣等
		蕹菜	竹叶菜、空心菜、藤菜、藤藤菜、通菜
		茴香	包括意大利茴香、小茴香和球茎茴香
		苋菜	苋、米苋、赤苋、刺苋
		青葙	土鸡冠、青箱子、野鸡冠
		芫荽	香菜、胡荽、香荽
		叶荟菜	君荙菜、厚皮菜、牛皮菜、火焰菜
		茼蒿	包括大叶茼蒿（板叶茼蒿、菊花菜、大花茼蒿、大叶蓬蒿）、小叶茼蒿（花叶茼蒿或细叶茼蒿）和蒿子秆
		荠菜	护生草、菱角草、地米菜、扇子草
		冬寒菜	冬葵、葵菜、滑肠菜、葵、滑菜、冬苋菜、露葵
		番杏	新西兰菠菜、洋菠菜、夏菠菜、毛菠菜
		菜苜蓿	黄花苜蓿、南苜蓿、刺苜蓿、草头、菜苜蓿
		紫背天葵	血皮菜、观音苋、红凤菜
		榆钱菠菜	食用滨藜、洋菠菜、山菠菜、法国菠菜

（续）

一、种植业产品标准			
序号	标准名称	适用产品名称	适用产品别名及说明
13	绿色食品 绿叶类蔬菜 NY/T 743—2020	菊苣	欧洲菊苣、吉康菜、法国苣荬菜
		鸭儿芹	鸭脚板、三叶芹、山芹菜、野蜀葵、三蜀芹、水芹菜
		苦苣	花叶生菜、花苣、菊苣菜
		苦荬菜	取麻菜、苦苣菜
		菊花脑	路边黄、菊花叶、黄菊仔、菊花菜
		酸模	山菠菜、野菠菜、酸溜溜
		珍珠菜	野七里香、角菜、白苞菜、珍珠花、野脚艾
		芝麻菜	火箭生菜、臭菜
		白花菜	羊角菜、凤蝶菜
		香芹菜	洋芫荽、旱芹菜、荷兰芹、欧洲没药、欧芹、法国香菜
		罗勒	毛罗勒、九层塔、光明子、寒陵香、零陵香
		薄荷	田野薄荷、蕃荷菜、苏薄荷、仁丹草
		紫苏	桂荏、赤苏、白苏、回回苏
		莳萝	土茴香、洋茴香、茴香草
		马齿苋	马齿菜、长命菜、五星草、瓜子菜、马蛇子菜
		蕺菜	鱼腥草、蕺儿根、侧耳根、狗贴耳、鱼鳞草
		蒲公英	黄花苗、黄花地丁、婆婆丁、蒲公草
		马兰	马兰头、红梗菜、紫菊、田边菊、鸡儿肠、竹节草
		蒌蒿	芦蒿、水蒿
		番薯叶	
14	绿色食品 葱蒜类蔬菜 NY/T 744—2020	韭菜	韭、草钟乳、起阳草、懒人菜、披菜
		韭黄	
		韭薹	
		韭花	
		大葱	水葱、青葱、木葱、汉葱、小葱
		洋葱	葱头、圆葱、株葱、冬葱、橹葱
		大蒜	蒜、胡蒜、蒜子、蒜瓣、蒜头
		蒜薹	蒜毫

（续）

一、种植业产品标准			
序号	标准名称	适用产品名称	适用产品别名及说明
14	绿色食品 葱蒜类蔬菜 NY/T 744—2020	蒜苗	蒜黄、青蒜
		薤	藠头、藠子、荞头、菜芝
		韭葱	扁葱、扁叶葱、洋蒜苗、洋大蒜
		细香葱	四季葱、香葱、细葱、虾夷葱
		分葱	四季葱、菜葱、冬葱、红葱头
		胡葱	火葱、蒜头葱、瓣子葱、肉葱
		楼葱	龙爪葱、龙角葱
15	绿色食品 根菜类蔬菜 NY/T 745—2020	萝卜	菜菔、芦菔、葖、地苏
		胡萝卜	红萝卜、黄萝卜、番萝卜、丁香萝卜、赤珊瑚、黄根
		芜菁	蔓菁、圆根、盘菜、九英菘
		芜菁甘蓝	洋蔓菁、洋大头菜、洋疙瘩、根用甘蓝、瑞典芜菁
		美洲防风	芹菜萝卜、蒲芹萝卜、欧防风
		根恭菜	红菜头、紫菜头、火焰菜
		婆罗门参	西洋牛蒡、西洋白牛蒡
		黑婆罗门参	鸦葱、菊牛蒡、黑皮牡蛎菜
		牛蒡	大力子、蝙蝠刺、东洋萝卜
		山葵	瓦萨比、山姜、泽葵、山崳菜
		根芹菜	根用芹菜、根芹、根用塘蒿、旱芹菜根
16	绿色食品 甘蓝类蔬菜 NY/T 746—2020	结球甘蓝	洋甘蓝、卷心菜、包心菜、包菜、圆甘蓝、椰菜、茴子白、莲花白、高丽菜
		赤球甘蓝	红玉菜、紫甘蓝、红色高丽菜
		抱子甘蓝	芽甘蓝、子持甘蓝
		皱叶甘蓝	缩叶甘蓝
		羽衣甘蓝	绿叶甘蓝、叶牡丹、花苞菜
		花椰菜	花菜、菜花。包括松花菜
		青花菜	绿菜花、意大利芥蓝、木立花椰菜、西兰花、嫩茎花椰菜
		球茎甘蓝	苤蓝、擘蓝、芥、玉蔓菁、芥蓝头
		芥蓝	白花芥蓝

（续）

一、种植业产品标准			
序号	标准名称	适用产品名称	适用产品别名及说明
17	绿色食品 瓜类蔬菜 NY/T 747—2020	黄瓜	胡瓜、刺瓜、青瓜、吊瓜
		冬瓜	白冬瓜、白瓜、东瓜、濮瓜、水芝、地芝、枕瓜
		节瓜	小冬瓜、节冬瓜、毛瓜
		南瓜	番瓜、饭瓜、番南瓜、麦瓜、倭瓜、金瓜、中国南瓜
		笋瓜	印度南瓜、北瓜、搅瓜、玉瓜
		西葫芦	美洲南瓜、角瓜、白瓜、小瓜、金丝搅瓜、飞碟瓜
		越瓜	菜瓜、稍瓜、生瓜、白瓜
		菜瓜	蛇甜瓜、生瓜、羊角瓜
		丝瓜	天丝瓜、天罗、蛮瓜、布瓜
		苦瓜	凉瓜、锦荔枝、君子菜、癞葡萄、癞瓜
		瓠瓜	扁蒲、葫芦、蒲瓜、棒瓜、瓠子、夜开花
		蛇瓜	蛇丝瓜、蛇王瓜、蛇豆
		佛手瓜	合手瓜、合掌瓜、洋丝瓜、隼人瓜、菜肴梨、洋茄子、安南瓜、寿瓜
18	绿色食品 豆类蔬菜 NY/T 748—2020	菜豆	四季豆、芸豆、玉豆、豆角、芸扁豆、京豆、敏豆
		多花菜豆	龙爪豆、大白芸豆、荷包豆、红花菜豆
		长豇豆	豆角、长豆角、带豆、筷豆、长荚豇豆
		扁豆	峨眉豆、眉豆、沿篱豆、鹊豆、龙爪豆
		莱豆	利马豆、雪豆、金甲豆、棉豆、荷包豆、白豆、观音豆
		蚕豆	胡豆、罗汉豆、佛豆、寒豆
		刀豆	大刀豆、关刀豆、菜刀豆
		豌豆	雪豆、回豆、麦豆、青斑豆、麻豆、青小豆
		食荚豌豆	荷兰豆
		四棱豆	翼豆、四稔豆、杨桃豆、四角豆、热带大豆
		菜用大豆	毛豆、枝豆
		藜豆	狸豆、虎豆、狗爪豆、八升豆、毛毛豆、毛胡豆

（续）

一、种植业产品标准			
序号	标准名称	适用产品名称	适用产品别名及说明
19	绿色食品 食用菌 NY/T 749—2018	香菇	香蕈、冬菇、香菌
		草菇	美味苞脚菇、兰花菇、秆菇、麻菇
		平菇	青蘑、北风菌、桐子菌
		杏鲍菇	干贝菇、杏仁鲍鱼菇
		白灵菇	阿魏菇、百灵侧耳、翅鲍菇
		双孢蘑菇	洋蘑菇、白蘑菇、蘑菇、洋菇、双孢菇
		杨树菇	柱状田头菇、茶树菇、茶薪菇、柳松蘑、柳环菌
		松茸	松蘑、松蕈、鸡丝菌
		金针菇	冬菇、毛柄金钱菇、朴菇、朴菰
		黑木耳	光木耳、云耳、粗木耳、白背木耳、黄背木耳
		银耳	白木耳、雪耳
		金耳	黄木耳、金黄银耳、黄耳、脑耳
		猴头菇	刺猬菌、猴头蘑、猴头菌
		灰树花	贝叶多孔菌、莲花菌、云蕈、栗蕈、千佛菌、舞茸
		竹荪	僧竺蕈、竹参、竹笙、网纱菌
		口蘑	白蘑、蒙古口蘑
		羊肚菌	羊肚子、羊肚菜、美味羊肚菌
		鸡腿菇	毛头鬼伞
		毛木耳	
		榛蘑	蜜环菌、蜜色环蕈、蜜蘑、栎蘑、根索蕈、根腐蕈
		真姬菇	玉蕈、斑玉蕈、蟹味菇、海鲜菇
		元蘑	
		姬松茸	
		滑子菇	
		榆黄蘑	
		长根菇	
		绣球菌	

（续）

一、种植业产品标准			
序号	标准名称	适用产品名称	适用产品别名及说明
19	绿色食品　食用菌 NY/T 749—2018	大球盖菇	
		白玉菇	
		裂褶菌	
		暗褐网柄牛肝菌	
		黑皮鸡枞	
		国家批准可食用的其他食用菌	如人工培养的广东虫草子实体、蛹虫草
			注：仅适用于人工培养的绿色食品食用菌鲜品和干品（包括压缩品、干片、颗粒）和食用菌粉。不适用于食用菌罐头、腌渍食用菌、水煮食用菌、食用菌熟食制品等
20	绿色食品 薯芋类蔬菜 NY/T 1049—2015	马铃薯	土豆、山药蛋、洋芋、地蛋、荷兰薯、爪哇薯、洋山芋
		生姜	姜、黄姜
		魔芋	蒟芋、蒟头、磨芋、蛇头草、花秆莲、麻芋子
		山药	大薯、薯蓣、佛掌薯、白苕、脚板苕
		豆薯	沙葛、凉薯、新罗葛、地瓜、土瓜
		菊芋	洋姜、鬼子姜
		草食蚕	螺丝菜、宝塔菜、甘露儿、地蚕、罗汉
		蕉芋	蕉藕、姜芋、食用美人蕉
		葛	葛根、粉葛
		香芋	美洲土圞儿、地栗子
		甘薯	山芋、地瓜、番薯、红苕、番芋、红薯、白薯
		木薯	木番薯、树薯
		菊薯	雪莲果、雪莲薯、地参果
21	绿色食品 芥菜类蔬菜 NY/T 1324—2015	根芥菜	大头菜、疙瘩菜、芥菜头、春头、生芥
		叶芥菜	包括大叶芥、小叶芥、宽柄芥、叶瘤芥、长柄芥、花叶芥、凤尾芥、白花芥、卷心芥、结球芥、分蘖芥
		茎芥菜	包括茎瘤芥、抱子芥（儿菜、娃娃菜）、笋子芥（棒菜）
		薹芥菜	

（续）

一、种植业产品标准			
序号	标准名称	适用产品名称	适用产品别名及说明
22	绿色食品 芽苗类蔬菜 NY/T 1325—2015	绿豆芽	
		黄豆芽	
		黑豆芽	
		青豆芽	
		红豆芽	
		蚕豆芽	
		红小豆芽	
		豌豆苗	
		花生芽	
		苜蓿芽	
		小扁豆芽	
		萝卜芽	
		菘蓝芽	
		沙芥芽	
		芥菜芽	
		芥蓝芽	
		白菜芽	
		独行菜芽	
		种芽香椿	
		向日葵芽	
		荞麦芽	
		胡椒芽	
		紫苏芽	
		水芹芽	
		小麦苗	
		蕹菜芽	
		芝麻芽	
		黄秋葵芽	

（续）

一、种植业产品标准			
序号	标准名称	适用产品名称	适用产品别名及说明
23	绿色食品 多年生蔬菜 NY/T 1326—2015	百合	夜合、中篷花
		菜用枸杞	枸杞头、枸杞菜
		芦笋	石刁柏、龙须菜
		辣根	西洋山嵛菜、山葵萝卜
		菜蓟	朝鲜蓟、法国百合、荷花百合、洋蓟
		襄荷	阳藿、野姜、襄草、茗荷
		食用大黄	圆叶大黄
		黄秋葵	秋葵、羊角豆
24	绿色食品 水生蔬菜 NY/T 1405—2015	茭白	茭瓜、茭笋、菰笋
		慈姑	茨菰、慈菰
		菱	菱角、风菱、乌菱、菱实
		荸荠	地栗、马蹄、乌芋、凫茈
		芡实	鸡头、鸡头米、水底黄蜂、芡
		豆瓣菜	西洋菜、水蔊菜、水田芥、荷兰芥
		水芹	刀芹、楚葵、蜀芹、紫堇
		莼菜	马蹄菜、水荷叶、水葵、露葵、湖菜、凫葵
		蒲菜	香蒲、蒲草、甘蒲、蒲儿菜、草芽
		水芋	
			注：不包括藕及其制品
25	绿色食品 食用花卉 NY/T 1506—2015	茉莉花	
		玫瑰花	仅限重瓣红玫瑰
		菊花	
		金雀花	
		代代花	
		槐花	
		金银花	
		其他国家批准的可食用花卉	
			注：仅适用于食用花卉的鲜品

（续）

一、种植业产品标准			
序号	标准名称	适用产品名称	适用产品别名及说明
26	绿色食品 热带、亚热带水果 NY/T 750—2020	荔枝	丹荔、丽枝、离枝、火山荔、勒荔、荔支、荔果
		龙眼	桂圆、三尺农味、益智、羊眼、牛眼、荔枝奴、亚荔枝、燕卵、比目、木弹、骊珠
		香蕉	金蕉、弓蕉、蕉果、蕉子、香芽蕉、甘蕉
		菠萝	凤梨、黄梨
		杧果	马蒙、抹猛果、莽果、望果、蜜望、蜜望子、檬果、庵罗果
		枇杷	天夏扇、芦橘、金丸、芦枝、金丸、炎果、焦子、腊兄、粗客
		黄皮	黄弹、黄弹子、黄段、黄皮子、黄檀子、金弹子、黄罐子
		番木瓜	木瓜、番瓜、万寿果、乳瓜、石瓜
		番石榴	芭乐、鸡屎果、拔子、喇叭番石榴、番桃果、鸡失果、番鬼子
		杨梅	圣生梅、白蒂梅、树梅、水杨梅、龙睛
		杨桃	洋桃、羊桃、五棱子、五敛子、阳桃、三廉子
		橄榄	黄榄、青果、山榄、白榄、红榄、青子、谏果、忠果、橄榄子、橄淡、青橄榄、黄榄、甘榄、广青果
		红毛丹	韶子、毛龙眼、毛荔枝、红毛果、红毛胆
		毛叶枣	印度枣、台湾青枣、缅枣、西西果
		莲雾	天桃、水蒲桃、洋蒲桃、紫蒲桃、水石榴、辇雾、琏雾、天桃、爪哇浦桃、铃铛果
		人心果	吴凤柿、赤铁果、奇果、查某籽仔、人参果
		西番莲	鸡蛋果、受难果、巴西果、百香果、藤桃、西番莲果、热情果、西番果
		山竹	山竺、山竹子、倒捻子、莽吉柿、凤果
		火龙果	红龙果、青龙果、仙蜜果、玉龙果
		菠萝蜜	波罗蜜、苞萝、木菠萝、树菠萝、大树菠萝、蜜冬瓜、牛肚子果、齿留香
		番荔枝	洋波罗、佛头果、赖球果、释迦果、亚大果子、唛螺陀、洋波罗、假波罗、番鬼荔枝
		青梅	青皮、海梅、苦香、油楠、青相、梅实、梅子、酸梅、乌梅、梅、梅果

（续）

一、种植业产品标准			
序号	标准名称	适用产品名称	适用产品别名及说明
27	绿色食品 温带水果 NY/T 844—2017	苹果	
		梨	
		桃	
		草莓	
		山楂	
		莱子	俗称沙果，别名文林果、花红果、林擒、五色来、联珠果
		蓝莓	别名笃斯、都柿、甸果等
		无花果	映日果、奶浆果、蜜果等
		树莓	覆盆子、悬钩子、野莓、乌藨（biāo）子
		桑葚	桑果、桑枣
		猕猴桃	
		葡萄	
		樱桃	
		枣	
		杏	
		李	
		柿	
		石榴	
		梅	别名青梅、梅子、酸梅
		醋栗	穗醋栗、灯笼果
		刺梨	
28	绿色食品 大麦及大麦粉 NY/T 891—2014	啤酒大麦	
		食用大麦	用于食用的皮大麦（带壳大麦）和裸大麦
		大麦粉	大麦加工成的用于食用的粉状产品
29	绿色食品 燕麦及燕麦粉 NY/T 892—2014	燕麦	裸燕麦、莜麦
		燕麦粉	以裸燕麦为原料，经初级加工制成的粉状产品
		燕麦米	以裸燕麦为原料，经去杂、打毛、湿热处理和烘干等加工工序制得的粒状产品

（续）

一、种植业产品标准			
序号	标准名称	适用产品名称	适用产品别名及说明
30	绿色食品 粟、黍、稷及其制品 NY/T 893—2021	粟	分为粳型、糯型
		粟米	小米
		黍	黍子、软糜子
		黍米	大黄米、软黄米
		稷	稷子、穄、硬糜子
		稷米	稷子米、糜子米
		粟、黍、稷加工成的粉状产品	
31	绿色食品 荞麦及荞麦粉 NY/T 894—2014	荞麦	乌麦、花荞、甜荞、荞子、胡荞麦
		荞麦米	荞麦果实脱去外壳后得到的含种皮或不含种皮的籽粒
		荞麦粉	荞麦经清理除杂去壳后直接碾磨成的粉状产品
			注：适用于甜荞麦和苦荞麦
32	绿色食品 高粱 NY/T 895—2015	高粱	蜀黍、秫秫、芦粟、荻子
		高粱米	
33	绿色食品 杂粮米 NY/T 2974—2016	杂粮米	通过碾磨、脱壳将各种谷类、麦类、豆类、薯类等杂粮直接掺混的产品
		杂粮米制品	碾磨、脱壳、磨粉后将各种谷类、麦类、豆类、薯类等杂粮按照一定的营养配比，混合加工制得的产品
34	绿色食品 薏仁及薏仁粉 NY/T 2977—2016	薏仁	包括薏仁和带皮薏仁
		薏仁粉	经薏仁或带皮薏仁研磨而成的粉状物
			注：不适用于即食薏仁粉
35	绿色食品 香辛料及其制品 NY/T 901—2021	菖蒲	使用部分：根茎
		蒜	使用部分：鳞茎
		高良姜	使用部分：根、茎
		豆蔻	使用部分：果实、种子
		香豆蔻	使用部分：果实、种子
		香草	使用部分：果实
		砂仁	使用部分：果实

（续）

一、种植业产品标准			
序号	标准名称	适用产品名称	适用产品别名及说明
35	绿色食品 香辛料及其制品 NY/T 901—2021	莳萝、土茴香	使用部分：果实、种子
		圆叶当归	使用部分：果、嫩枝、根
		辣根	使用部分：根
		黑芥籽	使用部分：果实
		龙蒿	使用部分：叶、花序
		刺山柑	使用部分：花蕾
		葛缕子	使用部分：果实
		桂皮、肉桂	使用部分：树皮
		阴香	使用部分：树皮
		大清桂	使用部分：树皮
		芫荽	使用部分：种子、叶
		枯茗	俗称：孜然，使用部分：果实
		姜黄	使用部分：根、茎
		香茅	使用部分：叶
		枫茅	使用部分：叶
		小豆蔻	使用部分：果实
		阿魏	使用部分：根、茎
		小茴香	使用部分：果实、梗、叶
		甘草	使用部分：根
		八角	大料、大茴香、五香八角，使用部分：果实
		刺柏	使用部分：果实
		山奈	使用部分：根、茎
		木姜子	使用部分：果实
		月桂	使用部分：叶
		薄荷	使用部分：叶、嫩芽
		椒样薄荷	使用部分：叶、嫩芽
		留兰香	使用部分：叶、嫩芽
		调料九里香	使用部分：叶
		肉豆蔻	使用部分：假种皮、种仁
		甜罗勒	使用部分：叶、嫩芽
		甘牛至	使用部分：叶、花序
		牛至	使用部分：叶、花

（续）

一、种植业产品标准			
序号	标准名称	适用产品名称	适用产品别名及说明
35	绿色食品 香辛料及其制品 NY/T 901—2021	欧芹	使用部分：叶、种子
		多香果	使用部分：果实、叶
		筚拨	使用部分：果实
		黑胡椒、白胡椒	使用部分：果实
		迷迭香	使用部分：叶、嫩芽
		白欧芥	使用部分：种子
		丁香	使用部分：花蕾
		罗晃子	使用部分：果实
		蒙百里香	使用部分：嫩芽、叶
		百里香	使用部分：嫩芽、叶
		香旱芹	使用部分：果实
		葫芦巴	使用部分：果实
		香荚兰	使用部分：果荚
		花椒	使用部分：果实，适用于保鲜花椒产品，水分指标不作为判定依据
		姜	使用部分：根、茎
		藏红花	使用部分：柱头
		草果	使用部分：果实
		干制香辛料	各种新鲜香辛料经干制之后的产品
		粉状香辛料	干制香辛料经物理破碎研磨，细度达到0.2 mm、筛上残留物≤2.5 g/100g的粉末状产品
		颗粒状香辛料	干制香辛料经物理破碎研磨，但细度未达到粉状香辛料要求的产品
		即食香辛料调味粉	干制香辛料经研磨和灭菌等工艺过程加工而成的，可供即食的粉末状产品
			注：1. 本标准适用于干制香辛料、粉状香辛料、颗粒状香辛料和即食香辛料调味粉，不适用于辣椒及其制品；2. 涉及保健食品的应符合国家相关规定

（续）

一、种植业产品标准			
序号	标准名称	适用产品名称	适用产品别名及说明
36	绿色食品　瓜籽 NY/T 902—2015	葵花籽	包括油葵籽
		南瓜籽	
		西瓜籽	
		瓜蒌籽	
			注：适用于葵花籽、南瓜籽、西瓜籽和瓜蒌籽的生瓜籽及籽仁，不适用于烘炒类等进行熟制工艺加工的瓜籽及籽仁
37	绿色食品　坚果 NY/T 1042—2017	核桃	胡桃
		山核桃	
		榛子	
		香榧	
		腰果	鸡腰果、介寿果、檟如树
		松子	
		杏仁	
		开心果	阿月浑子、无名子
		扁桃	巴旦木
		澳洲坚果	夏威夷果
		鲍鱼果	
		板栗	栗子、毛栗
		橡子	
		银杏	白果
		芡实（米）	鸡头米、鸡头苞、鸡头莲、刺莲藕
		莲子	莲肉、莲米
		菱角	芰、水栗子
			注：适用于上述鲜或干的坚果及其果仁，也适用于以坚果为主要原料，不添加辅料，经水煮、蒸煮等工艺制成的原味坚果制品。不适用于坚果类烘炒制品

（续）

序号	标准名称	适用产品名称	适用产品别名及说明
38	绿色食品 人参和西洋参 NY/T 1043—2016	保鲜参	以鲜人参为原料，洗刷后经过保鲜处理，能够较长时间储藏的人参产品
		活性参（冻干参）	以鲜边条人参为原料，刮去表皮，采用真空低温冷冻（－25℃）干燥技术加工成的产品
		生晒参	以鲜人参为原料，刷洗除须后，晒干或烘干而成的人参产品
		红参	以鲜人参为原料，经过刷洗、蒸制、干燥的人参产品
		人参蜜片	鲜人参洗刷后，将主根切成薄片，采用热水轻烫或短时间蒸制，浸蜜，干燥加工制成的人参产品
		西洋参	鲜西洋参（Panax quinquefolium L.）的根及根茎经洗净烘干、冷冻干燥或其他方法干燥制成的产品
			注：申报西洋参相关产品的企业应取得保健食品生产许可证
39	绿色食品 枸杞及枸杞制品 NY/T 1051—2014	枸杞鲜果	野生或人工栽培，经过挑选、预冷、冷藏和包装的新鲜枸杞产品
		枸杞干果	以枸杞鲜果为原料，经预处理后，自然晾晒、热风干燥、冷冻干燥等工艺加工而成的枸杞产品
		枸杞原汁	以枸杞鲜果为原料，经过表面清洗、破碎、均质、杀菌、灌装等工艺加工而成的枸杞产品
		枸杞原粉	以枸杞干果为原料，经研磨、粉碎等工艺加工而成的粉状枸杞产品
40	绿色食品 山野菜 NY/T 1507—2016	薇菜	大巢菜、野豌豆、牛毛广、紫萁
		蜂斗菜	掌叶菜、蛇头草
		马齿苋	长命菜、五行草、瓜子菜、马齿菜
		蕨菜	辣米菜、野油菜、塘葛菜
		蒌蒿	芦蒿、水蒿、水艾、蒌蒿蒿

（续）

一、种植业产品标准			
序号	标准名称	适用产品名称	适用产品别名及说明
40	绿色食品　山野菜 NY/T 1507—2016	沙芥	山萝卜、沙萝卜、沙芥菜
		马兰	马兰头、鸡儿肠
		蕺菜	鱼腥草、鱼鳞草、蕺儿菜
		多齿蹄盖蕨	猴腿蹄盖蕨
		守宫木	树仔菜、五指山野菜、越南菜
		蒲公英	孛孛丁、蒲公草
		东风菜	山白菜、草三七、大耳毛
		野茼蒿	革命菜、野塘蒿、安南菜
		山莴苣	山苦菜、北山莴苣
		菊花脑	
		歪头菜	野豌豆、歪头草、歪脖菜
		锦鸡儿	黄雀花、阳雀花、酱瓣子
		山韭菜	野韭菜
		薤白	小根蒜、山蒜、小根菜、野蒜、野葱
		野葱	沙葱、麦葱、山葱
		雉隐天冬	龙须菜
		茖葱	寒葱、格葱
		黄精	鸡格、兔竹、鹿竹
		紫萼	河白菜、东北玉簪、剑叶玉簪
		野蔷薇	刺花、多花蔷薇
		小叶芹	东北羊角芹
		野芝麻	白花菜、野藿香、地蚤
		香茶菜	野苏子、龟叶草、铁菱角
		败酱	黄花龙牙、黄花苦菜、山芝麻
		海州常山	斑鸠菜
		苦刺花	白刺花、狼牙刺
41	绿色食品　油菜籽 NY/T 2982—2016	油菜籽	适用于加工食用油的油菜籽

（续）

		二、畜禽产品标准	
42	绿色食品 乳制品 NY/T 657—2021	生乳	
		巴氏杀菌乳	
		灭菌乳	
		调制乳	
		发酵乳	包括发酵乳和风味发酵乳
		炼乳	包括淡炼乳、加糖炼乳和调制炼乳（调制加糖炼乳和调制淡炼乳）
		乳粉	包括乳粉和调制乳粉
		干酪	包括高脂干酪、全脂干酪、中脂干酪、部分脱脂干酪、脱脂干酪
		再制干酪	
		奶油	包括稀奶油、奶油和无水奶油
			注：不适用于乳清制品、婴幼儿配方奶粉和人造奶油；该标准仅限于牛羊乳及其制品
43	绿色食品 蜂产品 NY/T 752—2020	蜂蜜	
		蜂王浆	包括蜂王浆冻干粉
		蜂花粉	
			注：本标准不适用于巢蜜、蜂胶、蜂蜡及其制品
44	绿色食品 禽肉 NY/T 753—2021	鲜禽肉	
		冷却禽肉	
		冷冻禽肉	
			本标准适用的禽类包括人工饲养的传统禽类（鸡、鸭、鹅、鸽、鹌鹑）和人工饲养的特种禽类（火鸡、珍珠鸡、雉鸡、鹧鸪、番鸭、绿头鸭、鸵鸟、鸸鹋），不适用于禽头、禽内脏、禽脚（爪）等禽副产品
45	绿色食品 蛋及蛋制品 NY/T 754—2021	鲜蛋	鸡蛋、鸭蛋、鹅蛋、鸽子蛋、鹧鸪蛋、鹌鹑蛋等
		皮蛋	
		卤蛋	
		咸蛋	包括生、熟咸蛋制品

（续）

二、畜禽产品标准			
序号	标准名称	适用产品名称	适用产品别名及说明
45	绿色食品 蛋及蛋制品 NY/T 754—2021	糟蛋	
		液态蛋	巴氏杀菌冰全蛋、冰蛋黄、冰蛋白、巴氏杀菌全蛋液、鲜全蛋液、巴氏杀菌蛋白液、鲜蛋白液、巴氏杀菌蛋黄液、鲜蛋黄液
		蛋粉和蛋片	巴氏杀菌全蛋粉、蛋黄粉、蛋白片
46	绿色食品　畜肉 NY/T 2799—2015	猪肉	
		牛肉	
		羊肉	
		马肉	
		驴肉	
		兔肉	
			注：适用于上述畜肉的鲜肉、冷却肉及冷冻肉；不适用于畜内脏、混合畜肉和辐照畜肉
47	绿色食品 畜禽肉制品 NY/T 843—2015	调制肉制品	包括冷藏调制肉类（如鱼香肉丝等菜肴式肉制品）和冷冻调制肉制品（如肉丸、肉卷、肉糕、肉排、肉串等）
		腌腊肉制品	包括咸肉类（如腌咸肉、板鸭、酱封肉等）、腊肉类（如腊猪肉、腊牛肉、腊羊肉、腊鸡、腊鸭、腊兔、腊乳猪等）、腊肠类（如腊肠、风干肠、枣肠、南肠、香肚、发酵香肠等）、风干肉类（如风干牛肉、风干羊肉、风干鸡等）
		酱卤肉制品	包括卤肉类（如盐水鸭、嫩卤鸡、白煮羊头、肴肉等）、酱肉类（如酱肘子、酱牛肉、酱鸭、扒鸡等）
		熏烧焙烤肉制品	包括熏烤肉类（如熏肉、熏鸡、熏鸭）、烧烤肉类（如盐焗鸡、烤乳猪、叉烧肉等）、熟培根类（如五花培根、通脊培根等）
		肉干制品	包括肉干、肉松、肉脯
		肉类罐头	不包括内脏类的所有肉罐头

（续）

序号	标准名称	适用产品名称	适用产品别名及说明
		二、畜禽产品标准			
48	绿色食品 畜禽可食用副产品 NY/T 1513—2017	畜禽可食用的生鲜副产品	畜（猪、牛、羊、兔）禽（鸡、鸭、鹅、鸽）的头（舌、耳）、尾、翅膀、蹄爪、内脏（肝、肾、肠、心、肺、胃）、皮等可食用的生鲜副产品
		畜禽可食用的熟制副产品	以生鲜畜禽可食用副产品为原料，添加或不添加辅料，经腌、腊、卤、酱、蒸、煮、熏、烧、烤等一种或多种加工方式制成的可直接食用的制品
			注：不适用于骨及血类等畜禽可食用副产品
		三、渔业产品标准			
49	绿色食品　虾 NY/T 840—2020	对虾科	
		长额虾科	
		褐虾科	
		长臂虾科	
		螯虾科	
			注：1. 适用于活虾、鲜虾、速冻生虾、速冻熟虾，不适用于虾干制品；2. 冻虾的形式可以是冻全虾、去头虾、带尾虾和虾仁
50	绿色食品　蟹 NY/T 841—2021	淡水蟹活品	
		海水蟹活品	
		海水蟹冻品	包括冻梭子蟹、冻切蟹、冻蟹肉
51	绿色食品　鱼 NY/T 842—2021	活鱼	包括淡水、海水产品
		鲜鱼	包括淡水、海水产品
		去内脏或分割加工后冷冻的初加工鱼产品	包括淡水、海水产品
			注：不适用于水发水产品
52	绿色食品　龟鳖类 NY/T 1050—2018	中华鳖	甲鱼、团鱼、王八、元鱼
		黄喉拟水龟	
		三线闭壳龟	金钱龟、金头龟、红肚龟
		红耳龟	巴西龟、巴西彩龟、秀丽锦龟、彩龟
		鳄龟	肉龟、小鳄龟、小鳄鱼龟
		其他淡水养殖的食用龟鳖	
			注：不适用于非人工养殖的野生龟鳖

（续）

三、渔业产品标准				
序号	标准名称	适用产品名称	适用产品别名及说明		
53	绿色食品　海水贝 NY/T 1329—2017	海水贝类的鲜、活品	包括鲍鱼、泥蚶、毛蚶（赤贝）、魁蚶、贻贝、红螺、香螺、玉螺、泥螺、栉孔扇贝、海湾扇贝、牡蛎、文蛤、杂色蛤、青柳蛤、大竹蛏和缢蛏的鲜、活品		
		海水贝类肉的冻品	包括鲍鱼、蚶肉、贻贝肉、螺肉、扇贝肉、扇贝柱、牡蛎肉、蛤肉和蛏肉的冻品		
			注：冻品包括生制和熟制冻品		
54	绿色食品 海参及制品 NY/T 1514—2020	活海参			
		盐渍海参			
		干海参			
		冻干海参			
		即食海参			
55	绿色食品 海蜇及制品 NY/T 1515—2020	盐渍海蜇皮			
		盐渍海蜇头			
		即食海蜇			
56	绿色食品 蛙类及制品 NY/T 1516—2020	活蛙	包括牛蛙、虎纹蛙、棘胸蛙、林蛙、美蛙等可供人们安全食用的养殖蛙类		
		鲜蛙体			
		蛙类干产品			
		蛙类冷冻产品			
57	绿色食品 藻类及其制品 NY/T 1709—2021	干海带	以鲜海带为原料，直接晒干或烘干的干海带产品		
		盐渍海带	以鲜海带为原料，经漂烫、冷却、盐渍、脱水、切割或不切割等工序制成的产品		
		即食海带	以鲜海带、干海带或盐渍海带为原料，经预处理、切割、熟化、调味、包装、杀菌等工艺制成的即食产品		
		干紫菜	以紫菜原藻为原料，通过清洗、去杂、切碎、成型等预处理，采用自然风干、晒干、热风干燥、红外线干燥、微波干燥、低温冷冻干燥等工艺除去所含大部分水分制成的紫菜产品		

（续）

		三、渔业产品标准	
序号	标准名称	适用产品名称	适用产品别名及说明
57	绿色食品 藻类及其制品 NY/T 1709—2021	即食紫菜	以鲜紫菜、干紫菜或盐渍紫菜为原料，经预处理、切割、熟化、调味、包装、杀菌等工艺制成的即食产品
		干裙带菜	以盐渍裙带菜为原料，经脱盐、清洗、脱水、切割、烘干等工序加工而成的产品
		盐渍裙带菜	以新鲜裙带菜为原料，经漂烫、冷却、盐渍等工序加工而成的藻类产品
		即食裙带菜	以鲜裙带菜、干裙带菜或盐渍裙带菜为原料，经预处理、切割、熟化、调味、包装、杀菌等工艺制成的即食产品
		螺旋藻粉	以螺旋藻为原料，经瞬时高温喷雾干燥制成的螺旋藻干粉
		螺旋藻片	
		雨生红球藻粉	以采收的雨生红球藻藻体及孢子为原料，经破壁、干燥等工艺制成的雨生红球藻粉
		螺旋藻胶囊	
58	绿色食品 头足类水产品 NY/T 2975—2016	头足类水产品	海洋捕捞的乌贼目（sepiidae）所属的各种乌贼（又称墨鱼，如乌贼、金乌贼、微鳍乌贼、曼氏无针乌贼等）；枪乌贼目（teuthida）所属的各种鱿鱼（又称枪乌贼、柔鱼、笔管等）；八腕目（octopoda）所属的各种章鱼及蛸（如船蛸、长蛸、短蛸、真蛸等）的鲜活品、冻品和解冻品
		四、加工产品标准	
59	绿色食品　啤酒 NY/T 273—2021	淡色啤酒	色度 2 EBC～14 EBC 的啤酒
		浓色啤酒	色度 15 EBC～40 EBC 的啤酒
		黑色啤酒	色度大于等于 41 EBC 的啤酒
		特种啤酒	包括干啤酒、低醇啤酒、小麦啤酒、浑浊啤酒、冰啤酒。特种啤酒的理化指标除特征指标外，其他理化指标应符合相应啤酒（淡色、浓色、黑色啤酒）要求

（续）

	四、加工产品标准		
序号	标准名称	适用产品名称	适用产品别名及说明
60	绿色食品 葡萄酒 NY/T 274—2014	平静葡萄酒	20℃时，二氧化碳压力小于 0.05 MPa 的葡萄酒，按含糖量分为干、半干、半甜、甜 4 种类型
		低泡葡萄酒	按含糖量分为干、半干、半甜、甜 4 种类型
		高泡葡萄酒	按含糖量分为天然、绝干、干、半干、甜 5 种类型
61	绿色食品 食用糖 NY/T 422—2021	原糖	以甘蔗汁经清净处理、煮炼结晶、离心分蜜制成的带有糖蜜、不供作直接食用的蔗糖结晶
		白砂糖	以甘蔗或甜菜为原料，经提取糖汁、清净处理、煮炼结晶和分蜜等工艺加工制成的蔗糖结晶
		绵白糖	以甘蔗或甜菜为原料，经提取糖汁、清净处理、煮炼结晶、分蜜并加入适量转化糖浆等工艺制成的晶粒细小、颜色洁白、质地绵软的糖
		冰糖	砂糖经再溶、清净处理，重结晶而制得的大颗粒结晶糖。有单晶体和多晶体两种，呈透明或半透明状
		单晶体冰糖	单一晶体的大颗粒（每粒重 1.5～2 g）冰糖
		多晶体冰糖	由多颗晶体并聚而成的大块冰糖。按色泽可分为白冰糖和黄冰糖 2 种
		方糖	由颗粒适中的白砂糖，加入少量水或糖浆，经压铸等工艺制成小方块的糖
		精幼砂糖	用原糖或其他蔗糖溶液，经精炼处理后制成的颗粒较小的糖
		赤砂糖	以甘蔗为原料，经提取糖汁、清净处理等工艺加工制成的带蜜的棕红色或黄褐色砂糖
		红糖	以甘蔗为原料，经提取糖汁、清净处理后，直接煮制不经分蜜的棕红色或黄褐色的糖
		冰片糖	用冰糖蜜或砂糖加原糖蜜为原料，经加酸部分转化，煮成的金黄色片糖
		黄砂糖	以甘蔗、甘蔗糖、甜菜、甜菜糖、糖蜜为原料加工生产制得的带蜜黄色蔗糖结晶

（续）

四、加工产品标准			
序号	标准名称	适用产品名称	适用产品别名及说明
61	绿色食品　食用糖 NY/T 422—2021	液体糖	以白砂糖、绵白糖、精制的糖蜜或中间制品为原料，经加工或转化工艺制炼而成的食用液体糖。液体糖分为全蔗糖糖浆和转化糖浆两类，全蔗糖糖浆以蔗糖为主，转化糖浆是以蔗糖经部分转化为还原糖（葡萄糖＋果糖）后的产品
		糖霜	以白砂糖为原料，添加适量的食用淀粉或抗结剂，经磨制或粉碎等加工而成的粉末状产品
62	绿色食品 果（蔬）酱 NY/T 431—2017	水果酱	
		番茄酱	
		其他蔬菜酱	
			注：适用于以水果、蔬菜为主要原料，经破碎、打浆、灭菌、浓缩等工艺生产的绿色食品块状酱或泥状酱；不适用于以果蔬为主要原料，配以辣椒、盐、香辛料等调味料生产的调味酱产品
63	绿色食品　白酒 NY/T 432—2021	白酒	
64	绿色食品 植物蛋白饮料 NY/T 433—2021	植物蛋白饮料	以一种或多种含有一定蛋白质的绿色食品植物果实、种子或种仁等为原料，添加或不添加其他食品原辅料和（或）食品添加剂，经加工或发酵制成的饮料
		豆奶（乳）	以大豆为主要原料，添加或不添加食品辅料和食品添加剂，经加工制成的产品。如纯豆奶（乳）、调制豆奶（乳）、浓浆豆奶（乳）等。经发酵工艺制成的产品称为发酵豆奶（乳），也可称为酸豆奶（乳）
		豆奶（乳）饮料	以大豆、大豆粉、大豆蛋白为主要原料，可添加食糖、营养强化剂、食品添加剂、其他食品辅料。经加工制成的、大豆固形物含量较低的产品。经发酵工艺制成的产品称为发酵豆奶（乳）饮料
		椰子乳（汁）	以新鲜的椰子、椰子果肉制品（如椰子果浆、椰子果粉等）为原料，经加工制得的产品。以椰子果肉制品（椰子果浆、椰子果粉）为原料生产的产品称为复原椰子汁（乳）

（续）

四、加工产品标准			
序号	标准名称	适用产品名称	适用产品别名及说明
64	绿色食品 植物蛋白饮料 NY/T 433—2021	杏仁乳（露）	以杏仁为原料，可添加食品辅料、食品添加剂。经加工、调配后制得的产品。产品中去皮杏仁的质量比例应大于2.5%。不应使用除杏仁外的其他杏仁制品及其他含有蛋白质和脂肪的植物果实、种子、果仁及其制品
		核桃乳（露）	以核桃仁为原料，可添加食品辅料、食品添加剂。经加工、调配后制得的产品。产品中去皮核桃仁的质量比例应大于3%。不应使用除核桃仁外的其他核桃制品及其他含有蛋白质和脂肪的植物果实、种子、果仁及其制品
		花生乳（露）	以花生仁为主要原料，经磨碎、提浆等工艺制得的浆液中加入水、糖液等调制而成的乳状饮料
		复合植物蛋白饮料	以两种或两种以上含有一定蛋白质的植物果实、种子、种仁为原料，添加或不添加其他食品原辅料和（或）食品添加剂，经加工或发酵制成的饮料，如花生核桃、核桃杏仁、花生杏仁复合植物蛋白饮料
		其他植物蛋白饮料	以腰果、榛子、南瓜籽、葵花籽等为原料，经磨碎等工艺制得的浆液加入水、糖液等调制而成的饮料
65	绿色食品 果蔬汁饮料 NY/T 434—2016	果蔬汁（浆）	以水果或蔬菜为原料，采用物理方法制成的未发酵的汁液、浆液制品；或在浓缩果蔬汁中加入其加工过程中除去的等量水分复原制成的汁液、浆液制品。包括原榨果汁、果汁、蔬菜汁、果浆、蔬菜浆、复合果蔬汁（浆）
		果蔬汁饮料	以果蔬汁（浆）、浓缩果蔬汁（浆）、水为原料，添加或不添加其他辅料或食品添加剂，加工制成的制品。包括果蔬汁饮料、果肉（浆）饮料、复合果蔬汁饮料、果蔬汁饮料浓浆、水果饮料
		浓缩果蔬汁（浆）	以水果或蔬菜为原料，从采用物理方法制取的果汁（浆）或蔬菜汁（浆）中除去一定量水分制成的、加入其加工过程中除去的等量水分复原后具有果汁（浆）或蔬菜汁（浆）应有特征的制品

（续）

		四、加工产品标准	
序号	标准名称	适用产品名称	适用产品别名及说明
66	绿色食品 水果、蔬菜脆片 NY/T 435—2021	水果、蔬菜（含食用菌）脆片	以水果、蔬菜（含食用菌）为主要原料，经或不经切片（条、块），采用减压油炸脱水或非油炸脱水工艺，添加或不添加其他辅料制成的口感酥脆的即食型水果、蔬菜干制品
		油炸型	采用减压油炸脱水工艺制成的水果、蔬菜脆片
		非油炸型	采用真空冷冻干燥、微波真空干燥、压差闪蒸、气流膨化等非油炸脱水工艺制成的水果、蔬菜脆片
67	绿色食品　蜜饯 NY/T 436—2018	糖渍类	原料经加糖熬煮或浸渍、干燥（或不干燥）等工艺制成的带有湿润糖液或浸渍在浓糖液中的制品
		糖霜类	原料经加糖熬煮、干燥等工艺制成的表面附有白色糖霜的制品
		果脯类	原料经糖渍、干燥等工艺制成的略有透明感、表面无糖析出的制品
		凉果类	原料经盐渍、糖渍、干燥等工艺制成的半干态制品
		话化类	原料经盐渍、糖渍（或不糖渍）、干燥等工艺制成的制品
		果糕类	原料加工成酱状，经成型、干燥（或不干燥）等工艺制成的制品，分为糕类、条类和片类
68	绿色食品　酱腌菜 NY/T 437—2012	酱渍菜	蔬菜咸坯经脱盐脱水后，再经甜酱、黄酱酱渍而成的制品，如扬州酱菜、镇江酱菜等
		糖醋渍菜	蔬菜咸坯经脱盐脱水后，再用糖渍、醋渍或糖醋渍制作而成的制品，如白糖蒜、蜂蜜蒜米、甜酸藠头、糖醋萝卜等
		酱油渍菜	蔬菜咸坯经脱盐脱水后，用酱油与调味料、香辛料混合浸渍而成的制品，如五香大头菜、榨菜萝卜、辣油萝卜丝、酱海带丝等

（续）

序号	标准名称	适用产品名称	适用产品别名及说明
			四、加工产品标准
68	绿色食品　酱腌菜 NY/T 437—2012	虾油渍菜	新鲜蔬菜先经盐渍或不经盐渍，再用新鲜虾油浸渍而成的制品，如锦州虾油小菜、虾油小黄瓜等
		盐水渍菜	以新鲜蔬菜为原料，用盐水及香辛料混合腌制，经发酵或非发酵而成的制品，如泡菜、酸黄瓜、盐水笋等
		盐渍菜	以新鲜蔬菜为原料，用食盐盐渍而成的湿态、半干态、干态制品，如咸大头菜、榨菜、萝卜干等
		糟渍菜	蔬菜咸坯用酒糟或醪糟糟渍而成的制品，如糟瓜等
		其他类	除以上分类以外，其他以蔬菜为原料制作而成的制品，如糖冰姜、藕脯、酸甘蓝、米糠萝卜等
			注：不适用于散装的酱腌菜产品；不适用于由叶菜类蔬菜原料生产的酱腌菜
69	绿色食品 食用植物油 NY/T 751—2021	菜籽油	包括低芥酸菜籽油
		大豆油	
		花生油	
		芝麻油	
		亚麻籽油	胡麻油
		葵花籽（仁）油	
		玉米油	
		茶叶籽油	
		油茶籽油	
		米糠油	
		核桃油	
		红花籽油	

（续）

		四、加工产品标准	
序号	标准名称	适用产品名称	适用产品别名及说明
69	绿色食品 食用植物油 NY/T 751—2017	葡萄籽油	
		橄榄油	
		牡丹籽油	
		棕榈（仁）油	
		沙棘籽油	
		紫苏籽油	
		精炼椰子油	
		南瓜籽油	
		秋葵籽油	
		食用调和油	
70	绿色食品 黄酒 NY/T 897—2017	传统型干黄酒	
		传统型半干黄酒	
		传统型半甜黄酒	
		传统型甜黄酒	
		清爽型干黄酒	
		清爽型半干黄酒	
		清爽型半甜黄酒	
		清爽型甜黄酒	
		特型黄酒	
71	绿色食品 含乳饮料 NY/T 898—2016	配制型含乳饮料	以乳或乳制品为原料，加入水以及食糖和（或）甜味剂、酸味剂、果汁、茶、咖啡、植物提取液等的一种或几种调制而成的饮料
		发酵型含乳饮料	以乳或乳制品为原料，经乳酸菌等有益菌培养发酵制得的乳液中加入水以及食糖和（或）甜味剂、酸味剂、果汁、茶、咖啡、植物提取液等的一种或几种调制而成的饮料。也可称为酸乳（奶）饮料，按杀菌方式分为杀菌型和非杀菌型
		乳酸菌饮料	以乳或乳制品为原料，经乳酸菌发酵制得的乳液中加入水、食用糖和（或）甜味剂、酸味剂、果汁、茶、咖啡、植物提取液等的一种或几种调制而成的饮料

（续）

四、加工产品标准			
序号	标准名称	适用产品名称	适用产品别名及说明
72	绿色食品 冷冻饮品 NY/T 899—2016	冰淇淋	以饮用水、乳和（或）乳制品、蛋制品、水果制品、豆制品、食糖、食用植物油等的一种或多种为原辅料，添加或不添加食品添加剂和（或）食品营养强化剂，经混合、灭菌、均质、冷却、老化、冻结、硬化等工艺制成的体积膨胀的冷冻饮品
		雪泥	以饮用水、食糖、果汁等为主要原料，配以相关辅料，含或不含食品添加剂和食品营养强化剂，经混合、灭菌、凝冻或低温炒制等工艺制成的松软的冰雪状冷冻饮品
		雪糕	以饮用水、乳和（或）乳制品、蛋制品、果蔬制品、粮谷制品、豆制品、食糖、食用植物油等的一种或多种为原辅料，添加或不添加食品添加剂和（或）食品营养强化剂，经混合、灭菌、均质、冷却、成型、冻结等工艺制成的冷冻饮品
		冰棍	以饮用水、食糖和（或）甜味剂等为主要原料，配以豆类或果品等相关辅料（含或不含食品添加剂和食品营养强化剂），经混合、灭菌、冷却、注模、插杆或不插杆、冻结、脱模等工艺制成的带或不带棒的冷冻饮品
		甜味冰	以饮用水、食糖等为主要原料，添加或不添加食品添加剂，经混合、灭菌、罐装、硬化等工艺制成的冷冻饮品
		食用冰	以饮用水为原料，经灭菌、注模、冻结、脱模或不脱模等工艺制成的冷冻饮品
73	绿色食品 发酵调味品 NY/T 900—2016	酱油	包括高盐稀态发酵酱油和低盐固态发酵酱油
		食醋	包括固态发酵食醋和液态发酵食醋
		酿造酱	包括豆酱（油制型、非油制型）和面酱
		腐乳	包括红腐乳、白腐乳、青腐乳和酱腐乳
		豆豉	包括干豆豉、豆豉和水豆豉
		纳豆	
		纳豆粉	

（续）

	四、加工产品标准		
序号	标准名称	适用产品名称	适用产品别名及说明
74	绿色食品 淀粉及淀粉制品 NY/T 1039—2014	米淀粉	包括糯米淀粉、粳米淀粉和籼米淀粉
		玉米淀粉	包括白玉米淀粉、黄玉米淀粉
		高粱淀粉	
		麦淀粉	包括小麦淀粉、大麦淀粉和黑麦淀粉
		绿豆淀粉	
		蚕豆淀粉	
		豌豆淀粉	
		豇豆淀粉	
		混合豆淀粉	
		菱角淀粉	
		荸荠淀粉	
		橡子淀粉	
		百合淀粉	
		慈姑淀粉	
		西米淀粉	
		木薯淀粉	
		甘薯淀粉	
		马铃薯淀粉	
		豆薯淀粉	
		竹芋淀粉	
		山药淀粉	
		蕉芋淀粉	
		葛淀粉	
		淀粉制品	如淀粉制成的粉丝、粉条、粉皮等产品
75	绿色食品 食用盐 NY/T 1040—2021	精制盐	
		粉碎洗涤盐	
		日晒盐	
		低钠盐	

（续）

序号	标准名称	适用产品名称	适用产品别名及说明
	四、加工产品标准		
76	绿色食品　干果 NY/T 1041—2018	荔枝干	
		桂圆干（桂圆肉）	
		葡萄干	
		柿饼	
		干枣	
		杏干	包括包仁杏干
		香蕉片	
		无花果干	
		酸梅（乌梅）干	
		山楂干	
		苹果干	
		菠萝干	
		杧果干	
		梅干	
		桃干	
		猕猴桃干	
		草莓干	
		酸角干	
77	绿色食品 藕及其制品 NY/T 1044—2020	藕	
		藕粉	包括纯藕粉和调制藕粉
			注：不适用于泡藕带、卤藕和藕罐头
78	绿色食品 脱水蔬菜 NY/T 1045—2014	脱水蔬菜	经洗刷、清洗、切型、漂烫或不漂烫等预处理，采用热风干燥或低温冷冻干燥等工艺制成的蔬菜制品
			注：适用于干制蔬菜，不适用于干制食用菌、竹笋干和蔬菜粉
79	绿色食品 焙烤食品 NY/T 1046—2016	面包	以小麦粉、酵母和水为主要原料，添加或不添加辅料，经搅拌面团、发酵、整形、醒发、熟制等工艺制成的食品，以及在熟制前或熟制后在产品表面或内部添加奶油、蛋白、可可、果酱等的食品。包括软式面包、硬式面包、起酥面包、调理面包等

（续）

| \multicolumn{4}{c}{四、加工产品标准} |

序号	标准名称	适用产品名称	适用产品别名及说明
79	绿色食品 焙烤食品 NY/T 1046—2016	饼干	以小麦粉（可添加糯米粉、淀粉等）为主要原料，加入（或不加入）糖、油脂及其他原料，经调粉（或调浆）、成型、烘烤（或煎烤）等工艺制成的口感酥松或松脆的食品。包括酥性饼干、韧性饼干、发酵饼干、压缩饼干、曲奇饼干、夹心饼干、威化饼干、蛋圆饼干、蛋卷、煎饼、装饰饼干、水泡饼干等
		烘烤类月饼	
		烘烤类糕点	
80	绿色食品 水果、蔬菜罐头 NY/T 1047—2021	清渍类蔬菜罐头	
		醋渍类蔬菜罐头	
		调味类蔬菜罐头	
		糖水类水果罐头	
		糖浆类水果罐头	
			注：不适用于果酱类、果汁类、蔬菜汁（酱）类罐头和盐渍（酱渍）蔬菜罐头
81	绿色食品 笋及笋制品 NY/T 1048—2021	鲜竹笋	
		竹笋罐头	以新鲜竹笋为原料，经去壳、漂洗、煮制等加工处理后，按罐头工艺生产，经包装、密封、灭菌制成的竹笋制品
		即食竹笋	用竹笋为主要原料经漂洗、切制、配料、腌制或不腌制、发酵或不发酵、调味、包装等加工工艺，可直接食用的除竹笋罐头以外的竹笋制品
		竹笋干	以新鲜竹笋为原料，经预处理、盐腌发酵后干燥或非发酵直接干燥而成的竹笋干制品
82	绿色食品　豆制品 NY/T 1052—2014	熟制豆类	包括煮大豆、烘焙大豆
		豆腐	包括豆腐脑、内酯豆腐、南豆腐、北豆腐、冻豆腐、脱水豆腐、油炸豆腐和其他豆腐
		豆腐干	包括白豆腐干、豆腐皮、豆腐丝、蒸煮豆腐干、油炸豆腐干、炸卤豆腐干、卤制豆腐干、熏制豆腐干和其他豆腐干

（续）

\multicolumn{4}{c	}{四、加工产品标准}
序号	标准名称	适用产品名称	适用产品别名及说明
82	绿色食品　豆制品 NY/T 1052—2014	腐竹	从熟豆浆静止表面揭起的凝结厚膜折叠成条状，经干燥而成的产品
		腐皮	从熟豆浆静止表面揭起的凝结薄膜，经干燥而成的产品
		干燥豆制品	包括食用豆粕、大豆膳食纤维粉和其他干燥豆制品
		豆粉	包括速溶豆粉和其他豆粉
		大豆蛋白	包括大豆蛋白粉、大豆浓缩蛋白、大豆分离蛋白和大豆肽粉
83	绿色食品　味精 NY/T 1053—2018	谷氨酸钠（味精）	以碳水化合物（如淀粉、玉米、糖蜜等糖质）为原料，经微生物（谷氨酸棒杆菌等）发酵、提取、中和、结晶、分离、干燥而制成的具有特殊鲜味的白色结晶或粉末状调味品
		加盐味精	在谷氨酸钠（味精）中，定量添加了精制盐的混合物
		增鲜味精	在谷氨酸钠（味精）中，定量添加了核苷酸二钠 [5′-鸟苷酸二钠（GMP）、5′-肌苷酸二钠（IMP）或呈味核苷酸二钠（GMP＋IMP）] 等增味剂的混合物
84	绿色食品 固体饮料 NY/T 1323—2017	蛋白固体饮料	包括含乳蛋白固体饮料、植物蛋白固体饮料、复合蛋白固体饮料、其他蛋白固体饮料
		调味茶固体饮料	包括果汁茶固体饮料、奶茶固体饮料、其他调味茶固体饮料
		咖啡固体饮料	包括速溶咖啡、速溶/即溶咖啡饮料、其他咖啡固体饮料
		植物固体饮料	包括谷物固体饮料、草本固体饮料、可可固体饮料、其他植物固体饮料
		特殊用途固体饮料	通过调整饮料中营养成分的种类及其含量，或加入具有特定功能成分适应人体需要的固体饮料，如运动固体饮料、营养素固体饮料、能量固体饮料、电解质固体饮料等
		其他固体饮料	上述固体饮料以外的固体饮料，如泡腾片、添加可用于食品的菌种固体饮料等
			注：不适用于玉米粉、花生蛋白粉、大麦粉、燕麦粉、藕粉、豆粉、大豆蛋白粉、即食谷粉和芝麻糊（粉）

（续）

四、加工产品标准			
序号	标准名称	适用产品名称	适用产品别名及说明
85	绿色食品 鱼糜制品 NY/T 1327—2018	鱼丸	
		鱼糕	
		烤鱼卷	
		虾丸	
		虾饼	
		墨鱼丸	
		贝肉丸	
		模拟扇贝柱	
		模拟蟹肉	
		鱼肉香肠	
		其他鱼糜制品	
86	绿色食品　鱼罐头 NY/T 1328—2018	油浸鱼罐头	鱼经预煮后装罐，再加入精炼植物油等工序制成的罐头产品
		调味鱼罐头	将处理好的鱼经腌渍脱水（或油炸）后装罐，加入调味料等工序制成的罐头产品。包括红烧、茄汁、葱烧、鲜炸、五香、豆豉、酱油等
		清蒸鱼罐头	将处理好的鱼经预煮脱水（或在柠檬酸水中浸渍）后装罐，再加入精盐、味精而成的罐头产品
			注：不适用于烟熏类鱼罐头
87	绿色食品 方便主食品 NY/T 1330—2021	方便主食品	以小麦、大米、玉米、杂粮或薯类淀粉等为主要原料，经加工处理制成的，配以或不配调味料包，食用时稍作烹调或直接用沸水冲泡即可食用的方便食品
		非油炸方便面	
		方便米线（粉）	
		方便米饭	
		方便粥	
		方便粉丝	
			注：不适用于自热类方便食品
88	绿色食品 速冻蔬菜 NY/T 1406—2018	速冻蔬菜	以新鲜、清洁的蔬菜为原料，经清洗、分割或不分割、漂烫或不漂烫、冷却、沥干或不沥干、速冻等工序生产，在冷链条件下进入销售市场的产品
89	绿色食品 速冻水果 NY/T 2983—2016	速冻水果	

（续）

		四、加工产品标准	
序号	标准名称	适用产品名称	适用产品别名及说明
90	绿色食品 速冻预包装面米食品 NY/T 1407—2018	速冻饺子	
		速冻馄饨	
		速冻包子	
		速冻烧麦	
		速冻汤圆	
		速冻元宵	
		速冻馒头	
		速冻花卷	
		速冻粽子	
		速冻春卷	
		速冻南瓜饼	
		速冻芝麻球	
		其他速冻预包装面米食品	
91	绿色食品　果酒 NY/T 1508—2017	干型果酒	以除葡萄以外的新鲜水果或果汁为原料，经全部或部分发酵酿制而成的果酒，不适用于浸泡、蒸馏和勾兑果酒
		半干型果酒	
		半甜型果酒	
		甜型果酒	
92	绿色食品 芝麻及其制品 NY/T 1509—2017	白芝麻	包括生、熟白芝麻
		黑芝麻	包括生、熟黑芝麻
		其他纯色芝麻	包括生、熟其他纯色芝麻
		其他杂色芝麻	包括生、熟其他杂色芝麻
		脱皮芝麻	包括生、熟脱皮芝麻
		芝麻酱	
		芝麻糊（粉）	
			注：不适用于芝麻油和芝麻糖
93	绿色食品 麦类制品 NY/T 1510—2016	即食麦类制品	以麦类为主要原料，经加工制成的冲泡后即可食用的食品，包括麦片和麦糊等
		发芽麦类制品	经发芽处理的大麦［含米大麦（青稞）］、燕麦（含莜麦）、小麦、荞麦（含苦荞麦）或以其为主要原料生产的制品，包括大麦麦芽、小麦麦芽、发芽麦粒等

（续）

四、加工产品标准				
序号	标准名称	适用产品名称	适用产品别名及说明		
93	绿色食品 麦类制品 NY/T 1510—2016	啤酒麦芽	以小麦及二棱、多棱大麦为原料，经浸麦、发芽、烘干、焙焦所制成的啤酒酿造用麦芽		
			注：不适用于麦茶和焙烤类麦类制品		
94	绿色食品 膨化食品 NY/T 1511—2015	膨化食品	以谷类、薯类等为主要原料，也可配以各种辅料，采用直接挤压、焙烤、微波等方式膨化而制成的组织疏松或松脆的食品		
			注：不适用于油炸型膨化食品、膨化豆制品		
95	绿色食品 生面食、米粉制品 NY/T 1512—2021	生面食制品	以麦类、杂粮等为主要原料，通过和面、制条、制片等多道工序，经（或不经）干燥处理制成的制品，包括生干面制品（挂面、面叶、通心粉等）和生湿面制品（面条、切面、饺子皮、馄饨皮、烧卖皮等）		
		米粉制品	以大米为主要原料，加水浸泡、制浆、压条或挤压等加工工序制成的条状、丝状、块状、片状等不同形状的制品，以及大米仅经粉碎的加工工序制成的粉状制品。包括米粉干制品和湿制品		
			注：不适用于方便面米制品及婴幼儿辅助食品		
96	绿色食品 水产调味品 NY/T 1710—2020	蚝油	利用牡蛎蒸、煮后的汁液进行浓缩或直接用牡蛎肉酶解，再加入食糖、食盐、淀粉或者改性淀粉等原料，辅以其他配料和食品添加剂制成的调味品		
		鱼露	以鱼为原料，在较高的盐分下经酶解制成的鲜味液体调味品		
		虾酱	小型虾类经腌制、发酵制成的糊状食品		
		虾油	小型虾类发酵液体的浓缩液或虾酱上层的澄清液		
		海鲜粉调味料	以海产鱼、海水虾、海水贝、海水蟹类酶解物或其他浓缩抽提物为主原料，以味精、食用盐、香辛料等为辅料，经加工而成具有海鲜味的复合调味料		

（续）

			四、加工产品标准		

序号	标准名称	适用产品名称	适用产品别名及说明
97	绿色食品 辣椒制品 NY/T 1711—2020	干辣椒制品	以鲜辣椒为主要原料，经干燥、烘焙或炒制等工艺加工制成的制品，如辣椒干、辣椒段（块）、辣椒粉（面）等
		油辣椒制品	可供以鲜辣椒或干辣椒及食用油为主要原料，经加工制成的油和辣椒混合体的制品，如油辣椒、鸡辣椒、肉丝辣椒、豆豉辣椒等
		发酵辣椒制品	以鲜辣椒或干辣椒为主要原料，经破碎、发酵或发酵腌制等工艺加工制成的制品，如剁辣椒、泡椒、辣豆瓣酱、辣椒酱等
		其他辣椒制品	以鲜辣椒或干辣椒为主要原料，经破碎或不破碎、非发酵等工艺加工制成的制品，如香酥辣椒、糍粑辣椒等
			注：不适用于辣椒油
98	绿色食品 干制水产品 NY/T 1712—2018	鱼类干制品	包括生干品（如鱼肚、鳗鲞、银鱼干等）、煮干品、盐干品（如大黄鱼鲞、鳕鱼干等）、调味干鱼制品
		虾类干制品	包括生干品（如虾干）、煮干品（如虾米、虾皮等）、盐干虾制品和调味干虾制品等
		贝类干制品	包括生干品、煮干品、盐干品和调味干制品，如干贝、鲍鱼干、贻贝干、海螺干、牡蛎干等
		其他类干制水产品	包括鱼翅、鱼肚、鱼唇、墨鱼干、鱿鱼干、章鱼干等
			注：不适用于海参和藻类干制品、即食干制水产品

（续）

		四、加工产品标准	
序号	标准名称	适用产品名称	适用产品别名及说明
99	绿色食品 茶饮料 NY/T 1713—2018	红茶饮料	
		绿茶饮料	
		花茶饮料	
		乌龙茶饮料	
		其他茶饮料	
		奶茶饮料	
		奶味茶饮料	
		果汁茶饮料	
		果味茶饮料	
		碳酸茶饮料	
		复（混）合茶饮料	以茶叶和植（谷）物的水提取液或其干燥粉为原料，加工制成的，具有茶与植（谷）物混合风味的液体饮料
100	绿色食品 即食谷粉 NY/T 1714—2015	即食谷粉	以一种或几种谷类（包括大米、小米、玉米、大麦、小麦、燕麦、黑麦、荞麦、高粱和薏仁等）为主要原料（谷物占干物质组成的25%以上），添加（或不添加）其他辅料和（或不添加）适量的营养强化剂，经加工制成的冲调后即可食用的粉状食品
101	绿色食品 果蔬粉 NY/T 1884—2021	水果粉	以一种或一种以上水果为原料，经筛选（去皮、去核）、清洗、打浆、均质、杀菌、干燥、包装等工序，经过加工制成的粉状蔬菜产品
		蔬菜粉	以一种或一种以上蔬菜为原料，经筛选、清洗、打浆、均质、杀菌、干燥、包装等工序，经过加工制成的粉状蔬菜产品
		复合果蔬粉	以一种或一种以上蔬菜粉或水果粉为主要配料，添加或不添加食糖等辅料加工而成的可供直接食用的粉状冲调果蔬食品
			注：不适用于固体饮料类水果粉、淀粉类、调味料类蔬菜粉、脱水蔬菜、脱水水果

（续）

四、加工产品标准			
序号	标准名称	适用产品名称	适用产品别名及说明
102	绿色食品　米酒 NY/T 1885—2017	糟米型米酒	所含的酒糟为米粒状糟米的米酒（包括花色型米酒）。包括普通米酒和无醇米酒
		均质型米酒	经胶磨和均质处理后，呈糊状均质的米酒。包括普通米酒和无醇米酒
		清汁型米酒	经过滤去除酒糟后的米酒。包括普通米酒和无醇米酒
103	绿色食品 复合调味料 NY/T 1886—2021	固态复合调味料	以2种或2种以上调味品为主要原料，添加或不添加辅料，加工而成的呈固态的复合调味料。包括鸡粉调味料、牛肉粉调味料、排骨粉调味料及其他固态调味料
		半固态复合调味料	以两种或两种以上的调味料为主要原料，添加或不添加其他辅料，加工而成的呈酱状的复合调味料。包括风味酱、沙拉酱及蛋黄酱等
		液态复合调味料	以两种或两种以上调味料为主要原料，添加或不添加辅料，加工而成的呈液态的复合调味料。包括鸡汁调味料等
			注：不含鸡精调味料、调味料酒、配制食醋、配制酱油；不适用于水产调味品
104	绿色食品 乳清制品 NY/T 1887—2010	乳清粉	包括脱盐乳清粉、非脱盐乳清粉
		乳清蛋白粉	包括乳清浓缩蛋白粉、乳清分离蛋白粉
105	绿色食品 软体动物休闲食品 NY/T 1888—2021	头足类休闲食品	以鲜或冻鱿鱼、墨鱼和章鱼等头足类水产品为原料，经清洗、预处理、水煮、调味、熟制或杀菌等工序制成的即食食品
		贝类休闲食品	以鲜或冻扇贝、牡蛎、贻贝、蛤、蛏、蚶等贝类水产品为原料，经清洗、水煮、调味、熟制或杀菌等工序制成的即食食品
			注：不适用于熏制软体动物休闲食品
106	绿色食品 烘炒食品 NY/T 1889—2021	烘炒食品	以果蔬籽、果仁、坚果、豆类等为主要原料，添加或不添加辅料，经烘烤或炒制而成的食品。不包括以花生和芝麻为原料的烘炒食品。

（续）

	四、加工产品标准		
序号	标准名称	适用产品名称	适用产品别名及说明
107	绿色食品 蒸制类糕点 NY/T 1890—2021	糕点	以谷类、豆类、薯类、油脂、糖、蛋等的一种或几种为主要原料，添加（或不添加）适量辅料，经调制、成型、熟制等工序制成的食品
		蒸制糕点	水蒸熟制的一类糕点
		蒸蛋糕类	以鸡蛋为主要原料，经打蛋、调糊、注模、蒸制而成的组织松软的制品
		印模糕类	以熟或生的原辅料，经拌合、印模成型、熟制或不熟制而成的口感松软的糕类制品
		韧糕类	以糯米粉、糖为主要原料，经蒸制、成型而成的韧性糕类制品
		发糕类	以小麦粉或米粉为主要原料调制成面团，经发酵、蒸制、成型而成的带有蜂窝状组织的松软糕类制品
		松糕类	以粳米粉、糯米粉为主要原料调制成面团，经成型、蒸制而成的口感松软的糕类制品
		其他蒸制类糕点	包括馒头、花卷产品
108	绿色食品　配制酒 NY/T 2104—2018	植物类配制酒	利用植物的花、叶、根、茎、果为香源及营养源，经再加工制成的、具有明显植物香及有效成分的配制酒
		动物类配制酒	利用食用或药食两用动物及其制品为香源及营养源，经再加工制成的、具有明显动物脂香及有效成分的配制酒
		动植物类配制酒	同时利用动物、植物有效成分制成的配制酒
		其他类配制酒	
109	绿色食品 汤类罐头 NY/T 2105—2021	汤类罐头	以畜禽产品、水产品、食用菌和蔬菜类为主要原料，经加水烹调等加工后装罐，或生料加水装罐再加热煮熟而制成的罐头产品
			注：不适用于特殊膳食用灌装汤类食品
110	绿色食品 谷物类罐头 NY/T 2106—2021	面食罐头	以谷物面粉为原料，经蒸煮或油炸、调配，配或不配蔬菜、肉类等配菜罐装制成的罐头产品，分为面罐头（含调味面罐头和加菜肴包面罐头）、面筋制品罐头。如茄汁肉末面罐头、鸡丝炒面罐头、乌冬面罐头、面筋制品罐头等

（续）

四、加工产品标准			
序号	标准名称	适用产品名称	适用产品别名及说明
110	绿色食品 谷物类罐头 NY/T 2106—2021	饭类罐头	以大米、糯米、小米等谷物为原料，经蒸煮成熟，配或不配蔬菜、肉类等配菜调配罐装制成的罐头产品；以及经过处理后的谷物、干果及其他原料（桂圆、枸杞等）罐装制成的罐头产品，分为米饭罐头（含调味米饭罐头和加菜肴包的米饭罐头）、八宝饭罐头。如米饭罐头、炒米罐头、八宝饭罐头等
		粥类罐头	以谷物为原料，配或不配豆类、干果、蔬菜、水果中的一种或几种原料，经处理后罐装制成的内容物为粥状的罐头产品，分为原味粥罐头、咸味粥罐头、甜味粥罐头。如八宝粥罐头、水果粥罐头、蔬菜粥罐头等
			注：不适用于玉米罐头
111	绿色食品 食品馅料 NY/T 2107—2021	食品馅料	以植物的果实或块茎、肉与肉制品、蛋及蛋制品、水产制品、食用植物油等为原料，加糖或不加糖，添加或不添加其他辅料，经工业化生产用于食品行业的产品
		蓉沙类馅料	主要以莲籽、板栗、各种豆类为主要原料加工而成的馅料
		果仁类馅料	主要以核桃仁、杏仁、橄榄仁、瓜子仁、芝麻等果仁为主要原料加工而成的馅料
		果蔬类馅料	主要以蔬菜及其制品、水果及其制品为主要原料加工而成的馅料
		肉制品类馅料	主要以蓉沙类、果仁类等馅料为基料添加火腿、叉烧、牛肉、禽类等肉制品加工而成的馅料
		水产制品类馅料	主要以蓉沙类、果仁类等馅料为基料添加虾米、鱼翅（水发）、鲍鱼等水产制品加工而成的馅料
		其他类馅料	以其他原料加工而成的馅料

（续）

<table>
<tr><td colspan="4">四、加工产品标准</td></tr>
<tr><td>序号</td><td>标准名称</td><td>适用产品名称</td><td>适用产品别名及说明</td></tr>
<tr><td rowspan="2">112</td><td rowspan="2">绿色食品
熟粉及熟米制糕点
NY/T 2108—2021</td><td>熟粉糕点</td><td>将谷物粉或豆粉预先熟制，然后与其他原辅料混合而成的一类糕点</td></tr>
<tr><td>熟米制糕点</td><td>将米预先熟制，添加（或不添加）适量辅料，加工（黏合）成型的一类糕点</td></tr>
<tr><td>113</td><td>绿色食品
鱼类休闲食品
NY/T 2109—2011</td><td>鱼类休闲食品</td><td>以鲜或冻鱼及鱼肉为主要原料直接或经过腌制、熟制、干制、调味等工艺加工制成的开袋即食产品。不适用于鱼类罐头制品、鱼类膨化食品、鱼骨制品</td></tr>
<tr><td rowspan="4">114</td><td rowspan="4">绿色食品
冷藏、冷冻调制
水产品
NY/T 2976—2016</td><td>裹面调制水产品</td><td>以水产品为主料，配以辅料调味加工，成型后覆以裹面材料（面粉、淀粉、脱脂奶粉或蛋等加水混合调制的裹面浆或面包屑），经油炸或不经油炸，冷藏或速冻储存、运输和销售的预包装食品，如裹面鱼、裹面虾</td></tr>
<tr><td>腌制调制水产品</td><td>以水产品为主料，配以辅料调味，经过盐、酒等腌制，冷藏或冷冻储存、运输和销售的预包装食品，如腌制翘嘴红鲌等</td></tr>
<tr><td>菜肴调制水产品</td><td>以水产品为主料，配以辅料调味加工，经烹调、冷藏或速冻储存、运输和销售的预包装食品，如香辣凤尾鱼等</td></tr>
<tr><td>烧烤（烟熏）调制
水产品</td><td>以水产品为主料，配以辅料调味，经修割整形、腌渍、定型、油炸或不经油炸等加工处理，进行烧烤或蒸煮（烟熏），冷藏或速冻储存、运输和销售的预包装食品，如烤鳗等</td></tr>
<tr><td rowspan="6">115</td><td rowspan="6">绿色食品
淀粉糖和糖浆
NY/T 2110—2011</td><td>食用葡萄糖</td><td>包括结晶葡萄糖</td></tr>
<tr><td>低聚异麦芽糖</td><td>包括粉状和糖浆状</td></tr>
<tr><td>麦芽糖</td><td>包括粉状和糖浆状</td></tr>
<tr><td>果葡糖浆</td><td></td></tr>
<tr><td>麦芽糊精</td><td>适用于以玉米为原料生产的麦芽糊精产品</td></tr>
<tr><td>葡萄糖浆</td><td></td></tr>
<tr><td>116</td><td>绿色食品 调味油
NY/T 2111—2021</td><td>调味油</td><td>以食用植物油为原料，萃取或添加植物或植物籽粒中呈香、呈味成分加工而成的食用调味品，如花椒油、藤椒油、辣椒油、蒜油、姜油、葱油、芥末油等</td></tr>
</table>

（续）

	四、加工产品标准		
序号	标准名称	适用产品名称	适用产品别名及说明
117	绿色食品 啤酒花及其制品 NY/T 2973—2016	压缩啤酒花	将采摘的新鲜啤酒花球果经烘烤、回潮，垫以包装材料，打包成型制得的产品
		颗粒啤酒花	压缩啤酒花经粉碎、筛分、混合、压粒、包装后制得的颗粒产品
		二氧化碳啤酒花浸膏	压缩啤酒花或颗粒啤酒花经二氧化碳萃取啤酒花中有效成分后制得的浸膏产品
118	绿色食品 魔芋及其制品 NY/T 2981—2016	魔芋粉	包括普通魔芋粉和纯化魔芋粉
		魔芋膳食纤维	包括原味魔芋膳食纤维和复合魔芋膳食纤维
		魔芋凝胶食品	以水、魔芋或魔芋粉为主要原料，经磨浆去杂或加水润胀、加热糊化，添加凝固剂或其他食品添加剂，凝胶后模仿各种植物制成品或动物及其组织的特征特性加工制成的凝胶制品
119	绿色食品 淀粉类蔬菜粉 NY/T 2984—2016	马铃薯全粉	
		红薯全粉	
		木薯全粉	
		葛根全粉	
		山药全粉	
		马蹄粉	
			注：淀粉类蔬菜粉是指含淀粉较高的蔬菜，如马铃薯、甘薯等，经挑拣、去皮、清洗、粉碎或研磨、干燥等工艺加工而制成的疏松粉末状制品
120	绿色食品　低聚糖 NY/T 2985—2016	低聚葡萄糖	
		低聚果糖	
		低聚麦芽糖	
		大豆低聚糖	
		棉籽低聚糖	
			注：包括上述产品的糖浆型和粉末型产品。本标准不适用于低聚异麦芽糖、麦芽糊精

（续）

			四、加工产品标准	

序号	标准名称	适用产品名称	适用产品别名及说明
121	绿色食品 糖果 NY/T 2986—2016	硬质糖果	以食糖或糖浆或甜味剂为主要原料，经相关工艺加工制成的硬、脆固体糖果
		酥质糖果	以食糖或糖浆或甜味剂、果仁碎粒（或酱）等为主要原料制成的疏松酥脆的糖果
		焦香糖果	以食糖或糖浆或甜味剂、油脂和乳制品为主要原料，经相关工艺制成具有焦香味的糖果
		凝胶糖果	以食糖或糖浆或甜味剂、食用胶（或淀粉）等为主要原料，经相关工艺制成具有弹性和咀嚼性的糖果
		奶糖糖果	以食糖或糖浆或甜味剂、乳制品为主要原料制成具有乳香味的糖果
		充气糖果	以食糖或糖浆或甜味剂等为主要原料，经相关工艺制成内有分散细密气泡的糖果
		压片糖果	以食糖或糖浆（粉剂）或甜味剂等为主要原料，经混合、造粒、压制成型等相关工艺制成的固体糖果
122	绿色食品 果醋饮料 NY/T 2987—2016	果醋饮料	以水果、水果汁（浆）或浓缩水果汁（浆）为原料，经酒精发酵、醋酸发酵后制成果醋，再添加或不添加其他食品原辅料和（或）食品添加剂，经加工制成的液体饮料
123	绿色食品 湘式挤压糕点 NY/T 2988—2016	湘式挤压糕点	以粮食为主要原料，辅以食用植物油、食用盐、白砂糖、辣椒干等辅料，经挤压熟化、拌料、包装等工艺加工而成的糕点
124	绿色食品 豆类罐头 NY/T 3900—2021	豆类罐头	以一种或一种以上完整豆类籽粒为主要原料，经预处理、装罐、密封、杀菌、冷却制成的罐藏食品。包括盐水豆类罐头、糖水豆类罐头和茄汁豆类罐头
			注：不适用于发酵豆类罐头
125	绿色食品 谷物饮料 NY/T 3901—2021	谷物浓浆	总固形物和来源于谷物的总膳食纤维含量较多（原料中谷物的添加量不少于4%）的谷物饮料

（续）

四、加工产品标准			
序号	标准名称	适用产品名称	适用产品别名及说明
125	绿色食品 谷物饮料 NY/T 3901—2021	谷物淡饮	总固形物和来源于谷物的总膳食纤维含量较少（原料中谷物的添加量少于4%不少于1%）的谷物饮料
		复合谷物饮料	含有果蔬汁和（或）乳和（或）植物提取物成分辅料的谷物饮料
			注：不适用于以高蛋白含量谷物（如大豆）为主要原料制成的植物蛋白饮料
126	绿色食品 可食用鱼副产品 及其制品 NY/T 3899—2021	鱼籽酱	以鱼卵为原料，经搓制、水洗、拌盐等工序加工的鱼籽产品
		粗鱼油	从鱼粉生产的榨汁或水产品加工副产物中分离获得的油脂
		精制鱼油	粗鱼油经过脱胶、脱酸、脱色、脱臭等处理后获得的鱼油
		鱼油粉	以精制鱼油为原料，加入辅料制成的粉状产品
			注：适用于除鱼肉以外的可食用鱼副产品及其加工品
五、其他产品			
127	绿色食品 天然矿泉水 NY/T 2979—2016	天然矿泉水	注：不适用于NY/T 2980—2016所述的包装饮用水
128	绿色食品 包装饮用水 NY/T 2980—2016	包装饮用水	注：不适用于饮用天然矿泉水、饮用纯净水和添加食品添加剂的包装饮用水

绿色食品 产地环境质量

NY/T 391—2021

1 范围

本文件规定了绿色食品产地的术语和定义、产地生态环境基本要求、隔离保护要求、产地环境质量通用要求、环境可持续发展要求。

本文件适用于绿色食品生产。

2 规范性引用文件

下列文件中的内容通过文中的规范性引用而构成本文件必不可少的条款。其中，注日期的引用文件，仅该日期对应的版本适用于本文件；不注日期的引用文件，其最新版本（包括所有的修改单）适用于本文件。

GB/T 5750.4 生活饮用水标准检验方法 感官性状和物理指标

GB/T 5750.5 生活饮用水标准检验方法 无机非金属指标

GB/T 5750.6 生活饮用水标准检验方法 金属指标

GB/T 5750.12 生活饮用水标准检验方法 微生物指标

GB/T 7467 水质 六价铬的测定 二苯碳酰二肼分光光度法

GB/T 7484 水质 氟化物的测定 离子选择电极法

GB/T 11892 水质 高锰酸盐指数的测定

GB/T 12763.4 海洋调查规范 第4部分：海水化学要素调查

GB/T 14675 空气质量 恶臭的测定 三点比较式臭袋法

GB/T 14678 空气质量 硫化氢、甲硫醇、甲硫醚和二甲二硫的测定 气相色谱法

GB/T 15432 环境空气 总悬浮颗粒物的测定 重量法

GB/T 17141 土壤质量 铅、镉的测定 石墨炉原子吸收分光光度法

GB/T 22105.1 土壤质量 总汞、总砷、总铅的测定 原子荧光法 第1部分：土壤中总汞的测定

GB/T 22105.2 土壤质量 总汞、总砷、总铅的测定 原子荧光法 第2部分：

土壤中总砷的测定

　　HJ 479　环境空气　氮氧化物（一氧化氮和二氧化氮）的测定　盐酸萘乙二胺分光光度法

　　HJ 482　环境空气　二氧化硫的测定　甲醛吸收-副玫瑰苯胺分光光度法

　　HJ 491　土壤和沉积物　铜、锌、铅、镍、铬的测定　火焰原子吸收分光光度法

　　HJ 503　水质　挥发酚的测定　4-氨基安替比林分光光度法

　　HJ 505　水质　五日生化需氧量（BOD5）的测定　稀释与接种法

　　HJ 533　环境空气和废气　氨的测定　纳氏试剂分光光度法

　　HJ 536　水质　氨氮的测定　水杨酸分光光度法

　　HJ 694　水质　汞、砷、硒、铋和锑的测定　原子荧光法

　　HJ 700　水质　65 种元素的测定　电感耦合等离子体质谱法

　　HJ 717　土壤质量　全氮的测定　凯氏法

　　HJ 828　水质　化学需氧量的测定　重铬酸盐法

　　HJ 870　固定污染源废气　二氧化碳的测定　非分散红外吸收法

　　HJ 955　环境空气　氟化物的测定　滤膜采样/氟离子选择电极法

　　HJ 970　水质石油类的测定　紫外分光光度法

　　HJ 1147　水质　pH 值的测定　电极法

　　LY/T 1232　森林土壤磷的测定

　　LY/T 1234　森林土壤钾的测定

　　NY/T 1121.6　土壤检测　第 6 部分：土壤有机质的测定

　　NY/T 1377　土壤 pH 的测定

　　SL 355　水质　粪大肠菌群的测定——多管发酵法

3　术语和定义

下列术语和定义适用于本文件。

3.1

环境空气标准状态　ambient air standard state

温度为 298.15 K，压力为 101.325 kPa 时的环境空气状态。

3.2

舍区　living area for livestock and poultry

畜禽所处的封闭或半封闭生活区域，即畜禽直接生活环境区。

4 产地生态环境基本要求

4.1 绿色食品生产应选择生态环境良好、无污染的地区，远离工矿区、公路铁路干线和生活区，避开污染源。

4.2 产地应距离公路、铁路、生活区 50 m 以上，距离工矿企业 1 km 以上。

4.3 产地应远离污染源，配备切断有毒有害物进入产地的措施。

4.4 产地不应受外来污染威胁，产地上风向和灌溉水上游不应有排放有毒有害物质的工矿企业，灌溉水源应是深井水或水库等清洁水源，不应使用污水或塘水等被污染的地表水；园地土壤不应是施用含有毒有害物质的工业废渣改良过土壤。

4.5 应建立生物栖息地，保护基因多样性、物种多样性和生态系统多样性，以维持生态平衡。

4.6 应保证产地具有可持续生产能力，不对环境或周边其他生物产生污染。

4.7 利用上一年度产地区域空气质量数据，综合分析产区空气质量。

5 隔离保护要求

5.1 应在绿色食品和常规生产区域之间设置有效的缓冲带或物理屏障，以防止绿色食品产地受到污染。

5.2 绿色食品产地应与常规生产区保持一定距离，或在两者之间设立物理屏障，或利用地表水、山岭分割等其他方法，两者交界处应有明显可识别的界标。

5.3 绿色食品种植产地与常规生产区农田间建立缓冲隔离带，可在绿色食品种植区边缘 5 m～10 m 处种植树木作为双重篱墙，隔离带宽度 8 m 左右，隔离带种植缓冲作物。

6 产地环境质量通用要求

6.1 空气质量要求

除畜禽养殖业外，空气质量应符合表 1 的要求。

表 1　空气质量要求（标准状态）

项目	指标		检验方法
	日平均[a]	1 h[b]	
总悬浮颗粒物，mg/m³	≤0.30	—	GB/T 15432
二氧化硫，mg/m³	≤0.15	≤0.50	HJ 482
二氧化氮，mg/m³	≤0.08	≤0.20	HJ 479

（续）

项目	指标		检验方法
	日平均[a]	1 h[b]	
氟化物，$\mu g/m^3$	≤7	≤20	HJ 955

[a] 日平均指任何一日的平均指标。

[b] 1 h指任何1 h的指标。

畜禽养殖业空气质量应符合表2的要求。

表2 畜禽养殖业空气质量要求（标准状态）

单位为毫克每立方米

项目	禽舍区（日平均）		畜舍区（日平均）	检验方法
	雏	成		
总悬浮颗粒物	≤8		≤3	GB/T 15432
二氧化碳	≤1 500		≤1 500	HJ 870
硫化氢	≤2	10	≤8	GB/T 14678
氨气	≤10	15	≤20	HJ 533
恶臭（稀释倍数，无量纲）	≤70		≤70	GB/T 14675

6.2 水质要求

6.2.1 农田灌溉水水质要求

农田灌溉水包括以用于农田灌溉的地表水、地下水，以及水培蔬菜、水生植物生产用水和食用菌生产用水等，应符合表3的要求。

表3 农田灌溉水水质要求

项目	指标	检验方法
pH	5.5～8.5	HJ 1147
总汞，mg/L	≤0.001	HJ 694
总镉，mg/L	≤0.005	HJ 700
总砷，mg/L	≤0.05	HJ 694
总铅，mg/L	≤0.1	HJ 700
六价铬，mg/L	≤0.1	GB/T 7467
氟化物，mg/L	≤2.0	GB/T 7484
化学需氧量（COD_{Cr}），mg/L	≤60	HJ 828
石油类，mg/L	≤1.0	HJ 970
粪大肠菌群[a]，MPN/L	≤10 000	SL 355

[a] 仅适用于灌溉蔬菜、瓜类和草本水果的地表水。

6.2.2 渔业水水质要求

应符合表4的要求。

表4 渔业水水质要求

项目	指标		检验方法
	淡水	海水	
色、臭、味	不应有异色、异臭、异味		GB/T 5750.4
pH	6.5～9.0		HJ 1147
生化需氧量（BOD_5），mg/L	≤5	≤3	HJ 505
总大肠菌群，MPN/100 mL	≤500（贝类50）		GB/T 5750.12
总汞，mg/L	≤0.000 5	≤0.000 2	HJ 694
总镉，mg/L	≤0.005		HJ 700
总铅，mg/L	≤0.05	≤0.005	HJ 700
总铜，mg/L	≤0.01		HJ 700
总砷，mg/L	≤0.05	≤0.03	HJ 694
六价铬，mg/L	≤0.1	≤0.01	GB/T 7467
挥发酚，mg/L	≤0.005		HJ 503
石油类，mg/L	≤0.05		HJ 970
活性磷酸盐（以P计），mg/L	—	≤0.03	GB/T 12763.4
高锰酸盐指数，mg/L	≤6	—	GB/T 11892
氨氮（NH_3-N），mg/L	≤1.0	—	HJ 536
注：漂浮物质应满足水面不出现油膜或浮沫的要求。			

6.2.3 畜牧养殖用水水质要求

畜牧养殖用水包括畜禽养殖用水和养蜂用水，应符合表5的要求。

表5 畜牧养殖用水水质要求

项目	指标	检验方法
色度[a]，度	≤15，并不应呈现其他异色	GB/T 5750.4
浑浊度[a]（散射浑浊度单位），NTU	≤3	GB/T 5750.4
臭和味	不应有异臭、异味	GB/T 5750.4
肉眼可见物[a]	不应含有	GB/T 5750.4

（续）

项目	指标	检验方法
pH	6.5～8.5	GB/T 5750.4
氟化物，mg/L	≤1.0	GB/T 5750.5
氰化物，mg/L	≤0.05	GB/T 5750.5
总砷，mg/L	≤0.05	GB/T 5750.6
总汞，mg/L	≤0.001	GB/T 5750.6
总镉，mg/L	≤0.01	GB/T 5750.6
六价铬，mg/L	≤0.05	GB/T 5750.6
总铅，mg/L	≤0.05	GB/T 5750.6
菌落总数[a]，CFU/mL	≤100	GB/T 5750.12
总大肠菌群，MPN/100 mL	不得检出	GB/T 5750.12
[a] 散养模式免测该指标。		

6.2.4 加工用水水质要求

加工用水（含食用盐生产用水等）应符合表6的要求。

表6 加工用水水质要求

项目	指标	检验方法
pH	6.5～8.5	GB/T 5750.4
总汞，mg/L	≤0.001	GB/T 5750.6
总砷，mg/L	≤0.01	GB/T 5750.6
总镉，mg/L	≤0.005	GB/T 5750.6
总铅，mg/L	≤0.01	GB/T 5750.6
六价铬，mg/L	≤0.05	GB/T 5750.6
氰化物，mg/L	≤0.05	GB/T 5750.5
氟化物，mg/L	≤1.0	GB/T 5750.5
菌落总数，CFU/mL	≤100	GB/T 5750.12
总大肠菌群，MPN/100 mL	不得检出	GB/T 5750.12

6.2.5 食用盐原料水水质要求

食用盐原料水包括海水、湖盐或井矿盐天然卤水，应符合表7的要求。

表7　食用盐原料水水质要求

单位为毫克每升

项目	指标	检验方法
总汞	≤0.001	GB/T 5750.6
总砷	≤0.03	GB/T 5750.6
总镉	≤0.005	GB/T 5750.6
总铅	≤0.01	GB/T 5750.6

6.3　土壤环境质量要求

土壤环境质量按土壤耕作方式的不同分为旱田和水田两大类，每类又根据土壤 pH 的高低分为3种情况，即 pH<6.5，6.5≤pH≤7.5，pH>7.5，应符合表8的要求。

表8　土壤质量要求

单位为毫克每千克

项目	旱田			水田			检验方法
	pH<6.5	6.5≤pH≤7.5	pH>7.5	pH<6.5	6.5≤pH≤7.5	pH>7.5	NY/T 1377
总镉	≤0.30	≤0.30	≤0.40	≤0.30	≤0.30	≤0.40	GB/T 17141
总汞	≤0.25	≤0.30	≤0.35	≤0.30	≤0.40	≤0.40	GB/T 22105.1
总砷	≤25	≤20	≤20	≤20	≤20	≤15	GB/T 22105.2
总铅	≤50	≤50	≤50	≤50	≤50	≤50	GB/T 17141
总铬	≤120	≤120	≤120	≤120	≤120	≤120	HJ 491
总铜	≤50	≤60	≤60	≤50	≤60	≤60	HJ 491

注1：果园土壤中铜限量值为旱田中铜限量值的2倍。
注2：水旱轮作用的标准值取严不取宽。
注3：底泥按照水田标准执行。

6.4　食用菌栽培基质质量要求

栽培基质应符合表9的要求，栽培过程中使用的土壤应符合6.3的要求。

表9　食用菌栽培基质质量要求

单位为毫克每千克

项目	指标	检验方法
总汞	≤0.1	GB/T 22105.1
总砷	≤0.8	GB/T 22105.2
总镉	≤0.3	GB/T 17141
总铅	≤35	GB/T 17141

7 环境可持续发展要求

7.1 应持续保持土壤地力水平，土壤肥力应维持在同一等级或不断提升。土壤肥力分级参考指标见表10。

表 10 土壤肥力分级参考指标

项目	级别	旱地	水田	菜地	园地	牧地	检验方法
有机质，g/kg	Ⅰ	>15	>25	>30	>20	>20	NY/T 1121.6
	Ⅱ	10～15	20～25	20～30	15～20	15～20	
	Ⅲ	<10	<20	<20	<15	<15	
全氮，g/kg	Ⅰ	>1.0	>1.2	>1.2	>1.0	—	HJ 717
	Ⅱ	0.8～1.0	1.0～1.2	1.0～1.2	0.8～1.0	—	
	Ⅲ	<0.8	<1.0	<1.0	<0.8	—	
有效磷，mg/kg	Ⅰ	>10	>15	>40	>10	>10	LY/T 1232
	Ⅱ	5～10	10～15	20～40	5～10	5～10	
	Ⅲ	<5	<10	<20	<5	<5	
速效钾，mg/kg	Ⅰ	>120	>100	>150	>100	—	LY/T 1234
	Ⅱ	80～120	50～100	100～150	50～100	—	
	Ⅲ	<80	<50	<100	<50	—	
注：底泥、食用菌栽培基质不做土壤肥力检测。							

7.2 应通过合理施用投入品和环境保护措施，保持产地环境指标在同等水平或逐步递减。

绿色食品　产地环境调查、监测与评价规范

NY/T 1054—2021

1　范围

本文件规定了绿色食品产地环境调查、产地环境质量监测和产地环境质量评价。
本文件适用于绿色食品产地环境。

2　规范性引用文件

下列文件中的内容通过文中的规范性引用而构成本文件必不可少的条款。其中，注
日期的引用文件，仅该日期对应的版本适用于本文件；不注日期的引用文件，其最新版
本（包括所有的修改单）适用于本文件。

NY/T 391　绿色食品　产地环境质量

NY/T 395　农田土壤环境质量监测技术规范

NY/T 396　农用水源环境质量监测技术规范

NY/T 397　农区环境空气质量监测技术规范

3　术语和定义

本文件没有需要界定的术语和定义。

4　产地环境调查

4.1　调查目的和原则

产地环境质量调查的目的是科学、准确地了解产地环境质量现状，为优化监测布点
和有效评价提供科学依据。根据绿色食品产地环境质量要求特点，兼顾重要性、典型
性、代表性，重点调查产地环境质量现状和发展趋势，兼顾产地自然环境、社会经济及
工农业生产对产地环境质量的影响。

4.2　调查方法

省级绿色食品工作机构负责组织绿色食品产地的环境质量现状调查工作。现状调查
应采用现场调查方法，调查过程包括：资料收集、资料核查、现场查勘、人员访谈或问

卷调查。

4.3　调查内容

4.3.1　自然地理：地理位置、地形地貌。

4.3.2　气候与气象：该区域的主要气候特性，常年平均风速和主导风向，常年平均气温、极端气温与月平均气温，常年平均相对湿度，常年平均降水量，降水天数，降水量极值，日照时数。

4.3.3　水文状况：该区域地表水、水系、流域面积、水文特征、地下水资源总量及开发利用情况等。

4.3.4　土地资源：土壤类型、土壤背景值、土壤利用情况。

4.3.5　植被及生物资源：林木植被覆盖率、植物资源、动物资源等。

4.3.6　自然灾害：旱、涝、风灾、冰雹、低温、病虫草鼠害等。

4.3.7　社会经济概况：行政区划、人口状况、工业布局、农田水利和农村能源结构情况。

4.3.8　农业生产方式：农业种植结构、养殖模式。

4.3.9　工农业污染：污染源分布、污染物排放、农业投入品使用情况。

4.3.10　土壤培肥投入情况。

4.3.11　生态环境保护措施：废弃物处理、农业自然资源合理利用，生态农业、循环农业、清洁生产、节能减排等情况。

4.4　产地环境调查报告内容

根据调查、了解、掌握的资料情况，对申报产品及其原料生产基地的环境质量状况进行初步分析，出具调查分析报告，报告包括如下内容：

a)　产地基本情况、地理位置及分布图；

b)　产地灌溉用水环境质量分析；

c)　产地环境空气质量分析；

d)　产地土壤环境质量分析；

e)　农业生产方式、工农业污染、土壤培肥投入、生态环境保护措施等；

f)　综合分析产地环境质量现状，建议布点监测方案；

g)　调查单位、调查人及调查时间。

5　产地环境质量监测

5.1　空气监测

5.1.1　布点原则

依据产地环境调查分析结论和产品工艺特点，确定是否进行空气质量监测。进行产地环境空气质量监测的地区，可根据当年生物生长期内的主导风向，重点监测可能对产地环境造成污染的污染源的下风向。

5.1.2 样点数量

5.1.2.1 样点布设点数应充分考虑产地布局、工矿污染源情况和生产工艺等特点，按表1规定执行；同时还应根据空气质量稳定性以及污染物对原料生长的影响程度适当增减，有些类型产地可以减免布设点数，具体要求详见表2。

表1 不同产地类型空气点数布设表

产地类型	布设点数，个
布局相对集中，≤80 hm²	1
布局相对集中，80 hm²～200 hm²	2
布局相对集中，>200 hm²	3
布局相对分散	适当增加采样点

表2 减免布设空气点数的区域情况表

产地类型	减免情况
产地周围5 km，且主导风向的上风向20 km内无工矿污染源的种植业区	免测
设施种植业区	只测温室大棚外空气
水产养殖业区	免测
矿泉水等水源地和食用盐原料产区	免测

5.1.2.2 畜禽养殖区内拥有30个以下舍区的，选取1个舍区采样；拥有31个～60个舍区的，选取2个舍区采样；拥有60个以上的舍区，选取3个舍区采样。每个舍区内设置1个空气采样点。

5.1.3 采样方法

5.1.3.1 空气监测点应选择在远离树木、城市建筑及公路、铁路的开阔地带，若为地势平坦区域，沿主导风向45°～90°夹角内布点；若为山谷地貌区域，应沿山谷走向布点。各监测点之间的设置条件相对一致，间距一般不超过5 km，保证各监测点所获数据具有可比性。

5.1.3.2 采样时间应选择在空气污染对生产质量影响较大的时期进行，种植业、养殖业选择生长期内采集。周围有污染源的，重点监测可能对产地环境造成污染的污染源的下风向，在距离污染源较近的产地区域内布设采样点，没有污染源的在产地中心区域附近设置采样点。采样频率为 1 d 4 次，上下午各 2 次，连续采集 2 d。采样时间分别为：晨起、午前、午后和黄昏，其中总悬浮颗粒物监测每次采样量不得低于 10 m³。遇雨雪等降水天气停采，时间顺延。取 4 次平均值，作为日均值。

5.1.3.3 其他要求按 NY/T 397 的规定执行。

5.1.4 监测项目和分析方法

按 NY/T 391 的规定执行。

5.2 水质监测

5.2.1 布点原则

坚持从水污染对产地环境质量的影响和危害出发，突出重点，照顾一般。即优先布点监测代表性强，最有可能对产地环境造成污染的方位、水源（系）或产品生产过程中对其质量有直接影响的水源。

5.2.2 样点数量

对于水资源丰富，水质相对稳定的同一水源（系），样点布设 1 个~2 个，若不同水源（系）则依次叠加，具体布设点数按表 3 的规定执行。水资源相对贫乏、水质稳定性较差的水源及对水质要求较高的作物产地，则根据实际情况适当增设采样点数；对水质要求较低的粮油作物、禾本植物等，采样点数可适当减少，有些情况可以免测水质，详见表 4。

表 3 不同产地类型水质点数布设表

产地类型		布设点数（以每个水源或水系计），个
种植业（包括水培蔬菜和水生植物）		1
近海（包括滩涂）渔业		2
养殖业	集中养殖	2
	分散养殖	1
食用盐原料用水		1
加工用水		1

表 4 免测水质的产地类型情况表

产地类型	布设点数（以每个水源或水系计）
灌溉水系天然降水的作物	免测
深海渔业	免测
矿泉水水源	免测
生活饮用水、饮用水水源、深井水	免测

5.2.3 采样方法

5.2.3.1 采样时间和频率：种植业用水，在农作物生长过程中灌溉用水的主要灌期采样1次；水产养殖业用水，在其生长期采样1次；畜禽养殖业用水，宜与原料产地灌溉用水同步采集饮用水水样1次；加工用水每个水源采集水样1次。

5.2.3.2 其他要求按 NY/T 396 的规定执行。

5.2.4 监测项目和分析方法

按 NY/T 391 的规定执行。

5.3 土壤监测

5.3.1 布点原则

绿色食品产地土壤监测点布设以能代表整个产地监测区域为原则，不同的功能区采取不同的布点原则，宜选择代表性强、可能造成污染的最不利的方位、地块。

5.3.2 样点数量

5.3.2.1 大田种植区

按表5的规定执行，种植区相对分散，适当增加采样点数。

表5 大田种植区土壤样点数量布设表

产地面积	布设点数，个
≤500 hm²	3
500 hm²～2 000 hm²	5
>2 000 hm²	每增加1 000 hm²，增加1个采样点

5.3.2.2 蔬菜露地种植区

按表6的规定执行。

表6 蔬菜露地种植区土壤样点数量布设表

产地面积	布设点数，个
≤200 hm²	3
>200 hm²	每增加100 hm²，增加1个采样点
莲藕、荸荠等水生植物采集底泥	

5.3.2.3 设施种植业区

按表7的规定执行，栽培品种较多、管理措施和水平差异较大，应适当增加采样点数。

表 7　设施种植业区土壤样点数量布设表

产地面积	布设点数，个
≤100 hm²	3
100 hm²～300 hm²	5
>300 hm²	每增加 100 hm²，增加 1 个采样点

5.3.2.4　食用菌种植区

根据品种和组成不同，每种基质采集不少于 3 个。

5.3.2.5　野生产品生产区

按照表 8 的规定执行。

表 8　野生产品生产区土壤样点数量布设表

产地面积	布设点数，个
≤2 000 hm²	3
2 000 hm²～5 000 hm²（含 5 000 hm²）	5
5 000 hm²～10 000 hm²	7
>10 000 hm²	每增加 5 000 hm²，增加 1 个采样点

5.3.2.6　其他生产区域

按表 9 的规定执行。

表 9　其他生产区域土壤样点数量布设表

产地类型	布设点数，个
近海（包括滩涂）渔业	≥3（底泥）
淡水养殖区	≥3（底泥）
深海和网箱养殖区、食用盐原料产区、矿泉水、加工业区免测	

5.3.3　采样方法

5.3.3.1　在环境因素分布比较均匀的监测区域，采取网格法或梅花法布点；在环境因素分布比较复杂的监测区域，采取随机布点法布点；在可能受污染的监测区域，可采用放射法布点。

5.3.3.2　土壤样品原则上要求安排在作物生长期内采样，采样层次按表 10 的规定执行，对于基地区域内同时种植一年生和多年生作物，采样点数量按照申报品种分别计算面积进行确定。

5.3.3.3 其他要求按 NY/T 395 的规定执行。

表 10　不同产地类型土壤采样层次表

产地类型	采样层次
一般农作物	0 cm～20 cm
果林类农作物	0 cm～60 cm
水生作物和水产养殖底泥	0 cm～20 cm
可食部位为地下 20 cm 以上根茎的农作物，参照果林类农作物	

5.3.4 监测项目和分析方法

土壤和食用菌栽培基质的监测项目和分析方法按 NY/T 391 的规定执行。

6　产地环境质量评价

6.1　概述

绿色食品产地环境质量评价的目的是为保证绿色食品安全和优质，从源头上为生产基地选择优良的生态环境，为绿色食品管理部门的决策提供科学依据，实现农业可持续发展。环境质量现状评价是根据环境（包括污染源）的调查与监测资料，应用具有代表性、简便性和适用性的环境质量指数系统进行综合处理，然后对这一区域的环境质量现状做出定量描述，并提出该区域环境污染综合防治措施。产地环境质量评价包括污染指数评价、土壤肥力等级划分和生态环境质量分析等。水产养殖区土壤不做肥力评价。

6.2　评价程序

应按图 1 的规定执行。

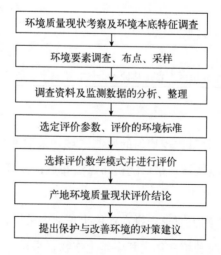

环境质量现状考察及环境本底特征调查

环境要素调查、布点、采样

调查资料及监测数据的分析、整理

选定评价参数、评价的环境标准

选择评价数学模式并进行评价

产地环境质量现状评价结论

提出保护与改善环境的对策建议

图 1　绿色食品产地环境质量评价工作程序图

6.3 评价标准

按 NY/T 391 的规定执行。

6.4 评价原则和方法

6.4.1 污染指数评价

6.4.1.1 首先进行单项污染指数评价，按照公式（1）计算。有一项单项污染指数大于 1，视为该产地环境质量不符合要求，不适宜发展绿色食品。对于有检出限的未检出项目，污染物实测值取检出限的一半进行计算，而没有检出限的未检出项目如总大肠菌群，污染物实测值取 0 进行计算。对于水质 pH 的单项污染指数按公式（2）计算。

$$P_i = \frac{C_i}{S_i} \quad\cdots\cdots\cdots\cdots\cdots\cdots\cdots\cdots\cdots\cdots\cdots\cdots\cdots \text{（1）}$$

式中：

P_i——监测项目 i 的污染指数（无量纲）；

C_i——监测项目 i 的实测值；

S_i——监测项目 i 的评价标准值。

计算结果保留到小数点后 2 位。

$$P_{\text{pH}} = \frac{|\,\text{pH} - \text{pH}_{\text{sm}}\,|}{(\text{pH}_{\text{su}} - \text{pH}_{\text{sd}})/2} \quad\cdots\cdots\cdots\cdots\cdots\cdots\cdots\cdots\cdots \text{（2）}$$

其中，$\text{pH}_{\text{sm}} = \dfrac{1}{2}\,(\text{pH}_{\text{su}} + \text{pH}_{\text{sd}})$

式中：

P_{pH} ——pH 的污染指数；

pH ——pH 的实测值；

pH_{su}——pH 允许幅度的上限值；

pH_{sd}——pH 允许幅度的下限值。

计算结果保留到小数点后 2 位。

6.4.1.2 单项污染指数均小于等于 1，则继续进行综合污染指数评价。综合污染指数分别按照公式（3）和公式（4）计算，并按表 11 的规定进行分级。综合污染指数可作为长期绿色食品生产环境变化趋势的评价指标。

$$P_{\text{综}} = \sqrt{\frac{(C_i/S_i)^2_{\text{max}} + (C_i/S_i)^2_{\text{ave}}}{2}} \quad\cdots\cdots\cdots\cdots\cdots\cdots \text{（3）}$$

式中：

$P_{\text{综}}$ ——水质（或土壤）的综合污染指数；

$(C_i/S_i)_{\text{max}}$ ——水质（或土壤）污染物中污染指数的最大值；

$(C_i/S_i)_{\text{ave}}$ ——水质（或土壤）污染物中污染指数的平均值。

计算结果保留到小数点后 2 位。

$$P'_{综} = \sqrt{(C'_i/S'_i)_{max} + (C'_i/S'_i)_{ave}} \quad \cdots\cdots\cdots\cdots\cdots\cdots (4)$$

式中：

$P'_{综}$ ——空气的综合污染指数；

$(C'_i/S'_i)_{max}$ ——空气污染物中污染指数的最大值；

$(C'_i/S'_i)_{ave}$ ——空气污染物中污染指数的平均值。

计算结果保留到小数点后 2 位。

表 11　综合污染指数分级标准

土壤综合污染指数	水质综合污染指数	空气综合污染指数	等级
≤0.7	≤0.5	≤0.6	清洁
0.7～1.0	0.5～1.0	0.6～1.0	尚清洁

6.4.2　土壤肥力评价

土壤肥力仅进行分级划定，不作为判定产地环境质量合格的依据，但可用于评价农业活动对环境土壤养分的影响及变化趋势。初次申报应作为产地环境质量的基础资料，当生产主体发生变更、周边环境发生较大变化或第二次及后续申报时，需要评价土壤肥力分级指标的变化趋势。

6.4.3　生态环境质量分析

根据调查掌握的资料情况，对产地生态环境质量做出描述，包括农业产业结构的合理性、污染源状况与分布、生态环境保护措施及其生态环境效应分析。当生产主体发生变更、周边环境发生较大变化或第二次及后续申报时，通过综合污染指数变化趋势，评估农业生产中环境保护措施的效果。

6.5　评价报告内容

评价报告应包括如下内容：

a)　前言，包括评价任务的来源、区域基本情况和产品概述；

b)　产地环境状况，包括自然状况、工农业比例、农业生产方式、污染源分布和生态环境保护措施等；

c)　产地环境质量监测，包括布点原则、分析项目、分析方法和测定结果；

d)　产地环境评价，包括评价方法、评价标准、评价结果与分析；

e)　结论；

f)　附件，包括产地方位图和采样点分布图等。

绿色食品　食品添加剂使用准则

NY/T 392—2013

1　范围

本标准规定了绿色食品食品添加剂的术语和定义、食品添加剂使用原则和使用规定。本标准适用于绿色食品生产。

2　规范性引用文件

下列文件对于本文件的应用是必不可少的。凡是注日期的引用文件，仅注日期的版本适用于本文件。凡是不注日期的引用文件，其最新版本（包括所有的修改单）适用于本文件。

GB 2760　食品安全国家标准　食品添加剂使用标准

GB 26687　食品安全国家标准　复配食品添加剂通则

NY/T 391　绿色食品　产地环境质量

3　术语和定义

GB 2760 界定的以及下列术语和定义适用于本文件。

3.1

AA 级绿色食品　AA grade green food

产地环境质量符合 NY/T 391 的要求，遵照绿色食品生产标准生产，生产过程中遵循自然规律和生态学原理，协调种植业和养殖业的平衡，不使用化学合成的肥料、农药、兽药、渔药、添加剂等物质，产品质量符合绿色食品产品标准，经专门机构许可使用绿色食品标志的产品。

3.2

A 级绿色食品　A grade green food

产地环境质量符合 NY/T 391 的要求，遵照绿色食品生产标准生产，生产过程中遵循自然规律和生态学原理，协调种植业和养殖业的平衡，限量使用限定的化学合成生产资料，产品质量符合绿色食品产品标准，经专门机构许可使用绿色食品标志的产品。

3.3

天然食品添加剂 natural food additive

以物理方法、微生物法或酶法从天然物中分离出来，不采用基因工程获得的产物，经过毒理学评价确认其食用安全的食品添加剂。

3.4

化学合成食品添加剂 chemical synthetic food additive

由人工合成的，经毒理学评价确认其食用安全的食品添加剂。

4 食品添加剂使用原则

4.1 食品添加剂使用时应符合以下基本要求：

a)   不应对人体产生任何健康危害；

b)   不应掩盖食品腐败变质；

c)   不应掩盖食品本身或加工过程中的质量缺陷或以掺杂、掺假、伪造为目的而使用食品添加剂；

d)   不应降低食品本身的营养价值；

e)   在达到预期的效果下尽可能降低在食品中的使用量；

f)   不采用基因工程获得的产物。

4.2 在下列情况下可使用食品添加剂：

a)   保持或提高食品本身的营养价值；

b)   作为某些特殊膳食用食品的必要配料或成分；

c)   提高食品的质量和稳定性，改进其感官特性；

d)   便于食品的生产、加工、包装、运输或者储藏。

4.3 所用食品添加剂的产品质量应符合相应的国家标准。

4.4 在以下情况下，食品添加剂可通过食品配料（含食品添加剂）带入食品中：

a)   根据本标准，食品配料中允许使用该食品添加剂；

b)   食品配料中该添加剂的用量不应超过允许的最大使用量；

c)   应在正常生产工艺条件下使用这些配料，并且食品中该添加剂的含量不应超过由配料带入的水平；

d)   由配料带入食品中的该添加剂的含量应明显低于直接将其添加到该食品中通常所需要的水平。

4.5 食品分类系统应符合 GB 2760 的规定。

5 食品添加剂使用规定

5.1 生产 AA 级绿色食品应使用天然食品添加剂。

5.2 生产 A 级绿色食品可使用天然食品添加剂。在这类食品添加剂不能满足生产需要的情况下，可使用 5.5 以外的化学合成食品添加剂。使用的食品添加剂应符合 GB 2760 规定的品种及其适用食品名称、最大使用量和备注。

5.3 同一功能食品添加剂（相同色泽着色剂、甜味剂、防腐剂或抗氧化剂）混合使用时，各自用量占其最大使用量的比例之和不应超过 1。

5.4 复配食品添加剂的使用应符合 GB 26687 的规定。

5.5 在任何情况下，绿色食品不应使用下列食品添加剂（见表 1）。

表 1 生产绿色食品不应使用的食品添加剂

食品添加剂功能类别	食品添加剂名称（中国编码系统 CNS 号）
酸度调节剂	富马酸一钠（01.311）
抗结剂	亚铁氰化钾（02.001）、亚铁氰化钠（02.008）
抗氧化剂	硫代二丙酸二月桂酯（04.012）、4-己基间苯二酚（04.013）
漂白剂	硫黄（05.007）
膨松剂	硫酸铝钾（又名钾明矾）（06.004）、硫酸铝铵（又名铵明矾）（06.005）
着色剂	新红及其铝色淀（08.004）、二氧化钛（08.011）、赤藓红及其铝色淀（08.003）、焦糖色（亚硫酸铵法）（08.109）、焦糖色（加氨生产）（08.110）
护色剂	硝酸钠（09.001）、亚硝酸钠（09.002）、硝酸钾（09.003）、亚硝酸钾（09.004）
乳化剂	山梨醇酐单月桂酸酯（又名司盘 20）（10.024）、山梨醇酐单棕榈酸酯（又名司盘 40）（10.008）、山梨醇酐单油酸酯（又名司盘 80）（10.005）、聚氧乙烯山梨醇酐单月桂酸酯（又名吐温 20）（10.025）、聚氧乙烯山梨醇酐单棕榈酸酯（又名吐温 40）（10.026）、聚氧乙烯山梨醇酐单油酸酯（又名吐温 80）（10.016）
防腐剂	苯甲酸（17.001）、苯甲酸钠（17.002）、乙氧基喹（17.010）、仲丁胺（17.011）、桂醛（17.012）、噻苯咪唑（17.018）、乙萘酚（17.021）、联苯醚（又名二苯醚）（17.022）、2-苯基苯酚钠盐（17.023）、4-苯基苯酚（17.024）、2,4-二氯苯氧乙酸（17.027）
甜味剂	糖精钠（19.001）、环己基氨基磺酸钠（又名甜蜜素）及环己基氨基磺酸钙（19.002）、L-a-天冬氨酰-N-（2,2,4,4-四甲基-3-硫化三亚甲基）-D-丙氨酰胺（又名阿力甜）（19.013）
增稠剂	海萝胶（20.040）
胶基糖果中基础剂物质	胶基糖果中基础剂物质
注：对多功能的食品添加剂，表中的功能类别为其主要功能。	

绿色食品　农药使用准则

NY/T 393—2020

1　范围

本标准规定了绿色食品生产和储运中的有害生物防治原则、农药选用、农药使用规范和绿色食品农药残留要求。

本标准适用于绿色食品的生产和储运。

2　规范性引用文件

下列文件对于本文件的应用是必不可少的。凡是注日期的引用文件，仅注日期的版本适用于本文件。凡是不注日期的引用文件，其最新版本（包括所有的修改单）适用于本文件。

GB 2763　食品安全国家标准　食品中农药最大残留限量

GB/T 8321（所有部分）　农药合理使用准则

GB 12475　农药储运、销售和使用的防毒规程

NY/T 391　绿色食品　产地环境质量

NY/T 1667（所有部分）　农药登记管理术语

3　术语和定义

NY/T 1667界定的以及下列术语和定义适用于本文件。

3.1

AA级绿色食品　AA grade green food

产地环境质量符合NY/T 391的要求，遵照绿色食品生产标准生产，生产过程中遵循自然规律和生态学原理，协调种植业和养殖业的平衡，不使用化学合成的肥料、农药、兽药、渔药、添加剂等物质，产品质量符合绿色食品产品标准，经专门机构许可使用绿色食品标志的产品。

3.2

A级绿色食品　A grade green food

产地环境质量符合NY/T 391的要求，遵照绿色食品生产标准生产，生产过程中遵

循自然规律和生态学原理，协调种植业和养殖业的平衡，限量使用限定的化学合成生产资料，产品质量符合绿色食品产品标准，经专门机构许可使用绿色食品标志的产品。

3.3

农药 pesticide

用于预防、控制危害农业、林业的病、虫、草、鼠和其他有害生物以及有目的地调节植物、昆虫生长的化学合成或者来源于生物、其他天然物质的一种物质或者几种物质的混合物及其制剂。

注：既包括属于国家农药使用登记管理范围的物质，也包括不属于登记管理范围的物质。

4 有害生物防治原则

绿色食品生产中有害生物的防治可遵循以下原则：

——以保持和优化农业生态系统为基础：建立有利于各类天敌繁衍和不利于病虫草害孳生的环境条件，提高生物多样性，维持农业生态系统的平衡；

——优先采用农业措施：如选用抗病虫品种、实施种子种苗检疫、培育壮苗、加强栽培管理、中耕除草、耕翻晒垡、清洁田园、轮作倒茬、间作套种等；

——尽量利用物理和生物措施：如温汤浸种控制种传病虫害，机械捕捉害虫，机械或人工除草，用灯光、色板、性诱剂和食物诱杀害虫，释放害虫天敌和稻田养鸭控制害虫等；

——必要时合理使用低风险农药：如没有足够有效的农业、物理和生物措施，在确保人员、产品和环境安全的前提下，按照第5、6章的规定配合使用农药。

5 农药选用

5.1 所选用的农药应符合相关的法律法规，并获得国家在相应作物上的使用登记或省级农业主管部门的临时用药措施，不属于农药使用登记范围的产品（如薄荷油、食醋、蜂蜡、香根草、乙醇、海盐等）除外。

5.2 AA级绿色食品生产应按照附录A中A.1的规定选用农药，A级绿色食品生产应按照附录A的规定选用农药，提倡兼治和不同作用机理农药交替使用。

5.3 农药剂型宜选用悬浮剂、微囊悬浮剂、水剂、水乳剂、颗粒剂、水分散粒剂和可溶性粒剂等环境友好型剂型。

6 农药使用规范

6.1 应根据有害生物的发生特点、危害程度和农药特性，在主要防治对象的防治适期，选择适当的施药方式。

6.2 应按照农药产品标签或按 GB/T 8321 和 GB 12475 的规定使用农药，控制施药剂量（或浓度）、施药次数和安全间隔期。

7 绿色食品农药残留要求

7.1 按照 5 的规定允许使用的农药，其残留量应符合 GB 2763 的要求。

7.2 其他农药的残留量不得超过 0.01 mg/kg，并应符合 GB 2763 的要求。

附 录 A

（规范性附录）

绿色食品生产允许使用的农药清单

A.1 AA 级和 A 级绿色食品生产均允许使用的农药清单

AA 级和 A 级绿色食品生产可按照农药产品标签或 GB/T 8321 的规定（不属于农药使用登记范围的产品除外）使用表 A.1 中的农药。

表 A.1 AA 级和 A 级绿色食品生产均允许使用的农药清单[a]

类　别	组分名称	备　注
I. 植物和动物来源	楝素（苦楝、印楝等提取物，如印楝素等）	杀虫
	天然除虫菊素（除虫菊科植物提取液）	杀虫
	苦参碱及氧化苦参碱（苦参等提取物）	杀虫
	蛇床子素（蛇床子提取物）	杀虫、杀菌
	小檗碱（黄连、黄柏等提取物）	杀菌
	大黄素甲醚（大黄、虎杖等提取物）	杀菌
	乙蒜素（大蒜提取物）	杀菌
	苦皮藤素（苦皮藤提取物）	杀虫
	藜芦碱（百合科藜芦属和喷嚏草属植物提取物）	杀虫
	桉油精（桉树叶提取物）	杀虫
	植物油（如薄荷油、松树油、香菜油、八角茴香油等）	杀虫、杀螨、杀真菌、抑制发芽
	寡聚糖（甲壳素）	杀菌、植物生长调节
	天然诱集和杀线虫剂（如万寿菊、孔雀草、芥子油等）	杀线虫
	具有诱杀作用的植物（如香根草等）	杀虫
	植物醋（如食醋、木醋、竹醋等）	杀菌
	菇类蛋白多糖（菇类提取物）	杀菌
	水解蛋白质	引诱
	蜂蜡	保护嫁接和修剪伤口
	明胶	杀虫
	具有驱避作用的植物提取物（大蒜、薄荷、辣椒、花椒、薰衣草、柴胡、艾草、辣根等的提取物）	驱避
	害虫天敌（如寄生蜂、瓢虫、草蛉、捕食螨等）	控制虫害

（续）

类 别	组分名称	备 注
Ⅱ．微生物来源	真菌及真菌提取物（白僵菌、轮枝菌、木霉菌、耳霉菌、淡紫拟青霉、金龟子绿僵菌、寡雄腐霉菌等）	杀虫、杀菌、杀线虫
	细菌及细菌提取物（芽孢杆菌类、荧光假单胞杆菌、短稳杆菌等）	杀虫、杀菌
	病毒及病毒提取物（核型多角体病毒、质型多角体病毒、颗粒体病毒等）	杀虫
	多杀霉素、乙基多杀菌素	杀虫
	春雷霉素、多抗霉素、井冈霉素、嘧啶核苷类抗菌素、宁南霉素、申嗪霉素、中生菌素	杀菌
	S-诱抗素	植物生长调节
Ⅲ．生物化学产物	氨基寡糖素、低聚糖素、香菇多糖	杀菌、植物诱抗
	几丁聚糖	杀菌、植物诱抗、植物生长调节
	苄氨基嘌呤、超敏蛋白、赤霉酸、烯腺嘌呤、羟烯腺嘌呤、三十烷醇、乙烯利、吲哚丁酸、吲哚乙酸、芸薹素内酯	植物生长调节
Ⅳ．矿物来源	石硫合剂	杀菌、杀虫、杀螨
	铜盐（如波尔多液、氢氧化铜等）	杀菌，每年铜使用量不能超过 6 kg/hm^2
	氢氧化钙（石灰水）	杀菌、杀虫
	硫黄	杀菌、杀螨、驱避
	高锰酸钾	杀菌，仅用于果树和种子处理
	碳酸氢钾	杀菌
	矿物油	杀虫、杀螨、杀菌
	氯化钙	用于治疗缺钙带来的抗性减弱
	硅藻土	杀虫
	黏土（如斑脱土、珍珠岩、蛭石、沸石等）	杀虫
	硅酸盐（硅酸钠、石英）	驱避
	硫酸铁（3价铁离子）	杀软体动物

（续）

类 别	组分名称	备 注
V. 其他	二氧化碳	杀虫，用于储存设施
	过氧化物类和含氯类消毒剂（如过氧乙酸、二氧化氯、二氯异氰尿酸钠、三氯异氰尿酸等）	杀菌，用于土壤、培养基质、种子和设施消毒
	乙醇	杀菌
	海盐和盐水	杀菌，仅用于种子（如稻谷等）处理
	软皂（钾肥皂）	杀虫
	松脂酸钠	杀虫
	乙烯	催熟等
	石英砂	杀菌、杀螨、驱避
	昆虫性信息素	引诱或干扰
	磷酸氢二铵	引诱

ª 国家新禁用或列入《限制使用农药名录》的农药自动从该清单中删除。

A.2 A级绿色食品生产允许使用的其他农药清单

当表 A.1 所列农药不能满足生产需要时，A 级绿色食品生产还可按照农药产品标签或 GB/T 8321 的规定使用下列农药：

a) 杀虫杀螨剂

1) 苯丁锡　fenbutatin oxide

2) 吡丙醚　pyriproxifen

3) 吡虫啉　imidacloprid

4) 吡蚜酮　pymetrozine

5) 虫螨腈　chlorfenapyr

6) 除虫脲　diflubenzuron

7) 啶虫脒　acetamiprid

8) 氟虫脲　flufenoxuron

9) 氟啶虫胺腈　sulfoxaflor

10) 氟啶虫酰胺　flonicamid

11) 氟铃脲　hexaflumuron

12) 高效氯氰菊酯　beta-cypermethrin

13) 甲氨基阿维菌素苯甲酸盐

　　emamectin benzoate

14) 甲氰菊酯　fenpropathrin

15) 甲氧虫酰肼　methoxyfenozide

16) 抗蚜威　pirimicarb

17) 喹螨醚　fenazaquin

18) 联苯肼酯　bifenazate

19) 硫酰氟　sulfuryl fluoride

20) 螺虫乙酯　spirotetramat

21) 螺螨酯　spirodiclofen

22) 氯虫苯甲酰胺　chlorantraniliprole

23) 灭蝇胺　cyromazine

24) 灭幼脲　chlorbenzuron

25) 氰氟虫腙　metaflumizone

26) 噻虫啉　thiacloprid

27) 噻虫嗪　thiamethoxam

28) 噻螨酮　hexythiazox

29) 噻嗪酮　buprofezin

30) 杀虫双　bisultap thiosultapdisodium

31) 杀铃脲　triflumuron

32) 虱螨脲　lufenuron

b) 杀菌剂

1) 苯醚甲环唑　difenoconazole

2) 吡唑醚菌酯　pyraclostrobin

3) 丙环唑　propiconazol

4) 代森联　metriam

5) 代森锰锌　mancozeb

6) 代森锌　zineb

7) 稻瘟灵　isoprothiolane

8) 啶酰菌胺　boscalid

9) 啶氧菌酯　picoxystrobin

10) 多菌灵　carbendazim

11) 噁霉灵　hymexazol

12) 噁霜灵　oxadixyl

13) 噁唑菌酮　famoxadone

14) 粉唑醇　flutriafol

15) 氟吡菌胺　fluopicolide

16) 氟吡菌酰胺　fluopyram

17) 氟啶胺　fluazinam

18) 氟环唑　epoxiconazole

19) 氟菌唑　triflumizole

20) 氟硅唑　flusilazole

21) 氟吗啉　flumorph

22) 氟酰胺　flutolanil

23) 氟唑环菌胺　sedaxane

24) 腐霉利　procymidone

25) 咯菌腈　fludioxonil

33) 四聚乙醛　metaldehyde

34) 四螨嗪　clofentezine

35) 辛硫磷　phoxim

36) 溴氰虫酰胺　cyantraniliprole

37) 乙螨唑　etoxazole

38) 茚虫威　indoxacard

39) 唑螨酯　fenpyroximate

26) 甲基立枯磷　tolclofos-methyl

27) 甲基硫菌灵　thiophanate-methyl

28) 腈苯唑　fenbuconazole

29) 腈菌唑　myclobutanil

30) 精甲霜灵　metalaxyl-M

31) 克菌丹　captan

32) 喹啉铜　oxine-copper

33) 醚菌酯　kresoxim-methyl

34) 嘧菌环胺　cyprodinil

35) 嘧菌酯　azoxystrobin

36) 嘧霉胺　pyrimethanil

37) 棉隆　dazomet

38) 氰霜唑　cyazofamid

39) 氰氨化钙　calcium cyanamide

40) 噻呋酰胺　thifluzamide

41) 噻菌灵　thiabendazole

42) 噻唑锌

43) 三环唑　tricyclazole

44) 三乙膦酸铝　fosetyl-aluminium

45) 三唑醇　triadimenol

46) 三唑酮　triadimefon

47) 双炔酰菌胺　mandipropamid

48) 霜霉威　propamocarb

49) 霜脲氰　cymoxanil

50) 威百亩　metam-sodium

51) 萎锈灵 carboxin
52) 肟菌酯 trifloxystrobin
53) 戊唑醇 tebuconazole
54) 烯肟菌胺

55) 烯酰吗啉 dimethomorph
56) 异菌脲 iprodione
57) 抑霉唑 imazalil

c) 除草剂

1) 2 甲 4 氯 MCPA
2) 氨氯吡啶酸 picloram
3) 苄嘧磺隆 bensulfuron-methyl
4) 丙草胺 pretilachlor
5) 丙炔噁草酮 oxadiargyl
6) 丙炔氟草胺 flumioxazin
7) 草铵膦 glufosinate-ammonium
8) 二甲戊灵 pendimethalin
9) 二氯吡啶酸 clopyralid
10) 氟唑磺隆 flucarbazone-sodium
11) 禾草灵 diclofop-methyl
12) 环嗪酮 hexazinone
13) 磺草酮 sulcotrione
14) 甲草胺 alachlor
15) 精吡氟禾草灵 fluazifop-P
16) 精喹禾灵 quizalofop-P
17) 精异丙甲草胺 s-metolachlor
18) 绿麦隆 chlortoluron
19) 氯氟吡氧乙酸（异辛酸） fluroxypyr
20) 氯氟吡氧乙酸异辛酯 fluroxy-

pyrmepthyl
21) 麦草畏 dicamba
22) 咪唑喹啉酸 imazaquin
23) 灭草松 bentazone
24) 氰氟草酯 cyhalofop butyl
25) 炔草酯 clodinafop-propargyl
26) 乳氟禾草灵 lactofen
27) 噻吩磺隆 thifensulfuron-methyl
28) 双草醚 bispyribac-sodium
29) 双氟磺草胺 florasulam
30) 甜菜安 desmedipham
31) 甜菜宁 phenmedipham
32) 五氟磺草胺 penoxsulam
33) 烯草酮 clethodim
34) 烯禾啶 sethoxydim
35) 酰嘧磺隆 amidosulfuron
36) 硝磺草酮 mesotrione
37) 乙氧氟草醚 oxyfluorfen
38) 异丙隆 isoproturon
39) 唑草酮 carfentrazone-ethyl

d) 植物生长调节剂

1) 1-甲基环丙烯 1-methylcyclopropene
2) 2,4-滴 2,4-D（只允许作为植物生长调节剂使用）
3) 矮壮素 chlormequat

4) 氯吡脲 forchlorfenuron
5) 萘乙酸 1-naphthal acetic acid
6) 烯效唑 uniconazole

国家新禁用或列入《限制使用农药名录》的农药自动从上述清单中删除。

绿色食品 肥料使用准则

NY/T 394—2021

1 范围

本文件规定了绿色食品生产中肥料使用原则、肥料种类及使用规定。

本文件适用于绿色食品的生产。

2 规范性引用文件

下列文件中的内容通过文中的规范性引用而构成本文件必不可少的条款。其中，注日期的引用文件，仅该日期对应的版本适用于本文件；不注日期的引用文件，其最新版本（包括所有的修改单）适用于本文件。

GB 15063 复合肥料

GB/T 17419 含有机质叶面肥料

GB 18877 有机-无机复合肥料

GB 20287 农用微生物菌剂

GB/T 23348 缓释肥料

GB/T 23349 肥料中砷、镉、铅、铬、汞生态指标

GB/T 34763 脲醛缓释肥料

GB/T 35113 稳定性肥料

GB 38400 肥料中有毒有害物质的限量要求

HG/T 5045 含腐殖酸尿素

HG/T 5046 腐殖酸复合肥料

HG/T 5049 含海藻酸尿素

HG/T 5514 含腐殖酸磷酸一铵、磷酸二铵

HG/T 5515 含海藻酸磷酸一铵、磷酸二铵

NY 227 微生物肥料

NY/T 391 绿色食品 产地环境质量

NY 525 有机肥料

NY/T 798　复合微生物肥料

NY 884　生物有机肥

NY/T 1868　肥料合理使用准则　有机肥料

NY/T 3034　土壤调理剂

NY/T 3442　畜禽粪便堆肥技术规范

3　术语和定义

下列术语和定义适用于本文件。

3.1

AA 级绿色食品　AA grade green food

产地环境质量符合 NY/T 391 的要求，遵照绿色食品生产标准生产，生产过程中遵循自然规律和生态学原理，协调种植业和养殖业的平衡，不使用化学合成的肥料、农药、兽药、渔药、添加剂等物质，产品质量符合绿色食品产品标准，经专门机构许可使用绿色食品标志的产品。

3.2

A 级绿色食品　A grade green food

产地环境质量符合 NY/T 391 的要求，遵照绿色食品生产标准生产，生产过程中遵循自然规律和生态学原理，协调种植业和养殖业的平衡，限量使用限定的化学合成生产资料，产品质量符合绿色食品产品标准，经专门机构许可使用绿色食品标志的产品。

3.3

农家肥料　farmyard manure

由就地取材的主要由植物、动物粪便等富含有机物的物料制作而成的肥料。包括秸秆肥、绿肥、厩肥、堆肥、沤肥、沼肥、饼肥等。

3.3.1

秸秆肥　straw manure

成熟植物体收获之外的部分以麦秸、稻草、玉米秸、豆秸、油菜秸等形式直接还田的肥料。

3.3.2

绿肥　green manure

新鲜植物体就地翻压还田或异地施用的肥料，主要分为豆科绿肥和非豆科绿肥。

3.3.3

厩肥　barnyard manure

圈养畜禽排泄物与秸秆等垫料发酵腐熟而成的肥料。

3.3.4

堆肥　compost

植物、动物排泄物等有机物料在人工控制条件下（水分、碳氮比和通风等），通过微生物的发酵，使有机物被降解，并生产出一种适宜于土地利用的肥料。

3.3.5

沤肥　water logged compost

植物、动物排泄物等有机物料在淹水条件下发酵腐熟而成的肥料。

3.3.6

沼肥　anaerobic digestate fertilizer

以农业有机物经厌氧消化产生的沼气沼液为载体，加工成的肥料。主要包括沼渣和沼液肥。

3.3.7

饼肥　cake fertilizer

由含油较多的植物种子压榨去油后的残渣制成的肥料。

3.4

有机肥料　organic fertilizer

植物秸秆等废弃物和（或）动物粪便等经发酵腐熟的含碳有机物料，其功能是改善土壤理化性质、持续稳定供给植物养分、提高作物品质。

3.5

微生物肥料　microbial fertilizer

含有特定微生物活体的制品，应用于农业生产，通过其中所含微生物的生命活动，增加植物养分的供应量或促进植物生长，提高产量，改善农产品品质及农业生态环境的肥料。

3.6

有机-无机复混肥料　organic-inorganic compound fertilizer

含有一定量有机肥料的复混肥料。

注：其中复混肥料是指，氮、磷、钾3种养分中，至少有2种养分标明量的由化学方法和（或）掺混方法制成的肥料。

3.7

无机肥料　inorganic fertilizer

主要以无机盐形式存在的能直接为植物提供矿质养分的肥料。

3.8

土壤调理剂　*soil amendment*

加入土壤中用于改善土壤的物理、化学和（或）生物性状的物料，功能包括改良土壤结构、降低土壤盐碱危害、调节土壤酸碱度、改善土壤水分状况、修复土壤污染等。

4　肥料使用原则

4.1　土壤健康原则。坚持有机与无机养分相结合、提高土壤有机质含量和肥力的原则，逐渐提高作物秸秆、畜禽粪便循环利用比例，通过增施有机肥或有机物料改善土壤物理、化学与生物性质，构建高产、抗逆的健康土壤。

4.2　化肥减控原则。在保障养分充足供给的基础上，无机氮素用量不得高于当季作物需求量的一半，根据有机肥磷钾投入量相应减少无机磷钾肥施用量。

4.3　合理增施有机肥原则。根据土壤性质、作物需肥规律、肥料特征，合理地使用有机肥，改善土壤理化性质，提高作物产量和品质。

4.4　补充中微量养分原则。因地制宜地根据土壤肥力状况和作物养分需求规律，适当补充钙、镁、硫、锌、硼等养分。

4.5　安全优质原则。使用安全、优质的肥料产品，有机肥的腐熟应符合 NY/T 3442 的要求，肥料中重金属、有害微生物、抗生素等有毒有害物质限量应符合 GB 38400 的要求，肥料的使用不应对作物感官、安全和营养等品质以及环境造成不良影响。

4.6　生态绿色原则。增加轮作、填闲作物，重视绿肥特别是豆科绿肥栽培，增加生物多样性与生物固氮，阻遏养分损失。

5　可使用的肥料种类

5.1　AA 级绿色食品生产可使用的肥料种类

可使用 3.3、3.4、3.5 规定的肥料。

5.2　A 级绿色食品生产可使用的肥料种类

除 5.1 规定的肥料外，还可以使用 3.6、3.7 及 3.8 规定的肥料。

6　禁止使用的肥料种类

6.1　未经发酵腐熟的人畜粪尿。

6.2　生活垃圾、未经处理的污泥和含有害物质（如病原微生物、重金属、有害气体等）的工业垃圾。

6.3 成分不明确或含有安全隐患成分的肥料。

6.4 添加有稀土元素的肥料。

6.5 转基因品种（产品）及其副产品为原料生产的肥料。

6.6 国家法律法规规定禁用的肥料。

7 使用规定

7.1 AA级绿色食品生产用肥料使用规定

7.1.1 应选用5.1所列肥料种类，不应使用化学合成肥料。

7.1.2 可使用完全腐熟的农家肥料或符合NY/T 3442规范的堆肥，宜利用秸秆和绿肥，配合施用具有生物固氮、腐熟秸秆等功效的微生物肥料。不应在土壤重金属局部超标地区使用秸秆肥或绿肥，肥料的重金属限量指标应符合NY 525和GB/T 23349的要求，粪大肠菌群数、蛔虫卵死亡率应符合NY 884的要求。

7.1.3 有机肥料应达到GB/T 17419、GB/T 23349或NY 525的指标，按照NY/T 1868的规定使用。根据肥料性质（养分含量、C∶N、腐熟程度）、作物种类、土壤肥力水平和理化性质、气候条件等选择肥料品种，可配施腐熟农家肥和微生物肥提高肥效。

7.1.4 微生物肥料符合GB 20287或NY 884或NY 227或NY/T 798的要求，可与5.1所列肥料配合施用，用于拌种、基肥或追肥。

7.1.5 无土栽培可使用农家肥料、有机肥料和微生物肥料，掺混在基质中使用。

7.2 A级绿色食品生产用肥料使用规定

7.2.1 应选用5.2所列肥料种类。

7.2.2 农家肥料的使用按7.1.2的规定执行。按照C∶N≤25∶1的比例补充化学氮素。

7.2.3 有机肥料的使用按7.1.3的规定执行。可配施5.2所列其他肥料。

7.2.4 微生物肥料的使用按7.1.4的规定执行。可配施5.2所列其他肥料。

7.2.5 使用符合GB 15063、GB 18877、GB/T 23348、GB/T 34763、GB/T 35113、HG/T 5045、HG/T 5046、HG/T 5049、HG/T 5514、HG/T 5515等要求的无机、有机-无机复混肥料作为有机肥料、农家肥料、微生物肥料的辅助肥料。化肥减量遵循4.2的规定，提高水肥一体化程度，利用硝化抑制剂或脲酶抑制剂等提高氮肥利用效率。

7.2.6 根据土壤障碍因子选用符合NY/T 3034要求的土壤调理剂改良土壤。

绿色食品 兽药使用准则

NY/T 472—2013

1 范围

本标准规定了绿色食品生产中兽药使用的术语和定义、基本原则、生产 AA 级和 A 级绿色食品的兽药使用原则。

本标准适用于绿色食品畜禽及其产品的生产与管理。

2 规范性引用文件

下列文件对于本文件的应用是必不可少的。凡是注日期的引用文件，仅注日期的版本适用于本文件。凡是不注日期的引用文件，其最新版本（包括所有的修改单）适用于本文件。

GB/T 19630.1 有机产品 第 1 部分：生产

NY/T 391 绿色食品 产地环境质量

兽药管理条例

畜禽标识和养殖档案管理办法

中华人民共和国动物防疫法

中华人民共和国农业部 中华人民共和国兽药典

中华人民共和国农业部 兽药质量标准

中华人民共和国农业部 兽用生物制品质量标准

中华人民共和国农业部 进口兽药质量标准

中华人民共和国农业部公告第 235 号 动物性食品中兽药最高残留限量

中华人民共和国农业部公告第 278 号 兽药停药期规定

3 术语和定义

下列术语和定义适用于本文件。

3.1

AA 级绿色食品 AA grade green food

产地环境质量符合 NY/T 391 的要求，遵照绿色食品生产标准生产，生产过程中遵循自然规律和生态学原理，协调种植业和养殖业的平衡，不使用化学合成的肥料、农药、兽药、渔药、添加剂等物质，产品质量符合绿色食品产品标准，经专门机构许可使用绿色食品标志的产品。

3.2

A 级绿色食品　A grade green food

产地环境质量符合 NY/T 391 的要求，遵照绿色食品生产标准生产，生产过程中遵循自然规律和生态学原理，协调种植业和养殖业的平衡，限量使用限定的化学合成生产资料，产品质量符合绿色食品产品标准，经专门机构许可使用绿色食品标志的产品。

3.3

兽药　veterinary drug

用于预防、治疗、诊断动物疾病，或者有目的地调节动物生理机能的物质。包括化学药品、抗生素、中药材、中成药、生化药品、血清制品、疫苗、诊断制品、微生态制剂、放射性药品、外用杀虫剂和消毒剂等。

3.4

微生态制剂　probiotics

运用微生态学原理，利用对宿主有益的微生物及其代谢产物，经特殊工艺将一种或多种微生物制成的制剂。包括植物乳杆菌、枯草芽孢杆菌、乳酸菌、双歧杆菌、肠球菌和酵母菌等。

3.5

消毒剂　disinfectant

用于杀灭传播媒介上病原微生物的制剂。

3.6

产蛋期　egg producing period

禽从产第一枚蛋至产蛋周期结束的持续时间。

3.7

泌乳期　duration of lactation

乳畜每一胎次开始泌乳到停止泌乳的持续时间。

3.8

休药期　withdrawal time；withholding time

停药期

从畜禽停止用药到允许屠宰或其产品（乳、蛋）许可上市的间隔时间。

3.9

执业兽医　licensed veterinarian

具备兽医相关技能，取得国家执业兽医统一考试或授权具有兽医执业资格，依法从事动物诊疗和动物保健等经营活动的人员。包括执业兽医师、执业助理兽医师和乡村兽医。

4　基本原则

4.1　生产者应供给动物充足的营养，应按照 NY/T 391 提供良好的饲养环境，加强饲养管理，采取各种措施以减少应激，增强动物自身的抗病力。

4.2　应按《中华人民共和国动物防疫法》的规定进行动物疾病的防治，在养殖过程中尽量不用或少用药物；确需使用兽药时，应在执业兽医指导下进行。

4.3　所用兽药应来自取得生产许可证和产品批准文号的生产企业，或者取得进口兽药登记许可证的供应商。

4.4　兽药的质量应符合《中华人民共和国兽药典》《兽药质量标准》《兽用生物制品质量标准》《进口兽药质量标准》的规定。

4.5　兽药的使用应符合《兽药管理条例》和《兽药停药期规定》等有关规定，建立用药记录。

5　生产 AA 级绿色食品的兽药使用原则

按 GB/T 19630.1 的规定执行。

6　生产 A 级绿色食品的兽药使用原则

6.1　可使用的兽药种类

6.1.1　优先使用第 5 章中生产 AA 级绿色食品所规定的兽药。

6.1.2　优先使用《动物性食品中兽药最高残留限量》中无最高残留限量（MRLs）要求或《兽药停药期规定》中无休药期要求的兽药。

6.1.3　可使用国务院兽医行政管理部门批准的微生态制剂、中药制剂和生物制品。

6.1.4　可使用高效、低毒和对环境污染低的消毒剂。

6.1.5　可使用附录 A 以外且国家许可的抗菌药、抗寄生虫药及其他兽药。

6.2　不应使用药物种类

6.2.1　不应使用附录 A 中的药物以及国家规定的其他禁止在畜禽养殖过程中使用的药物；产蛋期和泌乳期还不应使用附录 B 中的兽药。

6.2.2 不应使用药物饲料添加剂。

6.2.3 不应使用酚类消毒剂，产蛋期不应使用酚类和醛类消毒剂。

6.2.4 不应为了促进畜禽生长而使用抗菌药物、抗寄生虫药、激素或其他生长促进剂。

6.2.5 不应使用基因工程方法生产的兽药。

6.3 兽药使用记录

6.3.1 应符合《畜禽标识和养殖档案管理办法》规定的记录要求。

6.3.2 应建立兽药入库、出库记录，记录内容包括药物的商品名称、通用名称、主要成分、生产单位、批号、有效期、储存条件等。

6.3.3 应建立兽药使用记录，包括消毒记录、动物免疫记录和患病动物诊疗记录等。其中，消毒记录内容包括消毒剂名称、剂量、消毒方式、消毒时间等；动物免疫记录内容包括疫苗名称、剂量、使用方法、使用时间等；患病动物诊疗记录内容包括发病时间、症状、诊断结论以及所用的药物名称、剂量、使用方法、使用时间等。

6.3.4 所有记录资料应在畜禽及其产品上市后保存2年以上。

附 录 A

（规范性附录）

生产A级绿色食品不应使用的药物

生产A级绿色食品不应使用表A.1所列的药物。

表A.1 生产A级绿色食品不应使用的药物目录

序号	种 类		药物名称	用 途
1	β-受体激动剂类		克仑特罗（clenbuterol）、沙丁胺醇（salbutamol）、莱克多巴胺（ractopamine）、西马特罗（cimaterol）、特布他林（terbutaline）、多巴胺（dopamine）、班布特罗（bambuterol）、齐帕特罗（zilpaterol）、氯丙那林（clorprenaline）、马布特罗（mabuterol）、西布特罗（cimbuterol）、溴布特罗（brombuterol）、阿福特罗（arformoterol）、福莫特罗（formoterol）、苯乙醇胺A（phenylethanolamine A）及其盐、酯及制剂	所有用途
2	激素类	性激素类	己烯雌酚（diethylstilbestrol）、己烷雌酚（hexestrol）及其盐、酯及制剂	所有用途
			甲基睾丸酮（methyltestosterone）、丙酸睾酮（testosterone propionate）、苯丙酸诺龙（nandrolone phenylpropionate）、雌二醇（estradiol）、戊酸雌二醇（estradiol valerate）、苯甲酸雌二醇（estradiol benzoate）及其盐、酯及制剂	促生长
		具雌激素样作用的物质	玉米赤霉醇类药物（zeranol）、去甲雄三烯醇酮（trenbolone）、醋酸甲孕酮（mengestrol acetate）及制剂	所有用途
3	催眠、镇静类		安眠酮（methaqualone）及制剂	所有用途
			氯丙嗪（chlorpromazine）、地西泮（安定，diazepam）及其盐、酯及制剂	促生长
4	抗菌药类	氨苯砜	氨苯砜（dapsone）及制剂	所有用途
		酰胺醇类	氯霉素（chloramphenicol）及其盐、酯［包括琥珀氯霉素（chloramphenicol succinate）］及制剂	所有用途
		硝基呋喃类	呋喃唑酮（furazolidone）、呋喃西林（furacillin）、呋喃妥因（nitrofurantoin）、呋喃它酮（furaltadone）、呋喃苯烯酸钠（nifurstyrenate sodium）及制剂	所有用途
		硝基化合物	硝基酚钠（sodium nitrophenolate）、硝呋烯腙（nitrovin）及制剂	所有用途
		磺胺类及其增效剂	磺胺噻唑（sulfathiazole）、磺胺嘧啶（sulfadiazine）、磺胺二甲嘧啶（sulfadimidine）、磺胺甲噁唑（sulfamethoxazole）、磺胺对甲氧嘧啶（sulfamethoxydiazine）、磺胺间甲氧嘧啶（sulfamonomethoxine）、磺胺地索辛（sulfadimethoxine）、磺胺喹噁啉（sulfaquinoxaline）、三甲氧苄氨嘧啶（trimethoprim）及其盐和制剂	所有用途

（续）

序号	种 类		药物名称	用 途
4	抗菌药类	喹诺酮类	诺氟沙星（norfloxacin）、氧氟沙星（ofloxacin）、培氟沙星（pefloxacin）、洛美沙星（lomefloxacin）及其盐和制剂	所有用途
		喹噁啉类	卡巴氧（carbadox）、喹乙醇（olaquindox）、喹烯酮（quinocetone）、乙酰甲喹（mequindox）及其盐、酯及制剂	所有用途
		抗生素滤渣	抗生素滤渣	所有用途
5	抗寄生虫类	苯并咪唑类	噻苯咪唑（thiabendazole）、阿苯咪唑（albendazole）、甲苯咪唑（mebendazole）、硫苯咪唑（fenbendazole）、磺苯咪唑（oxfendazole）、丁苯咪唑（parbendazole）、丙氧苯咪唑（oxibendazole）、丙噻苯咪唑（CBZ）及制剂	所有用途
		抗球虫类	二氯二甲吡啶酚（clopidol）、氨丙啉（amprolini）、氯苯胍（robenidine）及其盐和制剂	所有用途
		硝基咪唑类	甲硝唑（metronidazole）、地美硝唑（dimetronidazole）、替硝唑（tinidazole）及其盐、酯及制剂等	促生长
		氨基甲酸酯类	甲奈威（carbaryl）、呋喃丹（克百威，carbofuran）及制剂	杀虫剂
		有机氯杀虫剂	六六六（BHC）、滴滴涕（DDT）、林丹（丙体六六六，lindane）、毒杀芬（氯化烯，camahechlor）及制剂	杀虫剂
		有机磷杀虫剂	敌百虫（trichlorfon）、敌敌畏（dichlorvos）、皮蝇磷（fenchlorphos）、氧硫磷（oxinothiophos）、二嗪农（diazinon）、倍硫磷（fenthion）、毒死蜱（chlorpyrifos）、蝇毒磷（coumaphos）、马拉硫磷（malathion）及制剂	杀虫剂
		其他杀虫剂	杀虫脒（克死螨，chlordimeform）、双甲脒（amitraz）、酒石酸锑钾（antimony potassium tartrate）、锥虫胂胺（tryparsamide）、孔雀石绿（malachite green）、五氯酚酸钠（pentachlorophenol sodium）、氯化亚汞（甘汞，calomel）、硝酸亚汞（mercurous nitrate）、醋酸汞（mercurous acetate）、吡啶基醋酸汞（pyridyl mercurous acetate）	杀虫剂
6	抗病毒类药物		金刚烷胺（amantadine）、金刚乙胺（rimantadine）、阿昔洛韦（aciclovir）、吗啉（双）胍（病毒灵）（moroxydine）、利巴韦林（ribavirin）等及其盐、酯及单、复方制剂	抗病毒
7	有机胂制剂		洛克沙胂（roxarsone）、氨苯胂酸（阿散酸，arsanilic acid）	所有用途

附　录　B

（规范性附录）

产蛋期和泌乳期不应使用的兽药

产蛋期和泌乳期不应使用表 B.1 所列的兽药。

表 B.1　产蛋期和泌乳期不应使用的兽药目录

生长阶段	种　　类		兽药名称
产蛋期	抗菌药类	四环素类	四环素（tetracycline）、多西环素（doxycycline）
		青霉素类	阿莫西林（amoxycillin）、氨苄西林（ampicillin）
		氨基糖苷类	新霉素（neomycin）、安普霉素（apramycin）、越霉素 A（destomycin A）、大观霉素（spectinomycin）
		磺胺类	磺胺氯哒嗪（sulfachlorpyridazine）、磺胺氯吡嗪钠（sulfa-chlorpyridazine sodium）
		酰胺醇类	氟苯尼考（florfenicol）
		林可胺类	林可霉素（lincomycin）
		大环内酯类	红霉素（erythromycin）、泰乐菌素（tylosin）、吉他霉素（kitasamycin）、替米考星（tilmicosin）、泰万菌素（tylvalosin）
		喹诺酮类	达氟沙星（danofloxacin）、恩诺沙星（enrofloxacin）、沙拉沙星（sarafloxacin）、环丙沙星（ciprofloxacin）、二氟沙星（difloxacin）、氟甲喹（flumequine）
		多肽类	那西肽（nosiheptide）、黏霉素（colimycin）、恩拉霉素（en-ramycin）、维吉尼霉素（virginiamycin）
		聚醚类	海南霉素钠（hainan fosfomycin sodium）
	抗寄生虫类		二硝托胺（dinitolmide）、马杜霉素（madubamycin）、地克珠利（diclazuril）、氯羟吡啶（clopidol）、氯苯胍（robeni-dine）、盐霉素钠（salinomycin sodium）
泌乳期	抗菌药类	四环素类	四环素（tetracycline）、多西环素（doxycycline）
		青霉素类	苄星邻氯青霉素（benzathine cloxacillin）
		大环内酯类	替米考星（tilmicosin）、泰拉霉素（tulathromycin）
	抗寄生虫类		双甲脒（amitraz）、伊维菌素（ivermectin）、阿维菌素（avermectin）、左旋咪唑（levamisole）、奥芬达唑（oxfen-dazole）、碘醚柳胺（rafoxanide）

绿色食品　渔药使用准则

NY/T 755—2013

1　范围

本标准规定了绿色食品水产养殖过程中渔药使用的术语和定义、基本原则和使用规定。

本标准适用于绿色食品水产养殖过程中疾病的预防和治疗。

2　规范性引用文件

下列文件对于本文件的应用是必不可少的。凡是注日期的引用文件，仅注日期的版本适用于本文件。凡是不注日期的引用文件，其最新版本（包括所有的修改单）适用于本文件。

GB/T 19630.1　有机产品　第 1 部分：生产

中华人民共和国农业部　中华人民共和国兽药典

中华人民共和国农业部　兽药质量标准

中华人民共和国农业部　进口兽药质量标准

中华人民共和国农业部　兽用生物制品质量标准

NY/T 391　绿色食品　产地环境质量

中华人民共和国农业部公告第 176 号　禁止在饲料和动物饮用水中使用的药物品种目录

中华人民共和国农业部公告第 193 号　食品动物禁用的兽药及其他化合物清单

中华人民共和国农业部公告第 235 号　动物性食品中兽药最高残留限量

中华人民共和国农业部公告第 278 号　停药期规定

中华人民共和国农业部公告第 560 号　兽药地方标准废止目录

中华人民共和国农业部公告第 1435 号　兽药试行标准转正标准目录（第一批）

中华人民共和国农业部公告第 1506 号　兽药试行标准转正标准目录（第二批）

中华人民共和国农业部公告第 1519 号　禁止在饲料和动物饮水中使用的物质

中华人民共和国农业部公告第 1759 号　兽药试行标准转正标准目录（第三批）

兽药国家标准化学药品、中药卷

3 术语和定义

下列术语和定义适用于本文件。

3.1

AA 级绿色食品 AA grade green food

产地环境质量符合 NY/T 391 的要求，遵照绿色食品生产标准生产，生产过程中遵循自然规律和生态学原理，协调种植业和养殖业的平衡，不使用化学合成的肥料、农药、兽药、渔药、添加剂等物质，产品质量符合绿色食品产品标准，经专门机构许可使用绿色食品标志的产品。

3.2

A 级绿色食品 A grade green food

产地环境质量符合 NY/T 391 的要求，遵照绿色食品生产标准生产，生产过程中遵循自然规律和生态学原理，协调种植业和养殖业的平衡，限量使用限定的化学合成生产资料，产品质量符合绿色食品产品标准，经专门机构许可使用绿色食品标志的产品。

3.3

渔药 fishery medicine

水产用兽药。

指预防、治疗水产养殖动物疾病或有目的地调节动物生理机能的物质，包括化学药品、抗生素、中草药和生物制品等。

3.4

渔用抗微生物药 fishery antimicrobial agents

抑制或杀灭病原微生物的渔药。

3.5

渔用抗寄生虫药 fishery antiparasite agents

杀灭或驱除水产养殖动物体内、外或养殖环境中寄生虫病原的渔药。

3.6

渔用消毒剂 fishery disinfectant

用于水产动物体表、渔具和养殖环境消毒的药物。

3.7

渔用环境改良剂 environment conditioner

改善养殖水域环境的药物。

3.8

渔用疫苗 fishery vaccine

预防水产养殖动物传染性疾病的生物制品。

3.9

停药期 withdrawal period

从停止给药到水产品捕捞上市的间隔时间。

4 渔药使用的基本原则

4.1 水产品生产环境质量应符合 NY/T 391 的要求。生产者应按农业部《水产养殖质量安全管理规定》实施健康养殖。采取各种措施避免应激、增强水产养殖动物自身的抗病力，减少疾病的发生。

4.2 按《中华人民共和国动物防疫法》的规定，加强水产养殖动物疾病的预防，在养殖生产过程中尽量不用或者少用药物。确需使用渔药时，应选择高效、低毒、低残留的渔药，应保证水资源和相关生物不遭受损害，保护生物循环和生物多样性，保障生产水域质量稳定。在水产动物病害控制过程中，应在水生动物类执业兽医的指导下用药。停药期应满足中华人民共和国农业部公告第 278 号规定、《中国兽药典兽药使用指南化学药品卷》（2010 版）的规定。

4.3 所用渔药应符合中华人民共和国农业部公告第 1435 号、第 1506 号、第 1759号，应来自取得生产许可证和产品批准文号的生产企业，或者取得《进口兽药登记许可证》的供应商。

4.4 用于预防或治疗疾病的渔药应符合中华人民共和国农业部《中华人民共和国兽药典》《兽药质量标准》《兽用生物制品质量标准》和《进口兽药质量标准》等有关规定。

5 生产 AA 级绿色食品水产品的渔药使用规定

按 GB/T 19630.1 的规定执行。

6 生产 A 级绿色食品水产品的渔药使用规定

6.1 优先选用 GB/T 19630.1 规定的渔药。

6.2 预防用药见附录 A。

6.3 治疗用药见附录 B。

6.4 所有使用的渔药应来自具有生产许可证和产品批准文号的生产企业，或者具有《进口兽药登记许可证》的供应商。

6.5　不应使用的药物种类。

6.5.1　不应使用中华人民共和国农业部公告第 176 号、193 号、235 号、560 号和 1519 号中规定的渔药。

6.5.2　不应使用药物饲料添加剂。

6.5.3　不应为了促进养殖水产动物生长而使用抗菌药物、激素或其他生长促进剂。

6.5.4　不应使用通过基因工程技术生产的渔药。

6.6　渔药的使用应建立用药记录。

6.6.1　应满足健康养殖的记录要求。

6.6.2　出入库记录：应建立渔药入库、出库登记制度，应记录药物的商品名称、通用名称、主要成分、批号、有效期、储存条件等。

6.6.3　建立并保存消毒记录，包括消毒剂种类、批号、生产单位、剂量、消毒方式、消毒频率或时间等。建立并保存水产动物的免疫程序记录，包括疫苗种类、使用方法、剂量、批号、生产单位等。建立并保存患病水产动物的治疗记录，包括水产动物标志、发病时间及症状、药物种类、使用方法及剂量、治疗时间、疗程、停药时间、所用药物的商品名称及主要成分、生产单位及批号等。

6.6.4　所有记录资料应在产品上市后保存两年以上。

附　录　A

（规范性附录）

A 级绿色食品预防水产养殖动物疾病药物

A.1　国家兽药标准中列出的水产用中草药及其成药制剂

见《兽药国家标准化学药品、中药卷》。

A.2　生产 A 级绿色食品预防用化学药物及生物制品

见表 A.1。

表 A.1　生产 A 级绿色食品预防用化学药物及生物制品目录

类　别	制剂与主要成分	作用与用途	注意事项	不良反应
调节代谢或生长药物	维生素 C 钠粉（Sodium Ascorbate Powder）	预防和治疗水生动物的维生素 C 缺乏症等	1. 勿与维生素 B_{12}、维生素 K_3 合用，以免氧化失效 2. 勿与含铜、锌离子的药物混合使用	
疫苗	草鱼出血病灭活疫苗（Grass Carp Hemorrhage Vaccine, Inactivated）	预防草鱼出血病。免疫期 12 个月	1. 切忌冻结，冻结的疫苗严禁使用 2. 使用前，应先使疫苗恢复至室温，并充分摇匀 3. 开瓶后，限 12 h 内用完 4. 接种时，应作局部消毒处理 5. 使用过的疫苗瓶、器具和未用完的疫苗等应进行消毒处理	
	牙鲆鱼溶藻弧菌、鳗弧菌、迟缓爱德华病多联抗独特型抗体疫苗（Vibrio alginolyticus, Vibrio anguillarum, slow Edward disease multiple anti idiotypic antibody vaccine）	预防牙鲆鱼溶藻弧菌、鳗弧菌、迟缓爱德华病。免疫期为 5 个月	1. 本品仅用于接种健康鱼 2. 接种、浸泡前应停食至少 24 h，浸泡时向海水内充气 3. 注射型疫苗使用时应将疫苗与等量的弗氏不完全佐剂充分混合。浸泡型疫苗倒入海水后也要充分搅拌，使疫苗均匀分布于海水中 4. 弗氏不完全佐剂在 2℃～8℃ 储藏，疫苗开封后，应限当日用完 5. 注射接种时，应尽量避免操作对鱼造成的损伤 6. 接种疫苗时，应使用 1 mL 的一次性注射器，注射中应注意避免针孔堵塞 7. 浸泡的海水温度以 15℃～20℃ 为宜 8. 使用过的疫苗瓶、器具和未用完的疫苗等应进行消毒处理	

（续）

类 别	制剂与主要成分	作用与用途	注意事项	不良反应
疫苗	鱼嗜水气单胞菌败血症灭活疫苗（Grass Carp Hemorrhage Vaccine, Inactivated）	预防淡水鱼类特别是鲤科鱼的嗜水气单胞菌败血症，免疫期为 6 个月	1. 切忌冻结，冻结的疫苗严禁使用，疫苗稀释后，限当日用完 2. 使用前，应先使疫苗恢复至室温，并充分摇匀 3. 接种时，应作局部消毒处理 4. 使用过的疫苗瓶、器具和未用完的疫苗等应进行消毒处理	
	鱼虹彩病毒病灭活疫苗（Iridovirus Vaccine, Inactivated）	预防真鲷、鰤鱼属、拟鲹的虹彩病毒病	1. 仅用于接种健康鱼 2. 本品不能与其他药物混合使用 3. 对真鲷接种时，不应使用麻醉剂 4. 使用麻醉剂时，应正确掌握方法和用量 5. 接种前应停食至少 24 h 6. 接种本品时，应采用连续性注射，并采用适宜的注射深度，注射中应避免针孔堵塞 7. 应使用高压蒸汽消毒或者煮沸消毒过的注射器 8. 使用前充分摇匀 9. 一旦开瓶，一次性用完 10. 使用过的疫苗瓶、器具和未用完的疫苗等应进行消毒处理 11. 应避免冻结 12. 疫苗应储藏于冷暗处 13. 如意外将疫苗污染到人的眼、鼻、嘴中或注射到人体内时，应及时对患部采取消毒等措施	
	鰤鱼格氏乳球菌灭活疫苗（BY1株）（Lactococcus Garviae Vaccine, Inactivated）（Strain BY1）	预防出口日本的五条鰤、杜氏鰤（高体鰤）格氏乳球菌病	1. 营养不良、患病或疑似患病的靶动物不可注射，正在使用其他药物或停药 4 d 内的靶动物不可注射 2. 靶动物需经 7 d 驯化并停止喂食 24 h 以上，方能注射疫苗，注射 7 d 内应避免运输 3. 本疫苗在 20℃以上的水温中使用 4. 本品使用前和使用过程中注意摇匀 5. 注射器具，应经高压蒸汽灭菌或煮沸等方法消毒后使用，推荐使用连续注射器 6. 使用麻醉剂时，遵守麻醉剂用量 7. 本品不与其他药物混合使用 8. 疫苗一旦开启，尽快使用 9. 妥善处理使用后的残留疫苗、空瓶和针头等 10. 避光、避热、避冻结 11. 使用过的疫苗瓶、器具和未用完的疫苗等应进行消毒处理	

（续）

类　别	制剂与主要成分	作用与用途	注意事项	不良反应
消毒 用药	溴氯海因粉 （Bromochlorodi methylhydantoin Powder）	养殖水体消毒；预防鱼、虾、蟹、鳖、贝、蛙等由弧菌、嗜水气单胞菌、爱德华菌等引起的出血、烂鳃、腐皮、肠炎等疾病	1. 勿用金属容器盛装 2. 缺氧水体禁用 3. 水质较清，透明度高于30 cm时，剂量酌减 4. 苗种剂量减半	
	次氯酸钠溶液 （Sodium Hypo-chlorite Solution）	养殖水体、器械的消毒与杀菌；预防鱼、虾、蟹的出血、烂鳃、腹水、肠炎、疖疮、腐皮等细菌性疾病	1. 本品受环境因素影响较大，因此使用时应特别注意环境条件，在水温偏高、pH较低、施肥前使用效果更好 2. 本品有腐蚀性，勿用金属容器盛装，会伤害皮肤 3. 养殖水体水深超过2 m时，按2 m水深计算用药 4. 包装物用后集中销毁	
	聚维酮碘溶液 （Povidone Iodine Solution）	养殖水体的消毒，防治水产养殖动物由弧菌、嗜水气单胞菌、爱德华氏菌等细菌引起的细菌性疾病	1. 水体缺氧时禁用 2. 勿用金属容器盛装 3. 勿与强碱类物质及重金属物质混用 4. 冷水性鱼类慎用	
	三氯异氰脲酸粉 （Trichloroisocya-nuric Acid Pow-der）	水体、养殖场所和工具等消毒以及水产动物体表消毒等，防治鱼虾等水产动物的多种细菌性和病毒性疾病	1. 不得使用金属容器盛装，注意使用人员的防护 2. 勿与碱性药物、油脂、硫酸亚铁等混合使用 3. 根据不同的鱼类和水体的pH，使用剂量适当增减	
	复合碘溶液 （Complex Iodine Solution）	防治水产养殖动物细菌性和病毒性疾病	1. 不得与强碱或还原剂混合使用 2. 冷水鱼慎用	
	蛋氨酸碘粉 （Methionine Iodine Podwer）	消毒药，用于防治对虾白斑综合征	勿与维生素C类强还原剂同时使用	
	高碘酸钠（So-dium Periodate So-lution）	养殖水体的消毒；防治鱼、虾、蟹等水产养殖动物由弧菌、嗜水气单胞菌、爱德华氏菌等细菌引起的出血、烂鳃、腹水、肠炎、腐皮等细菌性疾病	1. 勿用金属容器盛装 2. 勿与强碱类物质及含汞类药物混用 3. 软体动物、鲑等冷水性鱼类慎用	

（续）

类　别	制剂与主要成分	作用与用途	注意事项	不良反应
消毒用药	苯扎溴铵溶液（Benzalkonium Bromide Solution）	养殖水体消毒，防治水产养殖动物由细菌性感染引起的出血、烂鳃、腹水、肠炎、疖疮、腐皮等细菌性疾病	1. 勿用金属容器盛装 2. 禁与阴离子表面活性剂、碘化物和过氧化物等混用 3. 软体动物、鲑等冷水性鱼类慎用 4. 水质较清的养殖水体慎用 5. 使用后注意池塘增氧 6. 包装物使用后集中销毁	
	含氯石灰（Chlorinated Lime）	水体的消毒，防治水产养殖动物由弧菌、嗜水气单胞菌、爱德华氏菌等细菌引起的细菌性疾病	1. 不得使用金属器具 2. 缺氧、浮头前后严禁使用 3. 水质较瘦、透明度高于 30 cm时，剂量减半 4. 苗种慎用 5. 本品杀菌作用快而强，但不持久，且受有机物的影响，在实际使用时，本品需与被消毒物至少接触15 min～20 min	
	石灰（Lime）	鱼池消毒、改良水质		
渔用环境改良剂	过硼酸钠（Sodium Perborate Powder）	增加水中溶氧，改善水质	1. 本品为急救药品，根据缺氧程度适当增减用量，并配合充水、增加增氧机等措施改善水质 2. 产品有轻微结块，压碎使用 3. 包装物用后集中销毁	
	过碳酸钠（Sodium Percarborate）	水质改良剂，用于缓解和解除鱼、虾、蟹等水产养殖动物因缺氧引起的浮头和泛塘	1. 不得与金属、有机溶剂、还原剂等解除 2. 按浮头处水体计算药品用量 3. 视浮头程度决定用药次数 4. 发生浮头时，表示水体严重缺氧，药品加入水体后，还应采取冲水、开增氧机等措施 5. 包装物使用后集中销毁	
	过氧化钙（Calcium Peroxide Powder）	池塘增氧，防治鱼类缺氧浮头	1. 对于一些无更换水源的养殖水体，应定期使用 2. 严禁与含氯制剂、消毒剂、还原剂等混放 3. 严禁与其他化学试剂混放 4. 长途运输时常使用增氧设备，观赏鱼长途运输禁用	
	过氧化氢溶液（Hydrogen Peroxide Solution）	增加水体溶氧	本品为强氧化剂，腐蚀剂，使用时顺风向泼洒，勿将药液接触皮肤，如接触皮肤应立即用清水冲洗	

附 录 B

（规范性附录）

A 级绿色食品治疗水生生物疾病药物

B.1 国家兽药标准中列出的水产用中草药及其成药制剂

见《兽药国家标准化学药品、中药卷》。

B.2 生产 A 级绿色食品治疗用化学药物

见表 B.1。

表 B.1 生产 A 级绿色食品治疗用化学药物目录

类 别	制剂与主要成分	作用与用途	注意事项	不良反应
抗微生物药物	盐酸多西环素粉（Doxycycline Hyelate Powder）	治疗鱼类由弧菌、嗜水气单胞菌、爱德华菌等细菌引起的细菌性疾病	1. 均匀拌饵投喂 2. 包装物用后集中销毁	长期应用可引起二重感染和肝脏损害
	氟苯尼考粉（Flofenicol Powder）	防治淡、海水养殖鱼类由细菌引起的败血症、溃疡、肠道病、烂鳃病以及虾红体病、蟹腹水病	1. 混拌后的药饵不宜久置 2. 不宜高剂量长期使用	高剂量长期使用对造血系统具有可逆性抑制作用
	氟苯尼考粉预混剂（50%）（Flofenicol Premix-50）	治疗嗜水气单胞菌、副溶血弧菌、溶藻弧菌、链球菌等引起的感染，如鱼类细菌性败血症、溶血性腹水病、肠炎、赤皮病等，也可治疗虾、蟹类弧菌病、罗非鱼链球菌病等	1. 预混剂需先用食用油混合，之后再与饲料混合，为确保均匀，本品须先与少量饲料混匀，再与剩余饲料混匀 2. 使用后须用肥皂和清水彻底洗净饲料所用的设备	高剂量长期使用对造血系统具有可逆性抑制作用
	氟苯尼考粉注射液（Flofenicol Injection）	治疗鱼类敏感菌所致疾病		
	硫酸锌霉素（Neomycin Sulfate Powder）	用于治疗鱼、虾、蟹等水产动物由气单胞菌、爱德华氏菌及弧菌引起的肠道疾病		
驱杀虫药物	硫酸锌粉（Zinc Sulfate Powder）	杀灭或驱除河蟹、虾类等的固着类纤毛虫	1. 禁用于鳗鲡 2. 虾蟹幼苗期及脱壳期中期慎用 3. 高温低压气候注意增氧	

（续）

类 别	制剂与主要成分	作用与用途	注意事项	不良反应
驱杀虫药物	硫酸锌三氯异氰脲酸粉（Zincsulfate and Trichloroisocyanuric Powder）	杀灭或驱除河蟹、虾类等水生动物的固着类纤毛虫	1. 禁用于鳗鲡 2. 虾蟹幼苗期及脱壳期中期慎用 3. 高温低压气候注意增氧	
	盐酸氯苯胍粉（Robenidinum Hydrochloride Powder）	鱼类孢子虫病	1. 搅拌均匀，严格按照推荐剂量使用 2. 斑点叉尾鮰慎用	
	阿苯达唑粉（Albendazole Powder）	治疗海水鱼类线虫病和由双鳞盘吸虫、贝尼登虫等引起的寄生虫病；淡水养殖鱼类由指环虫、三代虫以及黏孢子虫等引起的寄生虫病		
	地克珠利预混剂（Diclazuril Premix）	防治鲤科鱼类黏孢子虫、碘泡虫、尾孢虫、四级虫、单级虫等孢子虫病		
消毒用药	聚维酮碘溶液（Povidone Iodine Solution）	养殖水体的消毒，防治水产养殖动物由弧菌、嗜水气单胞菌、爱德华氏菌等细菌引起的细菌性疾病	1. 水体缺氧时禁用 2. 勿用金属容器盛装 3. 勿与强碱类物质及重金属物质混用 4. 冷水性鱼类慎用	
	三氯异氰脲酸粉（Trichloroisocyanuric Acid Powder）	水体、养殖场所和工具等消毒以及水产动物体表消毒等，防治鱼虾等水产动物的多种细菌性和病毒性疾病的作用	1. 不得使用金属容器盛装，注意使用人员的防护 2. 勿与碱性药物、油脂、硫酸亚铁等混合使用 3. 根据不同的鱼类和水体的 pH，使用剂量适当增减	
	复合碘溶液（Complex Iodine Solution）	防治水产养殖动物细菌性和病毒性疾病	1. 不得与强碱或还原剂混合使用 2. 冷水鱼慎用	
	蛋氨酸碘粉（Methionine Iodine Podwer）	消毒药，用于防治对虾白斑综合征	勿与维生素 C 类强还原剂同时使用	
	高碘酸钠（Sodium Periodate Solution）	养殖水体的消毒；防治鱼、虾、蟹等水产养殖动物由弧菌、嗜水气单胞菌、爱德华氏菌等细菌引起的出血、烂鳃、腹水、肠炎、腐皮等细菌性疾病	1. 勿用金属容器盛装 2. 勿与强类物质及含汞类药物混用 3. 软体动物、鲑等冷水性鱼类慎用	

（续）

类　别	制剂与主要成分	作用与用途	注意事项	不良反应
消毒用药	苯扎溴铵溶液（Benzalkonium Bromide Solution)	养殖水体消毒，防治水产养殖动物由细菌性感染引起的出血、烂鳃、腹水、肠炎、疖疮、腐皮等细菌性疾病	1. 勿用金属容器盛装 2. 禁与阴离子表面活性剂、碘化物和过氧化物等混用 3. 软体动物、鲑等冷水性鱼类慎用 4. 水质较清的养殖水体慎用 5. 使用后注意池塘增氧 6. 包装物使用后集中销毁	

绿色食品　饲料及饲料添加剂使用准则

1　范围

本标准规定了生产绿色食品畜禽、水产产品允许使用的饲料和饲料添加剂的术语和定义、使用原则、要求和使用规定。

本标准适用于生产绿色食品畜禽、水产产品。

2　规范性引用文件

下列文件对于本文件的应用是必不可少的。凡是注日期的引用文件，仅注日期的版本适用于本文件。凡是不注日期的引用文件，其最新版本（包括所有的修改单）适用于本文件。

GB/T 10647　饲料工业术语

GB 13078　饲料卫生标准

GB/T 16764　配合饲料企业卫生规范

NY/T 391　绿色食品　产地环境质量

NY/T 393　绿色食品　农药使用准则

NY/T 394　绿色食品　肥料使用准则

NY/T 658　绿色食品　包装通用准则

NY/T 1056　绿色食品　储藏运输准则

中华人民共和国国务院第 609 号令　饲料和饲料添加剂管理条例

中华人民共和国农业部公告第 176 号　禁止在饲料和动物饮水中使用的药物品种目录

中华人民共和国农业部公告第 1224 号　饲料添加剂安全使用规范

中华人民共和国农业部公告第 1519 号　禁止在饲料和动物饮水中使用的物质

中华人民共和国农业部公告第 1773 号　饲料原料目录

中华人民共和国农业部公告第 2038 号　饲料原料目录修订

中华人民共和国农业部公告第 2045 号　饲料添加剂品种目录（2013）

中华人民共和国农业部公告第 2133 号　饲料原料目录修订

中华人民共和国农业部公告第 2134 号　饲料添加剂品种目录修订

3 术语和定义

GB/T 10647 界定的以及下列术语和定义适用于本文件。

3.1

天然植物饲料添加剂 natural plant feed additives

以一种或多种天然植物全株或其部分为原料，经粉碎、物理提取或生物发酵法加工，具有营养、促生长、提高饲料利用率和改善动物产品品质等功效的饲料添加剂。

3.2

有机微量元素 organic trace elements

指微量元素的无机盐与有机物及其分解产物通过螯（络）合或发酵形成的化合物。

4 使用原则

4.1 安全优质原则

生产过程中，饲料和饲料添加剂的使用应对养殖动物机体健康无不良影响，所生产的动物产品品质优，对消费者健康无不良影响。

4.2 绿色环保原则

绿色食品生产中所使用的饲料和饲料添加剂应对环境无不良影响，在畜禽和水产动物产品及排泄物中存留量对环境也无不良影响，有利于生态环境和养殖业可持续发展。

4.3 以天然原料为主原则

提倡优先使用微生物制剂、酶制剂、天然植物添加剂和有机矿物质，限制使用化学合成饲料和饲料添加剂。

5 要求

5.1 基本要求

5.1.1 饲料原料的产地环境应符合 NY/T 391 的要求，植物源性饲料原料种植过程中肥料和农药的使用应符合 NY/T 394 和 NY/T 393 的要求。

5.1.2 饲料和饲料添加剂的选择和使用应符合中华人民共和国国务院第 609 号令，及中华人民共和国农业部公告第 176 号、中华人民共和国农业部公告第 1519 号、中华人民共和国农业部公告第 1773 号、中华人民共和国农业部公告第 2038 号、中华人民共和国农业部公告第 2045 号、中华人民共和国农业部公告第 2133 号、中华人民共和国农业部公告第 2134 号的规定；对于不在目录之内的原料和添加剂应是农业农村部批准使用的品种，或是允许进口的饲料和饲料添加剂品种，且使用范围和用量应符合相关标准的规定；本标准颁布实施后，国家相关规定不再允许使用的品种，则本标准也相应不再允许使用。

5.1.3 使用的饲料原料、饲料添加剂、配合饲料、浓缩饲料和添加剂预混合饲料应符合其产品质量标准的规定。

5.1.4 应根据养殖动物不同生理阶段和营养需求配制饲料，原料组成宜多样化，营养全面，各营养素间相互平衡，饲料的配制应当符合健康、节约、环保的理念。

5.1.5 应保证草食动物每天都能得到满足其营养需要的粗饲料。在其日粮中，粗饲料、鲜草、青干草或青贮饲料等所占的比例不应低于 60％（以干物质计）；对于育肥期肉用畜和泌乳期的前 3 个月的乳用畜，此比例可降低为 50％（以干物质计）。

5.1.6 购买的商品饲料，其原料来源和生产过程应符合本标准的规定。

5.1.7 应做好饲料原料和添加剂的相关记录，确保所有原料和添加剂的可追溯性。

5.2 卫生要求

饲料和饲料添加剂的卫生指标应符合 GB 13078 的要求。

6 使用规定

6.1 饲料原料

6.1.1 植物源性饲料原料应是已通过认定的绿色食品及其副产品；或来源于绿色食品原料标准化生产基地的产品及其副产品；或按照绿色食品生产方式生产、并经绿色食品工作机构认定基地生产的产品及其副产品。

6.1.2 动物源性饲料原料只应使用乳及乳制品、鱼粉，其他动物源性饲料不应使用；鱼粉应来自经国家饲料管理部门认定的产地或加工厂。

6.1.3 进口饲料原料应来自经过绿色食品工作机构认定的产地或加工厂。

6.1.4 宜使用药食同源天然植物。

6.1.5 不应使用：

——转基因品种（产品）为原料生产的饲料；

——动物粪便；

——畜禽屠宰场副产品；

——非蛋白氮；

——鱼粉（限反刍动物）。

6.2 饲料添加剂

6.2.1 饲料添加剂和添加剂预混合饲料应选自取得生产许可证的厂家，并具有产品标准及其产品批准文号。进口饲料添加剂应具有进口产品许可证及配套的质量检验手段，经进出口检验检疫部门鉴定合格。

6.2.2 饲料添加剂的使用应根据养殖动物的营养需求，按照中华人民共和国农业部公告第 1224 号的推荐量合理添加和使用，尽量减少对环境的污染。

6.2.3 不应使用药物饲料添加剂（包括抗生素、抗寄生虫药、激素等）及制药工业副产品。

6.2.4 饲料添加剂的使用应按照附录 A 的规定执行；附录 A 的添加剂来自以下物质或方法生产的也不应使用：

——含有转基因成分的品种（产品）；

——来源于动物蹄角及毛发生产的氨基酸。

6.2.5 矿物质饲料添加剂中应有不少于 60％的种类来源于天然矿物质饲料或有机微量元素产品。

6.3　加工、包装、储存和运输

6.3.1 饲料加工车间（饲料厂）的工厂设计与设施的卫生要求、工厂和生产过程的卫生管理应符合 GB/T 16764 的要求。

6.3.2 生产绿色食品的饲料和饲料添加剂的加工、储存、运输全过程都应与非绿色食品饲料和饲料添加剂严格区分管理，并防霉变、防雨淋、防鼠害。

6.3.3 包装应按照 NY/T 658 的规定执行。

6.3.4 储存和运输应按照 NY/T 1056 的规定执行。

附　录　A

（规范性附录）

生产绿色食品允许使用的饲料添加剂种类

A.1　可用于饲喂生产绿色食品的畜禽和水产动物的矿物质饲料添加剂

见表 A.1。

表 A.1　生产绿色食品允许使用的矿物质饲料添加剂

类　别	通用名称	适用范围
矿物元素及其络（螯）合物	氯化钠、硫酸钠、磷酸二氢钠、磷酸氢二钠、磷酸二氢钾、磷酸氢二钾、轻质碳酸钙、氯化钙、磷酸氢钙、磷酸二氢钙、磷酸三钙、乳酸钙、葡萄糖酸钙、硫酸镁、氧化镁、氯化镁、柠檬酸亚铁、富马酸亚铁、乳酸亚铁、硫酸亚铁、氯化亚铁、氯化铁、碳酸亚铁、氯化铜、硫酸铜、碱式氯化铜、氧化锌、氯化锌、碳酸锌、硫酸锌、乙酸锌、碱式氯化锌、氯化锰、氧化锰、硫酸锰、碳酸锰、磷酸氢锰、碘化钾、碘化钠、碘酸钾、碘酸钙、氯化钴、乙酸钴、硫酸钴、亚硒酸钠、钼酸钠、蛋氨酸铜络（螯）合物、蛋氨酸铁络（螯）合物、蛋氨酸锰络（螯）合物、蛋氨酸锌络（螯）合物、赖氨酸铜络（螯）合物、赖氨酸锌络（螯）合物、甘氨酸铜络（螯）合物、甘氨酸铁络（螯）合物、酵母铜、酵母铁、酵母锰、酵母硒、氨基酸铜络合物（氨基酸来源于水解植物蛋白）、氨基酸铁络合物（氨基酸来源于水解植物蛋白）、氨基酸锰络合物（氨基酸来源于水解植物蛋白）、氨基酸锌络合物（氨基酸来源于水解植物蛋白）	养殖动物
	蛋白铜、蛋白铁、蛋白锌、蛋白锰	养殖动物（反刍动物除外）
	羟基蛋氨酸类似物络（螯）合锌、羟基蛋氨酸类似物络（螯）合锰、羟基蛋氨酸类似物络（螯）合铜	奶牛、肉牛、家禽和猪
	烟酸铬、酵母铬、蛋氨酸铬、吡啶甲酸铬	猪
	丙酸铬、甘氨酸锌	猪
	丙酸锌	猪、牛和家禽
	硫酸钾、三氧化二铁、氧化铜	反刍动物
	碳酸钴	反刍动物
	乳酸锌（α-羟基丙酸锌）	生长育肥猪、家禽
	苏氨酸锌螯合物	猪
注： 所列物质包括无水和结晶水形态。		

A.2 可用于饲喂生产绿色食品的畜禽和水产动物的维生素

见表 A.2。

表 A.2 生产绿色食品允许使用的维生素

类　　别	通用名称	适用范围
维生素及类维生素	维生素 A、维生素 A 乙酸酯、维生素 A 棕榈酸酯、β-胡萝卜素、盐酸硫胺（维生素 B₁）、硝酸硫胺（维生素 B₁）、核黄素（维生素 B₂）、盐酸吡哆醇（维生素 B₆）、氰钴胺（维生素 B₁₂）、L-抗坏血酸（维生素 C）、L-抗坏血酸钙、L-抗坏血酸钠、L-抗坏血酸-2-磷酸酯、L-抗坏血酸-6-棕榈酸酯、维生素 D₂、维生素 D₃、天然维生素 E、dl-α-生育酚、dl-α-生育酚乙酸酯、亚硫酸氢钠甲萘醌（维生素 K₃）、二甲基嘧啶醇亚硫酸甲萘醌、亚硫酸氢烟酰胺甲萘醌、烟酸、烟酰胺、D-泛醇、D-泛酸钙、DL-泛酸钙、叶酸、D-生物素、氯化胆碱、肌醇、L-肉碱、L-肉碱盐酸盐、甜菜碱、甜菜碱盐酸盐	养殖动物
	25-羟基胆钙化醇（25-羟基维生素 D₃）	猪、家禽

A.3 可用于饲喂生产绿色食品的畜禽和水产动物的氨基酸

见表 A.3。

表 A.3 生产绿色食品允许使用的氨基酸

类　　别	通用名称	适用范围
氨基酸、氨基酸盐及其类似物	L-赖氨酸、液体 L-赖氨酸（L-赖氨酸含量不低于 50%）、L-赖氨酸盐酸盐、L-赖氨酸硫酸盐及其发酵副产物（产自谷氨酸棒杆菌、乳糖发酵短杆菌，L-赖氨酸含量不低于 51%）、DL-蛋氨酸、L-苏氨酸、L-色氨酸、L-精氨酸、L-精氨酸盐酸盐、甘氨酸、L-酪氨酸、L-丙氨酸、天（门）冬氨酸、L-亮氨酸、异亮氨酸、L-脯氨酸、苯丙氨酸、丝氨酸、L-半胱氨酸、L-组氨酸、谷氨酸、谷氨酰胺、缬氨酸、胱氨酸、牛磺酸	养殖动物
	半胱胺盐酸盐	畜禽
	蛋氨酸羟基类似物、蛋氨酸羟基类似物钙盐	猪、鸡、牛和水产养殖动物
	N-羟甲基蛋氨酸钙	反刍动物
	α-环丙氨酸	鸡

A.4 可用于饲喂生产绿色食品的畜禽和水产动物的酶制剂、微生物、多糖和寡糖

见表 A.4。

表 A.4 生产绿色食品允许使用的酶制剂、微生物、多糖和寡糖

类 别	通用名称	适用范围
酶制剂	淀粉酶（产自黑曲霉、解淀粉芽孢杆菌、地衣芽孢杆菌、枯草芽孢杆菌、长柄木霉、米曲霉、大麦芽、酸解支链淀粉芽孢杆菌）	青贮玉米、玉米、玉米蛋白粉、豆粕、小麦、次粉、大麦、高粱、燕麦、豌豆、木薯、小米、大米
	α-半乳糖苷酶（产自黑曲霉）	豆粕
	纤维素酶（产自长柄木霉、黑曲霉、孤独腐质霉、绳状青霉）	玉米、大麦、小麦、麦麸、黑麦、高粱
	β-葡聚糖酶（产自黑曲霉、枯草芽孢杆菌、长柄木霉、绳状青霉、解淀粉芽孢杆菌、棘孢曲霉）	小麦、大麦、菜籽粕、小麦副产物、去壳燕麦、黑麦、黑小麦、高粱
	葡萄糖氧化酶（产自特异青霉、黑曲霉）	葡萄糖
	脂肪酶（产自黑曲霉、米曲霉）	动物或植物源性油脂或脂肪
	麦芽糖酶（产自枯草芽孢杆菌）	麦芽糖
	β-甘露聚糖酶（产自迟缓芽孢杆菌、黑曲霉、长柄木霉）	玉米、豆粕、椰子粕
	果胶酶（产自黑曲霉、棘孢曲霉）	玉米、小麦
	植酸酶（产自黑曲霉、米曲霉、长柄木霉、毕赤酵母）	玉米、豆粕等含有植酸的植物籽实及其加工副产品类饲料原料
	蛋白酶（产自黑曲霉、米曲霉、枯草芽孢杆菌、长柄木霉）	植物和动物蛋白
	角蛋白酶（产自地衣芽孢杆菌）	植物和动物蛋白
	木聚糖酶（产自米曲霉、孤独腐质霉、长柄木霉、枯草芽孢杆菌、绳状青霉、黑曲霉、毕赤酵母）	玉米、大麦、黑麦、小麦、高粱、黑小麦、燕麦
	饲用黄曲霉毒素 B_1 分解酶（产自发光假蜜环菌）	肉鸡、仔猪
	溶菌酶	仔猪、肉鸡

（续）

类　　别	通用名称	适用范围
微生物	地衣芽孢杆菌、枯草芽孢杆菌、两歧双歧杆菌、粪肠球菌、屎肠球菌、乳酸肠球菌、嗜酸乳杆菌、干酪乳杆菌、德式乳杆菌乳酸亚种（原名：乳酸乳杆菌）、植物乳杆菌、乳酸片球菌、戊糖片球菌、产朊假丝酵母、酿酒酵母、沼泽红假单胞菌、婴儿双歧杆菌、长双歧杆菌、短双歧杆菌、青春双歧杆菌、嗜热链球菌、罗伊氏乳杆菌、动物双歧杆菌、黑曲霉、米曲霉、迟缓芽孢杆菌、短小芽孢杆菌、纤维二糖乳杆菌、发酵乳杆菌、德氏乳杆菌保加利亚亚种（原名：保加利亚乳杆菌）	养殖动物
	产丙酸丙酸杆菌、布氏乳杆菌	青贮饲料、牛饲料
	副干酪乳杆菌	青贮饲料
	凝结芽孢杆菌	肉鸡、生长育肥猪和水产养殖动物
	侧孢短芽孢杆菌（原名：侧孢芽孢杆菌）	肉鸡、肉鸭、猪、虾
	丁酸梭菌	断奶仔猪、肉仔鸡
多糖和寡糖	低聚木糖（木寡糖）	鸡、猪、水产养殖动物
	低聚壳聚糖	猪、鸡和水产养殖动物
	半乳甘露寡糖	猪、肉鸡、兔和水产养殖动物
	果寡糖、甘露寡糖、低聚半乳糖	养殖动物
	壳寡糖［寡聚 β-（1-4）-2-氨基-2-脱氧-D-葡萄糖］（$n=2\sim10$）	猪、鸡、肉鸭、虹鳟
	β-1，3-D-葡聚糖（源自酿酒酵母）	水产养殖动物
	N，O-羧甲基壳聚糖	猪、鸡
	低聚异麦芽糖	蛋鸡、断奶仔猪
	褐藻酸寡糖	肉鸡、蛋鸡

注1：酶制剂的适用范围为典型底物，仅作为推荐，并不包括所有可用底物。
注2：目录中所列长柄木霉也可称为长枝木霉或李氏木霉。

A.5　可用于饲喂生产绿色食品的畜禽和水产动物的抗氧化剂

见表 A.5。

表 A.5　生产绿色食品允许使用的抗氧化剂

类　　别	通用名称	适用范围
抗氧化剂	乙氧基喹啉、丁基羟基茴香醚（BHA）、二丁基羟基甲苯（BHT）、没食子酸丙酯、特丁基对苯二酚（TBHQ）、茶多酚、维生素 E、L-抗坏血酸-6-棕榈酸酯	养殖动物

A.6 可用于饲喂生产绿色食品的畜禽和水产动物的防腐剂、防霉剂和酸度调节剂

见表 A.6。

表 A.6 生产绿色食品允许使用的防腐剂、防霉剂和酸度调节剂

类　　别	通用名称	适用范围
防腐剂、防霉剂和酸度调节剂	甲酸、甲酸铵、甲酸钙、乙酸、双乙酸钠、丙酸、丙酸铵、丙酸钠、丙酸钙、丁酸、丁酸钠、乳酸、山梨酸、山梨酸钠、山梨酸钾、富马酸、柠檬酸、柠檬酸钾、柠檬酸钠、柠檬酸钙、酒石酸、苹果酸、磷酸、氢氧化钠、碳酸氢钠、氯化钾、碳酸钠	养殖动物
	乙酸钙	畜禽
	二甲酸钾	猪
	氯化铵	反刍动物
	亚硫酸钠	青贮饲料

A.7 可用于饲喂生产绿色食品的畜禽和水产动物的黏结剂、抗结块剂、稳定剂和乳化剂

见表 A.7。

表 A.7 生产绿色食品允许使用的黏结剂、抗结块剂、稳定剂和乳化剂

类　　别	通用名称	适用范围
黏结剂、抗结块剂、稳定剂和乳化剂	α-淀粉、三氧化二铝、可食脂肪酸钙盐、可食用脂肪酸单/双甘油酯、硅酸钙、硅铝酸钠、硫酸钙、硬脂酸钙、甘油脂肪酸酯、聚丙烯酸树脂Ⅱ、山梨醇酐单硬脂酸酯、丙二醇、二氧化硅（沉淀并经干燥的硅酸）、卵磷脂、海藻酸钠、海藻酸钾、海藻酸铵、琼脂、瓜尔胶、阿拉伯树胶、黄原胶、甘露糖醇、木质素磺酸盐、羧甲基纤维素钠、聚丙烯酸钠、山梨醇酐脂肪酸酯、蔗糖脂肪酸酯、焦磷酸二钠、单硬脂酸甘油酯、聚乙二醇 400、磷脂、聚乙二醇甘油蓖麻酸酯、辛烯基琥珀酸淀粉钠	养殖动物
	丙三醇	猪、鸡和鱼
	硬脂酸	猪、牛和家禽

A.8 除表 A.1～表 A.7 外，也可用于饲喂生产绿色食品的畜禽和水产动物的饲料添加剂

见表 A.8。

表 A.8　生产绿色食品允许使用的其他类饲料添加剂

类　别	通用名称	适用范围
其他	天然类固醇萨洒皂角苷（源自丝兰）、天然三萜烯皂角苷（源自可来雅皂角树）、二十二碳六烯酸（DHA）	养殖动物
	糖萜素（源自山茶籽饼）	猪和家禽
	乙酰氧肟酸	反刍动物
	苜蓿提取物（有效成分为苜蓿多糖、苜蓿黄酮、苜蓿皂苷）	仔猪、生长育肥猪、肉鸡
	杜仲叶提取物（有效成分为绿原酸、杜仲多糖、杜仲黄酮）	生长育肥猪、鱼、虾
	淫羊藿提取物（有效成分为淫羊藿苷）	鸡、猪、绵羊、奶牛
	共轭亚油酸	仔猪、蛋鸡
	4，7-二羟基异黄酮（大豆黄酮）	猪、产蛋家禽
	地顶孢霉培养物	猪、鸡
	紫苏籽提取物（有效成分为α-亚油酸、亚麻酸、黄酮）	猪、肉鸡和鱼
	植物甾醇（源于大豆油/菜籽油，有效成分为β-谷甾醇、菜油甾醇、豆甾醇）	家禽、生长育肥猪
	藤茶黄酮	鸡

绿色食品　检查员、标志监督管理员培训大纲

（2014 年 3 月 28 日发布）

1　总则

1.1　培训目的

为进一步加强绿色食品检查员、标志监督管理员培训管理，推进"两员"培训工作规范化、制度化，增强培训效果，提高绿色食品检查员、标志监督管理员队伍整体素质和业务水平，依据《绿色食品标志管理办法》《绿色食品检查员注册管理办法》和《绿色食品标志监督管理员注册管理办法》，制定本大纲。

1.2　培训对象

绿色食品管理工作从业人员（不包括企业人员），包括申请注册和已取得注册资格的绿色食品检查员、绿色食品标志监督管理员。

1.3　培训分类

培训分为 A、B 两类。

A 类培训：由中国绿色食品发展中心（以下简称"中心"）具体组织实施的面向全国各省级绿色食品工作机构（以下简称"省级工作机构"）从业人员的培训，培训规模不超过 150 人。

B 类培训：由中心统一组织，省级工作机构具体实施的面向辖区内地市县级工作机构从业人员的培训，培训规模不超过 100 人。

1.4　培训师资

培训教师应有丰富业务工作经验和实际教学经历，有相关专业背景并从事绿色食品标准、审核和监督管理工作 5 年以上，经中心统一考核确认取得培训师资格。培训班师资由中心统一协调委派。

2　培训方式

注重理论联系实际，推行多媒体视听技术、案例研究、现场实操演示等方式方法。培训班均采用课堂教学和现场教学相结合的培训方式，其中课堂授课不少于 16 学时，现场教学不少于 8 学时。课堂教学主要讲授农产品质量安全法律法规、绿色食品标准、

基地建设、申请审核、标志管理、证后监管等内容。现场教学主要包括申请审核和企业年检的现场检查、标志市场监察等内容。

3 培训内容及教材

3.1 基础知识

3.1.1 绿色食品的概念及其内涵，绿色食品基本发展理念；

3.1.2 绿色食品的发展现状和发展方向，国内外食品安全现状及动态；

3.1.3 《食品安全法》《农产品质量安全法》和《绿色食品标志管理办法》等相关法律法规的要求和规定。

3.2 绿色食品标准知识

3.2.1 绿色食品标准体系的基本情况，国内外相关标准情况；

3.2.2 绿色食品标准中的技术规定和要求；

3.2.3 绿色食品标准执行中的有关规定和要求。

3.3 绿色食品申请审核

3.3.1 绿色食品申请审核程序和要求（包括初次申报和续报）；

3.3.2 种植产品现场检查、审核要点及实施；

3.3.3 畜禽养殖产品现场检查、审核要点及实施；

3.3.4 渔业养殖产品现场检查、审核要点及实施；

3.3.5 加工产品现场检查、审核要点及实施；

3.3.6 绿色食品检查员注册管理规定和职业道德要求。

3.4 绿色食品标志管理

3.4.1 绿色食品标志商标管理规定和要求（包括颁证程序、合同管理、证书管理、产品公告、统计工作等相关规定）；

3.4.2 绿色食品标志申请审查及标志使用收费管理规定。

3.5 绿色食品质量监督检查

3.5.1 绿色食品企业年度检查工作规定及实施；

3.5.2 绿色食品产品质量年度抽检工作管理规定及实施；

3.5.3 绿色食品标志市场监察工作规定及实施；

3.5.4 绿色食品质量安全预警管理规定及实施；

3.5.5 绿色食品标志监督管理员注册管理规定和职业道德要求。

3.6 绿色食品基地管理

3.6.1 绿色食品原料标准化生产基地工作规定、要求及实施（包括创建、评审、验收和续报等）；

3.6.2 绿色食品基地监督管理规定、工作要求及实施。

3.7 现场教学内容

3.7.1 绿色食品生产企业（基地）实地现场检查讲解；

3.7.2 企业年检实地现场检查、标志市场监察讲解。

3.8 培训教材

培训教材由中心统一编印出版。

4 培训考核

4.1 考核

培训考核主要采用平时考评和笔试综合评价的方式。平时考评主要考察培训期间学员按时出勤情况。笔试由培训承办单位（中心或省级工作机构）统一组织实施，中心统一命题。笔试为闭卷方式，参加考试时，考生不能携带任何参考资料，考试时间为2小时。

4.2 平时考评

平时考评主要记录学员出勤情况，学员每门课开始前要在签到表上签字，否则视为缺课。

4.3 笔试内容

笔试范围和内容以培训内容为基础，包括：专业基础知识和常识；绿色食品相关法律法规和标准的要求和理解；绿色食品业务工作要求和操作。重点考核学员对基础法律法规、标准的掌握，材料审核、现场检查、颁证和监督检查等实际工作能力和水平。试题题型及分值见附表1。

4.4 考核合格判定

平时考评缺课2学时以上取消笔试资格。笔试满分为100分，笔试成绩75分（含）以上为合格，由中心统一颁发"培训合格证书"。

5 培训评价管理

培训实施单位对每期培训的效果和教师授课情况进行评价总结。中心统一编制《培训满意度调查表》（见附表2），培训结束后由学员填写，并当场密封后报中心。培训实施单位根据调查反馈情况编写"培训满意度调查总结"上报中心。对于学员满意度达到85%以上的教师，可在全国范围内委派授课，对于学员满意度不足60%的教师，将取消其培训师资证。

6　培训档案管理

中心和省级工作机构建立培训档案，填写《培训班基本信息登记表》（见附表3），保存相关培训记录，包括：培训班基本信息登记表、培训相关通知文件、培训证书复印件、考试试卷、考勤签到表和培训总结等。省级工作机构组织的培训档案应同时报中心存档备份。培训档案保存期为3年。

附表 1

试题题型及分值

分值分布	1. 绿色食品业务工作要求及实操占 60% 2. 绿色食品相关法律法规、标准要求占 30% 3. 专业基础知识和常识占 10%		
题型	数量	单题分值（分）	小计分值（分）
单项选择题	25	1	25
判断题	10	1	10
多项选择题	10	2	20
简答题	3	5	15
案例分析题	5	6	30

附表 2

培训满意度调查表

培训班名称：				承办单位：		
培训时间：						
授课教师	1.		2.	3.		4.
	5.		6.	7.		8.

请在您认为适当的分数格子里打√：　　　　　　优——差

项目	内容		5	4	3	2	1
课程内容设置	课程内容针对性						
	课时安排合理性						
	培训教材实用性						
授课教师水平	1	教师的专业性					
		教师的备课情况、讲义的针对性					
		教师的授课技巧和表达					
	2	教师的专业性					
		教师的备课情况、讲义的针对性					
		教师的授课技巧和表达					
	3	教师的专业性					
		教师的备课情况、讲义的针对性					
		教师的授课技巧和表达					
	4	教师的专业性					
		教师的备课情况、讲义的针对性					
		教师的授课技巧和表达					
	5	教师的专业性					
		教师的备课情况、讲义的针对性					
		教师的授课技巧和表达					
	6	教师的专业性					
		教师的备课情况、讲义的针对性					
		教师的授课技巧和表达					
培训组织	培训的组织管理						
	培训的后勤服务						
您对本次培训班还有哪些意见和建议？							

附表 3

培训班基本信息登记表

培训班名称			
培训承办单位			
培训时间		培训地点	
培训人数		参加考试人数	
考试合格人数			
存档资料清单			
1. 培训请示、批复文件，培训通知等文件		□有 □无	
2. 培训学员签到表		□有 □无	
3. 考试试卷		＿＿＿ 份	
4. 培训合格证复印件		＿＿＿ 份	
5. 培训评价表及总结		＿＿＿ 份	

关于严格执行绿色食品产地环境采样与产品抽样等相关标准的通知

中绿科〔2016〕110号

各地绿办（中心）、各绿色食品检测机构：

近期，中心在申报材料审核和工作调研中发现少数地方绿办（中心）和检测机构，在安排和组织绿色食品产地环境采样与产品抽样等工作中没有严格执行相关标准，存在不规范操作、随意重复检测等现象，需要引起你们的高度重视。为了维护绿色食品认证工作的科学性、公正性和权威性，从源头把好检测关口，确保绿色食品的精品形象和公信力，现就有关工作通知如下：

一、地方绿办和申报单位不得组织产地环境采样送检

环境采样是一门科学性很强的工作，有严格的技术规范，需要专业的技术工具，必须由经过培训的专业技术人员组织实施。按照绿色食品产地环境监测采样相关标准，此项工作必须由承担监测任务的检测机构组织专业人员完成，这是检测机构不可推卸的责任，不能以任何理由委托任何其他单位和人员实施。地方绿办和申报单位不具备环境采样的技术条件，没有实施环境采样的专业技术力量和资质，不得以任何理由自行组织或接受委托实施环境采样。检测机构不得以任何理由受理由地方绿办和申报单位采样送检的环境样本。一经查实，其出具的环境检测报告一律判定为不合格，并取消检测机构的定点检测资质。

二、委托产品抽样必须严格履行手续并搞好技术培训

绿色食品产品抽样是一项专业性很强的工作。按照《绿色食品标志管理办法》《绿色食品 产品抽样准则》（NY/T 896—2015）相关规定，一般情况下应由承担检测任务的检测机构负责组织，以保证所抽样本的真实性、代表性。如果情况特殊，需要委托地方绿办组织产品抽样的，检测机构必须严格履行委托手续，并对指定抽样人员进行专业技术培训，确保其掌握现场抽样技术规范与要求。未经书面委托和技术培训，地方绿办不得自行组织实施产品抽样；检测机构也不得受理检测此类产品样本；否则，一经查实，检测机构出具的产品检测报告一律被判定为不合格，并取消检测机构的定点检测资质。

三、从严执行大气环境免测条件

正确认识和理解大气环境免测的相关规定，从严把握申报单位大气环境免测条件。对于自认为符合免测条件的申报企业，需要提交生产区域周边和上风向一定范围内的工矿企业分布的说明材料。检查员必须按照相关标准要求，实地到场、认真考察核实申报产品产地周边大气环境，特别是产地周围大气污染源的分布情况，作出严谨、客观的具体描述和独立判断，在全面分析基础上审慎提出是否免测的建议。对于拟确定免测的申报企业，必须按规定程序经省级绿办认可。一经发现弄虚作假者，将追究有关企业、检查员及绿办的责任。

四、严禁组织多次重复采样检测

环境监测与产品质量检测是把好绿色食品认证质量的"两道硬性门槛"。检测机构应严格执行环境监测及《绿色食品　产品检验规则》（NY/T 1055—2015）的各项要求，对于规范采样和检测的结果要严肃对待，不得违规对申报企业的产地环境和产品质量进行多次重复检测，从中选取符合标准的检测结果。各地绿办更不能给检测机构施加压力，组织实施复检工作。当受检企业对环境质量或产品检测结果发生异议时，可以自收到检测结果之日起 5 日内向中国绿色食品发展中心提出复检。一旦发现违规复检的，其出具的检测报告视为无效，并追究相关组织复检机构的责任。

质量安全是绿色食品事业的生命，环境监测与产品质量检测是夯实绿色食品质量安全的基础性工作。各地绿办和检测机构要认真贯彻落实"四个最严"的要求，切实重视环境监测与产品质量检测工作，严格执行相关标准，确保环境监测工作和产品质量检测工作的科学性、公正性和权威性，促进绿色食品事业持续健康发展。中心将把此项工作中出现的违规情况，纳入对各地绿办和检测机构的考核范围，作为先进评选和检测业务委托的重要依据。各单位在这方面工作中遇到新情况、新问题，请及时与中心科技标准处联系。

中国绿色食品发展中心

2016 年 10 月 28 日

中国绿色食品发展中心关于进一步加强绿色食品定点检测机构抽样管理等有关工作的通知

中绿体〔2019〕145号

各绿色食品定点检测机构：

按照农业农村部农产品质量安全监管司《关于进一步规范绿色食品认证工作的函》（农质综函〔2019〕126号）的精神，为进一步加强绿色食品定点检测机构管理，现对抽样行为、抽样过程追溯管理、检测分包等问题提出以下要求：

一、严格规范抽样行为

绿色食品定点检测机构应按照《绿色食品　产品抽样准则》（NY/T 896—2015）的要求规范抽样行为。产品抽取后，应混合均匀，按检验项目所需试样量的3倍进行分取，做好备用样保存工作，以备复检。每个样品应在外包装容器的表面粘贴标签、封条，应防止标签及封条的脱落、模糊或者破损，申请人和检测机构抽样人员要分别签字确认。

二、严格抽样过程追溯管理

绿色食品产品和产地环境抽样时，抽样人员应详细、准确、即时记录抽样信息，确保采样的真实性、规范性和溯源性。对被抽样地点、过程、产品状态及其他可能影响检测结果的情形现场拍照或录像，存档以备查验。现场采集的信息包括但不限于：

1. 抽样地点信息。照片（或录像）应清晰反映抽样地点特征（如企业标牌等），照片上附加采样时间、GPS定位等信息。

2. 抽样过程记录。照片（或录像）应记录抽样人员的样品现场采集过程、样品现场封存过程。

3. 样品记录。照片（或录像）应记录样品运输及存放环境条件，抽样单与已封样品合照等。

三、严格检测分包

定点检测机构原则上不允许分包检测项目。接受委托任务前，应核实计量证书附表已批准的能力范围和相关仪器、设备状态，确保具备相关检测能力。确因突发事件等特殊原因需要分包，应向中心提交书面请示，经中心许可后方可分包给有能力完成分包项目的绿色食品定点检测机构。分包时应按国家有关规定履行分包程序。出具的检验检测报告或证书，应将分包项目明显地予以区分，在总的检验检测报告中，标明有关分包的数据和结果"来自分包方"，并注明分包方的名称。承担分包任务的检验检测机构不得再次分包。

中国绿色食品发展中心

2019 年 11 月 20 日

第 三 篇

标 志 许 可 审 查

绿色食品标志许可审查程序

（2014 年 5 月 28 日发布）

第一章　总　　则

第一条　为规范绿色食品标志许可审查工作，根据《绿色食品标志管理办法》，制定本程序。

第二条　中国绿色食品发展中心（以下简称"中心"）负责绿色食品标志使用申请的审查、核准工作。

第三条　省级农业行政主管部门所属绿色食品工作机构（以下简称"省级工作机构"）负责本行政区域绿色食品标志使用申请的受理、初审、现场检查工作。地（市）、县级农业行政主管部门所属相关工作机构可受省级工作机构委托承担上述工作。

第四条　绿色食品检测机构（以下简称"检测机构"）负责绿色食品产地环境、产品检测和评价工作。

第二章　标志许可的申请

第五条　申请人应当具备下列资质条件：

（一）能够独立承担民事责任。如企业法人、农民专业合作社、个人独资企业、合伙企业、家庭农场等，国有农场、国有林场和兵团团场等生产单位；

（二）具有稳定的生产基地；

（三）具有绿色食品生产的环境条件和生产技术；

（四）具有完善的质量管理体系，并至少稳定运行一年；

（五）具有与生产规模相适应的生产技术人员和质量控制人员；

（六）申请前三年内无质量安全事故和不良诚信记录；

（七）与绿色食品工作机构或检测机构不存在利益关系。

第六条　申请使用绿色食品标志的产品，应当符合《中华人民共和国食品安全法》和《中华人民共和国农产品质量安全法》等法律法规规定，在国家工商总局商标局核定的绿色食品标志商标涵盖商品范围内，并具备下列条件：

（一）产品或产品原料产地环境符合绿色食品产地环境质量标准；

（二）农药、肥料、饲料、兽药等投入品使用符合绿色食品投入品使用准则；

（三）产品质量符合绿色食品产品质量标准；

（四）包装储运符合绿色食品包装储运标准。

第七条 申请人至少在产品收获、屠宰或捕捞前三个月，向所在省级工作机构提出申请，完成网上在线申报并提交下列文件：

（一）《绿色食品标志使用申请书》及《调查表》；

（二）资质证明材料。如《营业执照》《全国工业产品生产许可证》《动物防疫条件合格证》《商标注册证》等证明文件复印件；

（三）质量控制规范；

（四）生产技术规程；

（五）基地图、加工厂平面图、基地清单、农户清单等；

（六）合同、协议，购销发票，生产、加工记录；

（七）含有绿色食品标志的包装标签或设计样张（非预包装食品不必提供）；

（八）应提交的其他材料。

第三章　初次申请审查

第八条 省级工作机构应当自收到第七条规定的申请材料之日起十个工作日内完成材料审查。符合要求的，予以受理，向申请人发出《绿色食品申请受理通知书》，执行第九条；不符合要求的，不予受理，书面通知申请人本生产周期不再受理其申请，并告知理由。

第九条 省级工作机构应当根据申请产品类别，组织至少两名具有相应资质的检查员组成检查组，在材料审查合格后四十五个工作日内组织完成现场检查（受作物生长期影响可适当延后）。

现场检查前，应提前告知申请人并向其发出《绿色食品现场检查通知书》，明确现场检查计划。

现场检查工作应在产品及产品原料生产期内实施。

第十条 现场检查要求

（一）申请人应当根据现场检查计划做好安排。检查期间，要求主要负责人、绿色食品生产负责人、内检员或生产管理人员、技术人员等在岗，开放场所设施设备，备好文件记录等资料；

（二）检查员在检查过程中应当收集好相关信息，作好文字、影像、图片等信息记录。

第十一条　现场检查程序

（一）召开首次会议：由检查组长主持，明确检查目的、内容和要求，申请人主要负责人、绿色食品生产负责人、技术人员和内检员等参加；

（二）实地检查：检查组应当对申请产品的生产环境、生产过程、包装储运、环境保护等环节逐一进行严格检查；

（三）查阅文件、记录：核实申请人全程质量控制能力及有效性，如质量控制规范、生产技术规程、合同、协议、基地图、加工厂平面图、基地清单、记录等；

（四）随机访问：在查阅资料及实地检查过程中随机访问生产人员、技术人员及管理人员，收集第一手资料；

（五）召开总结会：检查组与申请人沟通现场检查情况并交换现场检查意见。

第十二条　现场检查完成后，检查组应当在十个工作日内向省级工作机构提交《绿色食品现场检查报告》。省级工作机构依据《绿色食品现场检查报告》向申请人发出《绿色食品现场检查意见通知书》，现场检查合格的，执行第十三条；不合格的，通知申请人本生产周期不再受理其申请，告知理由并退回申请。

第十三条　产地环境、产品检测和评价

（一）申请人按照《绿色食品现场检查意见通知书》的要求委托检测机构对产地环境、产品进行检测和评价；

（二）检测机构接受申请人委托后，应当分别依据《绿色食品　产地环境调查、监测与评价规范》（NY/T 1054）和《绿色食品　产品抽样准则》（NY/T 896）及时安排现场抽样，并自环境抽样之日起三十个工作日内、产品抽样之日起二十个工作日内完成检测工作，出具《环境质量监测报告》和《产品检验报告》，提交省级工作机构和申请人；

（三）申请人如能提供近一年内绿色食品检测机构或国家级、部级检测机构出具的《环境质量监测报告》，且符合绿色食品产地环境检测项目和质量要求的，可免做环境检测。

经检查组调查确认产地环境质量符合《绿色食品　产地环境质量》（NY/T 391）和《绿色食品　产地环境调查、监测与评价规范》（NY/T 1054）中免测条件的，省级工作机构可作出免做环境检测的决定。

第十四条　省级工作机构应当自收到《绿色食品现场检查报告》《环境质量监测报

告》和《产品检验报告》之日起二十个工作日内完成初审。初审合格的，将相关材料报送中心，同时完成网上报送；不合格的，通知申请人本生产周期不再受理其申请，并告知理由。

第十五条 中心应当自收到省级工作机构报送的完备申请材料之日起三十个工作日内完成书面审查，提出审查意见，并通过省级工作机构向申请人发出《绿色食品审查意见通知书》。

（一）需要补充材料的，申请人应在《绿色食品审查意见通知书》规定时限内补充相关材料，逾期视为自动放弃申请；

（二）需要现场核查的，由中心委派检查组再次进行检查核实；

（三）审查合格的，中心在二十个工作日内组织召开绿色食品专家评审会，并形成专家评审意见。

第十六条 中心根据专家评审意见，在五个工作日内作出是否颁证的决定，并通过省级工作机构通知申请人。同意颁证的，进入绿色食品标志使用证书（以下简称证书）颁发程序；不同意颁证的，告知理由。

第四章　续展申请审查

第十七条 绿色食品标志使用证书有效期三年。证书有效期满，需要继续使用绿色食品标志的，标志使用人应当在有效期满三个月前向省级工作机构提出续展申请，同时完成网上在线申报。

第十八条 标志使用人逾期未提出续展申请，或者续展未通过的，不得继续使用绿色食品标志。

第十九条 标志使用人应当向所在省级工作机构提交下列文件：

（一）第七条第（一）、（二）、（五）、（六）、（七）款规定的材料；

（二）上一用标周期绿色食品原料使用凭证；

（三）上一用标周期绿色食品证书复印件；

（四）《产品检验报告》（标志使用人如能提供上一用标周期第三年的有效年度抽检报告，经确认符合相关要求的，省级工作机构可作出该产品免做产品检测的决定）；

（五）《环境质量监测报告》（产地环境未发生改变的，申请人可提出申请，省级工作机构可视具体情况作出是否做环境检测和评价的决定）。

第二十条 省级工作机构收到第十九条规定的申请材料后，应当在四十个工作日内完成材料审查、现场检查和续展初审。初审合格的，应当在证书有效期满二十五个工作日前将续展申请材料报送中心，同时完成网上报送。逾期未能报送中心的，不予续展。

第二十一条 中心收到省级工作机构报送的完备的续展申请材料之日起十个工作日内完成书面审查。审查合格的，准予续展，同意颁证；不合格的，不予续展，并告知理由。

第二十二条 省级工作机构承担续展书面审查工作的，按《省级绿色食品工作机构续展审核工作实施办法》执行。

第二十三条 因不可抗力不能在有效期内进行续展检查的，省级工作机构应在证书有效期内向中心提出书面申请，说明原因。经中心确认，续展检查应在有效期后三个月内实施。

第五章 境外申请审查

第二十四条 注册地址在境外的申请人，应直接向中心提出申请。

第二十五条 注册地址在境内，其原料基地和加工场所在境外的申请人，可向所在行政区域的省级工作机构提出申请，亦可直接向中心提出申请。

第二十六条 申请材料符合要求的，中心与申请人签订《绿色食品境外检查合同》，直接委派检查员进行现场检查，组织环境调查和产品抽样。

环境由国际认可的检测机构进行检测或提供背景值，产品由检测机构进行检测。

第二十七条 初审及后续工作由中心负责。

第六章 申诉处理

第二十八条 申请人如对受理、现场检查、初审、审查等意见结果或颁证决定有异议，应于收到书面通知后十个工作日内向中心提出书面申诉并提交相关证据。

第二十九条 申诉的受理、调查和处置

（一）中心成立申诉处理工作组，负责申诉的受理；

（二）申诉处理工作组负责对申诉进行调查、取证及核实。调查方式可包括召集会议、听取双方陈述、现场调查、调取书面文件等；

（三）申诉处理工作组在调查、取证、核实后，提出处理意见，并通知申诉方。

申诉方如对处理意见有异议，可向上级主管部门申诉或投诉。

第七章　附　则

第三十条　本程序由中心负责解释。

第三十一条　本程序自 2014 年 6 月 1 日起施行。原《绿色食品认证程序（试行)》、原《绿色食品　续展认证程序》、原《绿色食品境外认证程序》同时废止。

附件 1

绿色食品申请受理通知书

_____：

你单位____年____月____日提交的绿色食品标志使用申请材料已收到，现通知如下：

□材料审查合格，现正式受理你单位提交的申请。我单位将根据生产季节安排现场检查，具体检查时间和检查内容见《绿色食品现场检查通知书》。

□材料不完备，请你单位在收到本通知书____个工作日内，补充以下材料：

材料补充完备后，我单位将正式受理你单位提交的申请。

□材料审查不合格，本生产周期内不再受理你单位提交的申请。

原因：

联系人：　　　　　　　　　　联系电话：

工作机构（盖章）

年　　月　　日

注：该通知书省级工作机构、地市县级工作机构和申请人各一份。

附件 2

绿色食品
受理审查报告

初次申请□　续展申请□　增报申请□

中国绿色食品发展中心

受理审查意见

序号	项目	审查要求	符合性	备注
1	申报材料	按照申报材料清单顺序装订、齐全		
2	申请人和申请产品	为在国家工商行政管理部门登记取得营业执照的企业法人、农民专业合作社、个人独资企业、合伙企业、家庭农场等，国有农场、国有林场和兵团团场等生产单位		
		具有稳定的生产基地		
		具有完善的质量管理体系，并至少稳定运行一年		
		申请规模、委托加工符合中心相关要求		
		申请产品在现行《绿色食品产品标准适用目录》内		
		按期续展（适用于续展申请人）		
		已履行《绿色食品标志商标使用许可合同》的责任和义务（适用于续展申请人）		
		年检合格（适用于续展申请人）		
3	申请书和调查表	填写完整、规范且有签字盖章，无违禁投入品（《绿色食品　农药使用准则》《绿色食品　肥料使用准则》《绿色食品　食品添加剂使用准则》《绿色食品　饲料及饲料添加剂使用准则》《绿色食品　兽药使用准则》《绿色食品　渔药使用准则》等绿色食品生产技术标准）		
4	资质材料	营业执照（国家企业信用信息公示系统）		
		食品生产许可证（国家市场监督管理总局）		
		商标注册证（国家市场监督管理总局）		
		动物防疫合格证		
		定点屠宰许可证（畜禽产品）		
		采水许可证		
		采矿许可证		
		食盐定点生产许可证		
5	质量控制规范	质量管理制度规范健全		
		有质量管理体系证书		
		组织管理结构合理		
		内检员持证上岗（注册证明）		

（续）

序号	项目	审查要求	符合性	备注
6	协议材料	土地协议、委托生产协议、票据等齐全且符合要求		
		基地清单、基地图等材料齐全且符合要求		
7	生产技术规程	符合绿色食品相关标准要求		
		具有可操作性且能指导实际生产		
		无绿色食品违禁投入品		
8	生产记录	生产、加工记录健全且符合相关标准要求，无绿色食品违禁投入品（适用于续展申请人）		
9	标志使用	规范使用绿色食品标志（适用于续展申请人）		
检查员意见	□经审查，申请人、申报产品均符合规定要求，申报材料中未见违禁品使用，申报材料齐备、真实、合理，建议受理。 □经审查，申报材料中发现以下问题，建议不予受理。 　□申请人不符合规定要求 　□申报产品不符合规定要求 　□使用绿色食品违禁品 　□其他（请具体说明） □经审查，申报材料中发现以下问题，需补充材料。 签字： 日期： 		

注：1. 符合的填写"是"，不符合的填写"否"；

2. 该报告省级工作机构、地市县级工作机构各一份。

附件 **3**

绿色食品现场检查通知书

———————————：

你单位提交的申请材料（初次申请□　续展申请□　增报申请□）审查合格，按照《绿色食品标志管理办法》的相关规定，计划于＿＿＿年＿＿＿月＿＿＿日至＿＿＿日对你单位的＿＿＿＿＿＿（产品）生产实施现场检查，现通知如下：

1　检查目的

检查申请产品（或原料）产地环境、生产过程、投入品使用、包装、储藏运输及质量管理体系等与绿色食品相关标准及规定的符合性。

2　检查依据

《食品安全法》《农产品质量安全法》《绿色食品标志管理办法》等国家相关法律法规，《绿色食品标志许可审查程序》《绿色食品现场检查工作规范》、绿色食品标准及绿色食品相关要求。

3　检查内容

3.1　核实

□质量管理体系和生产管理制度落实情况

□绿色食品标志使用情况（适用于续展申请人）

□种植、养殖、加工等过程及包装、储藏运输等与申请材料的符合性

□生产记录、投入品使用记录等

3.2　调查、检查和风险评估

□产地环境质量，包括环境质量状况及周边污染源情况等

□种植产品农药、肥料等投入品的使用情况

□食用菌基质组成及农药等投入品的使用情况，包括购买记录、使用记录等

□畜禽产品饲料及饲料添加剂、疫苗、兽药等投入品的使用情况，包括购买记录、使用记录等

□水产品养殖过程的投入品使用情况，包括渔业饲料及饲料添加剂、渔药、藻类肥料等购买记录、使用记录等

□蜂产品饲料、兽药、消毒剂等投入品使用情况，包括购买记录、使用记录等

□加工产品原料、食品添加剂的使用情况，包括购买记录、使用记录等

4 检查组成员

	姓名	检查员专业	联系方式
组长			
组员			
组员			
组员（实习）			
技术专家			

注：实习检查员和技术专家为组成检查组非必需人员。

5 现场检查安排

检查组将依据《绿色食品标志许可审查程序》安排首末次会、环境调查、现场检查、投入品和产品仓库查验、档案记录查阅、生产技术人员现场访谈等，请你单位主要负责人、绿色食品生产管理负责人、内检员等陪同检查。

6 保密

检查组承诺在现场检查过程及结束之后，除国家法律法规要求外，未经申请人书面许可，不得以任何形式向第三方透露申请人要求保密的信息。

检查员（签字）：

联系人：   联系电话：

工作机构（盖章）

年　月　日

7 申请人确认回执

如你单位对上述事项无异议，请签字盖章确认；如有异议，请及时与我单位联系。

联系人：   联系电话：

负责人（签字）：   申请人（盖章）

年　月　日

注：该通知书省级工作机构、地市县级工作机构和申请人各一份。

附件 4

绿色食品现场检查意见通知书

_____:

根据检查组的现场检查报告结论，现通知如下：

现场检查合格，请持本通知书委托绿色食品环境与产品检测机构实施检测工作。

1　环境检测

检测项目：

□全项免检或不涉及（标准化原料基地　续展企业环境无变化）

□空气质量□农田灌溉水□渔业水□畜禽养殖用水□加工用水

□食用盐原料水□土壤环境质量 □土壤肥力□食用菌栽培基质

2　产品检测

□请按照国家标准 _____ 检测 _____产品

□请按照绿色食品标准_____ 检测 _____产品

□有符合要求的抽检报告（续展）免测 _____产品

现场检查不合格，本生产周期内不再受理你单位的申请。

原因：

负责人（签字）：   工作机构（盖章）

                                                          年　月　日

注：该通知书省级工作机构、地市县级工作机构和申请人各一份。

附件 5

绿色食品
省级工作机构初审报告

初次申请□　　续展申请□　　增报申请□

中国绿色食品发展中心

表 1　申请产品清单

申请人			
产品名称	商　标	产量（吨）	备注

注：若本页不够，可附页。

表2 初审意见

序号	项目	审查内容	符合性	备注
1	受理	满足受理要求		
2	申报材料	完整齐备		
		真实准确		
3	预包装食品标签	产品是否有预包装食品标签		
		预包装食品标签设计样张符合NY/T 658要求		
		绿色食品标志设计（或使用情况）符合相关规范要求		
4	现场检查	检查员资质符合要求		
		在产品生产季节		
		检查员按时提交检查报告		
		检查报告填写完整、规范，现场检查评价客观公正、符合真实情况		
		现场检查照片清晰、环节齐全		
		会议签到表信息齐全		
		食品添加剂使用符合《绿色食品 食品添加剂使用准则》（NY/T 392）要求		
		农药使用符合《绿色食品 农药使用准则》（NY/T 393）要求		
		肥料使用符合《绿色食品 肥料使用准则》（NY/T 394）要求		
		畜禽饲料及饲料添加剂符合《绿色食品 饲料及饲料添加剂使用准则》（NY/T 471）要求		
		兽药符合《绿色食品 兽药使用准则》（NY/T 472）要求		
		渔药符合《绿色食品 渔药使用准则》（NY/T 755）要求		
		渔业饲料及饲料添加剂符合《绿色食品 饲料及饲料添加剂使用准则》（NY/T 471）要求		
5	环境质量	环境监测时限符合《绿色食品标志许可审查程序》要求		
		环境调查和环境质量符合《绿色食品 产地环境质量》（NY/T 391）和《绿色食品 产地环境调查、检测与评价规范》（NY/T 1054）相关要求		

（续）

序号	项目	审查内容	符合性	备注
6	产品质量	产品检测时限符合《绿色食品标志许可审查程序》要求		
		产品抽样符合《绿色食品　产品抽样准则》（NY/T 896）相关要求		
		产品检验及产品质量符合相关标准要求		
7	上一周期标志与原料使用	是否使用绿色食品标志，标志使用是否规范		
		绿色食品原料使用是否满足实际生产需要		
	检查员意见	检查员（签字）： 　　　　　　　　　　　　　　　　　　年　月　日		
	省级工作机构初审意见	负责人（签字）：　　　　　　　省级工作机构（盖章） 　　　　　　　　　　　　　　　　　　年　月　日		

注：本表符合项填写"是"，不符合项填写"否"，不涉及项填写"/"，中心、省级工作机构各一份。

附件 6

绿色食品标志使用申请书

初次申请□   续展申请□   增报申请□

申请人（盖章）_____

申 请 日 期 _____年___月___日

中国绿色食品发展中心

填 写 说 明

一、本申请书一式三份，中国绿色食品发展中心、省级工作机构和申请人各一份。

二、本表应如实填写，所有栏目不得空缺，未填部分应说明理由。

三、本申请书无签名、盖章无效。

四、申请书的内容可打印或用蓝、黑钢笔或签字笔填写，语言规范准确、印章（签名）端正清晰。

五、申请书可从中国绿色食品发展中心网站下载，用 A4 纸打印。

六、本申请书由中国绿色食品发展中心负责解释。

保 证 声 明

我单位已仔细阅读《绿色食品标志管理办法》有关内容，充分了解绿色食品相关标准和技术规范等有关规定，自愿向中国绿色食品发展中心申请使用绿色食品标志。现郑重声明如下：

1. 保证《绿色食品标志使用申请书》中填写的内容和提供的有关材料全部真实、准确，如有虚假成分，我单位愿承担法律责任。

2. 保证申请前三年内无质量安全事故和不良诚信记录。

3. 保证严格按《绿色食品标志管理办法》、绿色食品相关标准和技术规范等有关规定组织生产、加工和销售。

4. 保证开放所有生产环节，接受中国绿色食品发展中心组织实施的现场检查和年度检查。

5. 凡因产品质量问题给绿色食品事业造成的不良影响，愿接受中国绿色食品发展中心所作的决定，并承担经济和法律责任。

法定代表人（签字）：   申请人（盖章）

                                                    年   月   日

表1 申请人基本情况

申请人（中文）				
申请人（英文）				
联系地址			邮 编	
网址				
统一社会信用代码				
食品生产许可证号				
商标注册证号				
企业法定代表人		座机	手机	
联 系 人		座机	手机	
内 检 员		座机	手机	
传真		E-mail		
龙头企业	国家级□ 省（市）级□ 地市级□			
年生产总值（万元）		年利润（万元）		
申请人简介				

注：申请人为非商标持有人，需附相关授权使用的证明材料。

表 2　申请产品基本情况

产品名称	商标	产量（吨）	是否有包装	包装规格	绿色食品包装印刷数量	备注

注：续展产品名称、商标变化等情况需在备注栏中说明。

表 3　申请产品销售情况

产品名称	年产值（万元）	年销售额（万元）	年出口量（吨）	年出口额（万美元）

填表人（签字）：　　　　　　　　　　　　　　　　内检员（签字）：

注：内检员适用于已有中国绿色食品发展中心注册内检员的申请人。

附件 7

种植产品调查表

申请人（盖章）＿＿＿＿＿＿＿＿＿＿＿＿＿＿

申 请 日 期 ＿＿＿＿年＿＿月＿＿日

中国绿色食品发展中心

填 表 说 明

一、本表适用于收获后，不添加任何配料和添加剂，只进行清洁、脱粒、干燥、分选等简单物理处理过程的产品（或原料），如原粮、新鲜果蔬、饲料原料等。

二、本表一式三份，中国绿色食品发展中心、省级工作机构和申请人各一份。

三、本表应如实填写，所有栏目不得空缺，未填部分应说明理由。

四、本表无签字、盖章无效。

五、本表的内容可打印或用蓝、黑钢笔或签字笔填写，语言规范准确、印章（签名）端正清晰。

六、本表可从中国绿色食品发展中心网站下载，用 A4 纸打印。

七、本表由中国绿色食品发展中心负责解释。

表1 种植产品基本情况

作物名称	种植面积（万亩*）	年产量（吨）	基地类型	基地位置（具体到村）

注：基地类型填写自有基地（A）、基地入股型合作社（B）、流转土地统一经营（C）、公司＋合作社（农户）（D）、全国绿色食品原料标准化生产基地（E）。

表2 产地环境基本情况

产地是否位于生态环境良好、无污染地区，是否避开污染源？	
产地是否距离公路、铁路、生活区50米以上，距离工矿企业1千米以上？	
绿色食品生产区和常规生产区域之间是否有缓冲带或物理屏障？请具体描述	

注：相关标准见《绿色食品 产地环境质量》（NY/T 391）和《绿色食品 产地环境调查、监测与评价规范》（NY/T 1054）。

表3 种子（种苗）处理

种子（种苗）来源	
种子（种苗）是否经过包衣等处理？请具体描述处理方法	
播种（育苗）时间	

注：已进入收获期的多年生作物（如果树、茶树等）应说明。

---

* 亩为非法定计量单位，1亩≈667米^2。

表4　栽培措施和土壤培肥

采用何种耕作模式（轮作、间作或套作）？请具体描述	
采用何种栽培类型（露地、保护地或其他）？	
是否休耕？	

秸秆、农家肥等使用情况			
名　称	来　源	年用量（吨/亩）	无害化处理方法
秸秆			
绿肥			
堆肥			
沼肥			

注："秸秆、农家肥等使用情况"不限于表中所列品种，视具体使用情况填写。

表5　有机肥使用情况

作物名称	肥料名称	年用量（吨/亩）	商品有机肥有效成分氮磷钾总量（％）	有机质含量（％）	来源	无害化处理

注：该表应根据不同作物名称依次填写，包括商品有机肥和饼肥。

表6　肥料使用情况

作物名称	肥料名称	有效成分（％）			施用方法	施用量（千克/亩）
		氮	磷	钾		

注：1. 相关标准见《绿色食品　肥料使用准则》（NY/T 394）；2. 该表应根据不同作物名称依次填写；3. 该表包括有机-无机复混肥使用情况。

表7　病虫草害农业、物理和生物防治措施

当地常见病虫草害	
简述减少病虫草害发生的生态及农业措施	
采用何种物理防治措施？请具体描述防治方法和防治对象	
采用何种生物防治措施？请具体描述防治方法和防治对象	

注：若有间作或套作作物，请同时填写其病虫草害防治措施。

表8　病虫草害防治农药使用情况

作物名称	农药名称	防治对象

注：1. 相关标准见《农药合理使用准则》（GB/T 8321）和《绿色食品　农药使用准则》（NY/T 393）；2. 若有间作或套作作物，请同时填写其病虫草害农药使用情况；3. 该表应根据不同作物名称依次填写。

表9　灌溉情况

作物名称	是否灌溉	灌溉水来源	灌溉方式	全年灌溉用水量（吨/亩）

表10　收获后处理及初加工

收获时间	
收获时间	
收获后是否有清洁过程？请描述方法	
收获后是否对产品进行挑选、分级？请描述方法	

（续）

收获时间	
收获后是否有干燥过程？请描述方法	
收获后是否采取保鲜措施？请描述方法	
收获后是否需要进行其他预处理？请描述过程	
使用何种包装材料？包装方式？	
仓储时采取何种措施防虫、防鼠、防潮？	
请说明如何防止绿色食品与非绿色食品混淆？	

表 11   废弃物处理及环境保护措施

填表人（签字）：   内检员（签字）：

种植产品申请材料清单

1. 《绿色食品标志使用申请书》和《种植产品调查表》

2. 质量控制规范

3. 生产操作规程

4. 基地来源证明材料或原料来源证明材料

5. 基地图（基地位置图和种植地块分布图）

6. 带有绿色食品标志的预包装标签设计样张（仅预包装食品提供）

7. 生产记录及绿色食品证书复印件（仅续展申请人提供）

8. 《产地环境质量检测报告》

9. 《产品检验报告》

10. 绿色食品抽样单

11. 中国绿色食品发展中心要求提供的其他材料（绿色食品企业内部检查员证书、国家农产品质量安全追溯管理信息平台注册证明等）

种植产品申请材料清单说明

一、质量控制规范要求

结构合理，制度健全，并满足绿色食品全程质量控制要求。内容应至少包括基地组织机构设置、人员管理、种植基地管理、档案记录管理、产品收后管理，仓储运输管理、绿色食品标志使用管理等制度。需要批准人签字、申请人盖章。如基地存在未申报绿色食品产品，应提供区别生产管理制度。

二、生产操作规程

应符合生产实际和绿色食品标准要求，内容至少包括立地条件、品种、茬口（包括耕作方式，如轮作、间作等）、育苗栽培、种植管理、投入品使用（种类、成分、来源、用途、使用方法等）、有害生物防治、产品收获及处理、包装标识、仓储运输、废弃物处理等内容。如涉及非绿色食品生产，还需包含防止绿色食品与非绿色食品交叉污染措施。

三、基地来源及相关权属证明，基地清单要求

1. 自有基地　应提供在有效期内的基地权属证书，如产权证、林权证、国有农场所有权证书等。

2. 基地入股型合作社　应提供合作社章程及农户（社员）清单，清单中应至少包括农户（社员）姓名、生产规模等栏目，基地使用面积应满足生产规模需要。

3. 流转土地统一经营　应提供基地流转（承包）合同（协议）及流转（承包）清单，清单中应至少包括农户（社员）姓名、生产规模等栏目；基地使用面积应满足生产规模需要；合同（协议）应在有效期内。

四、原料来源证明材料

1. 公司十合作社（农户）

（1）应提供至少两份与合作社（农户）签订的委托生产合同（协议）样本及基地清单；合同（协议）有效期应在三年（含）以上，并确保至少一个绿色食品用标周期内原料供应的稳定性，内容应包括绿色食品质量管理、技术要求和法律责任等；基地清单中应包括序号、负责人、基地名称、合作社（农户）数、生产品种、面积（规模）、预计产量等栏目，并应有汇总数据。

（2）农户数50户（含）以下的应提供农户清单，清单中应包括序号、基地名称、农户姓名、生产品种、面积（规模）、预计产量等栏目，并应有汇总数据；农户数50户以上1000户（含）以下的，应提供内控组织（不超过20个）清单，清单中应包括序

号、负责人、基地村名、合作社名称/农户姓名、种植品种、种植面积（规模）、预计产量等栏目，并应有汇总数据。

基地清单（模板）

序号	基地村名	合作社名称/农户姓名	种植品种	种植面积（规模）	预计产量	负责人
合计						

申请人（盖章）

2. 外购全国绿色食品原料标准化生产基地原料 应提供有效期内的基地证书，与全国绿色食品原料标准化生产基地范围内生产经营主体签订的原料供应合同（协议）及一年内的购销凭证，基地建设单位出具的确认原料来自全国绿色食品原料标准化生产基地和合同（协议）真实有效的证明；无需提供《种植产品调查表》、种植规程、基地图等材料。

五、基地图

1. 基地位置图范围 应为基地及其周边 5 千米区域，应标示出基地位置、基地区域界限（包括行政区域界限、村组界限等）及周边信息（包括村庄、河流、山川、树林、道路、设施、污染源等）。

2. 种植地块分布图 应标示出基地面积、方位、边界、周边区域利用情况及各类不同生产功能区域等。

六、预包装标签设计样张

绿色食品标志设计样应符合《中国绿色食品商标标志设计使用规范手册》要求，应标示生产商名称、产品名称、商标样式等内容。

畜禽产品调查表

申请人（盖章）_____

申请日期 _____年___月___日

中国绿色食品发展中心

填 表 说 明

一、本表适用于畜禽养殖、生鲜乳及禽蛋收集等。

二、本表一式三份，中国绿色食品发展中心、省级工作机构和申请人各一份。

三、本表应如实填写，所有栏目不得空缺，未填部分应说明理由。

四、本表无签字、盖章无效。

五、本表的内容可打印或用蓝、黑钢笔或签字笔填写，语言规范准确、印章（签名）端正清晰。

六、本表可从中国绿色食品发展中心网站下载，用 A4 纸打印。

七、本表由中国绿色食品发展中心负责解释。

表 1 养殖场基本情况

畜禽名称		养殖面积	放牧场所（万亩）	
			栏舍（米²）	
基地位置				
生产组织形式				
养殖场基本情况				
产地是否位于生态环境良好、无污染地区，是否避开污染源？				
产地是否距离公路、铁路、生活区 50 米以上，距离工矿企业 1 千米以上？				
天然牧场周边是否有矿区？养殖场常年主导风向的上风向是否有排放有毒有害物质的工矿企业？				
请简要描述养殖场周边情况				

注：1. 相关标准见《绿色食品　畜禽卫生防疫准则》（NY/T 473）；2. "生产组织形式"填写自有基地（A）、基地入股型合作社（B）、流转土地统一经营（C）、公司＋合作社（农户）（D）。

表 2 养殖场基础设施

养殖场是否有相应的防疫设施设备？请具体描述	
养殖场房舍照明、隔离、加热和通风等设施是否齐备且符合要求？请具体描述	
是否有符合要求的粪便储存设施？	
是否有粪便尿、污水处理设施设备？请具体描述	
是否有畜禽活动场所和遮阳设施？	
请说明养殖用水来源	

注：相关标准见《绿色食品　畜禽卫生防疫准则》（NY/T 473）。

表 3 养殖场管理措施

是否具有针对当地易发的流行性疾病制定相关防疫和扑灭净化制度？	
养殖场生产区和生活区是否有效隔离？	
养殖场排水系统是否实行雨水、污水收集输送分离？	
畜禽粪便是否及时、单独清出？	
养殖场是否定期消毒？请描述使用消毒剂名称、用量、使用方法和使用时间	
是否建立了规范完整的养殖档案？	
绿色食品生产区和常规生产区域之间是否设置物理屏障？	

表 4 畜禽饲料及饲料添加剂使用情况

畜禽名称			幼畜（幼雏）来源		
品种名称			养殖规模		
年出栏量及产量			养殖周期		

饲料及饲料添加剂	生长阶段								年用量（吨）	来源
	用量（吨）	比例（%）	用量（吨）	比例（%）	用量（吨）	比例（%）	用量（吨）	比例（%）		

1. 使用酶制剂、微生物、多糖、寡糖、抗氧化剂、防腐剂、防霉剂、酸度调节剂、黏结剂、抗结块剂、稳定剂或乳化剂应填写添加剂具体通用名称。
2. 饲料及饲料添加剂，表格不足可自行增加行数。

注：1. 相关标准见《绿色食品 饲料及饲料添加剂使用准则》（NY/T 471）；2. "养殖周期"及"生长阶段"应包括从幼畜或幼雏到出栏。

表 5 发酵饲料加工（含青贮、黄贮、发酵的各类饲料）

原料名称	年用量（吨）	添加剂名称	储存及防霉处理方法

表 6 饲料加工和存储

工艺流程及工艺条件

（续）

是否建立批次号追溯体系？	
饲料存储过程采取何种措施防潮、防鼠、防虫？请具体描述	
请说明如何防止绿色食品与非绿色食品饲料混淆？	

表7　畜禽疫苗和药物使用情况

畜禽名称				
疫苗使用情况				
疫苗名称		接种时间		
兽药使用情况				
兽药名称	批准文号	用途	使用时间	停药期

注：1. 相关标准见《绿色食品　兽药使用准则》（NY/T 472）；2. 表格不足可自行增加行数。

表8　畜禽、生鲜乳收集和储运

待宰畜禽如何运输？运输过程中采用何种措施防止运输应激？请具体描述	
生鲜乳如何收集？收集器具如何清洗消毒？请具体描述	
生鲜乳如何储存、运输？请具体描述	
请就上述内容，描述绿色食品与非绿色食品的区分管理措施	

表 9 禽蛋收集、包装和储运

禽蛋如何收集、清洗？请具体描述	
如何包装？请描述包装车间、设备的清洁、消毒、杀菌方法及物质	
库房储藏条件是否能满足需要？	
请具体描述运输方式及保鲜措施等	
请就上述内容，描述绿色食品与非绿色食品的区分管理措施	

注：相关标准见《绿色食品 包装通用准则》（NY/T 658）和《绿色食品 储藏运输准则》（NY/T 1056）。

表 10 资源综合利用和废弃物处理

养殖过程产生的污水是否经过无害化处理？污水排放是否符合国家或地方污染物排放标准？	
畜禽粪便是否经过无害化处理或资源化利用？	
养殖场对病死畜禽如何处理？请具体描述	

填表人（签字）：　　　　　　　　　　　　　内检员（签字）：

畜禽产品申请材料清单

1.《绿色食品标志使用申请书》及《畜禽产品调查表》

2. 质量控制规范

3. 养殖规程（包含屠宰加工规程）

4. 基地来源证明材料或原料（饲料及饲料添加剂）来源证明材料

5. 基地图（养殖基地位置图和养殖场所平面布局图）

6. 带有绿色食品标志的预包装标签设计样张（仅预包装食品提供）

7. 生产记录及绿色食品证书复印件（仅续展申请人提供）

8.《产地环境质量检验报告》

9.《产品检验报告》

10. 绿色食品抽样单

11. 中国绿色食品发展中心要求提供的其他材料（绿色食品企业内部检查员证书、国家农产品质量安全追溯管理信息平台注册证明等）

畜禽产品申请材料清单说明

一、质量控制规范要求

结构合理，制度健全，并满足绿色食品全程质量控制要求。内容应至少包括申请人简介、管理方针和目标、组织机构图及其相关岗位的责任和权限、可追溯体系、内部检查、文件和记录管理、持续改进体系等。应由负责人签发并加盖申请人公章，应有生效日期。

二、养殖规程

应符合生产实际和绿色食品标准要求，内容至少包括环境条件、卫生消毒、繁育管理、饲料管理、疫病防治、产品收集与处理、包装标识、仓储运输、废弃物处理、病死及病害动物无害化处理等内容。投入品的种类、来源、用途、使用方法等应符合《绿色食品 饲料及饲料添加剂使用准则》（NY/T 471）、《绿色食品 兽药使用准则》（NY/T 472）、《绿色食品 畜禽卫生防疫准则》（NY/T 473）要求。

三、基地来源证明材料

1. 自有基地 应提供在有效期内的基地权属证书；天然草原放牧的应提供草场使用证明等。基地使用面积应满足生产规模需要。

2. 基地入股型合作社 应提供合作社章程及农户（社员）清单，清单中应至少包括农户（社员）姓名、生产规模等栏目，基地使用面积应满足生产规模需要。

3. 流转土地统一经营 应提供基地流转（承包）合同（协议）及流转（承包）清单，清单中应至少包括农户（社员）姓名、生产规模等栏目；基地使用面积应满足生产规模需要；合同（协议）应在有效期内。

四、原料（饲料及饲料添加剂）来源证明材料

1. "公司＋合作社（农户）" 应提供基地清单及至少两份与合作社（农户）签订的委托生产合同（协议）样本。

2. 外购全国绿色食品原料标准化生产基地原料 应提供有效期内的基地证书，与全国绿色食品原料标准化生产基地范围内生产经营主体签订的原料供应合同（协议）及一年内的购销凭证，基地建设单位出具的确认原料来自全国绿色食品原料标准化生产基地和合同（协议）真实有效的证明；无需提供《种植产品调查表》、种植规程、基地图等材料。

3. 外购已获证产品及其副产品（绿色食品生产资料） 应提供有效期内的绿色食品（绿色食品生产资料）证书，与绿色食品（绿色食品生产资料）证书持有人签订的购买

合同（协议）及一年内的购销凭证。

五、基地图

1. 养殖基地位置图范围 应为基地及其周边 5 千米区域，应标示出基地位置、基地区域界限（包括行政区域界限、村组界限等）及周边信息（包括村庄、河流、山川、树林、道路、设施、污染源等）。

2. 养殖场所平面布局图 应标示出基地面积、方位、边界、周边区域利用情况及各类不同生产功能区域等。

六、预包装标签设计样张

绿色食品标志设计样应符合《中国绿色食品商标标志设计使用规范手册》要求，应标示生产商名称、产品名称、商标样式等内容。

七、中心要求提供的其他材料

1. 动物防疫条件合格证、生猪定点屠宰许可证等其他法律法规要求办理的资质证书复印件（适用时）。

2. 实行委托养殖的屠宰、加工业申请人，应与养殖场所有人签订有效期三年（含）以上的绿色食品委托养殖合同（协议），被委托方应满足下列要求：

（1）使用申请人提供或指定的符合绿色食品相关标准要求的饲料，不可使用其他来源的饲料。

（2）养殖模式为"合作社"或"合作社＋农户"的，合作社应为地市级（含）以上合作社示范社。

（3）如购买全混合日粮、配合饲料、浓缩饲料、精料补充料等，应为绿色食品生产资料。

加工产品调查表

申请人（盖章）＿＿＿＿＿＿＿＿＿＿＿＿＿

申 请 日 期 ＿＿＿＿年＿＿月＿＿日

中国绿色食品发展中心

填 表 说 明

一、本表适用于以符合绿色食品生产相关要求的植物、动物和微生物产品为原料，进行加工和包装的食品，如米面及其制品、食用植物油、肉食加工品、乳制品、酒类等。

二、购买全国绿色食品原料标准化生产基地原料或绿色食品产品分包装的申请人需填写此表。

三、本表一式三份，中国绿色食品发展中心、省级工作机构和申请人各一份。

四、本表应如实填写，所有栏目不得空缺，未填部分应说明理由。

五、本表无签字、盖章无效。

六、本表的内容可打印或用蓝、黑钢笔或签字笔填写，语言规范准确、印章（签名）端正清晰。

七、本表可从中国绿色食品发展中心网站下载，用 A4 纸打印。

八、本表由中国绿色食品发展中心负责解释。

表1　加工产品基本情况

产品名称	商标	产量（吨）	有无包装	包装规格	备注

注：续展产品名称、商标变化等情况需在备注栏说明。

表2　加工厂环境基本情况

加工厂地址	
加工厂是否位于生态环境良好、无污染地区，是否避开污染源？	
加工厂是否距离公路、铁路、生活区50米以上，距离工矿企业1千米以上？	
绿色食品生产区和生活区域是否具备有效的隔离措施？请具体描述	

注：相关标准见《绿色食品　产地环境质量》（NY/T 391）。

表3　产品加工情况

工艺流程及工艺条件
各产品加工工艺流程图（应体现所有加工环节，包括所用原料、食品添加剂、加工助剂等），并描述各步骤所需生产条件（温度、湿度、反应时间等）：

（续）

是否建立生产加工记录管理程序？	
是否建立批次号追溯体系？	
是否存在平行生产？具体原料运输、加工及储藏各环节中进行隔离与管理，避免交叉污染的措施	

表 4　加工产品配料情况

产品名称		年产量（吨）		出成率（%）	
主辅料使用情况表					
名称	比例（%）		年用量（吨）		来源
食品添加剂使用情况					
名称	比例（‰）	年用量（吨）		用途	来源
加工助剂使用情况					
名称	有效成分	年用量（吨）		用途	来源
是否使用加工水？请说明其来源、年用量（吨）、作用，并说明是否使用净水设备					
主辅料是否有预处理过程？如是，请提供预处理工艺流程、方法、使用物质名称和预处理场所					

注：1. 相关标准见《绿色食品　食品添加剂使用准则》（NY/T 392）；2. 主辅料"比例（%）"应扣除加入的水后计算。

表5 平行加工

是否存在平行生产？如是，请列出常规产品的名称、执行标准和生产规模	
请说明常规产品及非绿色食品产品在申请人生产总量中所占的比例	
请详细说明常规及非绿色食品产品在工艺流程上与绿色食品产品的区别	
在原料运输、加工及储藏各环节中进行隔离与管理，避免交叉污染的措施	□从空间上隔离（不同的加工设备） □从时间上隔离（相同的加工设备） □其他措施，请具体描述：

表6 包装、储藏和运输

包装材料（来源、材质）、包装充填剂	
包装使用情况	□可重复使用　　□可回收利用　　□可降解
库房是否远离粉尘、污水等污染源和生活区等潜在污染源？	
库房是否能满足需要及类型（常温、冷藏或气调等）	
申报产品是否与常规产品同库储藏？如是，请简述区分方法	
说明运输方式及运输工具	

注：相关标准见《绿色食品　包装通用准则》（NY/T 658）和《绿色食品　储藏运输准则》（NY/T 1056）。

表7 设备清洗、维护及有害生物防治

加工车间、设备所需使用的清洗、消毒方法及物质	
包装车间、设备的清洁、消毒、杀菌方式方法	
库房中消毒、杀菌、防虫、防鼠的措施，所用设备及药品的名称、使用方法、用量	

表 8　废弃物处理及环境保护措施

加工过程中产生污水的处理方式、排放措施和渠道	
加工过程中产生废弃物的处理措施	
其他环境保护措施	

填表人（签字）：　　　　　　　　　　　　　内检员（签字）：

加工产品申请材料清单

1. 《绿色食品标志使用申请书》和《加工产品调查表》

2. 质量控制规范

3. 加工规程

4. 配料来源证明材料

5. 基地图（加工厂位置图和加工厂平面布局图）

6. 带有绿色食品标志的预包装标签设计样张（仅预包装食品提供）

7. 生产记录及绿色食品证书复印件（仅续展申请人提供）

8. 《产地环境质量检验报告》（必要时）

9. 《产品检验报告》

10. 绿色食品抽样单

11. 中国绿色食品发展中心要求提供的其他材料（绿色食品企业内部检查员证书、国家农产品质量安全追溯管理信息平台注册证明等）

加工产品申请材料清单说明

一、质量控制规范

结构合理，制度健全，并满足绿色食品全程质量控制要求。内容应至少包括申请人简介、管理方针和目标、组织机构图及其相关岗位的责任和权限、可追溯体系、内部检查、文件和记录管理、持续改进体系等。应由负责人签发并加盖申请人公章，应有生效日期。

二、加工规程

应符合生产实际和绿色食品标准要求，内容至少包括原料验收及储存、主辅料和食品添加剂组成及比例、生产工艺及主要技术参数、产品收集、处理与批次号管理、主要设备清洗消毒方法、污水、废弃物处理、加工厂卫生管理与有害生物控制、包装标识、仓储运输等。如存在平行生产，还应包含防止绿色食品与非绿色食品交叉污染措施。

三、配料来源和证明

1. 来源于全国绿色食品原料标准化生产基地的，需提供与基地范围内生产经营主体（基地办提供证明）签订的三（含）年以上，并确保至少一个绿色食品用标周期内供应稳定的原料购销合同（协议），提供一年内的购销凭证和有效期内的基地证书。

2. 来源于绿色食品产品或其副产品的，需提供确保至少一个绿色食品用标周期内原料供应的稳定性，生产规模或产量应满足申请产品的生产需要的合同（协议），提供一年内的购销凭证和有效期内的绿色食品证书。

3. 来源于非绿色食品产品、比例在 2％～10％的，需提供三年以上有效期的购销合同和发票复印件，绿色食品定点检测机构或省部级以上检测机构出具的检测报告；原料比例小于 2％（食盐小于 5％）的需提供固定来源的证明文件，均不得含有绿色食品禁用成分。

四、基地图

1. 加工厂位置图应为加工厂及其周边 5 千米区域，应标示出加工厂位置，标明加工厂周边信息（包括村庄、河流、山川、树林、道路、设施、污染源等）。

2. 加工厂平面布局图应标示出加工厂面积、方位、边界、周边区域利用情况及各类不同生产功能区域等。

五、预包装标签设计样张

绿色食品标志设计样应符合《中国绿色食品商标标志设计使用规范手册》要求，应标示生产商名称、产品名称、商标样式等内容。

六、中心要求提供的其他材料

1. 定点屠宰许可证、采矿许可证、食盐定点生产许可证、采水许可证等其他法律法规要求办理的资质证书复印件（适用时）。

2. 如委托加工，需提供被委托加工厂的营业执照、食品生产许可证书及食品生产许可品种明细表复印件，提供确保至少一个绿色食品用标周期内生产稳定的委托加工合同（协议）。

水 产 品 调 查 表

申请人（盖章）_____

申 请 日 期 _____年____月____日

中国绿色食品发展中心

填 表 说 明

一、本表适用于鲜活水产品及捕捞、收获后未添加任何配料的冷冻、干燥等简单物理加工的水产品。加工过程中，使用了其他配料或加工工艺复杂的腌熏、罐头、鱼糜等产品，需填写《加工产品调查表》。

二、本表一式三份，中国绿色食品发展中心、省级工作机构和申请人各一份。

三、本表应如实填写，所有栏目不得空缺，未填部分应说明理由。

四、本表无签字、盖章无效。

五、本表的内容可打印或用蓝、黑钢笔或签字笔填写，语言规范准确、印章（签名）端正清晰。

六、本表可从中国绿色食品发展中心网站下载，用 A4 纸打印。

七、本表由中国绿色食品发展中心负责解释。

表 1　水产品基本情况

产品名称	品种名称	面积（万亩）	养殖周期	养殖方式	养殖模式	基地位置	捕捞区域水深（米）（仅深海捕捞）

注：1."养殖周期"应填写从苗种养殖到商品规格所需的时间；2."养殖方式"可填写湖泊养殖/水库养殖/近海放养/网箱养殖/网围养殖/池塘养殖/蓄水池养殖/工厂化养殖/稻田养殖/其他养殖等；3."养殖模式"可填写单养/混养/套养。

表 2　产地环境基本情况

产地是否位于生态环境良好、无污染地区，是否避开污染源？	
产地是否距离公路、铁路、生活区 50 米以上，距离工矿企业 1 千米以上？	
流入养殖/捕捞区的地表径流是否含有工业、农业和生活污染物？	
绿色食品生产区和常规生产区之间是否设置物理屏障？	
绿色食品生产区和常规生产区的进水和排水系统是否单独设立？	
简述养殖尾水的排放情况。生产是否对环境或周边其他生物产生污染？	

注：相关标准见《绿色食品　产地环境质量》（NY/T 391）和《绿色食品　产地环境调查、监测与评价规范》（NY/T 1054）。

表 3　苗种情况

	品种名称	外购苗种规格	外购来源	投放规格及投放量	苗种消毒方法	投放前暂养场所消毒方法
外购苗种						
	品种名称	苗种培育周期		投放规格及投放量	苗种消毒方法	繁育场所消毒方法
自繁自育苗种						

表 4　饲料使用情况

产品名称						品种名称			
生长阶段	天然饵料	外购饲料					自制饲料		
	饵料品种	饲料名称	主要成分	年用量（吨/亩）	来源	原料名称	年用量（吨/亩）	比例（%）	来源

注：1. 相关标准见《绿色食品　饲料及饲料添加剂使用准则》（NY/T 471）；2. "生长阶段"应包括从苗种到捕捞前以及暂养期各阶段饲料使用情况；3. 使用酶制剂、微生物、多糖、寡糖、抗氧化剂、防腐剂、防霉剂、酸度调节剂、黏结剂、抗结块剂、稳定剂或乳化剂应填写添加剂具体通用名称。

表 5　饲料加工及存储情况

简述饲料加工流程	
简述饲料存储过程防潮、防鼠、防虫措施	
绿色食品与非绿色食品饲料是否分区储藏，如何防止混淆？	

注：相关标准见《绿色食品　饲料及饲料添加剂使用准则》（NY/T 471）和《绿色食品　储藏运输准则》（NY/T 1056）。

表 6　肥料使用情况

肥料名称	来源	用量	使用方法	用途	使用时间

注：1. 相关标准见《绿色食品　肥料使用准则》（NY/T 394）；2. 表格不足可自行增加行数。

表 7　疾病防治情况

产品名称	药物/疫苗名称	使用方法	停药期

注：1. 相关标准见《绿色食品　渔药使用准则》（NY/T 755）；2. 表格不足可自行增加行数。

表 8　水质改良情况

药物名称	用途	用量	使用方法	来源

注：1. 相关标准见《绿色食品　渔药使用准则》（NY/T 755）；2. 表格不足可自行增加行数。

表 9　捕捞情况

产品名称	捕捞规格	捕捞时间	收获量（吨）	捕捞方式及工具

表 10　初加工、包装、储藏和运输

是否进行初加工（清理、晾晒、分级等）？简述初加工流程	
简述水产品收获后防止有害生物发生的管理措施	
使用什么包装材料，是否符合食品级要求？	
简述储藏方法及仓库卫生情况。简述存储过程防潮、防鼠、防虫措施	
说明运输方式及运输工具。简述运输工具清洁措施	
简述运输过程中保活（保鲜）措施	
简述与同类非绿色食品产品一起储藏、运输中的防混、防污、隔离措施	

注：相关标准见《绿色食品　包装通用准则》（NY/T 658）和《绿色食品　储藏运输准则》（NY/T 1056）。

表 11 废弃物处理及环境保护措施

填表人（签字）: 　　　　　　　　　　内检员（签字）:

水产品申请材料清单

1. 《绿色食品标志使用申请书》及《水产品调查表》

2. 质量控制规范

3. 养殖规程

4. 基地来源证明材料或原料（饲料及饲料添加剂）来源证明材料

5. 基地图（基地位置图和养殖场所平面布局图）

6. 带有绿色食品标志的预包装标签设计样张（仅预包装食品提供）

7. 生产记录及绿色食品证书复印件（仅续展申请人提供）

8. 《产地环境质量检验报告》

9. 《产品检验报告》

10. 绿色食品抽样单

11. 中国绿色食品发展中心要求提供的其他材料（绿色食品企业内部检查员证书、国家农产品质量安全追溯管理信息平台注册证明等）

水产品申请材料清单说明

一、质量控制规范要求

结构合理，制度健全，并满足绿色食品全程质量控制要求。内容应至少包括申请人简介、管理方针和目标、组织机构图及其相关岗位的责任和权限、可追溯体系、内部检查、文件和记录管理、持续改进体系等。应由负责人签发并加盖申请人公章，应有生效日期。

二、养殖规程

应符合生产实际和绿色食品标准要求，内容至少包括环境条件、卫生消毒、繁育管理、饲料管理、疫病防治、产品收集与处理、包装标识、仓储运输、废弃物处理、病死及病害动物无害化处理等内容。投入品的种类、来源、用途、使用方法等应符合《绿色食品 饲料及饲料添加剂使用准则》（NY/T 471）和《绿色食品 渔药使用准则》（NY/T 755）要求。

三、基地来源证明材料

1. 自有基地 应提供在有效期内的基地权属证书，如水域滩涂养殖证等，基地使用面积应满足生产规模需要。

2. 基地入股型合作社 应提供合作社章程及农户（社员）清单，清单中应至少包括农户（社员）姓名、生产规模等栏目，基地使用面积应满足生产规模需要。

3. 流转土地统一经营 应提供基地流转（承包）合同（协议）及流转（承包）清单，清单中应至少包括农户（社员）姓名、生产规模等栏目；基地使用面积应满足生产规模需要；合同（协议）应在有效期内。

四、原料（饲料及饲料添加剂）来源证明材料

1. "公司＋合作社（农户）" 应提供基地清单及至少两份与合作社（农户）签订的委托生产合同（协议）样本。

2. 外购全国绿色食品原料标准化生产基地原料 应提供有效期内的基地证书，与全国绿色食品原料标准化生产基地范围内生产经营主体签订的原料供应合同（协议）及一年内的购销凭证，基地建设单位出具的确认原料来自全国绿色食品原料标准化生产基地和合同（协议）真实有效的证明；无需提供《种植产品调查表》、种植规程、基地图等材料。

3. 外购已获证产品及其副产品（绿色食品生产资料） 应提供有效期内的绿色食品（绿色食品生产资料）证书，与绿色食品（绿色食品生产资料）证书持有人签订的购买

合同（协议）及一年内的购销凭证。

五、基地图

1. 基地位置图范围　应为基地及其周边 5 千米区域，应标示出基地位置、基地区域界限（包括行政区域界限、村组界限等）及周边信息（包括村庄、河流、山川、树林、道路、设施、污染源等）。

2. 养殖场所平面布局图　应标示出基地面积、方位、边界、周边区域利用情况及各类不同生产功能区域等。

六、预包装标签设计样张

绿色食品标志设计样应符合《中国绿色食品商标标志设计使用规范手册》要求，应标示生产商名称、产品名称、商标样式等内容。

七、中心要求提供的其他材料

1. 特种鱼类养殖许可证等其他法律法规要求办理的资质证书复印件（适用时）。

2. 外购苗种的申请人，应提供苗种生产方的水产苗种生产许可证，签订的购买合同（协议）及一年内的购销凭证。

食 用 菌 调 查 表

申请人（盖章）_____

申 请 日 期 _____年____月____日

中国绿色食品发展中心

填 表 说 明

一、本表适用于食用菌鲜品或干品，食用菌罐头等深加工产品还需填写《加工产品调查表》。

二、本表一式三份，中国绿色食品发展中心、省级工作机构和申请人各一份。

三、本表应如实填写，所有栏目不得空缺，未填部分应说明理由。

四、本表无签字、盖章无效。

五、本表的内容可打印或用蓝、黑钢笔或签字笔填写，语言规范准确、印章（签名）端正清晰。

六、本表可从中国绿色食品发展中心网站下载，用 A4 纸打印。

七、本表由中国绿色食品发展中心负责解释。

表1　申请产品情况

产品名称	栽培规模 （万袋/万瓶/亩）	鲜品/干品 年产量（吨）	基地位置

表2　产地环境基本情况

产地是否位于生态环境良好、无污染地区，是否避开污染源？	
养殖基地是否距离公路、铁路、生活区50米以上，距离工矿企业1千米以上？	
绿色食品生产区和常规生产区域之间是否有缓冲带或物理屏障？请具体描述	
请描述产地及周边的动植物生长、布局等情况	

表3　基质组成/土壤栽培情况

产品名称	成分名称	比例（％）	年用量（吨）	来源

注：1."比例（％）"指某种食用菌基质中每种成分占基质总量的百分比；2.该表应根据不同食用菌依次填写。

表4　菌种处理

菌种（母种）来源		接种时间	
外购菌种是否有标签和购买凭证？			
简述菌种的培养和保存方法			
菌种是否需要处理？简述处理药剂有效成分、用量、用法			

表5　污染控制管理

基质如何消毒	
菇房如何消毒	
请描述其他潜在污染源（如农药化肥、空气污染等）	

表6　病虫害防治措施

常见病虫害	
采用何种物理防治措施？请具体描述	
采用何种生物防治措施？请具体描述	

农药使用情况		
产品名称	通用名称	防治对象

注：1. 相关标准见《绿色食品　农药使用准则》（NY/T 393）；2. 该表应按食用菌品种分别填写。

表7　用水情况

基质用水来源		基质用水量（千克/吨）	
栽培用水来源		栽培用水量（吨/亩）	

表8　采后处理

简述采收时间、方式	
产品收获时存放的容器或工具？材质？请详细描述	
收获后是否有清洁过程？如是，请描述清洁方法	
收获后是否对产品进行挑选、分级？如是，请描述方法	

（续）

收获后是否有干燥过程？如是，请描述干燥方法	
收获后是否采取保鲜措施？如是，请描述保鲜方法	
收获后是否需要进行其他预处理？如是，请描述其过程	
使用何种包装材料、包装方式、包装规格？是否符合食品级要求？	
产品收获后如何运输？	

表 9 食用菌初加工

请描述初加工的工艺流程和条件：

产品名称	原料名称	原料量（吨）	出成率（%）	成品量（吨）

表 10 废弃物处理及环境保护措施

填表人（签字）：　　　　　　　　　　　　　　　　　　　内检员（签字）：

食用菌产品申请材料清单

1. 《绿色食品标志使用申请书》和《食用菌调查表》

2. 质量控制规范

3. 生产操作规程

4. 基地来源证明材料或原料来源证明材料

5. 基地图（基地位置图和种植基地分布图）

6. 栽培车间分布图（工厂化生产）

7. 带有绿色食品标志的预包装标签设计样张（仅预包装食品提供）

8. 生产记录及绿色食品证书复印件（仅续展申请人提供）

9. 《产地环境质量检验报告》

10. 《产品检验报告》

11. 绿色食品抽样单

12. 中国绿色食品发展中心要求提供的其他材料（绿色食品企业内部检查员证书、国家农产品质量安全追溯管理信息平台注册证明等）

食用菌产品申请材料清单说明

一、质量控制规范要求

结构合理，制度健全，并满足绿色食品全程质量控制要求。内容应至少包括申请人简介、管理方针和目标、组织机构图及其相关岗位的责任和权限、可追溯体系、内部检查、文件和记录管理、持续改进体系等。应由负责人签发并加盖申请人公章，应有生效日期。

二、生产操作规程

应符合生产实际和绿色食品标准要求，内容至少包括菌种来源、培育、培养基制作，病虫害控制等栽培管理措施，收获、采后处理等。申请人应依据绿色食品相关标准及中心发布的相关生产操作规程结合生产实际情况制定，应具有科学性、可操作性和实用性。应由负责人签发并加盖申请人公章。

三、基地来源或原料来源证明材料

1. 自有基地 应提供在有效期内的基地权属证书，基地使用面积应满足生产规模需要。

2. 基地入股型合作社 应提供合作社章程及农户（社员）清单，清单中应至少包括农户（社员）姓名、生产规模等栏目，基地使用面积应满足生产规模需要。

3. 流转土地统一经营 应提供基地流转（承包）合同（协议）及流转（承包）清单，清单中应至少包括农户（社员）姓名、生产规模等栏目；基地使用面积应满足生产规模需要；合同（协议）应在有效期内。

4. 生产组织形式为"公司+合作社（农户）"的 应提供基地清单及至少两份与合作社（农户）签订的委托生产合同（协议）样本。

四、基地图

1. 基地位置图范围 应为基地及其周边 5 千米区域，应标示出基地位置、基地区域界限（包括行政区域界限、村组界限等）及周边信息（包括村庄、河流、山川、树林、道路、设施、污染源等）；

2. 种植基地分布图 应标示出基地面积、方位、边界、周边区域利用情况及各类不同生产功能区域等。

五、中心要求提供的其他材料

基质成分组成应符合生产实际，各成分来源明确，并提供购买合同（协议）和购销凭证。

蜂 产 品 调 查 表

申请人（盖章）_____

申 请 日 期 _____年____月____日

中国绿色食品发展中心

填 表 说 明

一、本表适用于涉及蜜蜂养殖的相关产品，加工环节需填写《加工产品调查表》。

二、本表一式三份，中国绿色食品发展中心、省级工作机构和申请人各一份。

三、本表应如实填写，所有栏目不得空缺，未填部分应说明理由。

四、本表无签字、盖章无效。

五、本表的内容可打印或用蓝、黑钢笔或签字笔填写，语言规范准确、印章（签名）端正清晰。

六、本表可从中国绿色食品发展中心网站下载，用 A4 纸打印。

七、本表由中国绿色食品发展中心负责解释。

表1　产地环境基本情况（蜜源地和蜂场）

基地位置（蜜源地和蜂场）	
产地是否位于生态环境良好、无污染地区，是否避开污染源？	
产地是否距离公路、铁路、生活区50米以上，距离工矿企业1千米以上？	
请描述产地及周边植物的农药、肥料等投入品使用情况	
请描述产地及周边的动植物生长、布局等情况	

注：相关标准见《绿色食品　产地环境质量》（NY/T 391）和《绿色食品　产地环境调查、监测与评价规范》（NY/T 1054）。

表2　蜜源植物

蜜源植物名称		流蜜时间（起止时间）		蜜源地规模（万亩）	
蜜源地常见病虫草害					
病虫草害防治方法。若使用农药，请明确农药名称、用量、防治对象和安全间隔期等内容					
蜂场周围半径3~5千米范围内有毒有害蜜源植物					

注：不同蜜源植物应分别填写。

表3　蜂　　场

蜂种（中蜂、意蜂、黑蜂、无刺蜂）		蜂箱数		生产期采收次数	
蜂箱用何种材料制作					
巢础来源及材质					
蜂场及蜂箱如何消毒，请明确消毒剂名称、用量、批准文号、使用时间、采蜜间隔期等内容					
蜂场如何培育蜂王					
蜜蜂饮用水来源					
是否转场饲养？转场期间是否饲喂？请具体描述					

表 4 饲 喂

饲料名称	饲喂时间	用量（吨）	来源

注：1. 相关标准见《绿色食品 饲料及饲料添加剂使用准则》（NY/T 471）；2. 表格不足可自行增加行数。

表 5 蜜蜂常见疾病防治

蜜蜂常见疾病				
防治措施				
兽药名称	批准文号	用途	用量	采蜜间隔期

注：1. 相关标准见《绿色食品 兽药使用准则》（NY/T 472）；2. 表格不足可自行增加行数。

表 6 采收、储存及运输情况

采收原料类别	蜂蜜□	蜂王浆□	蜂花粉□	其他产品□
采收方式				
采收设备及材质				
采收时间				
采收数量（千克/蜂箱）				
取蜜设备使用前后是否清洗？请具体描述				
是否存在非绿色食品生产？请描述区分管理措施				
如何储存？包括从采收到加工过程中的储存环境、间隔时间、储存设备等，请具体描述				
储存设备使用前后是否清洗？请具体描述清洗情况				
如何运输？请具体描述				

表 7　废弃物处理及环境保护措施

填表人（签字）：　　　　　　　　　　　　　　　　　　　　内检员（签字）：

蜂产品申请材料清单

1. 《绿色食品标志使用申请书》及《蜂产品调查表》

2. 质量控制规范

3. 生产操作规程（养殖规程和加工规程）

4. 基地来源证明材料或原料来源证明材料

5. 基地图（基地位置图和基地地块分布图）

6. 带有绿色食品标志的预包装标签设计样张（仅预包装食品提供）

7. 生产记录及绿色食品证书复印件（包括养殖记录和加工记录，仅续展申请人提供）

8. 《产地环境质量检验报告》

9. 《产品检验报告》

10. 绿色食品抽样单

11. 中国绿色食品发展中心要求提供的其他材料（绿色食品企业内部检查员证书、国家农产品质量安全追溯管理信息平台注册证明等）

蜂产品申请材料清单说明

一、质量控制规范要求

结构合理，制度健全，并满足绿色食品全程质量控制要求。内容应至少包括申请人简介、管理方针和目标、组织机构图及其相关岗位的责任和权限、可追溯体系、内部检查、文件和记录管理、持续改进体系等。应由负责人签发并加盖申请人公章，应有生效日期。

二、养殖规程

应符合生产实际和绿色食品标准要求，内容至少包括环境条件、卫生消毒、繁育管理、饲料管理、疫病防治、产品收集与处理、包装标识、仓储运输、废弃物处理、病死及病害动物无害化处理等内容。投入品的种类、来源、用途、使用方法等应符合《绿色食品 饲料及饲料添加剂使用准则》（NY/T 471）、《绿色食品 兽药使用准则》（NY/T 472）等要求。

三、基地来源证明材料或原料来源证明材料

需提供蜜源植物基地清单、蜂场基地清单及两份（含）以上与合作社（农户）签订的有效期三年以上的委托养殖合同。

蜜源植物基地清单（模板）

序号	合作社名（基地村名）	蜜源植物	种植面积（天然面积）	负责人员
合计				

申请人（盖章）

蜂场清单（模板）

序号	蜂场名称	蜂场位置（基地村名）	蜂箱数	预计产量	负责人员
合计					

申请人（盖章）

四、基地图

包括蜜源植物基地位置图、基地地块分布图和蜂场基地位置图（蜂场在蜜源植物基地位置图上标出，并标明蜂群数）。

附件8

绿色食品申报产品有关情况填报说明

一、产品年产值（单位：万元）

$$产品年产值＝申报产量×当年产品平均出厂价格$$

二、产品国内年销售额（单位：万元）

申报产品上年度国内销售额。

三、产品出口量、出口额（单位：吨、万美元）

申报产品上个年度的出口量、出口额。

四、种植养殖面积（单位：万亩）

（一）初级产品

1. 种植业产品　直接填报种植面积（食用菌不需填报）。

2. 畜禽产品　牛、羊肉产品既要填报放牧草场面积，又要填报主要饲料原料（如玉米、小麦、大豆等）的种植面积。猪肉、禽肉与禽蛋类产品只填报饲料主要原料种植面积。

3. 水产品（包括淡水、海水产品）　填报水面养殖面积。

（二）加工产品

主要原料是绿色食品产品的，不需要填报种养殖面积；主要原料来自全国绿色食品标准化原料生产基地或申报单位自建基地的，需要填报种养殖面积。

1. 需要填报主要原料（或饲料）种养殖面积的加工产品

（1）农林类加工产品　小麦粉、大米、大米加工品、玉米加工品、大豆加工品、食用植物油、机制糖、杂粮加工品、冷冻保鲜蔬菜、蔬菜加工品、果类加工品、山野菜加工品、其他农林加工产品。

（2）畜禽类加工产品　蛋制品、液体乳、乳制品、蜂产品。

（3）水产类加工产品　淡水加工品、海水加工品。

（4）饮料类产品　果蔬汁及其饮料、固体饮料（果汁粉、咖啡粉）、其他饮料（含乳饮料及植物蛋白饮料、茶饮料及其他软饮料）、精制茶、其他茶（如代用茶）、白酒、啤酒、葡萄酒、其他酒类（黄酒、果酒、米酒等）。

（5）其他加工产品　方便主食品（米制品、面制品、非油炸方便面、方便粥）、糕点（焙烤食品、膨化食品、其他糕点）、果脯蜜饯、淀粉、调味品（味精、酱油、食醋、料酒、复合调味料、酱腌菜、辛香料、调味酱）、食盐（海盐、湖盐）。

2. 不需要填报主要原料（或饲料）种养殖面积的加工产品

（1）农林类加工产品　食用菌加工品。

（2）畜禽类加工产品　肉食加工品（包括生制品、熟制品、畜禽副产品加工品、肉禽类罐头、其他肉食加工品）。

（3）饮料类产品　瓶（罐）装饮用水、碳酸饮料、固体饮料（乳精、其他固体饮料）、冰冻饮品、其他酒类（露酒）。

（4）其他加工产品　方便主食品（包括速冻食品、其他方便主食品）、糖果（包括糖果、巧克力、果冻等）、食盐（包括井矿盐、其他盐）、调味品（包括水产调味品、其他调味品、发酵制品）、食品添加剂。

绿色食品标志许可审查工作规范

（2022 年 1 月 27 日发布）

第一章　总　则

第一条　为规范绿色食品标志使用许可申请审查工作，保证审查工作的科学性、公正性和有效性，促进绿色食品事业高质量发展，根据国家相关法律法规、《绿色食品标志管理办法》、绿色食品标准及制度规定，制定本规范。

第二条　本规范所称审查，是指经中国绿色食品发展中心（以下简称"中心"）及农业农村行政主管部门所属绿色食品工作机构（以下简称"工作机构"）组织绿色食品检查员（以下简称"检查员"），依据绿色食品标准和相关规定，对申请人申请使用绿色食品标志的相关材料（以下简称"申请材料"）实施符合性评价的特定活动。

第三条　审查应遵循下列原则：

（一）依法依标，合理合规。

（二）严审严查，质量第一。

（三）科学严谨，注重实效。

（四）独立客观，公平公正。

第二章　职责分工

第四条　审查工作应按照《绿色食品标志许可审查程序》组织实施，包括受理审查、初审、书面审查（综合审查）等。

第五条　受理审查，是指省级工作机构或受其委托的地市县级工作机构审查本行政区域内申请人提交的相关材料，并形成受理审查意见。国家级龙头企业可由中心直接受理审查，省级龙头企业可由省级工作机构受理审查。

第六条　初审，是指省级工作机构对本行政区域内受理审查意见及相关申请人材料复核，同时审查现场检查、产地环境和产品检验等材料，并形成初审意见。

第七条　综合审查，是指中心审查省级工作机构初审意见及其提交的完整申请材料，并形成综合审查意见。省级工作机构负责本行政区域内续展申请材料的综合审查，初审和综合审查可合并完成。中心负责省级工作机构续展意见及相关材料的备案和抽查。

第八条 涉及境外申请的可由中心直接受理审查，后续工作由中心统一负责。

第九条 检查员承担审查的具体工作。检查员须经中心核准注册且具有相应专业资质。

第十条 审查工作实行签字负责制。工作机构负责人及检查员应按照所执行的审查任务，认真履行审查职责，严格落实分级审查要求，并对审查结果负责。

第三章 申请条件与要求

第十一条 申请人应满足下列资质条件和要求：

（一）能够独立承担民事责任。应为国家市场监督管理部门登记注册取得营业执照的企业法人、农民专业合作社、个人独资企业、合伙企业、家庭农场等，国有农场、国有林场和兵团团场等生产单位。

（二）具有稳定的生产基地或稳定的原料来源。

1. 稳定的生产基地应为申请人可自行组织生产和管理的基地，包括：

（1）自有基地；

（2）基地入股型合作社；

（3）流转土地统一经营。

2. 稳定的原料来源应为申请人能够管理和控制符合绿色食品要求的原料，包括：

（1）按照绿色食品标准组织生产和管理获得的原料。申请人应与生产基地所有人签订有效期三年（含）以上的绿色食品委托生产合同（协议）；

（2）全国绿色食品原料标准化生产基地的原料。申请人应与全国绿色食品原料标准化生产基地范围内生产经营主体签订有效期三年（含）以上的原料供应合同（协议）；

（3）购买已获得绿色食品标志使用证书（以下简称"绿色食品证书"）的绿色食品产品（以下简称"已获证产品"）或其副产品。

（三）具有一定的生产规模。具体要求为：

1. 种植业

（1）粮油作物产地面积 500 亩（含）以上；

（2）露地蔬菜（水果）产地面积 200 亩（含）以上；设施蔬菜（水果）产地面积 100 亩（含）以上；

全国绿色食品原料标准化生产基地、地理标志农产品产地、省级绿色优质农产品基地内集群化发展的蔬菜（水果）申请人，露地蔬菜（水果）产地面积 100 亩（含）以上；设施蔬菜（水果）产地面积 50 亩（含）以上；

（3）茶叶产地面积 100 亩（含）以上；

（4）土壤栽培食用菌产地面积 50 亩（含）以上；基质栽培食用菌 50 万袋（含）以上。

2. 养殖业

（1）肉牛年出栏量或奶牛年存栏量 500 头（含）以上；

（2）肉羊年出栏量 2 000 头（含）以上；

（3）生猪年出栏量 2 000 头（含）以上；

（4）肉禽年出栏量或蛋禽年存栏量 10 000 只（含）以上；

（5）鱼、虾等水产品湖泊、水库养殖面积 500 亩（含）以上；养殖池塘（含稻田养殖、荷塘养殖等）面积 200 亩（含）以上。

（四）具有绿色食品生产的环境条件和生产技术。

（五）具有完善的质量管理体系，并至少稳定运行一年。

（六）具有与生产规模相适应的生产技术人员和质量控制人员。

（七）具有绿色食品企业内部检查员（以下简称"绿色食品内检员"）。

（八）申请前三年无质量安全事故和不良诚信记录。

（九）与工作机构或绿色食品定点检测机构不存在利益关系。

（十）在国家农产品质量安全追溯管理信息平台（以下简称"国家追溯平台"）完成注册。

（十一）具有符合国家规定的各类资质要求。包括：

1. 从事食品生产活动的申请人，应依法取得食品生产许可。

2. 涉及畜禽养殖、屠宰加工的申请人，应依法取得动物防疫条件合格证。猪肉产品申请人应具有生猪定点屠宰许可证，或委托具有生猪定点屠宰许可证的定点屠宰厂（场）生产并签订委托生产合同（协议）。

3. 其他资质要求。如取水许可证、采矿许可证、食盐定点生产企业证书、定点屠宰许可证等。

（十二）续展申请人还应满足下列条件：

1. 按期提出续展申请。

2. 已履行《绿色食品标志商标使用许可合同》的责任和义务。

3. 绿色食品证书有效期内年度检查合格。

第十二条　申请产品应满足下列条件和要求：

（一）应符合《中华人民共和国食品安全法》和《中华人民共和国农产品质量安全法》等法律法规规定，在国家知识产权局商标局核定的绿色食品标志使用商品类别涵盖范围内。

（二）应为现行《绿色食品产品适用标准目录》内的产品，如产品本身或产品配料成分属于新食品原料、按照传统既是食品又是中药材的物质、可用于保健食品的物品名单中的产品，需同时符合国家相关规定。

（三）预包装产品应使用注册商标（含授权使用商标）。

（四）产品或产品原料产地环境应符合绿色食品产地环境质量标准。

（五）产品质量应符合绿色食品产品质量标准。

（六）生产中投入品使用应符合绿色食品投入品使用准则。

（七）包装储运应符合绿色食品包装储运准则。

第十三条　其他要求：

（一）委托生产应符合下列要求：

1. 实行委托加工的种植业、养殖业申请人，被委托方应获得相应产品或同类产品的绿色食品证书（委托屠宰除外）。

2. 实行委托种植的加工业申请人，应与生产基地所有人签订有效期三年（含）以上的绿色食品委托种植合同（协议）。

3. 实行委托养殖的屠宰、加工业申请人，应与养殖场所有人签订有效期三年（含）以上的绿色食品委托养殖合同（协议），被委托方应满足下列要求：

（1）使用申请人提供或指定的符合绿色食品相关标准要求的饲料，不可使用其他来源的饲料；

（2）养殖模式为"合作社"或"合作社＋农户"的，合作社应为地市级（含）以上合作社示范社；

（3）如购买全混合日粮、配合饲料、浓缩饲料、精料补充料等，应为绿色食品生产资料。

4. 直接购买全国绿色食品原料标准化生产基地原料或已获证产品及其副产品的申请人，如实行委托加工或分包装，被委托方应为绿色食品获证企业。

（二）对申请产品为蔬菜或水果的，基地内全部产品都应申请绿色食品。

（三）加工产品配料应符合食品级要求。配料中至少90％（含）以上原料应为第十一条（二）中所述来源。配料中比例在2％～10％的原料应有稳定来源，并有省级（含）以上检测机构出具的符合绿色食品标准要求的产品检验报告，检验应依据《绿色食品标准适用目录》执行，如原料未列入，应按照国家标准、行业标准和地方标准的顺序依次选用；比例在 2%（含）以下的原料，应提供购买合同（协议）及购销凭证。购买的同一种原料不应同时来自已获证产品和未获证产品。

（四）畜禽产品应在以下规定的养殖周期内采用绿色食品标准要求的养殖方式：

1. 乳用牛断乳后（含后备母牛）。

2. 肉用牛、羊断乳后。

3. 肉禽全养殖周期。

4. 蛋禽全养殖周期。

5. 生猪断乳后。

（五）水产品应在以下规定的养殖周期内采用绿色食品标准要求的养殖方式：

1. 自繁自育苗种的，全养殖周期。

2. 外购苗种的，至少 2/3 养殖周期内应采用绿色食品标准要求的养殖方式。

（六）对于标注酒龄的黄酒，还应符合下列要求：

1. 产品名称相同，标注酒龄不同的，应按酒龄分别申请。

2. 标注酒龄相同，产品名称不同的，应按产品名称分别申请。

3. 标注酒龄基酒的比例不得低于 70%，且该基酒应为绿色食品。

（七）其他涉及的情况应遵守国家相关法律法规，符合强制性标准、产业发展政策要求及中心相关规定。

第四章　审查内容与要点

第一节　申请材料构成

第十四条　申请材料由申请人材料、现场检查材料、环境和产品检验材料、工作机构材料四部分构成。

第十五条　申请人材料

（一）《绿色食品标志使用申请书》（以下简称"申请书"）及产品调查表。

（二）质量控制规范。

（三）生产操作规程。

（四）基地来源证明材料。

（五）原料来源证明材料。

（六）基地图。

（七）带有绿色食品标志的预包装标签设计样张。

（八）生产记录及绿色食品证书复印件（仅续展申请人提供）。

（九）中心要求提供的其他材料。

第十六条　现场检查材料

（一）《绿色食品现场检查通知书》（以下简称"现场检查通知书"）。

（二）《绿色食品现场检查报告》（以下简称"现场检查报告"）。

（三）《绿色食品现场检查会议签到表》（以下简称"会议签到表"）。

（四）《绿色食品现场检查发现问题汇总表》（以下简称"发现问题汇总表"）。

（五）绿色食品现场检查照片（以下简称"现场检查照片"）。

（六）《绿色食品现场检查意见通知书》（以下简称"现场检查意见通知书"）。

（七）现场检查取得的其他材料。

其中，（一）和（六）由工作机构和申请人留存。

第十七条　环境和产品检验材料

（一）《产地环境质量检验报告》。

（二）《产品检验报告》。

（三）绿色食品抽样单。

（四）中心要求提供的其他材料。

第十八条　工作机构材料

（一）《绿色食品申请受理通知书》（以下简称"受理通知书"）。

（二）《绿色食品受理审查报告》（以下简称"受理审查报告"）。

（三）《绿色食品省级工作机构初审报告》（以下简称"初审报告"）。

（四）中心要求提供的其他材料。

其中，（一）和（二）由工作机构和申请人留存。

第十九条　申请材料应齐全完整、统一规范，并按第十五条、第十六条、第十七条和第十八条的顺序编制成册。

第二节　申请人材料审查

第二十条　申请书及产品调查表

申请人应使用中心统一制式表格，填写内容应完整、规范，并符合其填写说明要求；不涉及栏目应填写"无"或"不涉及"。

（一）申请书

1. 封面应明确初次申请、续展申请和增报申请，并填写申请日期。

2. 法定代表人、填表人、内检员应签字确认，申请人盖章应齐全。

3. 申请人名称、统一社会信用代码、食品生产许可证号、商标注册证号等信息应填写准确，如委托生产应在相应栏目注明被委托方信息。

4. 产品名称应符合国家现行标准或规章要求。

5. 商标应以"文字""英文（字母）""拼音""图形"的单一形式或组合形式规范表述；一个申请产品使用多个商标的，应同时提出；受理期、公告期的商标应在相应栏目填写"无"。

6. 产量应与生产规模相匹配。

7. 包装规格应符合实际预包装情况；绿色食品包装印刷数量应按实际情况填写；年产值、年销售额应填写绿色食品申请产品实际销售情况。

8. 续展产品名称、商标、产量等信息发生变化的，应备注说明。

（二）产品调查表包括《种植产品调查表》《畜禽产品调查表》《加工产品调查表》《水产品调查表》《食用菌调查表》《蜂产品调查表》，应按相应审查要点（附件 1～附件 6）审查。

第二十一条　质量控制规范

申请人应建立完善的质量管理体系，结构合理，制度健全，并满足绿色食品全程质量控制要求。内容应至少包括申请人简介、管理方针和目标、组织机构图及其相关岗位的责任和权限、可追溯体系、内部检查、文件和记录管理、持续改进体系等。应由负责人签发并加盖申请人公章，应有生效日期。对续展申请人，质量控制规范如无变化可不提供。

第二十二条　生产操作规程

生产操作规程包括种植规程（含食用菌产品）、养殖规程（包括畜禽产品、水产品、蜂产品）和加工规程，申请人应依据绿色食品相关标准及中心发布的相关生产操作规程结合生产实际情况制定，应具有科学性、可操作性和实用性。应由负责人签发并加盖申请人公章。对续展申请人，生产操作规程如无变化可不提供。

（一）种植规程（含食用菌产品）

1. 应包括立地条件、品种、茬口（包括耕作方式，如轮作、间作等）、育苗栽培、种植管理、有害生物防治、产品收获及处理、包装标识、仓储运输、废弃物处理等内容。

2. 投入品的种类、成分、来源、用途、使用方法等应符合《绿色食品　农药使用准则》（NY/T 393）和《绿色食品　肥料使用准则》（NY/T 394）要求。

（二）养殖规程（包括畜禽产品、水产品、蜂产品）

1. 应包括环境条件、卫生消毒、繁育管理、饲料管理、疫病防治、产品收集与处理、包装标识、仓储运输、废弃物处理、病死及病害动物无害化处理等内容。

2. 投入品的种类、来源、用途、使用方法等应符合《绿色食品　饲料及饲料添加剂使用准则》（NY/T 471）、《绿色食品　兽药使用准则》（NY/T 472）、《绿色食品畜禽卫生防疫准则》（NY/T 473）和《绿色食品　渔药使用准则》（NY/T 755）要求。

（三）加工规程

1. 应包括原料验收及储存、主辅料和食品添加剂组成及比例、生产工艺及主要技术参数、产品收集与处理、主要设备清洗消毒方法、废弃物处理、包装标识、仓储运输等内容。

2. 应重点审查主辅料和食品添加剂的种类、成分、来源、使用方式，防虫、防鼠、防潮措施及投入品的种类、来源、用途、使用方法等应符合《绿色食品　农药使用准则》（NY/T 393）和《绿色食品　食品添加剂使用准则》（NY/T 392）要求。

第二十三条　基地来源证明材料

证明材料包括基地权属证明、合同（协议）、农户（社员）清单等，应重点审查证明材料的真实性和有效性，不应有涂改或伪造。

（一）自有基地

1. 应审查基地权属证书，如产权证、林权证、滩涂证、国有农场所有权证书等。

2. 证书持有人应与申请人信息一致。

3. 基地使用面积应满足生产规模需要。

4. 证书应在有效期内。

（二）基地入股型合作社

1. 应审查合作社章程及农户（社员）清单，清单中应至少包括农户（社员）姓名、生产规模等栏目。

2. 章程和清单中签字、印章应清晰、完整。

3. 基地使用面积应满足生产规模需要。

（三）流转土地统一经营

1. 应审查基地流转（承包）合同（协议）及流转（承包）清单，清单中应至少包括农户（社员）姓名、生产规模等栏目。

2. 基地流入方（承包人）应与申请人信息一致；土地流出方（发包方）为非产权人的，应审查非产权人土地来源证明。

3. 基地使用面积应满足生产规模需要。

4. 合同（协议）应在有效期内。

第二十四条　原料来源证明材料（含饲料原料）

证明材料包括合同（协议）、基地清单、农户（内控组织）清单及购销凭证等，应重点审查证明材料的真实性和有效性，不应有涂改或伪造。

（一）"公司＋合作社（农户）"

1. 应审查至少两份与合作社（农户）签订的委托生产合同（协议）样本及基地清单；合同（协议）有效期应在三年（含）以上，并确保至少一个绿色食品用标周期内原料供应的稳定性，内容应包括绿色食品质量管理、技术要求和法律责任等；基地清单中应包括序号、负责人、基地名称、合作社（农户）数、生产品种、面积（规模）、预计产量等栏目，并应有汇总数据。

2. 农户数 50 户（含）以下的应审查农户清单，清单中应包括序号、基地名称、农户姓名、生产品种、面积（规模）、预计产量等栏目，并应有汇总数据；农户数 50 户以上 1 000 户（含）以下的，应审查内控组织（不超过 20 个）清单，清单中应包括序号、负责人、基地名称、农户数、生产品种、面积（规模）、预计产量等栏目，并应有汇总数据；农户数 1 000 户以上的，应与合作社建立委托生产关系，被委托合作社应统一负责生产经营活动，应审查基地清单及被委托合作社章程。

3. 清单汇总数据中的生产规模或产量应满足申请产品的生产需要。

（二）外购全国绿色食品原料标准化生产基地原料

1. 应审查有效期内的基地证书。

2. 申请人与全国绿色食品原料标准化生产基地范围内生产经营主体签订的原料供应合同（协议）及一年内的购销凭证。

3. 合同（协议）、购销凭证中产品应与基地证书中批准产品相符。

4. 合同（协议）有效期应在三年（含）以上，并确保至少一个绿色食品用标周期内原料供应的稳定性，生产规模或产量应满足申请产品的生产需要。

5. 购销凭证中收付款双方应与合同（协议）中一致。

6. 基地建设单位出具的确认原料来自全国绿色食品原料标准化生产基地和合同（协议）真实有效的证明。

7. 申请人无需提供《种植产品调查表》、种植规程、基地图等材料。

（三）外购已获证产品及其副产品（绿色食品生产资料）

1. 应审查有效期内的绿色食品（绿色食品生产资料）证书。

2. 申请人与绿色食品（绿色食品生产资料）证书持有人签订的购买合同（协议）及一年内的购销凭证；供方（卖方）非证书持有人的，应审查绿色食品原料（绿色食品生产资料）来源证明，如经销商销售绿色食品原料（绿色食品生产资料）的合同（协议）及发票或绿色食品（绿色食品生产资料）证书持有人提供的销售证明等。

3. 合同（协议）、购销凭证中产品应与绿色食品（绿色食品生产资料）证书中批准产品相符。

4. 合同（协议）应确保至少一个绿色食品用标周期内原料供应的稳定性，生产规模或产量应满足申请产品的生产需要。

5. 购销凭证中收付款双方应与合同（协议）中一致。

第二十五条 基地图

基地图包括基地位置图及基地分布图或生产场所平面布局图。图示应有图例、指北等要素，图示信息应与申请材料中相关信息一致。

（一）基地位置图范围应为基地及其周边 5 千米区域，应标示出基地位置、基地区域界限（包括行政区域界限、村组界限等）及周边信息（包括村庄、河流、山川、树林、道路、设施、污染源等）。

（二）基地分布图或生产场所平面布局图应标示出基地面积、方位、边界、周边区域利用情况及各类不同生产功能区域等。

第二十六条 预包装标签设计样张

（一）应符合《食品标识管理规定》《食品安全国家标准 预包装食品标签通则》（GB 7718）和《食品安全国家标准 预包装食品营养标签通则》（GB 28050），包装应符合《绿色食品 包装通用准则》（NY/T 658）等要求。

（二）绿色食品标志设计样应符合《中国绿色食品商标标志设计使用规范手册》要求。

（三）生产商名称、产品名称、商标样式、产品配方、委托加工等标示内容应与申请材料中相关信息一致。

第二十七条 生产记录及绿色食品证书复印件

（一）生产记录中投入品来源、用途、使用方法和管理等信息应符合绿色食品标准要求。

（二）上一用标周期绿色食品证书中应有年检合格章。

第二十八条 资质证明材料

申请人应具备国家法律法规要求办理的资质证书。检查员应审查资质证书的真实性及有效性。

（一）营业执照

1. 通过国家企业信用信息公示系统核验申请人登记信息。

2. 证书中名称、法定代表人等信息应与申请人信息一致。

3. 提出申请时，成立时间应不少于一年。

4. 经营范围应涵盖申请产品类别。

5. 应在有效期内。

6. 未列入经营异常名录、严重违法失信企业名单。

（二）商标注册证

1. 通过国家知识产权局商标局网站核验商标注册信息；商标在受理期、公告期的，按无商标处理。

2. 证书中注册人应与申请人或其法定代表人一致；不一致的，应审查商标使用权证明材料，如商标变更证明、商标使用许可证明、商标转让证明等。

3. 核定使用商品应涵盖申请产品。

4. 应在有效期内。

（三）食品生产许可证及品种明细表

1. 通过国家市场监督管理总局网站核验食品生产许可信息。

2. 证书中生产者名称应与申请人或被委托方名称一致。

3. 许可品种明细表应涵盖申请产品。

4. 应在有效期内。

（四）动物防疫条件合格证

1. 证书中单位名称应与申请人或被委托方名称一致。

2. 经营范围应涵盖申请产品相关的生产经营活动。

3. 应在有效期内。

（五）取水许可证、采矿许可证、食盐定点生产企业证书、定点屠宰许可证

1. 持证方名称应与申请人或被委托方名称一致。

2. 生产规模应能满足申请产品产量需要。

3. 应在有效期内。

（六）绿色食品内检员证书

1. 持证人所在企业名称应与申请人名称一致。

2. 应在有效期内。

（七）国家追溯平台注册证明中主体名称应与申请人名称一致。

（八）其他需提供的资质证明材料应符合国家相关要求。

第三节 现场检查材料审查

第二十九条 现场检查工作应由两名（含）以上具有相应专业资质检查员组织实施，检查员应根据申请人生产规模、基地距离及工艺复杂程度等情况计算现场检查时间，原则上不少于一个工作日，且应安排在申请产品生产、加工期间的高风险时段实

施。涉及跨省级行政区域委托现场检查的，应审查委托协议，并向中心备案。

第三十条　现场检查通知书应重点审查申请人名称、申请类型等与申请人材料的一致性，检查依据和检查内容的适用性和完整性，检查员保密承诺，申请人确认回执等。检查组和申请人应签字确认，盖章应齐全。

第三十一条　现场检查报告

（一）应由检查员按照中心统一制式表格在现场检查完成后十个工作日内完成，不可由他人代写。

（二）检查项目、检查情况描述应与申请人的实际生产情况相符，检查员应客观、真实评价各部分检查内容；生产中投入品使用应符合国家相关法律法规和绿色食品投入品使用准则；现场检查综合评价应全面评价申请人质量管理体系、产地环境质量、产品生产过程、投入品使用、包装储运、环境保护、绿色食品标志使用等情况；检查员和申请人应对现场检查报告内容签字确认，盖章应齐全。

（三）对续展申请人，现场检查报告还应重点审查续展相关项目，如上一用标周期《绿色食品标志商标使用许可合同》责任和义务的履行情况，产地环境、生产工艺、预包装标签设计样张、绿色食品标志使用情况等。

第三十二条　会议签到表应按中心统一制式表格填写，应重点审查检查时间、检查员资质、申请人名称及参会人员情况等，检查员、签到日期应与现场检查报告中相关信息一致。

第三十三条　发现问题汇总表应客观说明检查中存在的问题，涉及整改的，应重点审查整改落实情况，检查组长和申请人应签字确认，盖章应齐全。

第三十四条　现场检查照片

（一）检查员应提供清晰照片，真实、清楚反映现场检查工作。

（二）照片应在 A4 纸上按检查环节打印或粘贴，完整反映首次会议、实地检查、随机访问、查阅文件（记录）、总结会等环节，并覆盖产地环境调查，生产投入品，申请产品生产、加工、仓储，管理层沟通等关键环节。

（三）照片应体现申请人名称，明确标示检查时间、检查员信息、检查场所、检查内容等。

第三十五条　现场检查意见通知书应重点审查申请人名称与申请人材料的一致性，工作机构对现场检查合格与否的判定，产地环境和产品检验项目及工作机构的确认情况等，盖章应齐全。

第四节　环境和产品检验材料审查

第三十六条　绿色食品产地环境和产品检验应由绿色食品定点检测机构按照授权业

务范围组织实施。涉及境外检测的，检验报告可由国际认可并经中心确认的检测机构出具。检测工作和出具报告时限应符合《绿色食品标志管理办法》第十三条规定。

第三十七条　检验报告

（一）环境和产品检验报告应为原件。同一品种的产品，每个产品应提供一份产品检验报告；同类多品种产品应按照《绿色食品　产品抽样准则》（NY/T 896）要求提供产品检验报告；同类分割肉产品（畜禽、水产）应至少提供一份绿色食品定点检测机构出具的全项产品检验报告，如存在非共同项，应加检相应项目。

（二）报告封面应有检测单位盖章、检验专用章及 CMA 专用章，受检（委托）单位及受检产品应与申请材料一致。全部报告页应加盖骑缝章；报告应有编制、审核、批准签发人签名和签发日期。

（三）报告栏目应至少包括序号（编号）、采样单编号、检验项目、标准要求、检测结果及检出限、检验方法、单项判定、检验结论等。环境检验报告还应包括单项污染指数（P_i）和综合污染指数（$P_综$）。

（四）检测项目及标准值应严格执行对应标准中的项目和指标要求，不得随意减少检测项目或更改标准值。如绿色食品标准中引用的标准已作废，且无替代标准时，相关指标可不作检测，但应在检验报告备注栏中注明。

（五）检验结论表述应符合《农业农村部产品质量监督检验测试机构审查认可评审细则》第八十一条释义的要求，备注栏不得填写"仅对来样负责"等描述。判定依据应为现行有效绿色食品标准。未经中心批准对申请人环境或产品重复抽样的，检验报告无效。

环境检验报告应对环境质量作出综合评价，结论应表述为："××××（申请人名称）申请的××××区域（应明确生产区域内全部基地村）××××万亩（基地面积应满足生产规模）产地环境质量符合/不符合 NY/T 391—20××《绿色食品　产地环境质量》的相关要求，适宜/不适宜发展绿色食品"。

产品检验结果判定和复检应符合《绿色食品　产品检验规则》（NY/T 1055）要求，结论应表述为："该批次产品检验结果符合/不符合 NY/T ××××—20××《绿色食品　××××》要求"。

（六）检验报告的修改或变更应符合《农业农村部产品质量监督检验测试机构审查认可评审细则》第八十四条释义和《检验检测机构资质认定能力评价 食品检验机构要求》（RB/T 215）的要求，报告应注以唯一性标识，并作出相应说明。

（七）分包检测应符合国家和中心的相关规定。

第三十八条　环境和产品抽样

（一）环境采样地点应明确到村，布点、采样、监测项目和方法应符合《绿色食品产地环境调查、监测与评价规范》（NY/T 1054）要求。

（二）产品抽样应符合《绿色食品　产品抽样准则》（NY/T 896）要求，绿色食品抽样单应填写完整，签字盖章齐全。抽样单应有编号，受检（委托）单位及受检产品等信息应与检验报告中申请人信息一致。

（三）产品抽样可由检测机构委托当地工作机构实施，并向中心备案。如委托抽样，应审查检测机构与检查员签订的委托抽样合同、检查员接受检测机构专业培训的证明。

（四）环境布点采样应由检测机构专业人员完成。

（五）产品抽样应为当季申请产品。

第三十九条　具备下列材料，可作为有效环境质量证明：

（一）工作机构受理日前一年内的环境检验报告原件或复印件。检验报告应由绿色食品定点检测机构或省、部级（含）以上检测机构出具，且符合绿色食品产地环境检测项目和质量要求。

（二）工作机构受理日前三年内的绿色食品定点检测机构出具的符合绿色食品产地环境要求的区域性环境质量监测评价报告（以下简称"区域环评报告"）。报告原件应由省级工作机构向中心备案。生产基地位于区域环评范围内的申请人应经省级工作机构确认并提供区域环评报告结论页复印件。

第四十条　续展申请人可提供上一用标周期第三年度的全项抽检报告作为其同类系列产品的质量证明材料；非全项抽检报告仅可作为所检产品的质量证明材料。

第四十一条　如有以下情况，相关环境项目可免测：

（一）《绿色食品　产地环境质量》（NY/T 391）和《绿色食品　产地环境调查、监测与评价规范》（NY/T 1054）要求的情况。

（二）畜禽产品散养、放牧区域的土壤。

（三）蜂产品野生蜜源基地的土壤。

（四）续展申请人产地环境、范围、面积未发生改变，产地及其周边未增加新的污染源，影响产地环境质量的因素未发生变化，申请人提出申请，经检查员现场检查和省级工作机构确认后，其产地环境可免做抽样检测。

第五节　工作机构材料审查

第四十二条　受理审查应重点审查申请人资质条件、申请产品条件、申请人材料的完备性、真实性、合理性以及续展申请的时效性。受理审查工作机构应客观、真实评价，并完成受理审查报告。受理审查报告评价项目应与申请人的实际生产情况相符；检查员应签字确认，落款日期应在申请日期之后。

第四十三条 受理通知书应重点审查申请人名称与申请人材料的一致性，对申请人材料合格与否的判定，审查意见不合格的或需要补充的应用"不符合……""未规定……""未提供……"等方式表达；受理审查工作机构盖章及落款日期应齐全。

第四十四条 初审应至少由一名省级工作机构检查员或省级工作机构组织的三名（含）以上检查员集中审核完成。对同一申请，参与现场检查的人员不能承担初审工作。

第四十五条 初审应重点审查申请人材料、现场检查材料、环境和产品检验材料等的完备性、规范性和科学性，省级工作机构应逐项作出符合性评价，并完成初审报告。

第四十六条 初审报告

（一）应明确申请类型。

（二）续展申请人、产品名称、商标和产量发生变化的应备注说明。

（三）申请书、产品调查表和现场检查报告中产量不一致时，以现场检查报告产量为准。

（四）初审报告应由检查员和工作机构主要或分管负责人分别出具审查意见，亲笔签字后加盖省级工作机构公章。

（五）检查员意见应表述为："经审查，××××（申请人）申请的××××（申请产品）等产品，其产地环境、生产过程、产品质量符合/不符合绿色食品相关标准要求，申请材料完备有效"。

（六）省级工作机构初审意见应表述为："初审合格/不合格，同意/不同意报送中心"或"同意/不同意续展"。

第四十七条 续展申请的初审和综合审查合并完成，中心以省级工作机构续展审查意见作为续展备案的依据。续展申请初审应重点审查续展材料的完备性、符合性和时效性。逾期未提交中心或缺少检验报告等关键申请材料的，中心不予续展备案。

第六节 总公司及其子公司、分公司的申请和审查

第四十八条 总公司或子公司可独立作为申请人向其注册所在地受理审查工作机构提出申请，分公司不可独立作为申请人单独提出申请。

第四十九条 "总公司＋分公司"作为申请人。总公司与分公司在同一行政区域的，应由"总公司＋分公司"向其注册所在地受理审查工作机构提交申请材料；总公司与分公司不在同一行政区域的，应由分公司向其注册所在地受理审查工作机构提交申请材料；总公司和分公司应同时在申请材料上加盖公章。

第五十条 总公司作为统一申请人，子公司或分公司作为其生产场所，总公司应与其子公司或分公司签订委托生产合同（协议），由总公司向其注册所在地受理审查工作

机构提交申请材料。总公司与子公司或分公司不在同一行政区域的，由总公司注册所在地省级工作机构协调组织实施现场检查，也可由中心统一协调制定现场检查计划并组织实施。若同一申请产品由多家子公司或分公司生产，应分别检测产地环境和产品。

第五十一条 总公司统一申请绿色食品，子公司或分公司作为总公司被委托方的，如需与总公司使用统一包装，可在包装上统一使用总公司的绿色食品企业信息码，同时标示总公司和子公司或分公司名称，并区分不同的生产商。

第五十二条 总公司与子公司分别申请绿色食品的，如需使用统一包装，在绿色食品标志图形、文字下方可不标注绿色食品企业信息码，但应在包装上的其他位置同时标示总公司和子公司名称及其绿色食品企业信息码，并区分不同的生产商。

第五十三条 绿色食品证书有效期内申请生产加工场所增加、变更、减少的，应由总公司提出申请，经注册所在地省级工作机构审查确认后，提交中心审批。

（一）申请生产场所增加或变更的，申请材料应包括：

1. 申请书和产品调查表。

2. 增加或变更生产场所主体的营业执照、食品生产许可证等资质证明材料。

3. 增加或变更的生产场所平面图。

4. 原料购买合同（协议）。

5. 与总公司签订的委托生产合同（协议）。

6. 预包装标签设计样张（产品包装标签发生变化的提供）。

7. 绿色食品抽样单和《产品检验报告》原件。

8. 《产地环境质量检验报告》原件（产地环境发生变化的提供）。

9. 绿色食品证书原件（产量变化的提供）。

10. 现场检查材料。

11. 初审报告。

（二）生产场所减少的，申请材料应包括：

1. 申请书。

2. 加盖总公司公章的相关变化情况说明。

3. 绿色食品证书原件（产量变化的提供）。

4. 预包装标签设计样张（产品包装标签发生变化的提供）。

5. 初审报告。

第五十四条 总公司申请生产加工场所增加、变更、减少的相关申请材料审查应按照本规范第二节、第三节、第四节和第五节要求执行。

第七节 证书变更、增报产品的申请与审查

第五十五条 绿色食品证书有效期内，标志使用人的产地环境、生产技术、质量管理制度等未发生变化，标志使用人名称、产品名称、商标名称等一项或多项发生变化或标志使用人分立（拆分）、合并（重组）的，标志使用人应向其注册所在地省级工作机构提出证书变更申请。

标志使用人分立（拆分），是指原标志使用人法律主体资格撤销并新设两个（含）以上的具有法人资格的公司，其中一个公司负责生产、经营、管理绿色食品；或原标志使用人法律主体仍存在，但将绿色食品生产、经营、管理业务划出另设一个新的独立法人公司。

标志使用人合并（重组），是指一个公司吸收其他公司（其中一个公司为标志使用人）或两个（含）以上公司（其中一个公司为标志使用人）合并成立一个新的公司。

第五十六条 证书变更的申请人应根据申请变更事项提交以下材料：

（一）《绿色食品标志使用证书变更申请表》。

（二）绿色食品证书原件。

（三）标志使用人名称变更的，应提交核准名称变更的证明材料。

（四）商标名称变更的，应提交变更后的商标注册证复印件。

（五）如已获证产品为预包装产品，应提交变更后的预包装标签设计样张。

（六）标志使用人分立（拆分）的，还应提供：

1. 拆分后设立公司的营业执照复印件。

2. 原绿色食品标志使用人拆分决议等相关材料。

3. 省级工作机构应对拆分后标志使用人的产地环境、生产技术、工艺流程、质量管理体系等审查和确认，并提交书面说明。

（七）标志使用人合并（重组）的，还应提供：

1. 重组后设立公司的营业执照复印件。

2. 原绿色食品标志使用人重组决议等相关材料。

3. 省级工作机构应对重组后标志使用人的产地环境、生产技术、工艺流程、质量管理体系等审查和确认，并提交书面说明。

第五十七条 证书变更申请应重点审查证书变更申请表内容填写的规范性和完整性，变更事项相关证明材料的完备性、真实性和有效性。

第五十八条 增报产品，是指绿色食品标志使用人在已获证产品的基础上，申请在其他产品上使用绿色食品标志或申请增加已获证产品产量。具体包括以下类型：

（一）申请已获证产品的同类多品种产品。

（二）申请与已获证产品产自相同生产区域的非同类多品种产品，包括：

1. 种植区域相同，生产管理模式相同的种植类产品。

2. 捕捞水域相同，非人工投喂模式的水产品。

3. 加工场所相同、原料来源相同，加工工艺略有不同的产品。

4. 对同一集中连片区域生产的蔬菜或水果产品申请人，区域内全部产品都应申请绿色食品。

（三）申请增加已获证产品的产量。

（四）已获证产品总产量保持不变，将其拆分为多个产品，或将多个产品合并为一个产品。

第五十九条　增报产品相关申请材料，应由检查员现场检查和省级工作机构审查确认后，提交中心审批。

（一）申请已获证产品的同类多品种产品，申请材料应包括：

1. 增报产品的申请书。

2. 增报产品的生产操作规程。

3. 基地图、合同（协议）、清单等。

4. 预包装标签设计样张。

5. 生产区域不在原产地环境检验报告范围内的，应提供相应生产区域的《产地环境质量检验报告》。

6. 《产品检验报告》和绿色食品抽样单。

7. 现场检查材料。

8. 初审报告。

（二）申请与已获证产品产自相同生产区域的非同类多品种产品，申请材料应包括：

1. 第五十九条（一）中1、2、3、4、6、7、8的材料。

2. 涉及已获证产品产量变化的，应退回绿色食品证书原件。

（三）申请增加已获证产品产量，申请材料应包括：

1. 产品由于盛产（果）期增加产量的，应提交第五十九条（一）中1、7、8的材料和绿色食品证书原件。

2. 扩大生产规模的（包括种植面积增加，养殖区域扩大，养殖密度增加等），应提交第五十九条（一）中1、3、6、7、8的材料、绿色食品证书原件和新增区域的《产地环境质量检验报告》。

（四）已获证产品总产量保持不变，将其拆分为多个产品或将多个产品合并为一个产品，申请材料应包括：

1. 第五十九条（一）中 1、4、8 的材料和绿色食品证书原件。

2. 变更的商标注册证复印件。

（五）已获证产品产量不变，增报同类畜禽、水产分割肉产品、骨及相关产品的，应提交第五十九条（一）中 1、4、7、8 的材料和绿色食品证书原件。

第六十条 增报产品应重点审查增报产品申请类型的符合性。增报产品的申请人材料、现场检查材料、检验报告和初审报告的审查应按照本规范第二节、第三节、第四节和第五节要求执行。

第五章 综合审查意见及处理

第六十一条 中心对省级工作机构提交的完整申请材料实施综合审查，出具"基本合格""补充材料""不予颁证"等综合审查意见，并完成《绿色食品标志许可审查报告》（附件 7）。

第六十二条 申请人的资质条件、环境质量、产品质量、投入品使用、包装、储藏、运输均符合绿色食品标准及相关要求，且申请材料（含补充材料）齐全规范、真实有效，综合审查意见为"基本合格"。

第六十三条 综合审查意见为"补充材料"的，省级工作机构应组织相关方提供补充材料，经审查确认后，出具《补充材料审查确认单》（附件 8）并加盖公章，与补充材料一并在规定时限内提交中心，逾期未提交的，视为自动放弃申请。经中心审查，申请材料及补充材料符合第六十二条要求的，综合审查意见为"基本合格"。

第六十四条 申请材料有下列严重问题之一的，综合审查意见为"不予颁证"。

（一）申请人资质条件不符合第十一条要求的。

（二）申请产品条件不符合第十二条要求的。

（三）申请材料中有伪造或变造的证书、合同（协议）、凭证等虚假证明材料的。

（四）检查员现场检查、初审存在弄虚作假行为的。

（五）申请人材料、现场检查材料及补充材料中体现生产过程使用的农药、肥料、饲料及饲料添加剂、兽药、渔药、食品原料及添加剂等投入品不符合绿色食品相应标准或要求的。

（六）环境或产品检验报告检验结论为"不符合绿色食品标准"的。

（七）同一申请人申请多个蔬菜产品，其中一个产品存在第六十四条（五）中问题的，该申请人申请的其他蔬菜产品均不予颁证。

（八）其他不符合国家和绿色食品相关法律法规、标准或要求的。

第六十五条　对投入品使用不明确、组织模式复杂或高风险地区、高风险行业的申请产品，中心适时委派检查组实施现场核查；对存在技术争议的问题，中心征求行业专家意见，必要时邀请行业专家提供技术指导。

第六十六条　在综合审查过程中申请人书面提交放弃全部或部分产品申请的，中心终止审查。

第六十七条　中心随机抽取 10% 的续展申请材料监督抽查，对抽查的续展申请材料，中心抽查意见与省级工作机构综合审查意见不一致时，以抽查意见为准。抽查意见及处理按照以上规定执行。

第六章　附　　则

第六十八条　本规范由中心负责解释。

第六十九条　本规范自 2022 年 3 月 1 日起实施。

附件 1

《种植产品调查表》审查要点

项目	审查要点
种植产品基本情况	作物名称填写规范，应体现作物真实属性，应为现行《绿色食品产品适用标准目录》内的产品，同时符合国家相关规定
	种植面积应具有一定的生产规模
	应明确基地类型
	基地位置应具体到村
产地环境基本情况	产地应距离公路、铁路、生活区 50 米以上，距离工矿企业 1 千米以上，产地周边及主导风向的上风向无污染源
	绿色食品生产区域与常规生产区有缓冲或物理屏障，隔离措施符合《绿色食品 产地环境质量》（NY/T 391）和《绿色食品 产地环境调查、监测与评价规范》（NY/T 1054）要求
种子（种苗）处理	应详细填写来源
	应填写具体处理措施，涉及药剂使用的应符合《绿色食品 农药使用准则》（NY/T 393）要求
	播种（育苗）时间应符合生产实际，涉及多茬次的应分别填写
栽培措施和土壤培肥	作物耕作模式（轮作、间作或套作）和栽培类型（露地、保护地或其他）应具体描述，涉及多个申请产品的应分别填写
	秸秆、农家肥等使用情况，应明确来源、年用量、无害化处理方法
有机肥使用情况	应按不同作物依次填写
	有机肥名称、年用量、有效成分等应详细填写；应详细描述来源及无害化处理方式
	有机肥使用应符合作物需肥特点和《绿色食品 肥料使用准则》（NY/T 394）要求
化学肥料使用情况	应按不同作物依次填写
	肥料名称、有效成分、施用方法、施用量应详细填写
	化学肥料使用应符合作物需肥特点和《绿色食品 肥料使用准则》（NY/T 394）要求

（续）

项目	审查要点
病虫草害农业、物理和生物防治措施	应具体描述当地常见病虫草害、减少病虫草害发生的生态及农业措施
	应具体描述物理、生物防治方法和防治对象
	有间作或套作作物的，应同时描述其病虫草害防治措施
	防治措施应符合生产实际和《绿色食品　农药使用准则》（NY/T 393）要求
病虫草害防治农药使用情况	应按不同作物依次填写
	农药名称应填写通用名，混配农药应明确每种成分的名称
	防治对象应明确具体病虫草害名称
	有间作或套作的作物的，应同时描述其农药使用情况
	农药选用应科学合理，适用防治对象，且符合《农药合理使用准则》（GB/T 8321）和《绿色食品　农药使用准则》（NY/T 393）要求
灌溉情况	涉及天然降水的应在是否灌溉栏标注，其他灌溉方式应按实际情况填写
	全年灌溉量应符合实际情况
收获后处理及初加工	申请产品涉及多茬次或多批次采收的，应填写所有茬口或批次收获时间
	应详细描述采后处理流程及措施
	相关操作和处理措施应符合《绿色食品　包装通用准则》（NY/T 658）、《绿色食品　储藏运输准则》（NY/T 1056）和《绿色食品　农药使用准则》（NY/T 393）要求
废弃物处理及环境保护措施	应按实际情况填写具体措施，包括投入品包装袋、残次品处理情况，基地周边环境保护情况等，并应符合国家和绿色食品相关标准要求
填表人和内检员	应有填表人和内检员签字确认

附件 2

《畜禽产品调查表》审查要点

项目	审查要点
养殖场基本情况	畜禽名称应体现产品真实属性，涉及不同养殖对象应分别填写
	基地位置应填写明确，养殖场或牧场位置应具体到村
	生产组织模式应从备注 2 中选择相对应的进行填写
	养殖场周边环境情况应具体填写，远离污染源，养殖环境应符合国家相关规定、《绿色食品 产地环境质量》（NY/T 391）和《绿色食品 畜禽卫生防疫准则》（NY/T 473）要求
养殖场基础设施	养殖场应有针对当地易发流行性疫病制定的相关防疫和扑灭净化制度
	养殖场防疫、隔离、通风、粪便、尿及污水处理等设备设施完善，应符合国家相关规定和《绿色食品 畜禽卫生防疫准则》（NY/T 473）要求
	养殖用水来源明确，符合《绿色食品 产地环境质量》（NY/T 391）和《绿色食品 畜禽卫生防疫准则》（NY/T 473）要求
养殖场管理措施	养殖场区分管理、消毒管理、档案管理措施应按生产实际填写
	养殖场排水系统应实现净、污分离，污水收集输送不得采取明沟布设
	消毒措施涉及药剂使用的，应填写药剂名称、用量和使用方法，并应符合国家相关规定、《绿色食品 兽药使用准则》（NY/T 472）、《绿色食品 畜禽卫生防疫准则》（NY/T 473）要求
畜禽饲料及饲料添加剂使用情况	应按畜禽名称分别填写
	品种名称填写应具体到种
	如外购幼畜（幼雏），应填写具体来源
	养殖规模应填写按照绿色食品标准要求养殖的畜禽数量
	出栏量应填写年出栏畜禽的数量；产量应填写申报产品的年产量，出栏量应与产量相符
	养殖周期应填写畜禽在本养殖场内的养殖时间，且符合绿色食品养殖周期要求
	饲料及饲料添加剂使用情况应按不同生长阶段分别填写，详细描述饲料配方、用量和来源等
	饲料配方合理，符合生产实际，同一生长阶段所有饲料及饲料添加剂比例总和应为 100%，且各饲料成分的比例与用量相符
	饲料及饲料添加剂使用应符合畜禽不同生长阶段营养需求和《绿色食品 饲料及饲料添加剂使用准则》（NY/T 471）要求

（续）

项目	审查要点
发酵饲料加工	原料名称应填写发酵前饲料的品种名称
	饲料发酵过程中使用的添加剂和储藏、防霉处理使用的物质应符合《绿色食品 饲料及饲料添加剂使用准则》（NY/T 471）要求
饲料加工和存储	工艺流程、防虫、防鼠、防潮和区分管理措施应详细填写
	涉及药剂使用的，应填写药剂名称、用量和使用方法，并应符合《绿色食品 农药使用准则》（NY/T 393）要求
畜禽疫苗和兽药使用情况	疫苗和兽药使用情况应按不同养殖产品分别填写
	疫苗名称、接种时间填写真实规范，疫苗使用应符合《绿色食品 兽药使用准则》（NY/T 472）要求
	兽药名称、批准文号、用途、使用时间和停药期填写真实规范，处理措施符合生产实际；兽药名称应与批准文号相符，用途适用于相应疾病防治，使用时间和停药期应符合国家相关规定和《绿色食品 兽药使用准则》（NY/T 472）要求
畜禽、生鲜乳、禽蛋收集、包装和储运	产品收集、清洗、消毒、包装、储藏、运输及区分管理等措施应详细填写，并应符合《绿色食品 包装通用准则》（NY/T 658）和《绿色食品 储藏运输准则》（NY/T 1056）要求
	涉及药剂使用的，应填写药剂名称、用量和使用方法，并应符合《绿色食品 农药使用准则》（NY/T 393）和《绿色食品 兽药使用准则》（NY/T 472）要求
资源综合利用和废弃物处理	应详细描述病死、病害畜禽及其相关产品无害化处理措施
	处理措施应符合国家相关规定和《绿色食品 畜禽卫生防疫准则》（NY/T 473）要求
填表人和内检员	应有填表人和内检员签字确认

附件3

《加工产品调查表》审查要点

项目	审查要点
加工产品基本情况	产品名称填写规范，应体现产品真实属性
	产品名称、商标、产量应与申请书一致
	如有包装，包装规格栏应填写所有拟使用绿色食品标志的包装规格
	续展涉及产品名称、商标、产量变化的，应在备注栏说明
加工厂环境基本情况	加工厂地址应填写明确，有多处加工场所的，应分别描述
	加工厂周边环境、隔离措施应符合《绿色食品 产地环境质量》（NY/T 391）和《绿色食品 产地环境调查、监测与评价规范》（NY/T 1054）要求
产品加工情况	加工工艺流程图应涵盖各个加工关键环节，有具体投入品描述和加工参数要求，不同产品应分别填写
	应详细描述生产记录、产品追溯和平行生产等管理措施
加工产品配料情况	应按申请产品名称分别填写，产品名称、年产量应与申请书一致
	主辅料应填写产品加工过程中除食品添加剂外的原料使用情况
	主辅料（扣除加入的水后计算）及添加剂比例总和应为100%
	食品添加剂使用情况中名称应填写具体成分名称，如柠檬酸、山梨酸钾等，并明确添加剂用途；有加工助剂的，应填写加工助剂的有效成分、年用量和用途，食品添加剂使用应符合《食品安全国家标准 食品中农药最大残留限量》（GB 2763）和《绿色食品 食品添加剂使用准则》（NY/T 392）要求
	主辅料和食品添加剂来源明确，同一种主辅料不应同时来自已获证产品和未获证产品
	主辅料应符合相关质量要求，其中至少90%（含）以上原料应为第十一条（二）中所述来源。配料中比例在2%～10%的原料应有稳定来源，并有省级（含）以上检测机构出具的符合绿色食品标准要求的产品检验报告，检验应依据《绿色食品标准适用目录》执行，如原料未列入，应按照国家标准、行业标准和地方标准的顺序依次选用；比例在2%（含）以下的原料，应提供购买合同（协议）及购销凭证
	主辅料涉及使用食盐的，使用比例5%（含）以下的，应提供合同（协议）及购销凭证；使用比例5%以上的，应提供具有法定资质检测机构出具的符合《绿色食品 食用盐》（NY/T 1040）要求的检验报告

（续）

项目	审查要点
平行加工	应详细描述平行生产产品、执行标准、生产规模和区分管理措施
	绿色食品生产与常规产品生产区分管理措施应科学合理，能有效防范污染风险
包装、储藏和运输	应按实际情况详细填写
	相关操作和处理措施应符合《绿色食品　包装通用准则》（NY/T 658）和《绿色食品　储藏运输准则》（NY/T 1056）要求
设备清洗、维护及有害生物防治	应按实际情况详细填写
	涉及药剂使用的，应填写药剂名称、用量和使用方法，并应符合《绿色食品　农药使用准则》（NY/T 393）要求
废弃物处理及环境保护措施	应按实际情况填写具体措施，并应符合国家和绿色食品相关标准要求
填表人和内检员	应有填表人和内检员签字确认

附件 4

《水产品调查表》审查要点

项目	审查要点
水产品基本情况	产品名称填写规范，应体现产品真实属性
	不同养殖品种应分别填写，品种名称应为学名
	面积应按不同产品分别填写，单位为万亩
	养殖周期应填写从苗种养殖到商品规格所需的时间，且符合绿色食品养殖周期要求
	应明确养殖方式（湖泊养殖/水库养殖/近海放养/网箱养殖/网围养殖/池塘养殖/蓄水池养殖/工厂化养殖/稻田养殖/其他养殖）及养殖模式（单养/混养/套养）
	基地位置应具体到村
	捕捞水深仅深海捕捞填写，单位为米
产地环境基本情况	对于产地分散、环境差异较大的，应分别描述
	养殖区周边环境情况填写具体，应符合《绿色食品　产地环境质量》（NY/T 391）和《绿色食品　产地环境调查、监测与评价规范》（NY/T 1054）要求
苗种情况	来源应明确外购或自繁自育
	外购应说明外购规格、来源单位、投放规格及投放量和苗种的消毒情况，投放前如暂养应说明暂养场所消毒的方法和药剂名称，并应符合《绿色食品　渔药使用准则》（NY/T 755）要求
	自繁自育应说明培育周期、投放至生产区域时的苗种规格及投放量、苗种的消毒情况、繁育场所消毒的方法和药剂名称，并应符合《绿色食品　渔药使用准则》（NY/T 755）要求
饲料使用情况	应按生产实际选填相关内容
	应按不同生长阶段分别填写，用量及比例应满足该生长阶段营养需求
	外购苗种投放前及捕捞后运输前暂养阶段应作为独立生长阶段填写饲料及饲料添加剂使用情况
	天然饵料应描述具体品种；外购饲料应填写饲料及饲料添加剂的成分、用量及来源；自制饲料应填写用量、比例及来源
	应符合《绿色食品　饲料及饲料添加剂使用准则》（NY/T 471）要求

（续）

项目	审查要点
饲料加工及存储情况	应按生产实际填写相关内容
	防虫、防鼠、防潮措施中涉及药剂使用的，应填写药剂名称、用量和使用方法，并应符合《绿色食品 农药使用准则》（NY/T 393）要求
	如存在非绿色食品饲料，应具体描述与绿色食品饲料的区分管理措施
	饲料加工和存储应符合《绿色食品 饲料及饲料添加剂使用准则》（NY/T 471）和《绿色食品 储藏运输准则》（NY/T 1056）要求
肥料使用情况	涉及肥料使用的应填写肥料使用情况
	肥料使用应符合《绿色食品 肥料使用准则》（NY/T 394）要求
疾病防治情况	药物、疫苗使用情况应按不同产品分别填写
	名称填写规范，使用方法和停药期应符合国家规定和《绿色食品 渔药使用准则》（NY/T 755）要求
水质改良情况	水质改良药物名称应填写使用药剂的通用名称
	水质改良药剂使用情况符合国家相关规定和《绿色食品 渔药使用准则》（NY/T 755）要求
捕捞情况	应按不同产品分别填写
	应描述捕捞时规格、捕捞时间、捕捞量、捕捞方法及工具
初加工、包装、储藏和运输	应按生产实际填写相关内容，储藏、运输等环节涉及药物使用的，应填写药剂名称、用量和使用方法，并应符合《绿色食品 农药使用准则》（NY/T 393）和《绿色食品 渔药使用准则》（NY/T 755）要求
	相关操作和处理措施应符合《绿色食品 渔药使用准则》（NY/T 755）、《绿色食品 包装通用准则》（NY/T 658）和《绿色食品 储藏运输准则》（NY/T 1056）要求
废弃物处理及环境保护措施	应按实际情况填写具体措施，并应符合国家和绿色食品标准要求
填表人和内检员	应有填表人和内检员签字确认

附件 5

《食用菌调查表》审查要点

项目	审查要点
申请产品情况	产品名称填写规范，应体现产品真实属性
	产品应明确是鲜品还是干品
	基地位置应具体到村
产地环境基本情况	产地应距离公路、铁路、生活区 50 米以上，距离工矿企业 1 千米以上，产地周边及主导风向的上风向无污染源
	绿色食品生产区域与常规生产区有缓冲或物理屏障，隔离措施符合《绿色食品 产地环境质量》（NY/T 391）和《绿色食品 产地环境调查、监测与评价规范》（NY/T 1054）要求
基质组成/土壤栽培情况	应按不同品种分别填写
	成分组成应符合生产实际，各成分来源填写明确，并提供购买合同（协议）和购销凭证
菌种处理	应按不同品种分别填写
	接种时间应填写本年度每批次接种时间
	菌种自繁的，应详细描述菌种逐级扩大培养的方法和步骤
污染控制管理	应详细描述基质消毒、菇房消毒措施，涉及药剂使用的，应填写药剂名称、用量和使用方法，并应符合《绿色食品 农药使用准则》（NY/T 393）要求
	其他潜在污染源及污染物处理方法应对食用菌生产及产品无害，如感染菌袋、废弃菌袋等
病虫害防治措施	病虫害防治措施应按不同品种分别填写
	农药名称应填写"通用名"，混配农药应明确每种成分的名称
	常见病虫害及物理、生物防治措施填写具体
	农药选用科学合理，适用防治对象，且符合《农药合理使用准则》（GB/T 8321）和《绿色食品 农药使用准则》（NY/T 393）要求
用水情况	用水来源、用量应按实际生产情况填写
采后处理	收获后清洁、挑选、干燥、保鲜等预处理措施填写具体完整，涉及药剂使用的，应填写药剂名称、用量和使用方法，并应符合《绿色食品 农药使用准则》（NY/T 393）要求
	包装材料应描述包装材料具体材质，包装方式应填写袋装、罐装、瓶装等
	相关操作和处理措施应符合《绿色食品 包装通用准则》（NY/T 658）和《绿色食品 储藏运输准则》（NY/T 1056）要求

（续）

项目	审查要点
食用菌 初加工	加工工艺不同的，应分别填写工艺流程
	产品名称应与申请书一致
	原料量、出成率、成品量应符合实际生产情况
	生产过程中不应使用漂白剂、增白剂、荧光剂等不符合国家和绿色食品标准的物质
废弃物处理及 环境保护措施	应按实际情况填写具体措施，并应符合国家标准和绿色食品要求
填表人和 内检员	应有填表人和内检员签字确认

附件6

《蜂产品调查表》审查要点

项目	审查要点
产地环境基本情况	产品名称填写规范，应体现产品真实属性
	基地位置应填写蜜源地和蜂场名称
	对于蜜源地分散、环境差异较大的，应分别描述
	产地周边无污染源，生态环境、隔离措施等应符合《绿色食品　产地环境质量》（NY/T 391）和《绿色食品　产地环境调查、监测与评价规范》（NY/T 1054）要求
蜜源植物	应根据蜜源植物类别（野生、人工种植）分别填写
	病虫草害防治应填写具体防治方法，涉及农药使用的，应填写使用的农药通用名、用量、使用时间、防治对象和安全间隔期等内容，并应符合《绿色食品　农药使用准则》（NY/T 393）要求
蜂场	蜂种应填写明确
	蜜源地规模应填写蜜源地总面积
	应具体描述巢础来源及材质
	应具体描述蜂箱及设备的消毒方法、消毒剂名称、用量、消毒时间等，使用的物质应符合《绿色食品　农药使用准则》（NY/T 393）和《绿色食品　兽药使用准则》（NY/T 472）要求
	蜜蜂饮用水来源应填写露水、江河水、生活饮用水等
	涉及转场饲养的，应描述具体的转场时间、转场方法等，饲养方式及管理措施有无明显风险隐患；涉及转场的蜂产品，产品调查表应按照不同转场蜜源地分别填写
饲喂	饲料名称应填写所有饲料及饲料添加剂使用情况
	来源应填写自留或饲料生产单位名称
	饲料的来源及使用符合《绿色食品　饲料及饲料添加剂使用准则》（NY/T 471）要求
蜜蜂常见疾病防治	根据常见疾病所采取的防治措施得当，兽药的品种和使用应符合《绿色食品　兽药使用准则》（NY/T 472）要求
	消毒物质和使用方法应符合《绿色食品　农药使用准则》（NY/T 393）和《绿色食品　兽药使用准则》（NY/T 472）要求

（续）

项目	审查要点
采收、储存及运输情况	有多次采收的，应填写所有采收时间
	有平行生产的，应具体描述区分管理措施
	相关操作和处理措施应符合《绿色食品　包装通用准则》（NY/T 658）和《绿色食品　储藏运输准则》（NY/T 1056）要求
废弃物处理及环境保护措施	应按实际情况填写具体措施，并应符合国家和绿色食品相关标准要求
填表人和内检员	应有填表人和内检员签字确认

附件 7

绿色食品标志许可
审查报告

初次申请☐   续展申请☐   增报申请☐

中国绿色食品发展中心

绿色食品基本情况表

申请人			
产品名称	商　标	产量（吨）	备　注

注：1. 续展申请的申请产品名称、商标、产量有变化，应在备注栏说明；2. 增报申请（包括产品拆分）应在备注栏说明。

绿色食品审查情况表

项　目		审查内容	审查结果
申请人	申请人资质	符合绿色食品申请人条件	
	申请产品	符合产品申请条件	
	申请书及产品调查表	规范、真实	
	资质证明文件	齐全、有效、真实	
	质量控制规范	有切实可行的质量管理体系	
	生产操作规程	科学、有效、可行，符合标准要求	
	基地及原料来源	合同（协议）、清单、购销凭证有效	
	预包装标签设计样张	符合 NY/T 658 要求	
	生产记录	齐全、真实、有效	
	免检环境	提供材料符合免检条件	
	免检产品	提供材料符合免检条件	
	标志使用	符合绿色食品标志使用要求	
现场检查	材料完整性	现场检查报告、会议签到表、发现问题汇总表、现场检查照片	
	资格要求	具有检查项目的相应专业资格	
	现场检查	符合《现场检查工作规范》要求	
	现场检查报告	填写规范、无遗漏、评价内容公正客观	
	会议签到表	日期与现场检查时间一致、人员齐全	
	发现问题汇总表	完成整改并附整改材料	
	现场检查照片	照片清晰、环节齐全	
检测机构	工作程序	工作时限符合《审查程序》要求	
	产地环境质量检验报告	报告有效	
		结论表述规范	
	产品检验报告及抽样单	抽样单、报告有效	
		结论表述规范	
省级工作机构	工作程序	工作时限符合《审查程序》要求	
	初审	符合《审查工作规范》要求	
	初审报告	签字及工作机构盖章	

（续）

项 目		审查内容	审查结果
种植产品调查表	种子（种苗）	来源明确、包衣用药符合 NY/T 393 要求	
	肥料	符合 NY/T 394 要求	
	农药	符合 NY/T 393 要求（含仓储阶段）	
畜禽产品调查表	种苗	来源明确	
	饲料组成	符合 NY/T 471 要求，无禁用饲料及添加剂	
	饲料来源	来源固定，合同（协议）、清单、凭证有效	
	兽药使用	符合 NY/T 472 要求，无禁用药物	
	卫生防疫	符合国家要求及 NY/T 1892 要求	
加工产品调查表	原辅料组成	符合加工产品原料的有关规定	
	原辅料来源	来源固定，合同（协议）、清单、凭证有效	
	食品添加剂	符合 GB 2760 及 NY/T 392 符合	
	加工助剂	符合食品生产加工助剂要求	
	预包装材料	可循环利用、可降解、回收利用	
	仓储用药	符合 NY/T 393 要求	
水产品调查表	种苗	来源明确	
	饲料组成	符合 NY/T 471 要求，无禁用饲料及添加剂	
	饲料来源	来源固定，合同（协议）、清单、凭证有效	
	渔药使用	符合 NY/T 755 要求，无禁用药物	
食用菌调查表	菌种	来源明确	
	基质组成	符合生产需要，无禁用物质	
	基质来源	来源固定，合同（协议）、清单、凭证有效	
	生产用药	符合 NY/T 393 要求，无禁用药物	
蜂产品调查表	品种	来源明确	
	巢础	来源明确，主要成分符合要求	
	蜜源植物	来源明确	
	饲料组成	符合 NY/T 471 要求，无禁用饲料及添加剂	
	饲料来源	来源固定，合同（协议）、清单、凭证有效	
	蜂药使用	符合 NY/T 472 要求，无禁用药物	
备注			

绿色食品综合审查意见

审查意见	□申请材料齐全规范，内容真实有效，申请人的资质条件、环境质量、产品质量、投入品使用、包装、储藏、运输均符合绿色食品标准及相关要求，建议提交专家评审。
	□申请材料和补充材料齐全规范，内容真实有效，申请人的资质条件、环境质量、产品质量、投入品使用、包装、储藏、运输均符合绿色食品标准及相关要求，建议提交专家评审。
检查员（签字）	
处长（签字）	

绿色食品综合审查意见

	申请材料存在以下严重问题，不符合绿色食品标准及相关要求，建议不予颁证。
检查员（签字）	
处长（签字）	
分管主任（签字）	
主任（签字）	

绿色食品综合审查意见通知书

申请类型	初次申请□　续展申请□　增报申请□
申　请　人	
申请产品	

注：1. 补充材料请于＿＿＿个工作日内完成，逾期视为放弃；

　　2. 补充材料应由省级工作机构审核并提交中心。

（第×次补充材料审查意见）	

检查员 （签字）	

处长 （签字）	审核评价处 （盖章）

注：1. 联系地址：北京市海淀区学院南路 59 号 203 室，邮编：100081；2. 联系电话：010-59193633。

绿色食品审查意见通知书

_____：

你单位□初次申请　□续展申请　□增报申请的_____产品，存在以下严重问题，不符合绿色食品标准及相关要求，不予通过。

中国绿色食品发展中心
年　　月　　日

抄送：

注：1. 联系地址：北京市海淀区学院南路 59 号 203 室，邮编：100081；2. 联系电话：010-59193633。

绿色食品标志许可颁证决定

	绿色食品专家评审结论
评审结论	□申请材料齐全规范，内容真实有效，申请人的资质条件、环境质量、产品质量、投入品使用、包装、储藏、运输均符合绿色食品标准及相关要求，建议颁证。
	□申请材料存在以下严重问题，不符合绿色食品标准及相关要求，建议不予颁证。
专家组长（签字）	年　　月　　日
	中心主任审批
	□同意颁证 □不同意颁证
主任（签字）	年　　月　　日

绿色食品标志许可颁证决定
（续展抽查专用）

	绿色食品续展综合审查结论
审查结论	□申请材料齐全规范，内容真实有效，申请人的资质条件、环境质量、产品质量、投入品使用、包装、储藏、运输均符合绿色食品标准及相关要求，建议予以通过。
	□申请材料和补充材料齐全规范，内容真实有效，申请人的资质条件、环境质量、产品质量、投入品使用、包装、储藏、运输均符合绿色食品标准及相关要求，建议予以通过。
检查员（签名）	
处长（签名）	
	中心主任审批
	同意颁证
主任（签字）	年　　月　　日

绿色食品标志许可颁证决定
（增报申请专用）

绿色食品续展综合审查结论	
审查结论	□申请材料齐全规范，内容真实有效，申请人的资质条件、环境质量、产品质量、投入品使用、包装、储藏、运输均符合绿色食品标准及相关要求，建议予以通过。
	□申请材料和补充材料齐全规范，内容真实有效，申请人的资质条件、环境质量、产品质量、投入品使用、包装、储藏、运输均符合绿色食品标准及相关要求，建议予以通过。
检查员（签字）	
处长（签字）	
分管主任（签字）	
主任（签字）	

中心续展决定

同意续展

主任（签字）：

年　　月　　日

附件 8

补充材料审查确认单

申请类型	初次申请□ 续展申请□ 增报申请□
申 请 人	
申请产品	

审查意见
根据＿＿年＿＿月＿＿日《绿色食品审查意见通知书》要求，申请人对第×条；××检测机构对第×条；我单位对第×条审查意见进行逐条回复，经审查，内容全面、完整、有效，满足"意见"及相关要求。

检查员 （签字）		省级工作机构 （盖章）	年 月 日

绿色食品现场检查工作规范

(2022 年 1 月 27 日发布)

第一章　总　　则

第一条　为规范绿色食品现场检查工作，提升现场检查工作的质量和效率，依据《绿色食品标志管理办法》和相关法律法规要求，制定本规范。

第二条　本规范所称现场检查是指经中国绿色食品发展中心（以下简称"中心"）核准注册且具有相应专业资质的绿色食品检查员（以下简称"检查员"）依据绿色食品技术标准和有关法规对绿色食品申请人提交的申请材料、产地环境、产品生产等实施核实、检查、调查、风险分析和评估并撰写检查报告的过程。

第三条　现场检查应采用线下实地检查方式。因不可抗力无法现场实施的，省级农业农村行政管理部门所属绿色食品工作机构（以下简称"省级工作机构"）应向中心申请线上远程检查，经中心确认后组织实施，并在具备现场检查条件时补充实地检查。

第四条　现场检查应遵循依法依规、科学严谨、公正公平和客观真实的原则。

第五条　本规范适用于检查员开展境内外绿色食品现场检查工作。

第二章　现场检查程序

第六条　现场检查准备

（一）现场检查人员

组织现场检查的工作机构根据申请产品类别及生产规模，委派两名（含）以上具有相应专业资质的检查员，必要时可配备相应专业领域的技术专家，组成检查组实施现场检查。跨省级行政区域委托现场检查的应向中心备案，境外现场检查由中心组织实施。

（二）现场检查时间

检查时间应安排在申请产品生产、加工期间的高风险阶段，不在生产、加工期间的现场检查为无效检查。现场检查应覆盖所有申请产品，因生产季节等原因未能覆盖的，应实施补充检查。

（三）现场检查计划

检查组应根据申请人材料和产品生产情况，制定详细现场检查计划。检查组应与申请人沟通确定检查时间、检查要点、参会人员和检查人员分工等，根据生产规模、基地距离及工艺复杂程度等情况确定工作时长，原则上不少于一个工作日。

（四）现场检查通知

检查组应在现场检查前三个工作日将现场检查通知及现场检查计划发送申请人。申请人应签字确认收到通知，做好人员、档案材料等相关准备，配合现场检查工作。

（五）现场检查资料和物品准备

检查员准备绿色食品相关标准规范、国家有关法律法规等文件，现场需要填写的表格文件以及相机或手机等拍照设备。

第七条　现场检查实施

现场检查包括首次会议、实地检查、随机访问、查阅文件（记录）、管理层沟通和总结会等环节。检查员对现场检查各环节、重要场所、文件记录等进行拍照、复印和实物取证，做好检查记录。

（一）首次会议

首次会议由检查组长主持，申请人主要负责人、绿色食品生产负责人、各生产管理部门负责人及技术人员、绿色食品企业内部检查员（以下简称"内检员"）参加。检查组向申请人介绍检查组成员，说明检查目的、依据、范围、内容及检查安排等，与申请人进一步沟通检查计划，明确申请人需要配合的工作；申请人介绍企业组织管理情况，申请产品的产地环境和生产管理情况等，确定陪同检查人员。参会人员应签到，检查员向申请人作出保密承诺。

（二）实地检查

实地检查是指检查组在申请人生产现场对照检查依据和申请材料，对绿色食品产地环境，生产、收获、加工、包装、仓储和运输等全过程及其场所进行现场核实和风险评估。

1. 产地环境调查。检查组依据《绿色食品　产地环境调查、监测与评价规范》（NY/T 1054）标准要求，采用资料收集、资料核查、现场查勘、人员访谈或问卷调查等多种形式，组织实施环境质量现状调查。调查内容应包括自然地理、气候气象、水文状况、土地资源、植被及生物资源、农业生产方式、生态环境保护措施等。根据调查、了解、掌握的资料情况，对申请产品及其原料生产基地的环境质量状况进行初步分析，作出关于绿色食品发展适宜性的评价。

2. 实地检查重点。申请人种植基地、养殖基地、生产车间、库房等场所及其周边产地环境状况；绿色食品生产、加工、包装、储运等全过程及其场所环境和产品情况；肥料、农药、兽药、渔药、饲料及饲料添加剂、食品添加剂等生产投入品存放及使用情况；作物病虫草害防治管理和动物疾病治疗及预防管控情况。

3. 实地检查范围。涉及多个种植和养殖基地的，应根据申请人基地数（以村为单位）、地块数（以自然分布的区域划分）和农户数，采用 $\sqrt{n}$ 取整的方法（n 代表样本数）确定抽样数量，随机进行检查和调查。

（三）随机访问

现场检查过程中，检查员通过对农户、生产技术人员、内检员等进行随机访问，核实申请人生产过程中对绿色食品相关技术标准的执行情况，申请人材料与生产实际的符合性。

（四）查阅文件（记录）

检查员通过现场查阅文件（记录），了解核实申请人生产全过程质量控制规范的制定和执行情况。查阅内容包括：

1. 营业执照、食品生产许可等资质证明文件原件。

2. 质量控制规范、生产操作规程等质量管理制度文件。

3. 基地来源、原料来源等相关证明文件，包括土地权属证明、基地清单、农户清单、合同（协议）、购销凭证等。

4. 生产和管理记录文件，包括投入品购买和使用记录、销售记录、培训记录等。

5. 产品预包装设计样张（如涉及）及中心要求的其他文件。

（五）管理层沟通

检查组对申请人质量管理体系、产地环境、生产管理、投入品管理及使用、产品包装、储藏运输等情况进行评价，通过检查组内部沟通形成现场检查意见。如申请人产地周边有污染源、禁用物质或不明成分投入品使用迹象，或申请人存在平行生产、生产经营组织模式混乱等情况，检查组还应进行风险评估。检查组现场检查意见应先与申请人管理层进行沟通，特别是检查意见倾向于申请人本次申请不符合绿色食品相关要求时，检查组应与管理层充分沟通，达成一致意见，不一致的以检查组意见为准。

（六）总结会

总结会由检查组长主持。检查组长向申请人通报现场检查意见、整改内容及依据。申请人可对现场检查意见进行解释和说明，对有争议的，双方可进一步核实。

第八条　提交相关材料

现场检查完成后十个工作日内，检查组应将《绿色食品现场检查报告》（附件 1～附件 6）《绿色食品现场检查会议签到表》（附件 7）《绿色食品现场检查发现问题汇总表》（附件 8）、绿色食品现场检查照片和申请人整改落实材料提交至组织现场检查的工作机构，与《绿色食品现场检查通知书》（附件 9）《绿色食品现场检查意见通知书》（附件 10）一并存档。

第三章　现场检查要点与要求

第九条　种植产品现场检查

检查组应对申请人的基本情况、质量管理体系运行情况、种植产品的产地环境、种子（种苗）处理、作物栽培与土壤培肥、病虫草害防治、采后处理和包装储运等实际生产情况进行现场检查核实。

（一）基本情况

1. 核实申请人资质。现场审查核实申请人资质证明文件原件。

（1）申请人营业执照注册时间不少于一年，经营范围涵盖申请产品类别，未被列入经营异常名录、严重违法失信企业名单，申请前三年或用标周期（续展）内无质量安全事故和不良诚信记录。

（2）商标注册证书中注册人应与申请人一致，不一致的应核查商标使用权证明材料，核定使用商品类别应涵盖申请产品。

（3）在国家农产品质量安全追溯管理信息平台完成注册。

（4）内检员应挂靠在申请人且内检员证书在有效期内。

2. 检查种植基地及产品。核实申请人基地位置及土地权属情况，基地面积和申请产品地块分布，生产组织形式；核实委托种植合同（协议）及购销凭证。

（二）质量管理体系

1. 质量控制规范。质量控制规范科学合理，制度健全，涵盖了绿色食品生产的管理要求；基地管理制度应包括人员管理、种植基地管理、档案记录管理、绿色食品标志使用管理等制度，且应上墙或在醒目地方公示，并有效落实。

2. 生产操作规程。生产操作规程应包括种子（种苗）处理、土壤培肥、病虫草害防治、收获处理、包装与储运等；生产操作规程应符合绿色食品标准要求并有效实施；轮作、间作、套作等栽培计划合理且不影响申请产品质量安全。

3. 产品质量追溯。申请人应具备组织管理绿色食品产品生产和承担责任追溯的能力，建立产品质量追溯体系并实现产品全程可追溯，建立产品内检制度并保存内检记录；核查可追溯全过程的上一周期或用标周期（续展）的生产记录；核查产品检验报告或质量抽检报告。

（三）产地环境质量

1. 调查自然地理、气候气象、水文状况、土地利用情况、耕地类型、耕作方式、农业种植结构、生物多样性，了解当地自然灾害种类，生态环境保护措施等。

2. 绿色食品种植生产产地应位于生态环境良好，无污染的地区，应距离公路、铁路、生活区 50 米以上，距离工矿企业 1 千米以上，避开工业污染源、生活垃圾场、医院、工厂等污染源。

3. 建立生物栖息地，保护基因多样性、物种多样性和生态系统多样性，以维持生态平衡。

4. 绿色食品种植区应有明显的区分标识，绿色食品和非绿色食品种植区域之间应设置有效的缓冲带或物理屏障，防止绿色食品生产产地受到污染。可在绿色食品种植区边缘 5~10 米处种植树木作为双重篱墙，隔离带宽度 8 米左右，隔离带种植缓冲作物。

5. 种植区应具有可持续生产能力，不对环境或周边其他生物产生污染。

6. 检查灌溉用水（如涉及）来源及灌溉、节水设施情况，灌溉水来源不应存在污染源或潜在污染源。

7. 对环境检测项目（空气、土壤和灌溉用水）和免检条件进行现场核实。

（四）种子（种苗）

1. 核查种子（种苗）品种、来源，查看外购种子（种苗）购买发票或收据。

2. 核查种子（种苗）的预处理方法。包衣剂、处理剂等物质应符合《绿色食品 农药使用准则》（NY/T 393）要求。

3. 多年生作物嫁接用的砧木、实生苗、扦插苗（无性苗）应有明确的来源，预处理方法和使用物质应符合《绿色食品 农药使用准则》（NY/T 393）的要求。

（五）作物栽培与土壤培肥

1. 了解栽培模式及周边作物种植情况，轮作、间作、套作等栽培计划符合生产实际且不影响申请产品质量安全。栽培计划应有利于土壤健康，维持或改善土壤有机质、肥力、生物活性及土壤结构、健康，减少土壤养分的损失。

2. 土壤肥力与改良。了解种植区土壤类型及肥力状况，了解土壤肥力恢复的方式（秸秆还田、种植绿肥和农家肥的使用等）、土壤障碍因素及土壤改良剂的使用情况。

3. 肥料使用。肥料使用应遵循土壤健康原则、化肥减控原则、合理增施有机肥原则、补充中微量养分原则、安全优质原则、生态绿色原则。肥料的种类、来源、用量等应符合《绿色食品 肥料使用准则》（NY/T 394）的要求。

（1）检查商品有机肥、商品微生物肥料来源、成分、施用方法、施用量和施用时间，检查购买发票或收据等凭证。

（2）检查有机-无机复混肥、无机肥料、土壤调理剂等的来源、成分、使用方法、施用量和施用时间，检查购买发票或收据等凭证。

（3）检查农家肥料种类、堆制方法、堆制条件及施用量，使用方式不应对地表或地下水造成污染。

（4）确认当季作物无机氮肥、无机磷钾肥种类及用量，核算当季作物无机氮素施用量。

（5）检查肥料使用记录，记录应包括地块、作物名称与品种、施用日期、肥料名称、施用量、施用方法和施用人员等。核实现场检查的实际情况与记录的一致性。

（六）病虫草害防治

1. 调查当地常见病虫草害的发生规律、危害程度及防治方法。

2. 调查核实申请产品当季病虫草害的发生情况，申请人采取的农业、物理、生物防治措施及效果。

3. 检查种植区地块及周边、生资库房、记录档案，使用农药的种类、使用方法、用量、使用时间、安全间隔期等应符合《绿色食品　农药使用准则》（NY/T 393）的要求。

4. 检查农药使用记录，记录应包括地块、作物名称和品种、使用日期、药名、使用方法、使用量和使用人员等。核实现场检查的实际情况与记录的一致性。

（七）采后处理

1. 了解收获方法、工具，检查收获记录。

2. 了解采后处理方式，涉及清洗的，了解加工用水来源；涉及初加工的，检查加工厂区环境、卫生情况，了解加工流程，投入品使用应符合《绿色食品　食品添加剂使用准则》（NY/T 392）《绿色食品　农药使用准则》（NY/T 393）、《食品安全国家标准　食品添加剂使用标准》（GB 2760）等的要求。

（八）包装与储运

1. 核查产品包装方式和包装材料。核实包装材料来源、材质，包装材料应符合《绿色食品　包装通用准则》（NY/T 658）标准要求，可重复使用或回收利用，包装废弃物应可降解。

2. 检查产品包装标签和绿色食品标志设计。包装标签标识内容应符合《食品安全国家标准　预包装食品标签通则》（GB 7718）等标准要求，绿色食品标志设计应符合《中国绿色食品商标标志设计使用规范手册》要求，产品名称、商标、生产商名称等应与申请书一致。

3. 对于续展申请人，还应检查绿色食品标志使用情况，包装标签中生产商、商品名、注册商标等信息应与上一周期绿色食品标志使用证书中一致。

4. 产品储藏运输过程应符合《绿色食品　储藏运输准则》（NY/T 1056）标准要求：

（1）绿色食品应设置专用库房或存放区并保持洁净卫生；根据种植产品特点、储存原则及要求，选用合适的储存技术和方法。

（2）储藏设施应具有防虫、防鼠、防鸟的功能，防虫、防鼠、防潮、防鸟等用药应符合《绿色食品　农药使用准则》（NY/T 393）要求。

（3）运输工具在运输绿色食品之前应清理干净，必要时要进行灭菌消毒处理，防止与非绿色食品混杂和污染。

（4）绿色食品不应与化肥、农药等化学物品及其他任何有害、有毒、有气味的物品一起运输。

5. 检查仓储和运输记录。记录应记载出入库产品和运输产品的地区、日期、种类、等级、批次、数量、质量、包装情况及运输方式等，确保可追溯、可查询。

（九）废弃物处理及环境保护措施

检查农业污水、化学投入品包装袋、农业废弃物等处理情况及环境保护措施。

（十）风险评估

对现场检查过程中发现问题进行风险评估。重点评估申请人质量管理体系运行中的管理风险；生产操作规程执行中的人员操作风险；肥料、农药等投入品不符合绿色食品标准要求的违规使用风险；作物生产过程中对周边环境的污染风险。

第十条　畜禽产品现场检查

检查组应对申请人的基本情况和质量管理体系运行情况，养殖基地环境、畜禽来源、饲料使用、饲养管理、消毒和疾病防治、畜禽出栏或产品收集、废弃物处理、包装和储运等实际生产情况进行现场检查核实。

（一）基本情况

1. 核实申请人资质。现场审查核实申请人资质证明文件原件：

（1）申请人营业执照注册时间不少于一年，经营范围涵盖申请产品类别，未被列入经营异常名录、严重违法失信企业名单，申请前三年或用标周期（续展）内无质量安全事故和不良诚信记录。

（2）商标注册证书中注册人应与申请人一致，不一致的应核查商标使用权证明材料，核定使用商品类别应涵盖申请产品。

（3）动物防疫条件合格证、定点屠宰许可证等名称应与申请人或被委托方名称一致，经营范围应涵盖申请产品相关的生产经营活动。

（4）在国家农产品质量安全追溯管理信息平台完成注册。

（5）内检员应挂靠在申请人且内检员证书在有效期内。

2. 养殖基地及产品。核实申请人养殖基地位置及面积，基地权属来源；核实申请人畜禽养殖品种、规模、饲养方式、生产组织形式、养殖周期等情况；核查放牧基地载畜（禽）量与基地植被承受力情况；核实放养基地的可持续生产能力及对周边生态环境的影响。

3. 委托生产情况。申请人涉及饲料委托种植和委托屠宰加工的，应检查种植和加工的委托生产情况，核实委托生产合同。

（二）质量管理体系

1. 质量控制规范。质量控制规范应涵盖绿色食品生产的管理要求；养殖基地管理制度应包括人员管理、档案记录管理、饲料供应与加工、养殖过程管理、疾病防治、畜禽出栏及产品收集管理、仓储运输管理、绿色食品生产与非绿色产品生产区分管理、绿色食品标志使用管理等，管理制度应在实际生产中有效落实，相关制度和标准应在基地内公示。

2. 生产操作规程。生产操作规程应包括品种来源、饲养管理、疾病防治、场地消毒、无害化处理、畜禽出栏及产品收集规程、产品初加工、投入品管理制度、包装、储藏、运输规程等内容。

3. 产品质量追溯。申请人应具备组织管理绿色食品产品生产和承担责任追溯的能力，建立产品质量追溯体系并实现产品全程可追溯，建立产品内检制度并保存内检记录；核查可追溯全过程的上一周期或用标周期（续展）的生产记录；核查产品检验报告或质量抽检报告。

（三）养殖基地环境质量

1. 调查养殖基地自然环境，了解养殖基地地形地貌，申请人养殖模式；核实放牧基地的草场类型、草种构成，基地载畜（禽）量和承载能力。

2. 检查放牧基地或养殖场所（圈舍）周边环境，基地应位于生态环境良好，无污染的地区，远离医院、工矿区和公路铁路干线；养殖区域内无污染源及潜在污染源；圈舍使用的建筑材料和生产设备应对人或畜禽无害。

3. 检查申请人生态保护措施建设情况，应建立生物栖息地，保护生物多样性，保证养殖基地具有可持续生产能力，粪尿等废弃物处理方式安全有效，不对环境或周边其他生物产生污染。

4. 绿色食品养殖生产区域和常规区域之间应有明显区分标识和隔离措施。

5. 调查畜禽养殖用水来源、查阅水质检验记录，检查可能引起水源污染的污染物及其来源。

6. 对环境检测项目（空气、土壤和养殖用水）免检条件进行现场核实。

（四）畜禽来源（含种用及商品畜禽）

1. 外购畜禽

（1）核查畜禽来源，查看供应方资质证明，购买发票或收据。

（2）外购畜禽如作为种用畜禽，应了解其引入日龄，引入前疾病防治、饲料使用等情况。

2. 自繁自育

（1）采取自然繁殖方式的，查看系谱档案，如为杂交，应了解杂交品种来源及杂交方式。

（2）采用同期发情、超数排卵的，核查禁用激素类物质使用情况。

（3）采取人工或辅助性繁殖方式的，应了解冷冻精液、移植胚胎来源，操作人员资质等。

（五）饲料及饲料添加剂

1. 饲料配方应与申请材料的一致。核查每个养殖阶段饲料及饲料添加剂组成成分、比例、年用量、预混料组成及比例、饲料原料来源等情况。

2. 外购饲料。应核查各饲料原料及饲料添加剂的来源、比例、年用量，饲料原料应符合绿色食品标准相关要求；查看购买协议，协议期限应涵盖一个用标周期，购买量应能够满足生产需求量；查看绿色食品标志使用证书、绿色食品生产资料证明商标使用证、绿色食品原料标准化基地证书；查看饲料包装标签中名称、主要成分、生产企业等信息。

3. 自种饲料原料。按照种植产品现场检查要点实施检查，产量应满足需求量。

4. 饲料加工。核查饲料加工工艺、设施设备、饲料配方和加工量等，应满足生产需要。

5. 对照《绿色食品 饲料及饲料添加剂使用准则》（NY/T 471）核查申请人饲料及饲料添加剂使用情况：不应使用同源动物源性饲料、畜禽粪便等作为饲料原料；饲料添加剂成分应为绿色食品允许使用的品种；饲料及饲料添加剂成分中不应含有激素、药物饲料添加剂或其他生长促进剂；预混料配方、幼畜补饲饲料中各组成成分应符合绿色食品标准要求。

6. 核查畜禽饮用水，不应添加激素、药物饲料添加剂或其他生长促进剂。

7. 核查饲料存储仓库，不应有绿色食品禁用物质；仓库应有防潮、防鼠、防虫设施；核实饲料仓库化学合成药物使用情况（药物的名称、用法与用量）。

8. 核查饲料原料及添加剂出入库记录，饲料加工记录和使用记录等。

（六）饲养管理

1. 采取纯天然放牧方式进行养殖的，应核查其饲草面积，放牧期，饲草产量应满足生产需求量；核查补饲情况，补饲所用饲料及饲料添加剂应符合《绿色食品　饲料及饲料添加剂使用准则》（NY/T 471）的要求。

2. 了解申请人饲养方式，核查畜（禽）圈舍设备设施建设情况，圈舍应配备采光通风、防寒保暖、防暑降温、粪尿沟槽、废物收集、清洁消毒等设备或措施；应根据不同性别、不同养殖阶段进行分舍饲养；应建有足够的活动及休息场所。

3. 核查申请人饲养管理制度落实情况。申请人应制定绿色食品饲养管理规范，建立饲养管理档案记录；饲养管理人员应经过绿色食品生产管理培训。

4. 询问一线饲养管理人员在实际生产操作中使用的饲料、饮水、兽药、消毒剂等物质，不应使用绿色食品禁用物质。

（七）消毒和疾病防治

1. 检查养殖和生产区域消毒制度建设和运行情况

（1）核实生产人员进入生产区更衣、消毒管理制度及记录，非生产人员出入生产区管理制度等。

（2）核实养殖场所和生产设备消毒制度或消毒措施的实际情况并查看相关记录。

2. 检查疾病防控处理措施和执行情况

（1）调查当地常规养殖发生的疾病及流行程度，畜禽引入后预防措施。

（2）核查染疫畜禽隔离措施。

（3）对照《绿色食品　兽药使用准则》（NY/T 472）和《绿色食品　畜禽卫生防疫准则》（NY/T 473），查看疫苗接种和兽药使用记录，核查本养殖周期免疫接种情况（疫苗种类、接种时间、次数），本养殖周期疾病发生情况，核实使用药物的名称、批准文号、使用剂量、使用方法、停药期等，不应使用绿色食品禁用物质。

（八）活体运输及福利

1. 检查活体运输管理措施落实情况。绿色食品申请产品与常规畜禽应有区分隔离的相关措施及标识；查看运输记录，包括运输时间、运输方式、运输数量、目的地等；核查装卸及运输操作流程，不应对动物产生过度应激；运输过程不应使用镇静剂或其他调节神经系统的制剂。

2. 检查动物福利设施和措施。应供给畜禽足够的阳光、食物、饮用水、活动空间等；了解畜禽养殖过程中非治疗性手术（如断尾、断喙、烙翅、断牙等）；核实强迫喂食情况。

（九）畜禽出栏或产品收集

1. 畜禽出栏或产品收集

（1）核查畜禽产品出栏（产品收集）标准、时间、数量、活重等相关记录；核查畜禽出栏检疫记录，不合格产品处理方法及记录。

（2）核查收集的禽蛋清洗、消毒等处理情况；消毒所用物质不应对禽蛋品质有影响。

（3）核查处于疾病治疗期与停药期内收集的蛋、奶处理措施。

（4）核查挤奶方式，挤奶前应进行消毒处理，挤奶设施、存奶器皿应严格清洗消毒且符合食品要求，了解"头三把"奶的处理。

2. 初加工情况

（1）核查加工场所的位置、周围环境、畜禽产品清洗、除杂、过滤、加工水及来源、区分管理制度、卫生制度及实施情况。

（2）核查所用的设备及清洁方法，清洁剂、消毒剂种类和使用方法。

3. 屠宰加工（如有涉及）

（1）核查加工厂所在位置、面积、周围环境与申请材料的一致性。

（2）核查屠宰加工流程和设备设施使用情况，待宰圈设置应能够有效减少对畜禽的应激。

（3）核查厂区卫生管理制度及实施情况，包括绿色食品与常规产品加工过程的区分管理、设备清洗和消毒情况、加工过程中污水处理排放情况等。

（4）核查生产档案记录，包括出入车间记录、屠宰前后的检疫记录、不合格产品处理方法及记录、消毒记录等。

（十）包装与储运

1. 核查产品包装材料使用情况。核实包装材料来源、材质，包装材料应符合《绿色食品　包装通用准则》（NY/T 658）标准要求，可重复使用或回收利用，包装废弃物应可降解。

2. 检查产品包装标签和绿色食品标志，核查申请人提供的含有绿色食品标志的包装标签或设计样张，包装标签标识内容应符合《食品安全国家标准　预包装食品标签通则》（GB 7718）等标准要求，绿色食品标志设计应符合《中国绿色食品商标标志设计使用规范手册》要求，产品名称、商标、生产商名称等应与申请书一致。续展产品包装标签中生产商、商品名、注册商标等信息应与上一周期绿色食品标志使用证书载明内容一致。

3. 检查生产资料仓库。申请人应有专门的绿色食品生产资料存放仓库；应有明显的标识；核查仓库的卫生管理制度及执行情况；仓库内不应有绿色食品禁用物质；查看生产资料出入库记录。

4. 检查产品储藏仓库。应有专门的绿色食品产品储藏场所；其卫生状况应符合食品储藏条件；库房硬件设施应齐备；若与同类非绿色食品产品一起储藏应有明显的区别标识；储藏场所应具有防虫、防鼠、防潮措施，核实仓库使用化学合成药物情况（名称、用法与用量），不应使用绿色食品禁用物质；查看产品出入库记录。

5. 检查运输情况。运输工具应满足产品运输的基本要求；运输工具、消毒处理和运输过程管理应符合绿色食品相关标准的要求；若与非绿色食品一同运输，应有明显的区别标识，核查运输过程控温、控湿等措施；查看运输记录。

（十一）废弃物处理及环境保护措施

1. 核查申请人废弃物处理措施和落实情况。申请人污水、畜禽粪便、病死畜禽尸体、垃圾等废弃物应及时无害化处理，无害化处理方式应符合国家相关规定要求。废弃物存放、处理不应对生产区域及周边环境造成污染。

2. 核查申请人环境保护预防措施及落实情况。

（十二）风险评估

对现场检查过程中发现问题进行风险评估。重点评估申请人质量管理体系运行中的管理风险；生产操作规程执行中的人员操作风险；饲料及饲料添加剂、兽药等投入品不符合绿色食品标准要求的违规使用风险；养殖过程中对周边环境的污染风险。

第十一条 加工产品现场检查

检查组应对申请人的基本情况和质量管理体系运行情况，生产加工场所环境、生产加工过程、主辅料和食品添加剂使用、包装和储运等实际生产情况进行现场检查核实。

（一）基本情况

1. 核实申请人资质。现场审查核实申请人资质证明文件原件：

（1）申请人营业执照注册时间不少于一年，经营范围涵盖申请产品类别，未被列入经营异常名录、严重违法失信企业名单，申请前三年或用标周期（续展）内无质量安全事故和不良诚信记录。

（2）食品生产许可证、食盐定点生产许可证、采矿许可证、取水许可证等名称应与申请人或被委托方名称一致，经营范围、批准量应涵盖申请产品相关的生产经营活动。

（3）商标注册证书中注册人应与申请人一致，不一致的应核查商标使用权证明材料；核定使用商品类别应涵盖申请产品。

（4）在国家农产品质量安全追溯管理信息平台完成注册。

（5）内检员应挂靠在申请人且内检员证书在有效期内。

2. 核实生产加工场所位置和区域分布情况。申请人应具有稳定的生产场所，厂区分布图与实际情况一致。

3. 申请人涉及委托加工的，应核实委托生产情况，对被委托加工企业的生产情况进行实地现场检查，核实委托生产合同。

（二）质量管理体系

1. 质量控制规范。质量控制规范科学合理，制度健全，能满足绿色食品全程质量控制生产管理及人员管理要求；加工管理制度应包括人员管理、生产加工管理、档案记录管理、投入品购买及使用、产品包装与储运、绿色食品标志使用管理等制度，且应上墙或在醒目地方公示，并有效落实。

2. 生产操作规程。生产操作规程应符合生产实际和绿色食品标准要求，科学、可行，包括原料验收及储存、主辅料和食品添加剂组成及比例、生产工艺及主要技术参数、产品收集与处理、主要设备清洗消毒方法、废弃物处理、包装标识、仓储运输等内容。

3. 产品质量追溯。应具备组织管理绿色食品产品生产和承担责任追溯的能力；建立产品质量追溯体系并实现产品全程可追溯；建立产品内检制度并保存内检记录；保存了可追溯全过程的上一周期或用标周期（续展）的生产记录；核实产品检验报告或质量抽检报告。

（三）产地环境质量

1. 调查加工场所周边环境，产地应距离公路、铁路、生活区 50 米以上，距离工矿企业 1 千米以上。加工厂区周边环境良好，不存在对生产造成危害的污染源或潜在污染源。

2. 检查厂区环境、设施布局和卫生措施。包括加工厂内区域和设施布局，不会对加工原料、中间产品、终产品以及加工过程产生可能的危害；生产车间内生产线、生产设备可满足申请产品生产需要，卫生条件满足基本生产要求，符合《食品安全国家标准 食品生产通用卫生规范》（GB 14881）和相关产品卫生规范（如《包装饮用水生产卫生规范》《饮料生产卫生规范》《速冻食品生产和经营卫生规范》等）；设置更衣室、洗手室等缓冲间，生产车间物流及人员流动状况合理，应避免交叉污染且生产前、中、后卫生状况良好。

3. 对环境检测项目（空气、加工用水）和免检条件进行现场核实。

（四）生产加工

1. 生产工艺（需包含具体参数和关键控制点）应与申请材料一致且满足申请产品生产需要，无潜在的食品安全风险。

2. 生产工艺中设置了必要的监控参数和对该参数进行监控的措施和设备，以保证和监测生产正常运行。

3. 生产设备满足生产工艺的需要，不对产品造成潜在风险（如废气、废水排放等）。

4. 生产过程中各操作规程应符合绿色食品要求。

5. 各操作岗位人员应有相应资质，熟悉绿色食品生产过程中相关操作，并可获得最新的绿色食品操作技术性文件。

6. 生产过程中设置了对各关键环节的质量监控岗位和措施，如原料、中间产品和终产品检测、留样等，查看相关记录。

7. 生产过程中废弃物应有处理方案，且妥善处理。

8. 存在平行加工时，检查和询问操作人员绿色食品与常规产品区别管理措施。

（五）主辅料和食品添加剂

1. 主辅料、添加剂的来源、组成、配比和年用量应与申请材料一致，且符合工艺要求和生产实际，满足绿色食品产品生产需要。

2. 主辅料、添加剂的来源、组成、配比和用量应符合国家食品安全要求和绿色食品标准要求，且符合绿色食品加工产品原料的规定，采购量满足生产需求，产出率合理。主辅料、添加剂入厂前应经过检验，检验结果合格。

3. 主辅料、添加剂等购买合同、协议、领用、投料生产记录真实有效。中间产品及终产品检验报告符合相关标准要求，真实有效。生产记录完整有效。

4. 了解生产过程中使用的加工水来源、预处理方式、比例等，加工水应定期检测。

5. 了解加工清洗用水情况，包括设备清洗、管道清洗、地面清洗等。

（六）包装与储运

1. 核查产品包装方式和包装材料。核实包装材料来源、材质，包装材料应符合《绿色食品　包装通用准则》（NY/T 658）标准要求，可重复使用或回收利用，包装废弃物应可降解。申报产品如无包装，是否可以确保在到达消费终端时符合食品安全和绿色食品质量要求。

2. 检查产品包装标签和绿色食品标志。核查申请人提供的含有绿色食品标志的包装标签或设计样张，包装标签标识内容应符合《食品安全国家标准　预包装食品标签通则》（GB 7718）等标准要求，绿色食品标志设计应符合《中国绿色食品商标标志设计使用规范手册》要求，产品名称、商标、生产商名称、配料表应与申请书一致。续展产品包装标签中生产商、商品名、注册商标等信息应与上一周期绿色食品标志使用证书载明内容一致。

3. 检查生产资料仓库。申请人应有专门的绿色食品生产资料存放仓库，应有明显的标识；核查仓库的卫生管理制度及执行情况；仓库内不应有绿色食品禁用物质；查看生产资料出入库记录。

4. 检查产品储藏仓库。应有专门的绿色食品产品储藏场所，其卫生状况应符合食品储藏条件；库房硬件设施应齐备，若与同类非绿色食品产品一起储藏应有明显的区别标识；储藏场所应具有防虫、防鼠、防潮措施，核实仓库使用化学合成药物情况（名称、用法与用量），不应使用绿色食品禁用物质；查看产品出入库记录。

5. 检查运输情况。运输工具应满足产品运输的基本要求；运输工具、消毒处理和运输过程管理应符合《绿色食品　储藏运输准则》（NY/T 1056）等绿色食品相关标准的要求；若与非绿色食品一同运输，应有明显的区别标识，核查运输过程控温、控湿等措施；查看运输记录。

（七）风险评估

对现场检查过程中发现问题进行风险评估。重点评估申请人质量管理体系运行中的管理风险；生产操作规程执行中的人员操作风险；主辅料、食品添加剂等不符合绿色食品标准要求的违规使用风险；原料加工、成品储藏及运输、设备清洗等各环节区分管理和交叉污染的风险；加工过程中对周边环境的污染风险。

第十二条　水产品现场检查

检查组应对申请人的基本情况、质量控制体系运行情况，水产品的产地环境、苗种、饲料及饲料添加剂、肥料使用、疾病防治、水质改良、收获后处理和包装储运等实际生产情况进行现场检查核实。

（一）基本情况

1. 核实申请人资质。现场审查核实申请人资质证明文件原件：

（1）申请人营业执照注册时间不少于一年，经营范围涵盖申请产品类别，未被列入经营异常名录、严重违法失信企业名单，申请前三年或用标周期（续展）内无质量安全事故和不诚信记录。

（2）商标注册证书中注册人应与申请人一致，不一致的应核查商标使用权证明材料，核定使用商品类别应涵盖申请产品。

（3）在国家农产品质量安全追溯管理信息平台完成注册。

（4）内检员应挂靠在申请人且内检员证书在有效期内。

2. 检查养殖基地及产品。核实申请人基地位置、面积和基地分布，生产组织形式；核查各申请产品养殖密度、养殖周期及产量；了解养殖方式，如湖泊养殖、水库养殖、近海放养、网箱养殖、网围养殖、池塘养殖、蓄水池养殖、工厂化养殖、稻田养殖等；了解养殖模式，如混养或套养，核查混养或套养品种及比例。

（二）质量管理体系

1. 质量控制规范。质量控制规范科学合理，制度健全，涵盖了绿色食品生产及人员管理要求；基地管理、档案记录管理、绿色食品标志使用管理等制度上墙或在醒目地方公示，并有效落实。

2. 生产操作规程。生产操作规程应包括环境条件、卫生消毒、繁育管理、饲料管理、疫病防治、产品收集与处理、包装标识、仓储运输、废弃物处理、病死及病害动物无害化处理等内容。

3. 产品质量追溯。申请人应具备组织管理绿色食品产品生产和承担责任追溯的能力，建立产品质量追溯体系并实现产品全程可追溯，建立产品内检制度并保存内检记录；核查可追溯全过程的上一周期或用标周期（续展）的生产记录；核查产品检验报告或质量抽检报告。

（三）产地环境质量

1. 调查养殖基地自然环境，了解养殖基地地形地貌；核查基地周边生态环境及可能存在的污染源，基地应距离公路、铁路、生活区 50 米以上，距离工矿企业 1 千米以上，应符合《绿色食品　产地环境质量》（NY/T 391）标准要求；了解养殖水域的生物多样性情况，应具有可持续的生产能力。

2. 核查渔业用水来源，如存在引起养殖用水受污染的污染物，核查污染物来源及处理措施；核查养殖水域水质情况，水体不应受到明显污染，无异色、异臭、异味；了解水体更换频率及更换方法，进排水系统应有有效的隔离措施。

3. 绿色食品养殖区域和常规养殖区域之间应有有效的天然隔离或设置物理屏障；核查养殖区域使用的建筑材料和生产设备情况。

4. 对环境检测项目（空气、底泥和渔业用水）和免检条件进行现场核实。

（四）苗种情况

1. 外购苗种

（1）查看苗种供应方相应的资质证明、购买合同（协议）及购销凭证。

（2）了解外购苗种在运输过程中疾病发生和防治情况。

（3）至少 2/3 养殖周期内应采用绿色食品标准要求的养殖方式，核查苗种投放至养殖场所时的规格，投放量应满足申请产量需求；核查苗种投放前的暂养情况及暂养周期，核查暂养场所养殖用水来源。

2. 自繁自育苗种

（1）了解繁殖、培育方式；核查苗种培育周期；核查育苗场养殖用水来源；核查苗种投放至养殖场所时的规格，投放量应满足申请产量需求。

（2）查看繁育记录。

（五）饲料及饲料添加剂

1. 天然饵料

（1）野生天然饵料。饵料品种、生长情况应能满足需求量。

（2）人工培养天然饵料。饵料来源、养殖情况、养殖过程应符合《绿色食品　饲料及饲料添加剂使用准则》（NY/T 471）的要求。

2. 外购饲料及饲料添加剂

（1）核查各饲料原料及饲料添加剂的来源、比例、年用量，购买量应满足需求量；查看饲料包装标签中名称、主要成分、生产企业等信息。

（2）核查饲料及饲料添加剂成分中激素、药物饲料添加剂或其他生长促进剂的添加情况，应符合《绿色食品　饲料及饲料添加剂使用准则》（NY/T 471）的要求。

（3）查看绿色食品标志使用证书、绿色食品生产资料证明商标使用证、绿色食品原料标准化基地证书；查看购买合同（协议）及购销凭证，合同（协议）有效期应在三年（含）以上，并确保至少一个绿色食品用标周期内原料供应的稳定性。

（4）查看饲料使用记录（如出入库记录等）。

3. 自种饲料原料。种植量应满足生产需求量，应参照种植产品现场检查。

4. 饲料加工。核查加工工艺及流程、加工设施与设备及清洗、消毒情况，涉及药剂使用的，核查药剂名称、使用量、使用方法等；加工设备同时用于绿色食品和非绿色食品饲料加工的，核查避免混杂和污染的措施。

5. 暂养阶段的饲料及饲料添加剂情况应按照本款实施核查。

（六）肥料使用

1. 核查肥料类别、来源、使用量、使用时间、使用方法，应符合《绿色食品　肥料使用准则》（NY/T 394）的要求。

2. 外购肥料的，购买量应满足需求量；查看购买合同（协议）及购销凭证。

3. 查看肥料使用记录。

（七）疾病防治及水质改良

1. 了解当地常见疾病、流行程度；了解同种水产品易发疾病的预防措施。

2. 核查疫苗使用情况。疫苗名称、使用时间、使用方法等应符合《绿色食品　渔药使用准则》（NY/T 755）的要求。

3. 核查渔药使用情况。药剂名称及其有效成分、防治的疾病、使用量、使用方法、停药期等，应符合《绿色食品　渔药使用准则》（NY/T 755）的要求。

4. 核查消毒剂和水质改良剂使用情况。药剂名称、使用量、使用方法等应符合

《绿色食品　渔药使用准则》（NY/T 755）的要求。

5. 查看渔药、疫苗、水质改良剂、消毒剂等投入品使用记录。

6. 暂养阶段的疾病防治和暂养场所消毒等应按照本款实施核查。

（八）收获后处理

1. 捕捞

（1）捕捞不应在疾病治疗期、停药期内进行；了解捕捞方式和捕捞使用工具，应符合国家相关规定；了解捕捞过程中减少水生生物应激的措施。

（2）对于海洋捕捞的水产品，应符合《绿色食品　海洋捕捞水产品生产管理规范》（NY/T 1891）的要求。

（3）查看捕捞记录。

2. 初加工

（1）核查收获后初加工处理（鲜活水产品收获后未添加任何配料的简单物理加工，如清理、晾晒、分级等）情况。

（2）核查加工厂所在位置、面积、周围环境与申请材料的一致性；核查厂区卫生管理制度及实施情况；了解加工流程，涉及清洗的，核查清洗用水来源；核查加工设施与设备及清洗、消毒情况，涉及药剂使用的，核查药剂名称、使用量、使用方法等；加工设备同时用于绿色和非绿色产品的，核查避免混杂和污染的措施。

（3）查看初加工记录。

3. 对于涉及水产品深加工（即加工过程中使用了其他配料或加工工艺复杂的腌熏、罐头、鱼糜等产品）的申请人，应按照加工产品现场检查要求实施现场检查。

（九）包装与储运

1. 包装

（1）核查产品包装（周转箱）材质及来源，应符合《绿色食品　包装通用准则》（NY/T 658）的要求。

（2）核查申请人提供的含有绿色食品标志的预包装标签设计样张，包装标签标识内容应符合《食品安全国家标准　预包装食品标签通则》（GB 7718）等标准要求，绿色食品标志设计应符合《中国绿色食品商标标志设计使用规范手册》要求，产品名称、商标、生产商名称等应与申请书一致。续展产品包装标签中生产商、产品名称、商标等信息应与上一周期绿色食品标志使用证书载明内容一致。

2. 储藏

（1）检查生产资料仓库。应有专门的绿色食品生产资料存放仓库，如与常规产品生产资料同场所储藏，应有防混、防污措施及明显的区分标识；核查仓库的卫生管理制度及执行情况，应符合《绿色食品　储藏运输准则》（NY/T 1056）标准要求，使用药剂的名称、使用量、使用方法等应符合《绿色食品　农药使用准则》（NY/T 393）标准要求；查看生产资料出入库记录，应与使用记录信息对应。

（2）检查产品储藏仓库。应有专门的绿色食品产品储藏场所，如与常规产品同场所储藏，应有防混、防污措施及明显的区分标识；卫生状况应满足食品储藏条件，设施应齐备，应符合《绿色食品　储藏运输准则》（NY/T 1056）标准要求；应具有防虫、防鼠、防潮措施，使用药剂的名称、使用量、使用方法等应符合《绿色食品　农药使用准则》（NY/T 393）、《绿色食品　渔药使用准则》（NY/T 755）标准要求；查看产品出入库记录，应能够保证产品可追溯。

3. 运输

（1）核查运输过程中控温及保障或提高存活率的措施，应符合《绿色食品　储藏运输准则》（NY/T 1056）标准要求；了解运输过程中减少水生生物应激的措施。

（2）核查运输设备和材料情况；核查运输工具的清洁消毒处理情况；核查与常规产品进行区分隔离相关措施及标识。

（3）查看运输记录，应能够保证产品可追溯。

（十）废弃物处理及环境保护措施

1. 核查尾水、养殖废弃物、垃圾等废弃物处理措施，应符合国家相关标准。

2. 核查不合格产品处理方法及记录。

（十一）风险评估

对现场检查过程中发现问题进行风险评估。重点评估申请人质量管理体系运行中的管理风险；生产操作规程执行中的人员操作风险；饲料及饲料添加剂、渔药等投入品不符合绿色食品标准要求的违规使用风险；养殖过程中对周边环境的污染风险。

第十三条　食用菌现场检查

检查组应对申请人的基本情况、质量管理体系运行情况，栽培产品的产地环境、菇房环境、菌种来源与处理、基质制作、病虫害和杂菌防治、采后处理和包装储运等实际生产情况进行现场检查核实。

（一）基本情况

1. 核实申请人资质。现场审查核实申请人资质证明文件原件：

（1）申请人营业执照注册时间不少于一年，经营范围涵盖申请产品类别，未被列入经营异常名录、严重违法失信企业名单，申请前三年或用标周期（续展）内无质量安全事故和不诚信记录。

（2）商标注册证书中注册人应与申请人一致，不一致的应核查商标使用权证明材料，核定使用商品类别应涵盖申请产品。

（3）在国家农产品质量安全追溯管理信息平台完成注册。

（4）内检员应挂靠在申请人且内检员证书在有效期内。

2. 检查栽培基地及产品。核实申请人基地位置及土地权属情况，基地面积和申请产品地块分布，生产组织形式；核实委托生产合同（协议）及购销凭证。

（二）质量管理体系

1. 质量控制规范。质量控制规范科学合理，制度健全，涵盖了绿色食品生产的管理要求；栽培基地管理、档案记录管理、绿色食品标志使用管理等制度上墙或在醒目地方公示，并有效落实。

2. 生产操作规程。生产操作规程应包括菌种来源与处理、基质制作、病虫害和杂菌防治、收获处理、包装与储运等；生产操作规程应符合绿色食品标准要求并有效实施；轮作、间作、套作等栽培计划合理且不影响申请产品质量安全。

3. 产品质量追溯。申请人应具备组织管理绿色食品产品生产和承担责任追溯的能力，建立产品质量追溯体系并实现产品全程可追溯，建立产品内检制度并保存内检记录；核查可追溯全过程的上一周期或用标周期（续展）的生产记录；核查产品检验报告或质量抽检报告。

（三）产地环境质量

1. 了解当地气候特征，调查栽培区所在地植被及生物资源、农业栽培结构，生物环境保护措施；栽培区应位于生态环境良好，无污染的地区，远离城区、工矿区和公路铁路干线，避开工业污染源、生活垃圾场、医院、工厂等污染源。

2. 绿色食品和常规栽培区域之间应设置有效的缓冲带或物理屏障，了解缓冲带内作物的栽培情况；生产不能对周边环境产生污染；菇房环境应布局合理、设施满足生产需要、无污染源，了解消毒措施。

3. 建立生物栖息地，保护基因多样性、物种多样性和生态系统多样性，以维持生态平衡。

4. 核查食用菌生产用水来源，可能引起水源污染的污染物及其来源，水质应符合《绿色食品　产地环境质量》（NY/T 391）的要求。

5. 核实环境检测项目（空气、基质、水）及免测条件。

（四）菌种

1. 核查菌种品种、来源，外购菌种类型（母种、原种、栽培种）应有正规的购买发票和品种证明。

2. 核查自制菌种的培养和保存方法，应明确培养基的成分、来源。

3. 了解检查制作菌种的设备和用品，包括灭菌锅（高压、常压蒸汽灭菌锅）、接种设施、装袋机、灭菌消毒药品等。

（五）基质组成

1. 检查栽培基质原料名称、比例（%），主要原料来源及年用量。

2. 核查栽培基质原料的堆放场所，应符合《绿色食品　储藏运输准则》（NY/T 1056）的要求。

3. 检查栽培基质的拌料室、装袋室、灭菌设施室、菌袋冷却室以及接种室、培养菌室，出耳（菇）地（发菌室）清洁消毒措施，使用的物质应符合《绿色食品　农药使用准则》（NY/T 393）的要求。

4. 检查栽培基质灭菌方法，栽培品种，栽培场地，栽培设施。

（六）病虫害和杂菌防治

1. 调查当地同种食用菌常见病虫害和杂菌的发生规律、危害程度及防治方法。

2. 检查申请栽培的食用菌当季发生病虫害和杂菌防治措施及效果。

3. 核查病虫害和杂菌防治的方式、方法和措施，应符合《绿色食品　农药使用准则》（NY/T 393）的要求。

4. 检查栽培区及周边、生资库房、记录档案，核查使用农药的种类、使用方式、使用量、使用时间、安全间隔期等，应符合《绿色食品　农药使用准则》（NY/T 393）的要求。

（七）采后处理

1. 了解收获的时间、方法、工具。

2. 检查绿色食品在收获时采何种措施防止污染。

3. 了解采后处理方式，涉及投入品使用的，应符合《绿色食品　食品添加剂使用准则》（NY/T 392）《绿色食品　农药使用准则》（NY/T 393）、《食品安全国家标准　食品添加剂使用标准》（GB 2760）等的要求。

4. 涉及清洗的，了解加工用水来源。

（八）包装与储运

1. 核查产品包装方式和包装材料。核实包装材料来源、材质，包装材料应符合《绿色食品　包装通用准则》（NY/T 658）的要求，可重复使用或回收利用，包装废弃物应可降解。

2. 检查产品包装标签和绿色食品标志设计。包装标签标识内容应符合《食品安全国家标准　预包装食品标签通则》（GB 7718）等的要求，绿色食品标志设计应符合《中国绿色食品商标标志设计使用规范手册》要求，产品名称、商标、生产商名称等应与申请书一致。

3. 对于续展申请人，还应检查绿色食品标志使用情况，包装标签中生产商、商品名、注册商标等信息应与上一周期绿色食品标志使用证书中一致。

4. 储藏运输应符合《绿色食品　储藏运输准则》（NY/T 1056）的要求。

（1）检查绿色食品应设置专用库房或存放区并保持洁净卫生；应根据产品特点、储存原则及要求，选用合适的储存技术和方法，储存方法不应引起污染。

（2）储藏设施应具有防虫、防鼠、防鸟的功能，防虫、防鼠、防潮、防鸟等用药应符合《绿色食品　农药使用准则》（NY/T 393）的要求；储藏场所内不应存在有害生物、有害物质的残留。

（3）检查运输工具，运输工具在运输绿色食品之前应清理干净，必要时要进行灭菌消毒处理，防止与非绿色食品混杂和污染；不应与化肥、农药等化学物品及其他任何有害、有毒、有气味的物品一起运输。

5. 检查仓储和运输记录。记录应记载出入库产品和运输产品的地区、日期、种类、等级、批次、数量、质量、包装情况及运输方式等，确保可追溯、可查询。

（九）废弃物处理及环境保护措施

栽培区应具有可持续生产能力，生产废弃物应对环境或周边其他生物不会产生污染，如果造成污染，了解相关保护措施。

（十）风险评估

对现场检查过程中发现问题进行风险评估。重点评估申请人质量管理体系运行中的管理风险；生产操作规程执行中的人员操作风险；肥料、农药等投入品不符合绿色食品标准要求的违规使用风险；食用菌栽培过程中对周边环境的污染风险。

第十四条　蜂产品现场检查

检查组应对申请人的基本情况、质量控制体系运行情况，蜜源植物的产地环境、蜂场环境，蜜源植物、饲养管理、疾病防治、采收处理，包装储运、废弃物处理等实际生产情况进行现场检查核实。

（一）基本情况

1. 核实申请人资质。现场审查核实申请人资质证明文件原件：

（1）申请人营业执照注册时间不少于一年，经营范围涵盖申请产品类别，未被列入经营异常名录、严重违法失信企业名单，申请前三年或用标周期（续展）内无质量安全事故和不诚信记录。

（2）商标注册证书中注册人应与申请人一致，不一致的应核查商标使用权证明材料，核定使用商品类别应涵盖申请产品。

（3）在国家农产品质量安全追溯管理信息平台完成注册。

（4）内检员应挂靠在申请人且内检员证书在有效期内。

2. 蜜源地及产品情况

（1）查看野生蜜源地位置、蜜源植物面积、分布情况；核实蜜源地规模与申请材料一致性；查看转场蜜源地位置、面积等情况。

（2）核实生产组织形式；如存在委托生产，应核实农户、社员、内控组织清单真实性、有效性；查看养殖合同（协议）及购销凭证真实性、有效性。

（3）查看养蜂场所地址；核实申请产品名称、产量；核实养殖规模与申请产量的符合性。

（4）人工种植蜜源植物，应按照种植产品现场检查要点实施现场检查。

（二）质量管理体系

1. 质量控制规范。质量控制规范应涵盖绿色食品生产的管理要求；养殖基地管理制度应包括人员管理、投入品供应与管理、档案记录管理、养殖过程管理、疾病防治、产品收获管理、仓储运输管理、人员培训、绿色食品生产与非绿色产品生产区分管理、绿色食品标志使用管理等，管理制度应在实际生产中有效落实，相关制度和标准应在基地内公示。

2. 生产操作规程。生产技术规程应能满足蜜蜂生长生产基本要求，包括环境条件、卫生消毒、繁育管理、饲料管理、疾病防治、产品采收、初加工、运输、包装、储藏等内容，蜂王、工蜂、雄蜂的培育与养殖管理等内容，符合绿色食品相关准则及标准规定并有效实施。

3. 产品质量追溯。申请人应具备组织管理绿色食品产品生产和承担责任追溯的能力，建立产品质量追溯体系并实现产品全程可追溯，建立产品内检制度并保存内检记录；核查可追溯全过程的上一周期或用标周期（续展）的生产记录；核查产品检验报告或质量抽检报告。

（三）产地环境质量

1. 蜜源地和蜂场环境

（1）蜂场应远离工矿区、公路铁路干线、垃圾场、化工厂。

（2）核查蜂场周围大型蜂场和以蜜、糖为生产原料的食品厂情况。

（3）蜂场周围应具有能满足蜂群繁殖和蜜蜂产品生产的蜜源植物；应具有清洁的水源。

（4）蜂场周围半径 5 千米范围内不应存在有毒蜜源植物；在有毒蜜源植物开花期不应放蜂；应具有有效的隔离措施。

（5）蜂场周围半径5千米范围内如有常规农作物，所用的农药不应对蜂群有影响；流蜜期内蜂场周围半径5千米范围内如有处于花期的常规农作物，应建立有效的区别管理制度。

（6）核查蜜源地可持续生产能力，蜂群不应对环境或周边其他生物产生影响。

2. 核查蜜蜂饮用水来源。蜜蜂饮用水中不应添加绿色食品禁用物质；饮水器材应安全无毒。

3. 对环境检测项目（土壤、养蜂用水等）免检条件进行现场核实。

（四）蜜源植物

1. 野生蜜源植物

（1）核查蜜源地位置、蜜源植物品种、分布情况；核实蜜源地规模与申请材料一致性。

（2）在野生蜜源植物地放蜂时，不应对当地蜜蜂种群以及其他依靠同种蜜源植物生存的昆虫造成严重影响。

（3）核查申请产品的蜜源植物花期的长短；核实申请产量与一个花期产量的符合性。

2. 人工种植蜜源植物

人工种植蜜源植物，应按照种植产品现场检查要点实施现场检查；核实申请产量与一个花期产量的符合性。

（五）饲养管理

1. 养蜂机具

（1）蜂箱和巢框用材应无毒、无味、性能稳定、牢固；蜂箱应定期消毒、换洗；消毒所用制剂应符合《绿色食品　兽药使用准则》（NY/T 472）的要求。

（2）养蜂机具及采收机具（包括隔王栅、饲喂器、起刮刀、脱粉器、集胶器、摇蜜机和台基条等）、产品存放器具所用材料应无毒、无味。

（3）核查巢础的材质及更换频率。

2. 蜜蜂来源

（1）了解引入种群品系、来源、数量，查看供应商资质、检疫证明等。

（2）了解蜂王来源；若为外购蜂王或卵虫育王，应了解其来源，查看供应商资质、检疫证明。

（3）查看进出场日期和运输等记录。

3. 日常饲养管理

（1）核查养殖条件设施。蜂群应有专门的背风向阳，干燥安静的越冬场所；蜂箱应具有调节光照、通风和温湿度等条件。

（2）核实饲料使用情况。越冬应供给足够饲料，饲料宜使用自留蜜、自留花粉；如使用其他饲料，应为绿色食品；查看饲料购买协议，协议期限应涵盖一个用标周期，购买量应能够满足蜜蜂需求量。

（3）查看记录。查看饲养管理过程相关记录；查看饲养管理人员绿色食品生产培训记录；查看饲料购买发票、进出库记录、饲料使用记录、饲料包装标签等。

（4）了解继箱、更换蜂王过程中使用诱导剂情况，不应使用绿色食品禁用物质。

4. 疾病防治

（1）了解当地蜜蜂常见疾病、有害生物种类及发生情况；养殖过程疾病防治所用蜂药、消毒剂等应符合《绿色食品　兽药使用准则》（NY/T 472）、《绿色食品　动物卫生准则》（NY/T 473）《绿色食品　畜禽饲养防疫准则》（NY/T 1892）的要求。

（2）查看用药记录（包括蜂场编号、蜂群编号、蜂群数、蜂病名称、防治对象、发病时间及症状、治疗用药物名称及其有效成分、用药日期、用药方式、用药量、停药期、用药人、技术负责人等）。

（3）了解培养强群、提高蜂群抗病能力采取的具体措施。

5. 转场管理

（1）查看转场饲养的转地路线、转运方式、日期和蜜源植物花期、长势、流蜜状况等信息的材料及记录。

（2）转场前调整群势，运输过程中应备足饲料及饮水，且符合绿色食品相关规定。

（3）核查装运蜂群的运输设备，不应使用装运过农药、有毒化学品运输设备。

（4）了解在运输途中防止蜂群伤亡采取的措施。

（5）核查运输途中放蜂情况，途中应备足转场前采集的蜂蜜、花粉作为饲料。

（6）查看运输记录，包括时间、天气、起运地、途经地、到达地、运载工具、承运人、押运人、蜂群途中表现等情况。

（7）转场蜂场的生产管理应符合绿色食品相关标准要求，转场蜜源植物的生产管理也应符合绿色食品相关标准要求。

（六）产品采收及处理

1. 采收

（1）核查产品采收时间、标准、产量。

（2）蜂蜜采收之前，应取出生产群中的饲料蜜。不应掠夺式采收（采收频率过高、经常采光蜂巢内蜂蜜等）。

（3）核查蜂产品采收期间，生产群使用蜂药情况；核实蜂群在停药期内的采收情况及产品处理。

（4）核查蜜源植物施药期间（含药物安全间隔期）的采收情况及产品处理。

（5）采收机具和产品存放器具应严格清洗消毒，符合国家相关要求。

（6）蜂王浆的采集过程中，移虫、采浆作业需在对空气消毒过的室内或者帐篷内进行，消毒剂的使用应符合《绿色食品 兽药使用准则》（NY/T 472）的要求。

（7）查看蜜源植物施药情况（使用时间、使用量）及产品采收记录（采收日期、产品种类、数量、采收人员、采收机具等）。

2. 蜂产品初加工（如有涉及）

（1）核查加工厂所在位置、面积、周围环境与申请材料一致性。

（2）核查厂区卫生管理制度及实施情况。

（3）了解初加工流程。

（4）核查加工设施的清洗与消毒情况。

（5）加工设备如同时用于绿色食品和非绿色食品生产，应区别管理，避免混杂和污染。

（6）核查加工用水来源。

（7）查看初加工记录。

（七）包装与储运

1. 包装

（1）核查周转器、产品包装材质及来源，应符合《绿色食品 包装通用准则》（NY/T 658）的要求。

（2）核查申请人提供的含有绿色食品标志的预包装标签设计样张，包装标签标识内容应符合《食品安全国家标准 预包装食品标签通则》（GB 7718）等的要求，绿色食品标志设计应符合《中国绿色食品商标标志设计使用规范手册》要求，产品名称、商标、生产商名称等应与申请书一致。续展产品包装标签中生产商、产品名称、商标等信息应与上一周期绿色食品标志使用证书载明内容一致。

2. 储藏

（1）检查生产资料仓库。应有专门的绿色食品生产资料存放仓库，如与常规产品生产资料同场所储藏，应有防混、防污措施及明显的区分标识；核查仓库的卫生管理制度及执行情况，应符合《绿色食品 储藏运输准则》（NY/T 1056）的要求，使用药剂的名称、使用量、使用方法等应符合《绿色食品 农药使用准则》（NY/T 393）的要求；查看生产资料出入库记录，应与使用记录信息对应。

（2）检查产品储藏仓库。应有专门的绿色食品产品储藏场所，如与常规产品同场所储藏，应有防混、防污措施及明显的区分标识；卫生状况应满足食品储藏条件，设施应齐备，应符合《绿色食品 储藏运输准则》（NY/T 1056）的要求；应具有防虫、防鼠、防潮措施，使用药剂的名称、使用量、使用方法等应符合《绿色食品 农药使用准则》（NY/T 393）、《绿色食品 兽药使用准则》（NY/T 472）的要求；查看产品出入库记录，应能够保证产品可追溯。

3. 运输

（1）核查运输工具；核查与常规产品进行区分隔离的相关措施及标识。

（2）运输工具应满足产品运输的基本要求，运输工具的清洁消毒处理情况，运输工具和运输过程管理应符合《绿色食品 储藏运输准则》（NY/T 1056）的要求。

（3）查看运输记录；应能够保证产品可追溯。

（八）废弃物处理与环境保护措施

1. 核查蜜蜂尸体、蜜蜂排泄物、污水、废旧巢脾、垃圾等废弃物处理措施，应符合国家相关规定。

2. 废弃物存放、处理、排放不应对生产区域及周边环境造成污染。

（九）风险评估

对现场检查过程中发现问题进行风险评估。重点评估申请人质量管理体系运行中的管理风险；生产操作规程执行中的人员操作风险；肥料、农药、兽药、饲料等投入品不符合绿色食品标准要求的违规使用风险；养殖过程中对周边环境的污染风险。

第四章　现场检查报告

第十五条　检查组应根据现场检查情况如实撰写现场检查报告，对申请人进行综合评价，形成"合格""限期整改"和"不合格"等现场检查意见，并提交相关现场检查材料。

第十六条　现场检查发现以下严重问题之一的，检查意见为"不合格"。

（一）产地环境不符合《绿色食品 产地环境质量》（NY/T 391）的要求，未避开污染源或产地不具备可持续生产能力，对环境或周边其他生物产生污染。

（二）肥料、农药、兽药、渔药、食品添加剂、饲料及饲料添加剂等投入品使用不符合国家标准和绿色食品相关标准要求。

（三）资质证明文件、质量管理体系文件、合同（协议）、生产记录等存在造假行为的。

第十七条　现场检查发现以下问题之一的，检查意见为"限期整改"。

（一）产地环境保护措施未落实。未在绿色食品和非绿色生产区之间设置有效的缓冲带或物理屏障；污水、废弃物等处理措施欠缺，可能对环境或周边其他生物产生污染；未建立生物栖息地，保护基因多样性、物种多样性和生态系统多样性，维持生态平衡。

（二）质量控制规范和生产操作规程未有效落实。质量管理制度不健全；档案记录文件不完整；参与绿色食品生产或管理的人员或农户不熟悉绿色食品标准要求；存在平行生产的，产品生产、储运等环节未建立区分管理制度或制度未落实。

第十八条　现场检查意见为"限期整改"的，检查组应汇总现场检查中发现问题，填写《绿色食品现场检查发现问题汇总表》。申请人应根据《绿色食品现场检查发现问题汇总表》提出的整改意见，在规定期限内完成整改。检查组对整改内容再次核查，核查合格后，检查组长在《绿色食品现场检查发现问题汇总表》中签字确认。

第十九条　现场检查未发现不合格项，或按期完成整改的，现场检查意见为"合格"。

第二十条　现场检查材料包括《绿色食品现场检查通知书》《绿色食品现场检查报告》《绿色食品现场检查会议签到表》《绿色食品现场检查发现问题汇总表》《绿色食品现场检查意见通知书》、绿色食品现场检查照片和现场检查取得的其他材料。

第二十一条　现场检查报告撰写要求

（一）应由检查组成员按照中心统一制式表格填写，不可由他人代写。

（二）检查员应依据标准和判定规则，客观如实对报告所规定的项目内容进行逐项检查评价，对检查各环节关键控制点进行客观描述，做到准确且不缺项。

（三）现场检查综合评价应对申请人质量管理体系、产地环境质量、产品生产过程、投入品使用、包装储运、环境保护等情况和存在问题进行全面评价，对续展申请人还应确认其绿色食品标志使用的情况。综合评价不应对绿色食品标志许可通过与否作出判定。如不能形成现场检查意见，须指出需要补充的信息和材料，以及是否需要再次检查。

（四）现场检查报告应经申请人和检查组成员双方签字确认。

第二十二条　其他现场检查材料应符合以下要求

（一）绿色食品现场检查通知书

申请人名称、申请类型等应与申请人材料一致；现场检查内容应根据检查依据覆盖申请产品各生产环节，不能随意改变或遗漏；检查员应在保密承诺处签字，组织现场检查的工作机构应盖章确认，申请人确认回执。

（二）绿色食品现场检查会议签到表

应按照中心统一制式表格填写。申请人应与申请书一致，涉及多次补充检查的应按时间分别填写绿色食品现场检查会议签到表。申请人参会人员应至少包括生产技术负责人员、质量管理负责人员、内检员等；所有参会人员应亲笔签到，签到日期应与现场检查日期一致。

（三）绿色食品现场检查发现问题汇总表

申请人、申请产品应与申请书一致，时间应与现场检查时间一致。检查组应依据标准、规范的具体条款，客观描述现场检查中发现问题并汇总填入发现问题汇总表；申请人应明确整改措施及时限承诺，并在规定的时间内提交整改报告及相关佐证材料；检查组长应对现场检查发现问题的整改落实情况进行签字确认。现场检查未发现问题的，检查组长应填写无意见。

（四）绿色食品现场检查照片

现场检查照片应真实、清楚反映检查员工作。现场检查照片应完整反映首次会议、实地检查、随机访问、查阅文件（记录）、总结会等环节，覆盖产地环境调查，生产投入品，申请产品生产、加工、仓储，管理层沟通等关键环节。现场检查照片应在 A4 纸上打印或粘贴，应在每张照片空白处标示检查时间、检查员信息、检查场所、检查内容等。检查员应与现场检查报告中人员一致。

（五）绿色食品现场检查意见通知书

申请人名称与申请人材料一致，工作机构应对现场检查合格与否作出判定，明确产地环境和产品检验项目并签字盖章。

第五章　附　　则

第二十三条　本规范由中心负责解释。

第二十四条　本规范自 2022 年 3 月 1 日起实施。

附件 1

种植产品现场检查报告

申　请　人					
申请类型		□初次申请　□续展申请　□增报申请			
申请产品					
检查组派出单位					
检查组	分工	姓名	工作单位	注册专业		
				种植	养殖	加工
	组长					
	成员					
检查日期					

中国绿色食品发展中心

一、基本情况

序号	检查项目	检查内容	检查情况
1	基本情况	申请人的基本情况与申请书内容是否一致？	
		申请人的营业执照、商标注册证、土地权属证明等资质证明文件是否合法、齐全、真实？	
		是否在国家农产品质量安全追溯管理信息平台完成注册？	
		申请前三年或用标周期（续展）内是否有质量安全事故和不诚信记录？	
		※简述绿色食品生产管理负责人姓名、职务	
		※简述内检员姓名、职务	
2	种植基地及产品情况	※简述基地位置（具体到村）、面积	
		※简述种植产品名称、面积	
		基地分布图、地块分布图与实际情况是否一致？	
		※简述生产组织形式〔自有基地、基地入股型合作社、流转土地、公司＋合作社（农户）、全国绿色食品原料标准化生产基地〕	
		种植基地/农户/社员/内控组织清单是否真实有效？	
		种植合同（协议）及购销凭证是否真实有效？	

二、质量管理体系

序号	检查项目	检查内容	检查情况
3	质量控制规范	质量控制规范是否健全？（应包括人员管理、投入品供应与管理、种植过程管理、产品采后管理、仓储运输管理、培训、档案记录管理等）	

（续）

序号	检查项目	检查内容	检查情况
3	质量控制规范	是否涵盖了绿色食品生产的管理要求？	
		种植基地管理制度在生产中是否能够有效落实？相关制度和标准是否在基地内公示？	
		是否有绿色食品标志使用管理制度？	
		是否存在非绿色产品生产？是否建立区分管理制度？	
4	生产操作规程	是否包括种子种苗处理、土壤培肥、病虫害防治、灌溉、收获、初加工、产品包装、储藏、运输等内容？	
		是否科学、可行，符合生产实际和绿色食品标准要求？	
		是否上墙或在醒目位置公示？	
5	产品质量追溯	是否有产品内检制度和内检记录？	
		是否有产品检验报告或质量抽检报告？	
		※是否建立了产品质量追溯体系？描述其主要内容	
		是否保存了能追溯生产全过程的上一生产周期或用标周期（续展）的生产记录？	
		记录中是否有绿色食品禁用的投入品？	
		是否具有组织管理绿色食品产品生产和承担责任追溯的能力？	

三、产地环境质量

序号	检查项目	检查内容	检查情况
6	产地环境	※简述地理位置、地形地貌	
		※简述年积温、年平均降水量、日照时数等	
		※简述当地主要植被及生物资源等	
		※简述农业种植结构	
		※简述生态环境保护措施	

（续）

序号	检查项目	检查内容	检查情况		
6	产地环境	产地是否距离公路、铁路、生活区 50 米以上，距离工矿企业 1 千米以上？			
		产地是否远离污染源，配备切断有毒有害物进入产地的措施？			
		是否建立生物栖息地，保护基因多样性、物种多样性和生态系统多样性，以维持生态平衡？			
		是否能保证产地具有可持续生产能力，不对环境或周边其他生物产生污染？			
		绿色食品与非绿色生产区域之间是否有缓冲带或物理屏障？			
7	灌溉水源	※简述灌溉水来源			
		※简述灌溉方式			
		是否有引起灌溉水受污染的污染物及其来源？			
8	环境检测项目	空气	□检测		
			□符合 NY/T 1054 免测要求		
			□提供了符合要求的环境背景值		
			□续展产地环境未发生变化免测		
		土壤	□检测		
			□符合 NY/T 1054 免测要求		
			□提供了符合要求的环境背景值		
			□续展产地环境未发生变化免测		
		灌溉水	□检测		
			□符合 NY/T 1054 免测要求		
			□提供了符合要求的环境背景值		
			□续展产地环境未发生变化免测		

四、种子（种苗）

序号	检查项目	检查内容	检查情况
9	种子（种苗）来源	※简述品种及来源	
		外购种子（种苗）是否有标签和购买凭证？	
10	种子（种苗）处理	※简述处理方式	
		※是否包衣？简述包衣剂种类、用量	
		※简述处理药剂的有效成分、用量、用法	
11	播种/育苗	※简述土壤消毒方法	
		※简述营养土配制方法	
		※简述药土配制方法	

五、作物栽培与土壤培肥

序号	检查项目	检查内容	检查情况
12	作物栽培	※简述栽培类型（露地/设施等）	
		※简述作物轮作、间作、套作情况	
13	土壤肥力与改良	※简述土壤类型、肥力状况	
		※简述土壤肥力保持措施	
		※简述土壤障碍因素	
		※简述使用土壤调理剂名称、成分和使用方法	
14	肥料使用	是否施用添加稀土元素的肥料？	
		是否施用成分不明确的、含有安全隐患成分的肥料？	
		是否施用未经发酵腐熟的人畜粪尿？	
		是否施用生活垃圾、污泥和含有害物质（如毒气、病原微生物、重金属等）的工业垃圾？	
		是否使用国家法律法规不得使用的肥料？	
15	农家肥料	是否秸秆还田？	
		※是否种植绿肥？简述种类及亩产量	
		※是否堆肥？简述来源、堆制方法（时间、场所、温度）、亩施用量	
		※简述其他农家肥料的种类、来源及亩施用量	

（续）

序号	检查项目	检查内容	检查情况
16	商品有机肥	※简述有机肥的种类、来源及亩施用量，有机质、N、P、K等主要成分含量	
17	微生物肥料	※简述种类、来源及亩施用量	
18	有机-无机复混肥料、无机肥料	※简述每种肥料的种类、来源及亩施用量，有机质、N、P、K等主要成分含量	
19	氮素用量	※申请产品当季实际无机氮素用量（千克/亩）	
		※当季同种作物氮素需求量（千克/亩）	
20	肥料使用记录	是否有肥料使用记录？（包括地块、作物名称与品种、施用日期、肥料名称、施用量、施用方法和施用人员等）	

六、病虫草害防治

序号	检查项目	检查内容	检查情况
21	病虫草害发生情况	※简述本年度发生的病虫草害名称及危害程度	
22	农业防治	※简述具体措施及防治效果	
23	物理防治	※简述具体措施及防治效果	
24	生物防治	※简述具体措施及防治效果	
25	农药使用	※简述通用名、防治对象	
		是否获得国家农药登记许可？	
		农药种类是否符合NY/T 393的要求？	
		是否按农药标签规定使用范围、使用方法合理使用？	
		※简述使用NY/T 393表A.1规定的其他不属于国家农药登记管理范围的物质（物质名称、防治对象）	
26	农药使用记录	是否有农药使用记录？（包括地块、作物名称和品种、使用日期、药名、使用方法、使用量和施用人员）	

七、采后处理

序号	检查项目	检查内容	检查情况
27	收获	※简述作物收获时间、方式	
		是否有收获记录？	
28	初加工	※简述作物收获后初加工处理（清理、晾晒、分级等）？	
		是否打蜡？是否使用化学药剂？成分是否符合 GB 2760、NY/T 393 等的要求？	
		※简述加工厂所地址、面积、周边环境	
		※简述厂区卫生制度及实施情况	
		※简述加工流程	
		※是否清洗？简述清洗用水的来源	
		※简述加工设备及清洁方法	
		※加工设备是否同时用于绿色和非绿色产品？如何防止混杂和污染？	
		※简述清洁剂、消毒剂种类和使用方法，如何避免对产品产生污染？	

八、包装与储运

序号	检查项目	检查内容	检查情况
29	包装材料	※简述包装材料、来源	
		※简述周转箱材料，是否清洁？	
		包装材料选用是否符合 NY/T 658 的要求？	
		是否使用聚氯乙烯塑料？直接接触绿色食品的塑料包装材料和制品是否符合以下要求： 未含有邻苯二甲酸酯、丙烯腈和双酚 A 类物质； 未使用回收再用料等	
		纸质、金属、玻璃、陶瓷类包装性能是否符合 NY/T 658 的要求	
		油墨、贴标签的黏合剂等是否无毒？是否直接接触食品？	
		是否可重复使用、回收利用或可降解？	

（续）

序号	检查项目	检查内容	检查情况
30	标志与标识	是否提供了含有绿色食品标志的包装标签或设计样张？（非预包装食品不必提供）	
		包装标签标识及标识内容是否符合 GB 7718、NY/T 658 等的要求？	
		绿色食品标志设计是否符合《中国绿色食品商标标志设计使用规范手册》要求？	
		包装标签中生产商、商品名、注册商标等信息是否与上一周期绿色食品标志使用证书中一致？（续展）	
31	生产资料仓库	是否与产品分开储藏？	
		※简述卫生管理制度及执行情况	
		绿色食品与非绿色食品使用的生产资料是否分区储藏，区别管理？	
		※是否储存了绿色食品生产禁用物？禁用物如何管理？	
		出入库记录和领用记录是否与投入品使用记录一致？	
32	产品储藏仓库	周围环境是否卫生、清洁，远离污染源？	
		※简述仓库内卫生管理制度及执行情况	
		※简述储藏设备及储藏条件，是否满足产品温度、湿度、通风等储藏要求？	
		※简述堆放方式，是否会对产品质量造成影响？	
		是否与有毒、有害、有异味、易污染物品同库存放？	
		※简述与同类非绿色食品产品一起储藏的如何防混、防污、隔离	
		※简述防虫、防鼠、防潮措施，说明使用的药剂种类和使用方法，是否符合 NY/T 393 的要求？	
		是否有储藏管理记录？	
		是否有产品出入库记录？	

（续）

序号	检查项目	检查内容	检查情况
33	运输管理	※简述采用何种运输工具	
		※简述保鲜措施	
		是否与化肥、农药等化学物品及其他任何有害、有毒、有气味的物品一起运输？	
		铺垫物、遮垫物是否清洁、无毒、无害？	
		运输工具是否同时用于绿色食品和非绿色食品？如何防止混杂和污染？	
		※简述运输工具清洁措施	
		是否有运输过程记录？	

九、废弃物处理及环境保护措施

序号	检查项目	检查内容	检查情况
34	废弃物处理	污水、农药包装袋、垃圾等废弃物是否及时处理？	
		废弃物存放、处理、排放是否对食品生产区域及周边环境造成污染？	
35	环境保护	※如果造成污染，采取了哪些保护措施？	

十、绿色食品标志使用情况（仅适用于续展）

序号	检查内容	检查情况
36	是否提供了经核准的绿色食品标志使用证书？	
37	是否按规定时限续展？	
38	是否执行了《绿色食品标志商标使用许可合同》？	
39	续展申请人、产品名称等是否发生变化？	
40	质量管理体系是否发生变化？	
41	用标周期内是否出现产品质量投诉现象？	
42	用标周期内是否接受中心组织的年度抽检？产品抽检报告是否合格？	
43	※用标周期内是否出现年检不合格现象？说明年检不合格原因	
44	※核实用标周期内标志使用数量、原料使用凭证	

（续）

序号	检查内容	检查情况
45	申请人是否建立了标志使用出入库台账，能够对标志的使用、流向等进行记录和追踪？	
46	※用标周期内标志使用存在的问题	

十一、收获统计

※作物名称	※种植面积（万亩）	※产量（茬/年）	※预计年收获量（吨）

注：标※内容应具体描述，其他内容做判断评价。

现场检查意见

现 场 检 查 综 合 评 价	
检 查 意 见	□合格 □限期整改 □不合格

检查组成员签字：

年 月 日

我确认检查组已按照《绿色食品现场检查通知书》的要求完成了现场检查工作，报告内容符合客观事实。

申请人法定代表人（负责人）签字：

（盖章）
年 月 日

附件 2

畜禽产品现场检查报告

申 请 人						
申请类型		□初次申请　□续展申请　□增报申请				
申请产品						
检查组派出单位						
检查组	分工	姓名	工作单位	注册专业		
				种植	养殖	加工
	组长					
	成员					
检查日期						

中国绿色食品发展中心

一、基本情况

序号	检查项目	检查内容	检查情况
1	基本情况	申请人的基本情况与申请书内容是否一致？	
		申请人的营业执照、商标注册证、土地权属证明、动物防疫条件合格证等资质证明文件是否合法、齐全、真实？	
		是否在国家农产品质量安全追溯管理信息平台完成注册？	
		申请前三年或用标周期（续展）内是否有质量安全事故和不诚信记录？	
		※简述绿色食品生产管理负责人姓名、职务	
		※简述内检员姓名、职务	
2	养殖基地及产品情况	※简述养殖基地（牧场/养殖场）地址、面积（具体到村）	
		※简述生产组织形式〔自有基地、基地入股型合作社、流转土地、公司＋合作社（农户）等〕	
		基地/农户/社员/内控组织清单是否真实有效？	
		※简述畜禽品种及规模	
		饲养方式	□完全草原放牧 □半放牧半饲养 □农区养殖场
		※简述养殖周期	
		养殖规模是否超过当地规定的载畜量？	
		基地位置图、养殖场所布局平面图与实际情况是否一致？	
3	委托生产情况	饲料如涉及委托种植，是否有委托种植合同（协议）？是否有区别生产管理制度？	
		畜禽如委托屠宰加工，是否有委托屠宰加工合同（协议）？是否有区别生产管理制度？	

二、质量管理体系

序号	检查项目	检查内容	检查情况
4	质量控制规范	质量控制规范是否健全？（应包括人员管理、饲料供应与加工、养殖过程管理、疾病防治、畜禽出栏及产品收集管理、仓储运输管理、档案记录管理等）	
		是否涵盖了绿色食品生产的管理要求？	
		管理制度在生产中是否能够有效落实？相关制度和标准是否在基地内公示？	
		是否建立绿色食品与非绿色食品生产区分管理制度？	
		是否具有与其养殖规模相适应的执业兽医或乡村兽医？	
		饲养人员是否符合国家规定的卫生健康标准并定期接受专业知识培训？	
		是否有绿色食品标志使用管理制度？	
5	生产操作规程	是否包括品种来源、饲养管理、疾病防治、场地消毒、无害化处理、畜禽出栏、产品收集、包装、储藏、运输规程等内容？	
		是否科学、可行，符合生产实际和绿色食品标准要求？	
		相关制度和规程是否在基地内公示并有效实施？	
6	产品质量追溯	是否有产品内检制度和内检记录？	
		是否有产品检验报告或质量抽检报告？	
		※简述产品质量追溯体系主要内容	
		是否保存了能追溯生产全过程的上一生产周期或用标周期（续展）的生产记录？	
		记录中是否有绿色食品禁用的投入品？	
		是否具有组织管理绿色食品生产和承担追溯责任的能力？	

三、养殖基地环境质量

序号	检查项目	检查内容	检查情况
7	养殖基地环境	※简述养殖基地（牧场/养殖场）地址、地形地貌	
		※简述生态养殖模式	
		※简述生态环境保护措施	
		养殖基地是否距离公路、铁路、生活区50米以上，距离工矿企业1千米以上？	
		是否建立生物栖息地？应保证养殖基地具有可持续生产能力，不对环境或周边其他生物产生污染？	
		是否有保护基因多样性、物种多样性和生态系统多样性，以维持生态平衡的措施？	
		养殖场区是否有明显的功能区划分？	
		养殖场各功能区布局设计是否合理？	
		养殖场各功能区是否进行了有效的隔离？	
		※简述养殖场区入口处消毒方法	
		是否有良好的采光、防暑降温、防寒保暖、通风等设施？	
		是否有畜禽活动场所和遮阳设施？	
		是否有清洁的养殖用水供应？	
		是否有与生产规模相适应的饲草饲料加工与储存设备设施？	
		是否配备疫苗冷冻（冷藏）设备、消毒和诊疗等防疫设备的兽医室或者有兽医机构为其提供相应服务？	
		是否有与生产规模相适应病死畜禽和污水污物的无害化处理设施？	
		是否有相对独立的隔离栏舍？	
		养殖场是否配备防鼠、防鸟、防虫等设施？	
		※简述养殖场卫生情况	

（续）

序号	检查项目	检查内容	检查情况
8	畜禽养殖用水	※简述畜禽养殖用水来源	
		是否定期检测？检测结果是否合格？	
		是否有引起水源污染的污染物及其来源？	
9	环境检测项目	空气	□检测
			□散养、放牧区域空气免测
			□提供了符合要求的环境背景值
			□续展产地环境未发生变化免测
		土壤	□检测
			□畜禽产品散养、放牧区域土壤免测
			□续展产地环境未发生变化免测
			□不涉及
		灌溉水	□检测
			□提供了符合要求的环境背景值
			□续展产地环境未发生变化免测
			□不涉及

四、畜禽来源

序号	检查项目	检查内容	检查情况
10	外购	※简述外购畜禽来源	
		是否有外购畜禽凭证？	
		是否符合绿色食品养殖周期要求？	
11	自繁自育	繁殖方式（自然繁殖/人工繁殖/人工辅助繁殖）	
		※简述种苗培育规格、培育时间	

五、畜禽饲料及饲料添加剂

序号	检查项目	检查内容	检查情况
12	饲料组成	※简述各养殖阶段饲料及饲料添加剂组成、比例、年用量	
		※简述预混料组成及比例	
		※简述饲料添加剂成分	
		饲料及饲料添加剂是否符合 NY/T 471 的要求?	
13	外购饲料	饲料原料来源	□绿色食品 □绿色食品生产资料 □绿色食品原料标准化生产基地 其他:
		购买合同（协议）及发票是否真实有效?	
		购买合同（协议）期限是否涵盖一个用标周期?	
		购买合同（协议）购买量是否能够满足生产需求量?	
		饲料包装标签中名称、主要成分、生产企业等信息是否与合同（协议）一致?	
14	自种饲料	是否符合种植产品现场检查要点相关要求?	
		自种饲料产量是否满足生产需要?	
15	饲料加工	※简述加工工艺	
		加工工艺、设施设备、配方和加工量是否满足生产需要?	
		是否建立完善的生产加工制度?	
		是否使用抗病、抗虫药物、激素或其他生长促进剂等药物添加剂?	

六、饲养管理

序号	检查项目	检查内容	检查情况
16	饲养管理	绿色食品养殖和常规养殖之间是否具有有效的隔离措施，或严格的区分管理措施？	
		纯天然放牧养殖的畜禽其饲草面积，放牧期饲草产量是否满足生产需求量？	
		是否存在补饲？	
		补饲所用饲料及饲料添加剂是否符合绿色食品相关要求？	
		畜（禽）圈舍是否配备采光通风、防寒保暖、防暑降温、粪尿沟槽、废物收集、清洁消毒等设备或措施？	
		是否根据不同性别、不同养殖阶段进行分舍饲养？	
		是否提供足够的活动及休息场所？	
		幼畜是否能够吃到初乳？	
		幼畜断奶前是否进行补饲训练？	
		幼畜断奶前补饲所用饲料是否符合绿色食品相关要求？	
		在一个生长（或生产）周期内，各养殖阶段所用饲料是否符合绿色食品相关要求？	
		是否具有专门的绿色食品饲养管理规范？	
		是否具有饲养管理相关记录？	
		饲养管理人员是否经过绿色食品生产管理培训？	
		饲料、饮水、兽药、消毒剂等是否符合绿色食品相关要求？	

七、消毒和疾病防治

序号	检查项目	检查内容	检查情况
17	消毒	生产人员进入生产区是否有更衣、消毒等制度或措施？	
		※简述非生产人员出入生产区管理制度	

（续）

序号	检查项目	检查内容	检查情况
17	消毒	※简述消毒对象、消毒剂、消毒时间、使用方法	
		※简述消毒制度或消毒措施的实施情况	
		是否有消毒记录？	
18	疾病防治	※简述当地常规养殖发生的疾病及流行程度	
		※简述畜禽的引入后采用何种措施预防疾病发生	
		※简述本养殖周期免疫接种情况（疫苗种类、接种时间、次数）	
		※简述本养殖周期疾病发生情况，使用药物名称、剂量、使用方法、停药期	
		所使用的兽药是否取得国家兽药批准文号？是否按照兽药标签的方法和说明使用？	
		是否有兽药使用记录？	
		是否有使用禁用药品的迹象？	

八、活体运输及动物福利

序号	检查项目	检查内容	检查情况
19	活体运输	※简述采用何种工具运输，包括运输时间、运输方式、运输数量、目的地等	
		是否具有与常规畜禽进行区分隔离的相关措施及标识？	
		装卸及运输过程是否会对动物产生过度应激？	
		运输过程是否使用镇静剂或其他调节神经系统的制剂？	
20	动物福利	是否供给畜禽足够的阳光、食物、饮用水、活动空间等？	
		是否进行过非治疗性手术（断尾、断喙、烙翅、断牙等）？	
		是否存在强迫喂食现象？	

九、畜禽出栏或产品收集

序号	检查项目	检查内容	检查情况
21	畜禽出栏	※简述畜禽出栏时间	
		※简述质量检验方法	
22	禽蛋及生鲜乳收集	※简述产品清洗、除杂、过滤等处理方式	
		※简述收集场所的位置、周围环境	
		※简述收集场所的卫生制度及实施情况	
		※简述所用的设备及清洁方法	
		※简述清洁剂、消毒剂种类和使用方法，如何避免对产品产生的污染？	
		※简述所用设备绿色食品与非绿色食品区别管理制度	

十、屠宰加工

序号	检查项目	检查内容	检查情况
23	屠宰加工	屠宰加工厂所在位置、面积、周围环境与申请材料是否一致？	
		※简述厂区卫生管理制度及实施情况	
		待宰圈设置是否能够有效减少对畜禽的应激？	
		是否具有屠宰前后的检疫记录？	
		※简述不合格产品处理方法及记录	
		※简述屠宰加工流程	
		※简述加工设施与设备的清洗措施与消毒情况	
		※简述所用设备绿色食品与非绿色食品区别管理制度	
		加工用水是否符合 NY/T 391 的要求？	
		屠宰加工过程中污水排放是否符合 GB 13457 的要求？	

十一、包装及储运

序号	检查项目	检查内容	检查情况
24	包装材料	※简述包装材料、来源	
		※简述周转箱材料及清洁情况	
		包装材料选用是否符合 NY/T 658 的要求？	
		是否使用聚氯乙烯塑料？直接接触绿色食品的塑料包装材料和制品是否符合以下要求： 未含有邻苯二甲酸酯、丙烯腈和双酚 A 类物质； 未使用回收再用料等	
		纸质、金属、玻璃、陶瓷类包装性能是否符合 NY/T 658 的要求	
		油墨、贴标签的黏合剂等是否无毒，是否直接接触食品？	
		是否可重复使用、回收利用或可降解？	
25	标志与标识	是否提供了含有绿色食品标志的包装标签或设计样张？（非预包装食品不必提供）	
		包装标签标识及标识内容是否符合 GB 7718、NY/T 658 的要求？	
		绿色食品标志设计是否符合《中国绿色食品商标标志设计使用规范手册》要求？	
		包装标签中生产商、商品名、注册商标等信息是否与上一周期绿色食品标志使用证书中一致？（续展）	
26	生产资料仓库	是否与产品分开储藏？	
		※简述卫生管理制度及执行情况	
		绿色食品与非绿色食品使用的生产资料是否分区储藏，区别管理？	
		※是否储存了绿色食品生产禁用物？禁用物如何管理？	
		出入库记录和领用记录是否与投入品使用记录一致？	

（续）

序号	检查项目	检查内容	检查情况
27	产品储藏仓库	周围环境是否卫生、清洁，远离污染源？	
		※简述仓库内卫生管理制度及执行情况	
		※简述储藏设备及储藏条件，是否满足食品温度、湿度、通风等储藏要求？	
		※简述堆放方式，是否会对产品质量造成影响？	
		是否与有毒、有害、有异味、易污染物品同库存放？	
		※与同类非绿色食品产品一起储藏的如何防混、防污、隔离？	
		※简述防虫、防鼠、防潮措施，使用的药剂种类、剂量和使用方法是否符合 NY/T 393 的规定？	
		是否有设备管理记录？	
		是否有产品出入库记录？	
28	运输管理	采用何种运输工具？	
		※简述保鲜措施	
		是否与化肥、农药等化学物品及其他任何有害、有毒、有气味的物品一起运输？	
		铺垫物、遮垫物是否清洁、无毒、无害？	
		※运输工具是否同时用于绿色食品和非绿色食品？如何防止混杂和污染？	
		※简述运输工具清洁措施	
		是否有运输过程记录？	

十二、废弃物处理及环境保护措施

序号	检查项目	检查内容	检查情况
29	废弃物处理	※污水、畜禽粪便、病死畜禽尸体、垃圾等废弃物是否及时、无害化处理？简述无害化处理方式	
		废弃物存放、处理、排放是否符合国家相关标准？	
30	环境保护	※如果造成污染，采取了哪些保护措施？	

十三、绿色食品标志使用情况（仅适用于续展）

序号	检查内容	检查情况
31	是否提供了经核准的绿色食品标志使用证书？	
32	是否按规定时限续展？	
33	是否执行了《绿色食品商标标志使用许可合同》？	
34	续展申请人、产品名称等是否发生变化？	
35	质量管理体系是否发生变化？	
36	用标周期内是否出现产品质量投诉现象？	
37	用标周期内是否接受中心组织的年度抽检？产品抽检报告是否合格？	
38	※用标周期内是否出现年检不合格现象？说明年检不合格原因	
39	※核实上一用标周期标志使用数量、原料使用凭证	
40	申请人是否建立了标志使用出入库台账，能够对标志的使用、流向等进行记录和追踪？	
41	※简述用标周期内标志使用存在的问题	

十四、收获统计

※畜禽名称	※养殖规模（头/只/羽）	※养殖周期（日龄/月/年）	※预计年产量（吨）

注：标※内容应具体描述，其他内容做判断评价。

现场检查意见

现　场 检　查 综　合 评　价	
检　查 意　见	□合格 □限期整改 □不合格

检查组成员签字：

年　月　日

　　我确认检查组已按照《绿色食品现场检查通知书》的要求完成了现场检查工作，报告内容符合客观事实。

　　申请人法定代表人（负责人）签字：

（盖章）
年　月　日

附件 3

加工产品现场检查报告

申请人						
申请类型		□初次申请　□续展申请　□增报申请				
申请产品						
检查组派出单位						
检查组	分工	姓名	工作单位	注册专业		
				种植	养殖	加工
	组长					
	成员					
检查日期						

中国绿色食品发展中心

一、基本情况

序号	检查项目	检查内容	检查情况
1	基本情况	申请人的基本情况与申请书内容是否一致？	
		※是否有委托加工？被委托加工方名称	
		营业执照是否真实有效、满足绿色食品申报要求？	
		食品生产许可证、定点屠宰许可证、食盐定点生产许可证、采矿许可证、取水许可证等是否真实有效、满足申请产品生产要求？	
		商标注册证是否真实有效、核定范围包含申报产品？	
		是否在国家农产品质量安全追溯管理信息平台完成注册？	
		申请前三年或用标周期（续展）内是否有质量安全事故和不诚信记录？	
		※简述绿色食品生产管理负责人姓名、职务	
		※简述内检员姓名、职务	
2	加工厂情况	※简述厂区位置	
		厂区分布图与实际情况是否一致？	

二、质量管理体系

序号	检查项目	检查内容	检查情况
3	质量控制规范	是否涵盖组织管理、原料管理、生产过程管理、环境保护、区分管理、培训考核、内部检查及持续改进、检测、档案管理、质量追溯管理等制度？	
		是否涵盖了绿色食品生产的管理要求？	
		绿色食品制度在生产中是否能够有效落实？相关制度和标准是否在基地内公示？	
		是否建立中间产品和不合格品的处置、召回等制度？	

（续）

序号	检查项目	检查内容	检查情况
3	质量控制规范	是否有其他质量管理体系文件（ISO 9001、ISO22000、HACCP等）？	
		是否有绿色食品标志使用管理制度？	
		是否存在非绿色产品生产？是否建立区分管理制度？	
4	生产操作规程	是否按照绿色食品全程质量控制要求包含主辅料使用、生产工艺、包装储运等内容？	
		生产操作规程是否科学、可行，符合生产实际和绿色食品标准要求？	
		是否上墙或在醒目位置公示？	
5	产品质量追溯	是否有产品内检制度和内检记录？	
		是否有产品检验报告或质量抽检报告？	
		※是否建设立了产品质量追溯体系？描述其主要内容	
		是否保存了能追溯生产全过程的上一生产周期或用标周期（续展）的生产记录？	
		记录中是否有绿色食品禁用的投入品？	
		是否具有组织管理绿色食品产品生产和承担责任追溯的能力？	

三、产地环境质量

序号	检查项目	检查内容	检查情况
6	产地环境质量	产地是否距离公路、铁路、生活区50米以上，距离工矿企业1千米以上？	
		周边是否存在对生产造成危害的污染源或潜在污染源？	
		厂内环境、生产车间环境及生产设施等是否适宜绿色食品发展？	
		加工厂内区域和设施是否布局合理？	
		生产车间内生产线、生产设备是否满足要求？	
		卫生条件是否符合GB 14881的要求？	
		生产车间是否物流、人流合理？	
		绿色食品与非绿色生产区域之间是否有效隔离？	

（续）

序号	检查项目	检查内容	检查情况
7	环境检测项目	空气	□检测
			□符合 NY/T 1054 免测要求
			□提供了符合要求的环境背景值
			□续展产地环境未发生变化免测
		加工水	□检测
			□矿泉水水源免测；生活饮用水、饮用水水源、深井水免测（限饮用水产品的水源）
			□提供了符合要求的环境背景值免测
			□续展产地环境未发生变化免测
			□不涉及

四、生产加工

序号	检查项目	检查内容	检查情况
8	生产工艺	※简述工艺流程	
		是否满足生产需求？	
		是否有潜在质量风险？	
		是否设立了必要的监控手段？	
9	生产设备	是否满足生产工艺要求？	
		是否有潜在风险？	
10	清洗	※简述清洗制度或措施的实施情况	
		※简述清洗对象、清洗剂成分、清洗时间方法。是否有清洗记录？	
11	消毒	※简述消毒制度或措施的实施情况	
		※简述消毒对象、消毒剂成分、消毒时间方法。是否有消毒记录？	
12	生产人员	是否有相应资质？	
		是否掌握绿色食品生产技术要求	

五、主辅料和食品添加剂

序号	检查项目	检查内容	检查情况
13	主辅料	※简述每种产品主辅料的组成、配比、年用量、来源	
		是否经过入厂检验且达标？	
		组成和配比是否符合绿色食品加工产品原料的规定？	
		主辅料购买合同和发票是否真实有效？	
14	食品添加剂	※简述每种产品中食品添加剂的添加比例、成分、年用量、来源	
		是否经过入厂检验且达标？	
		添加剂使用是否符合 GB 2760 和 NY/T 392 的要求？	
		购买合同和发票是否真实有效？	
15	生产用水	※简述加工水来源及预处理方式	
16	生产记录	主辅料等投入品的购买合同（协议）、领用、生产等记录是否真实有效？	

六、包装与储运

序号	检查项目	检查内容	检查情况
17	包装材料	※简述包装材料、来源	
		※简述周转箱材料，是否清洁？	
		包装材料选用是否符合 NY/T 658 的要求？	
		是否使用聚氯乙烯塑料？直接接触绿色食品的塑料包装材料和制品是否符合以下要求： 未含有邻苯二甲酸酯、丙烯腈和双酚 A 类物质； 未使用回收再用料等	
		纸质、金属、玻璃、陶瓷类包装性能是否符合 NY/T 658 的要求	
		油墨、贴标签的黏合剂等是否无毒，是否直接接触食品？	
		是否可重复使用、回收利用或可降解？	

（续）

序号	检查项目	检查内容	检查情况
18	标志与标识	是否提供了含有绿色食品标志的包装标签或设计样张？（非预包装食品不必提供）	
		包装标签标识及标识内容是否符合GB7718、NY/T 658等的要求？	
		绿色食品标志设计是否符合《中国绿色食品商标标志设计使用规范手册》要求？	
		包装标签中生产商、商品名、注册商标等信息是否与上一周期绿色食品标志使用证书中一致？（续展）	
19	生产资料仓库	是否与产品分开储藏？	
		※简述卫生管理制度及执行情况	
		绿色食品与非绿色食品使用的生产资料是否分区储藏，区别管理？	
		※是否储存了绿色食品生产禁用物？禁用物如何管理？	
		※简述防虫、防鼠、防潮措施，说明使用的药剂种类和使用方法，是否符合NY/T 393的要求？	
		出入库记录和领用记录是否与投入品使用记录一致？	
20	产品储藏仓库	周围环境是否卫生、清洁，远离污染源？	
		※简述仓库内卫生管理制度及执行情况	
		※简述储藏设备及储藏条件，是否满足产品温度、湿度、通风等储藏要求？	
		※简述堆放方式，是否会对产品质量造成影响？	
		是否与有毒、有害、有异味、易污染物品同库存放？	
		※简述与同类非绿色食品产品一起储藏的如何防混、防污、隔离？	
		※简述防虫、防鼠、防潮措施，说明使用的药剂种类和使用方法，是否符合NY/T 393的要求？	
		是否有储藏管理记录？	
		是否有产品出入库记录？	

（续）

序号	检查项目	检查内容	检查情况
21	运输管理	※采用何种运输工具？	
		运输条件是否满足产品保质储藏要求？	
		是否与化肥、农药等化学物品及其他任何有害、有毒、有气味的物品一起运输？	
		铺垫物、遮垫物是否清洁、无毒、无害？	
		运输工具是否同时用于绿色食品和非绿色食品？如何防止混杂和污染？	
		※简述运输工具清洁措施	

七、废弃物处理及环境保护措施

序号	检查项目	检查内容	检查情况
22	废弃物处理	污水、下脚料、垃圾等废弃物是否及时处理？	
		废弃物存放、处理、排放是否对食品生产区域及周边环境造成污染？	
23	环境保护	※简述如果造成污染，采取了哪些保护措施？	

八、绿色食品标志使用情况（仅适用于续展）

序号	检查内容	检查情况
24	是否提供了经核准的绿色食品标志使用证书？	
25	是否按规定时限续展？	
26	是否执行了《绿色食品标志商标使用许可合同》？	
27	续展申请人、产品名称等是否发生变化？	
28	质量管理体系是否发生变化？	
29	用标周期内是否出现产品质量投诉现象？	
30	用标周期内是否接受中心组织的年度抽检？产品抽检报告是否合格？	
31	※用标周期内是否出现年检不合格现象？说明年检不合格原因	
32	※核实用标周期内标志使用数量、原料使用凭证	

（续）

序号	检查内容	检查情况
33	申请人是否建立了标志使用出入库台账，能够对标志的使用、流向等进行记录和追踪？	
34	※用标周期内标志使用存在的问题	

九、产量统计

※产品名称	※原料用量（吨/年）	※出成率（％）	※预计年产量（吨）

注：标※内容应具体描述，其他内容做判断评价。

现场检查意见

现　场 检　查 综　合 评　价	
检　查 意　见	□合格 □限期整改 □不合格
检查组成员签字： <div align="right">年　月　日</div>	
我确认检查组已按照《绿色食品现场检查通知书》的要求完成了现场检查工作，报告内容符合客观事实。 申请人法定代表人（负责人）签字： <div align="right">（盖章） 年　月　日</div>	

附件 4

水产品现场检查报告

申　请　人						
申请类型	□初次申请　□续展申请　□增报申请					
申请产品						
检查组派出单位						
检查组	分工	姓名	工作单位	注册专业		
				种植	养殖	加工
	组长					
	成员					
检查日期						

中国绿色食品发展中心

一、基本情况

序号	检查项目	检查内容	检查情况
1	基本情况	申请人的基本情况与申请书内容是否一致？	
		申请人的资质证明文件是否合法、齐全、真实？	
		是否在国家农产品质量安全追溯管理信息平台完成注册？	
		申请前三年或用标周期（续展）内是否有质量安全事故和不诚信记录？	
		※简述绿色食品生产管理负责人姓名、职务	
		※简述内检员姓名、职务	
2	基地及产品情况	※简述基地位置、面积	
		※简述养殖品种、养殖密度及养殖周期	
		※简述养殖方式（湖泊养殖/水库养殖/近海放养/网箱养殖/网围养殖/池塘养殖/蓄水池养殖/工厂化养殖/稻田养殖/其他养殖）	
		※简述养殖模式（单养/混养/套养）、混养/套养品种及比例	
		※简述生产组织形式〔自有基地、基地入股型合作社、流转土地、公司＋合作社（农户）等〕	
		基地/农户/社员/内控组织清单是否真实有效？	
		合同（协议）及购销凭证是否真实有效？	
		基地位置图和养殖区域分布图与实际情况是否一致？	

二、质量管理体系

序号	检查项目	检查内容	检查情况
3	质量控制规范	质量控制规范是否健全？（应包括人员管理、投入品供应与管理、养殖过程管理、产品收获管理、仓储运输管理、人员培训、档案记录等）	
		质量控制规范是否涵盖了绿色食品生产的管理要求？	
		基地管理制度在生产中是否能够有效落实？相关制度和标准是否在基地内公示？	
		是否有绿色食品标志使用管理制度？	
		生产管理人员是否定期接受绿色食品培训？	
		是否存在非绿色产品生产？是否建立区分管理制度？	
4	生产操作规程	是否包括环境条件、卫生消毒、繁育管理、饲料管理、疫病防治、捕捞、初加工、包装、储藏、运输等内容？	
		是否科学、可行，符合生产实际和绿色食品标准要求？	
		是否包含混养/套养品种的养殖技术规程？是否会对申请产品造成影响？	
		是否上墙或在醒目位置公示？	
5	产品质量追溯	是否有产品内检制度和内检记录？	
		是否有产品检验报告或质量抽检报告？	
		※是否建设立了产品质量追溯体系？描述其主要内容	
		是否保存了能追溯生产全过程的上一生产周期或用标周期（续展）的生产记录？	
		记录中是否有绿色食品禁用的投入品？	
		是否具有组织管理绿色食品产品生产和承担责任追溯的能力？	

三、产地环境质量

序号	检查项目	检查内容	检查情况
6	产地环境	※简述地理位置、水域环境	
		※简述渔业生产结构	
		※简述生态环境保护措施	
		产地是否距离公路、铁路、生活区50米以上，距离工矿企业1千米以上？	
		产地是否远离污染源，具备切断有毒有害物进入产地的措施？	
		绿色食品与非绿色生产区域之间是否有缓冲带或物理屏障？	
		是否能保证产地具有可持续生产能力，不对环境或周边其他生物产生污染？	
7	渔业用水	※简述来源	
		※简述进排水方式	
		是否定期检测？检测结果是否合格？	
		是否有引起水源受污染的污染物及其来源？	
8	环境检测项目	空气	□检测
			□水产养殖业区免测
			□续展产地环境未发生变化免测
		渔业用水	□检测
			□深海渔业用水免测
			□提供了符合要求的环境背景值
			□续展产地环境未发生变化免测
		底泥	□检测
			□深海和网箱养殖区免测
			□提供了符合要求的环境背景值
			□续展产地环境未发生变化免测

四、苗种

序号	检查项目	检查内容	检查情况
9	外购	※简述苗种规格及来源单位	
		是否在至少2/3养殖周期内采用绿色食品标准要求养殖？	
		供方是否有苗种生产许可证？	
		是否有购买合同（协议）及购销凭证？	
		※苗种运输过程是否使用药剂？说明药剂名称、使用量、使用方法	
		※简述苗种投放时间、投放规格及投放量	
		※投放养殖区域前是否暂养？说明暂养场所位置、水源及消毒使用的药剂名称、使用量、使用方法	
		※投放养殖区域前苗种是否消毒？说明药剂名称、使用量、使用方法	
10	自繁自育	※简述繁育方式（自然繁殖/人工繁殖/人工辅助繁殖）	
		※简述苗种培育周期及投放至养殖区域时的苗种规格	
		※苗种及育苗场所是否消毒？说明药剂名称、使用量、使用方法	
		是否有繁育记录？	

五、饲料及饲料添加剂

序号	检查项目	检查内容	检查情况
11	饲料及饲料添加剂使用	※简述各生长阶段饲料及饲料添加剂来源	
		各生长阶段饲料及饲料添加剂组成、用量、比例是否可以满足该生长阶段营养要求？（包括外购苗种投放前及捕捞后运输前暂养阶段）	
		外购商品饲料、外购饲料原料、饲料添加剂是否有购买合同（协议）及购销凭证？	

（续）

序号	检查项目	检查内容	检查情况
11	饲料及饲料添加剂使用	是否对自行种植的植物性饲料原料开展现场检查？	
		是否使用 NY/T 471 规定的不应添加的物质？	
		是否有饲料使用记录？	
12	饲料加工情况	※是否加工饲料？简述加工流程及出成率	
		是否委托加工？是否有委托加工合同（协议）？是否有区分管理制度？	
		※简述加工厂所位置、卫生制度及实施情况	
		是否建立完善的生产加工制度？	
		※简述加工设备及清洁方法，说明药剂名称、使用量、使用方法及避免对产品产生污染的措施	
		※加工设备是否同时用于绿色和非绿色产品？简述防止混杂和污染的措施	
		是否有饲料加工记录？	

六、肥料情况

序号	检查项目	检查内容	检查情况
13	肥料使用情况	※简述肥料名称及来源	
		※说明肥料使用量、使用时间、使用方法及用途	
		是否外购肥料？是否有购买合同（协议）及购销凭证？	
14	肥料使用记录	是否有肥料使用记录？	

七、疾病防治与水质改良

序号	检查项目	检查内容	检查情况
15	疾病预防与治疗情况	※简述当地同种水产品发生的疾病及流行程度	
		※简述同种水产品易发疾病的预防措施	
		※简述申请产品疾病预防措施	
		※简述发生过的疾病、危害程度及治疗措施	
		※说明使用渔药、疫苗的名称、用途、使用量（浓度）、使用方法及停药期	
		是否以预防为目的使用药物饲料添加剂？	
		是否为了促进水产品生长，使用抗菌药物、激素或其他生长促进剂？	
16	水质改良情况	※简述养殖水体水质改良措施，说明使用药剂名称、用量、用途及使用方法	
		※简述养殖区域消毒措施，说明使用消毒剂名称、用量及使用方法	
17	投入品使用记录	是否有渔药、疫苗、水质改良剂、消毒剂等投入品使用记录？	

八、收获后处理

序号	检查项目	检查内容	检查情况
18	收获情况	※简述捕捞时间	
		※简述捕捞方式及捕捞工具	
		是否有捕捞记录？	
		海洋捕捞是否符合 NY/T 1891 的要求？	
19	产品初加工情况	※捕捞后是否进行初加工处理（清理、晾晒、分级等）？简述加工流程	
		※简述加工厂所地址、面积、周边环境	
		※简述厂区卫生制度及实施情况	
		※说明加工用水的来源。是否符合 NY/T 391 的要求？	

序号	检查项目	检查内容	检查情况
19	产品初加工情况	※简述加工设备及清洁方法，说明药剂名称、使用量、使用方法及避免对产品产生污染的措施	
		※加工设备是否同时用于绿色和非绿色产品？简述防止混杂和污染的措施	
		是否有产品初加工记录？	

九、包装与储运

序号	检查项目	检查内容	检查情况
20	包装材料	※简述包装材料及来源	
		※简述周转箱材料，是否清洁？	
		包装材料选用是否符合 NY/T 658 的要求？	
		是否使用聚氯乙烯塑料？直接接触绿色食品的塑料包装材料和制品是否符合以下要求： 未含有邻苯二甲酸酯、丙烯腈和双酚 A 类物质 未使用回收再用料等	
		纸质、金属、玻璃、陶瓷类包装性能是否符合 NY/T 658 的要求	
		油墨、贴标签的黏合剂等是否无毒，是否直接接触食品？	
		是否可重复使用、回收利用或可降解？	
21	标志与标识	是否提供了含有绿色食品标志的包装标签或设计样张？	
		包装标签标识及标识内容是否符合 GB 7718、NY/T 658 的要求？	
		绿色食品标志设计是否符合《中国绿色食品商标标志设计使用规范手册》要求？	
		包装标签中生产商、产品名称、商标等信息是否与上一周期绿色食品标志使用证书中一致？（续展）	

（续）

序号	检查项目	检查内容	检查情况
22	生产资料仓库	是否与产品分开储藏？	
		※简述卫生管理制度及执行情况	
		绿色食品与非绿色食品使用的生产资料是否分区储藏，区别管理？	
		是否储存了绿色食品生产禁用物？禁用物如何管理？	
		出入库记录和领用记录是否与投入品使用记录一致？	
23	产品储藏仓库	周围环境是否卫生、清洁，远离污染源？	
		※简述仓库内卫生管理制度及执行情况	
		※简述储藏设备及储藏条件，是否满足产品温度、湿度、通风等储藏要求？	
		※简述堆放方式。是否会对产品质量造成影响？	
		是否与有毒、有害、有异味、易污染物品同库存放？	
		※简述与同类非绿色食品产品一起储藏防混、防污、隔离措施	
		※简述防虫、防鼠、防潮措施，说明使用的药剂种类和使用方法。是否符合 NY/T 393 的要求？	
		是否有储藏管理记录？	
		是否有产品出入库记录？	
24	运输管理	※说明运输方式及运输工具	
		※简述保活（保鲜）措施，说明药剂名称、使用量、使用方法及避免对产品产生污染的措施	
		※简述运输工具清洁措施，说明药剂名称、使用量、使用方法及避免对产品产生污染的措施	
		※运输工具是否同时用于绿色食品和非绿色食品？简述防止混杂和污染的措施	

（续）

序号	检查项目	检查内容	检查情况
24	运输管理	是否与化学物品及其他任何有害、有毒、有气味的物品一起运输？	
		铺垫物、遮垫物是否清洁、无毒、无害？	
		是否有运输过程记录？	

十、废弃物处理及环境保护措施

序号	检查项目	检查内容	检查情况
25	废弃物处理	尾水、养殖废弃物、垃圾等是否及时处理？	
		废弃物存放、处理、排放是否对食品生产区域及周边环境造成污染？	
26	环境保护	※如果造成污染，采取了哪些保护措施？	

十一、绿色食品标志使用情况（仅适用于续展）

序号	检查内容	检查情况
27	是否提供了经核准的绿色食品标志使用证书？	
28	是否按规定时限续展？	
29	是否执行了《绿色食品标志商标使用许可合同》？	
30	续展申请人、产品名称等是否发生变化？	
31	质量管理体系是否发生变化？	
32	用标周期内是否出现产品质量投诉现象？	
33	用标周期内是否接受中心组织的年度抽检？产品抽检报告是否合格？	
34	※用标周期内是否出现年检不合格现象？说明年检不合格原因	
35	※核实用标周期内标志使用数量、原料使用凭证	
36	申请人是否建立了标志使用出入库台账，能够对标志的使用、流向等进行记录和追踪？	
37	※用标周期内标志使用存在的问题	

十二、收获统计

※产品名称	※养殖面积（万亩）	※养殖周期	※预计年产量（吨）

注：标※内容应具体描述，其他内容做判断评价。

现场检查意见

现　场检　查综　合评　价	
检　查意　见	□合格 □限期整改 □不合格

检查组成员签字：

年　月　日

我确认检查组已按照《绿色食品现场检查通知书》的要求完成了现场检查工作，报告内容符合客观事实。

申请人法定代表人（负责人）签字：

（盖章）
年　月　日

附件 5

食用菌现场检查报告

申请人	
申请类型	□初次申请　□续展申请　□增报申请
申请产品	
检查组派出单位	

检查组	分工	姓名	工作单位	注册专业		
				种植	养殖	加工
	组长					
	成员					
检查日期						

中国绿色食品发展中心

一、基本情况

序号	检查项目	检查内容	检查情况
1	基本情况	申请人的基本情况与申请书内容是否一致？	
		申请人的营业执照、商标注册证、土地权属证明等资质证明文件是否合法、齐全、真实？	
		是否在国家农产品质量安全追溯管理信息平台完成注册？	
		申请前三年或用标周期（续展）内是否有质量安全事故和不诚信记录？	
		※绿色食品生产管理负责人姓名、职务	
		※内检员姓名、职务	
2	基地及产品情况	※基地位置（具体到村）、面积	
		※栽培品种名称、面积	
		基地分布图、地块分布图与实际情况是否一致？	
		※简述生产组织形式〔自有基地、基地入股型合作社、流转土地、公司＋合作社（农户）、全国绿色食品原料标准化生产基地〕	
		种植基地/农户/社员/内控组织清单是否真实有效？	
		种植合同（协议）及购销凭证是否真实有效？	
		※栽培场地（露天/竹、草棚/塑料棚/砖房/彩钢板房/其他）及设施（有控温湿设施/无控温湿设施/其他）	

二、质量管理体系

序号	检查项目	检查内容	检查情况
3	质量控制规范	质量控制规范是否健全？（应包括人员管理、投入品供应与管理、种植过程管理、产品采后管理、仓储运输管理、培训、档案记录管理等）	
		质量控制规范是否涵盖了绿色食品生产的管理要求？	
		种植基地管理制度在生产中是否能够有效落实？相关制度和标准是否在基地内公示？	
		是否有绿色食品标志使用管理制度？	
		是否存在非绿色产品生产？是否建立区分管理制度？	
		是否涵盖了绿色食品生产的管理要求？	
4	生产操作规程	是否包括菌种处理、基质制作、病虫害防治、日常管理、收获后、采集后运输、初加工、储藏、产品包装等内容？	
		是否科学、可行，符合生产实际和绿色食品标准要求？	
		是否上墙或在醒目位置公示？	
5	产品质量追溯	是否有产品内检制度和内检记录？	
		是否有产品检验报告或质量抽检报告？	
		※是否建设立了产品质量追溯体系？描述其主要内容	
		是否保存了能追溯生产全过程的上一生产周期或用标周期（续展）的生产记录？	
		记录中是否有绿色食品禁用的投入品？	
		是否具有组织管理绿色食品产品生产和承担责任追溯的能力？	

三、产地环境质量

序号	检查项目	检查内容	检查情况
6	周边环境	※地理位置、地形地貌	
		※年积温、年平均降水量、日照时数	
		※简述当地主要植被及生物资源	
		※农业种植结构	
		※简述生态环境保护措施	
		产地是否距离公路、铁路、生活区 50 米以上，距离工矿企业 1 千米以上？	
		产地是否远离污染源，配备切断有毒有害物进入产地的措施？	
		是否建立生物栖息地，保护基因多样性、物种多样性和生态系统多样性，以维持生态平衡？	
		是否能保证产地具有可持续生产能力，不对环境或周边其他生物产生污染？	
		绿色食品与非绿色生产区域之间是否有缓冲带或物理屏障？	
7	菇房环境	是否有污染源？	
		布局是否合理？	
		设施是否满足生产需要？	
		※简述清洁卫生状况	
		※简述消毒措施	
8	食用菌生产用水	※来源	
		是否定期检测？检测结果是否合格？	
		※简述可能引起水源受污染的污染物及其来源	
9	环境检测项目	空气	□检测
			□符合 NY/T 1054 免测要求
			□提供了符合要求的环境背景值
			□续展产地环境未发生变化免测

（续）

序号	检查项目	检查内容	检查情况
9	环境检测项目	基质	□检测
			□ 符合 NY/T 1054 免测要求
			□ 提供了符合要求的环境背景值
			□ 续展产地环境未发生变化免测
		食用菌生产用水	□检测
			□ 符合 NY/T 1054 免测要求
			□ 提供了符合要求的环境背景值
			□ 续展产地环境未发生变化免测

四、菌种

序号	检查项目	检查内容	检查情况
10	菌种来源	※菌种来源（外购/自繁）	
		外购菌种是否有标签和购买凭证？	
11	菌种处理	※简述菌种的培养和保存方法	
		※菌种是否需要处理？简述处理方法	

五、基质

序号	检查项目	检查内容	检查情况
12	基质组成	※简述每种食用菌栽培基质原料的名称、比例、年用量	
		※基质原料来源	
		购买合同（凭证）是否真实有效？	
13	基质灭菌	※简述基质灭菌方法	

六、病虫害和杂菌防治

序号	检查项目	检查内容	检查情况
14	病虫害发生情况	※本年度发生病虫害和杂菌名称及危害程度	
15	农业防治	※具体措施及防治效果	
16	物理防治	※具体措施及防治效果	
17	生物防治	※具体措施及防治效果	
18	农药使用	※通用名、防治对象	
		是否获得国家农药登记许可？	
		农药种类是否符合 NY/T 393 的要求？	
		是否按农药标签规定使用范围、使用方法合理使用？	
		※使用 NY/T 393 中表 A.1 规定的其他不属于国家农药登记管理范围的物质（物质名称、防治对象）	
19	农药使用记录	是否有农药使用记录？（包括地块、作物名称和品种、使用日期、药名、使用方法、使用量和施用人员）	

七、采后处理

序号	检查项目	检查内容	检查情况
20	收获	※简述作物收获时间、方式	
		是否有收获记录？	
21	初加工	※作物收获后经过何种初加工处理（清理、晾晒、分级等）？	
		※是否使用化学药剂？说明其成分是否符合 GB 2760、NY/T 393 的要求	
		※简述加工厂所地址、面积、周边环境	
		※简述厂区卫生制度及实施情况	
		※简述加工流程	
		※是否清洗？清洗用水的来源	
		※简述加工设备及清洁方法	
		※简述清洁剂、消毒剂种类和使用方法，如何避免对产品产生的污染？	

（续）

序号	检查项目	检查内容	检查情况
21	初加工	※加工设备是否同时用于绿色和非绿色产品？如何防止混杂和污染？	
		初加工过程是否使用荧光剂等非食品添加剂物质？	

八、包装与储运

序号	检查项目	检查内容	检查情况
22	包装材料	※简述包装材料、来源	
		※简述周转箱材料，是否清洁？	
		包装材料选用是否符合 NY/T 658 的要求？	
		是否使用聚氯乙烯塑料？直接接触绿色食品的塑料包装材料和制品是否符合以下要求： 未含有邻苯二甲酸酯、丙烯腈和双酚 A 类物质； 未使用回收再用料等	
		纸质、金属、玻璃、陶瓷类包装性能是否符合 NY/T 658 的要求	
		油墨、贴标签的黏合剂等是否无毒，是否直接接触食品？	
		是否可重复使用、回收利用或可降解？	
23	标志与标识	是否提供了含有绿色食品标志的包装标签或设计样张？（非预包装食品不必提供）	
		包装标签标识及标识内容是否符合 GB7718、NY/T 658 的要求？	
		绿色食品标志设计是否符合《中国绿色食品商标标志设计使用规范手册》要求？	
		包装标签中生产商、商品名、注册商标等信息是否与上一周期绿色食品标志使用证书中一致？（续展）	

（续）

序号	检查项目	检查内容	检查情况
24	生产资料仓库	是否与产品分开储藏？	
		※简述卫生管理制度及执行情况	
		绿色食品与非绿色食品使用的生产资料是否分区储藏，区别管理？	
		※是否储存了绿色食品生产禁用物？禁用物如何管理？	
		出入库记录和领用记录是否与投入品使用记录一致？	
25	产品储藏仓库	周围环境是否卫生、清洁，远离污染源？	
		※简述仓库内卫生管理制度及执行情况	
		※简述储藏设备及储藏条件，是否满足食品温度、湿度、通风等储藏要求？	
		※简述堆放方式，是否会对产品质量造成影响？	
		是否与有毒、有害、有异味、易污染物品同库存放？	
		※与同类非绿色食品产品一起储藏的如何防混、防污、隔离？	
		※简述防虫、防鼠、防潮措施，使用的药剂种类、剂量和使用方法是否符合 NY/T 393 的要求？	
		是否有储藏设备管理记录？	
		是否有产品出入库记录？	
26	运输管理	※采用何种运输工具？	
		※简述保鲜措施	
		是否与化肥、农药等化学物品及其他任何有害、有毒、有气味的物品一起运输？	
		铺垫物、遮垫物是否清洁、无毒、无害？	
		运输工具是否同时用于绿色食品和非绿色食品？如何防止混杂和污染？	
		※简述运输工具清洁措施	
		是否有运输过程记录？	

九、废弃物处理及环境保护措施

序号	检查项目	检查内容	检查情况
27	废弃物处理	污水、农药包装袋、垃圾等废弃物是否及时处理？	
		废弃物存放、处理、排放是否对食品生产区域及周边环境造成污染？	
28	环境保护	※如果造成污染，采取了哪些保护措施？	

十、绿色食品标志使用情况（仅适用于续展）

序号	检查内容	检查情况
29	是否提供了经核准的绿色食品标志使用证书？	
30	是否按规定时限续展？	
31	是否执行了《绿色食品商标标志使用许可合同》？	
32	续展申请人、产品名称等是否发生变化？	
33	质量管理体系是否发生变化？	
34	用标周期内是否出现产品质量投诉现象？	
35	用标周期内是否接受中心组织的年度抽检？产品抽检报告是否合格？	
36	※用标周期内是否出现年检不合格现象？说明年检不合格原因	
37	※核实上一用标周期标志使用数量、原料使用凭证	
38	申请人是否建立了标志使用出入库台账，能够对标志的使用、流向等进行记录和追踪？	
39	※用标周期内标志使用存在的问题	

十一、收获统计

※食用菌名称	※栽培规模（万袋/万瓶/亩）	※产量（茬/年）	※预计年收获量（吨）

注：标※内容应具体描述，其他内容做判断评价。

现场检查意见

现　场 检　查 综　合 评　价	
检　查 意　见	□合格 □限期整改 □不合格
检查组成员签字： 　　　　　　　　　　　　　　　　　　　　　　　　　　　　　　年　月　日	
我确认检查组已按照《绿色食品现场检查通知书》的要求完成了现场检查工作，报告内容符合客观事实。 　　申请人法定代表人（负责人）签字： 　　　　　　　　　　　　　　　　　　　　　　　　　　　　　　（盖章） 　　　　　　　　　　　　　　　　　　　　　　　　　　　　　　年　月　日	

附件6

蜂产品现场检查报告

申　请　人						
申请类型	□初次申请　□续展申请　□增报申请					
申请产品						
检查组派出单位						
检查组	分工	姓名	工作单位	注册专业		
				种植	养殖	加工
	组长					
	成员					
检查日期						

中国绿色食品发展中心

一、基本情况

序号	检查项目	检查内容	检查情况
1	基本情况	申请人的基本情况与申请书内容是否一致？	
		申请人营业执照、商标注册证等资质证明文件是否合法、齐全、真实？	
		是否在国家农产品质量安全追溯管理信息平台完成注册？	
		申请前三年或用标周期（续展）内是否有质量安全事故和不诚信记录？	
		※简述绿色食品生产管理负责人姓名、职务	
		※简述内检员姓名、职务	
2	蜜源地及产品情况	※简述野生蜜源地位置、面积	
		※简述转场蜜源地位置、面积（适用于转场放蜂）	
		蜜源基地位置图与实际情况是否一致？	
		※简述生产组织形式〔自有基地、基地入股型合作社、流转土地、公司＋合作社（农户）等〕	
		基地农户/社员/内控组织清单是否真实有效？	
		合同（协议）及购销凭证是否真实有效？	
		※简述蜂场地址、蜂箱数	
		是否对人工种植蜜源地开展现场检查，包括种植基地环境、种植规程、基地管理制度、质量控制规范、投入品使用、产地环境检测等？（适用于人工种植蜜源植物）	

二、质量管理体系

序号	检查项目	检查内容	检查情况
3	质量控制规范	质量控制规范是否健全？（应包括人员管理、投入品供应与管理、养殖过程管理、产品收获管理、仓储运输管理、人员培训、档案记录管理等）	
		质量控制规范是否涵盖了绿色食品生产的管理要求？	
		基地管理制度在生产中是否能够有效落实？相关制度和标准是否在基地内公示？	
		是否有绿色食品标志使用管理制度？	
		生产管理人员是否定期接受绿色食品培训？	
		是否存在非绿色产品生产？是否建立区分管理制度？	
4	生产操作规程	是否按照绿色食品全程质量控制要求包含环境条件、卫生消毒、繁育管理、饲料管理、疾病防治、产品采收、初加工、运输、包装、储藏等内容？	
		生产操作规程是否科学、可行，符合生产实际和绿色食品标准要求？	
		是否包括对蜂王、工蜂、雄蜂的培育与养殖管理？	
5	产品质量追溯	是否有产品内检制度和内检记录？	
		是否有产品检验报告或质量抽检报告？	
		是否保存了能追溯生产全过程的上一生产周期或用标周期（续展）的生产记录？	
		记录中是否有绿色食品禁用的投入品？	
		是否具有组织管理绿色食品产品生产和承担责任追溯的能力？	

三、产地环境质量

序号	检查项目	检查内容		检查情况
6	蜜源地和蜂场环境	※简述地理位置、地形地貌		
		是否距离公路、铁路、生活区 50 米以上，距离工矿企业 1 千米以上？		
		周边是否有排尘污染源？区域内是否有上游被污染的江河流过？		
		是否远离村庄、城镇、车站等人口活动区？		
		※周边是否有畜禽养殖场？简述与蜂场距离		
		蜂场周围半径 5 千米范围内是否存在有毒蜜源植物？在有毒蜜源植物开花期是否放蜂？是否具有有效的隔离措施？		
		※蜜源地与常规农田的距离？针对常规农作物所用农药是否对蜂群有影响？简述隔离措施		
		※流蜜期内蜂场周围半径 5 千米范围内是否有处于花期的常规农作物？简述区别管理制度		
		是否能保证蜜源地具有可持续生产能力，不对环境或周边其他生物产生影响？		
7	养蜂用水	※简述来源、饮水器材		
		是否定期检测？检测结果是否合格？		
		是否有可能引起水源受污染的污染物？		
8	环境检测项目	土壤		□检测
				□野生蜜源基地土壤免测
				□续展产地环境未发生变化免测
				□不涉及
		养蜂用水		□检测
				□提供了符合要求的环境背景值
				□续展产地环境未发生变化免测

四、蜜源植物

序号	检查项目	检查内容	检查情况
9	野生蜜源	※简述蜜源植物名称、覆盖率（株/单位面积）；如为杂花产品，写出主要的几种	
		※简述流蜜时间	
		※简述区域内与蜜源植物同花期植物名称、覆盖率（株/单位面积）	
		※蜜源植物是否发生过病虫害？是否做过人工防治？简述防治时间及防治措施	
10	人工种植	※简述蜜源植物名称	
		※简述流蜜时间	
		※简述花期的农事活动（施肥、病虫草害防治情况等）	

五、蜂王培育及其他蜂管理

序号	检查项目	检查内容	检查情况
11	蜂王培育	※简述品种及来源	
		※简述正常寿命	
		※繁育能力	高峰日产卵____枚
		※简述检查频率	
		※分蜂速度	经____日，可由____箱分为____箱
12	工蜂管理	※简述采蜜期寿命	
		※简述每群数量	
13	雄蜂管理	※简述每群数量与工蜂的比例	

六、饲养管理

序号	检查项目	检查内容	检查情况
14	养蜂机具	蜂箱和巢框用材是否无毒、无味、性能稳定、牢固？	
		养蜂机具及采收机具（包括隔王栅、饲喂器、起刮刀、脱粉器、集胶器、摇蜜机和台基条等）、产品存放器具所用材料是否无毒、无味？	
		※简述巢础材质、巢脾更换频率	

（续）

序号	检查项目	检查内容	检查情况
15	饲喂	※简述流蜜期饲喂成分	
		是否饲喂自留蜜和花粉？	
		※简述非流蜜期和越冬期饲喂情况	
		是否有饲喂记录？	
16	疾病防治	※简述当地常见疾病及防治措施	
		※简述当年发生疾病及防治措施	
		※简述药物使用情况	
		※简述蜂场、蜂箱、器具消毒情况（消毒剂、方法、频次）	
		是否有药物使用记录？	
17	转场管理	※简述转场饲养的转地路线、转运方式、日期和蜜源植物花期、长势、流蜜状况等信息	
		转场前是否调整群势；运输过程中是否备足饲料及饮水；是否符合绿色食品相关标准规定？	
		是否用装运过农药、有毒化学品的运输设备装运蜂群？	
		※是否采取有效措施防止蜂群在运输途中的伤亡？简述具体措施	
		运输途中是否放蜂？是否经过污染源？途中采集的产品是否作为绿色食品或蜜蜂饲料？	
		是否有运输记录？（包括时间、天气、起运地、途经地、到达地、运载工具、承运人、押运人、蜂群途中表现等情况）	
		转场蜂场的生产管是否符合绿色食品相关标准要求？转场蜜源植物的生产管理是否符合绿色食品相关标准要？	

七、产品采收及处理

序号	检查项目	检查内容	检查情况
18	采收情况	※花期、平均采收频次、单群平均产量	花期：_____月_____日 至_____月_____日 频次：_____天/次 产量：_____千克/箱
		是否存在掠夺式采收的现象？（采收频率过高、经常采光蜂巢内蜂蜜等）	
		采收期间，生产群是否使用蜂药？蜂群在停药期内是否从事蜜蜂产品采收？产品是否作为绿色食品使用？	
		蜜源植物施药期间（含药物安全间隔期）是否进行蜂产品采收？产品是否作为绿色食品使用？	
		采收机具和产品存放器具是否严格清洗消毒？是否符合国家相关要求？	
		蜂王浆的采集过程中，移虫、采浆作业需在对空气消毒过的室内或者帐篷内进行，消毒剂的使用是否符合NY/T 472的要求？	
		是否有蜂产品采收记录？（包括采收日期、产品种类、数量、采收人员、采收机具等）	
19	初加工情况	采收后是否进行简单初加工处理（清理、过滤、分级等)？	
		※简述加工厂所地址、面积、周边环境	
		※简述厂区卫生制度及实施情况	
		※简述加工流程	
		※是否清洗？简述清洗用水的来源	
		※简述加工设备及清洁方法	
		※加工设备是否同时用于绿色和非绿色产品？简述如何防止混杂和污染？	
		※简述清洁剂、消毒剂种类和使用方法，如何避免对产品产生污染？	
		是否有产品初加工记录？	

八、包装与储运

序号	检查项目	检查内容	检查情况
20	包装材料	※简述包装材料、来源	
		※简述周转容器材料、是否清洁？	
		包装材料选用是否符合 NY/T 658 的要求？	
		是否使用聚氯乙烯塑料？直接接触绿色食品的塑料包装材料和制品是否符合以下要求： 未含有邻苯二甲酸酯、丙烯腈和双酚 A 类物质 未使用回收再用料等	
		纸质、金属、玻璃、陶瓷类包装性能是否符合 NY/T 658 的要求	
		油墨、贴标签的黏合剂等是否无毒，是否直接接触食品？	
		是否可重复使用、回收利用或可降解？	
21	标志与标识	是否提供了含有绿色食品标志的包装标签或设计样张？	
		包装标签标识及标识内容是否符合 GB 7718、NY/T 658 的要求？	
		绿色食品标志设计是否符合《中国绿色食品商标标志设计使用规范手册》要求？	
		包装标签中生产商、商品名、注册商标等信息是否与上一周期绿色食品标志使用证书中一致？（续展）	
22	生产资料仓库	是否与产品分开储藏？	
		※简述卫生管理制度及执行情况	
		绿色食品与非绿色食品使用的生产资料是否分区储藏，区别管理？	
		是否储存了绿色食品生产禁用物质？禁用物质如何管理？	
		出入库记录和领用记录是否与投入品使用记录一致？	

（续）

序号	检查项目	检查内容	检查情况
23	产品储藏仓库	周围环境是否卫生、清洁，远离污染源？	
		※简述仓库内卫生管理制度及执行情况	
		※简述储藏设备及储藏条件，是否满足食品温度、湿度、通风等储藏要求？	
		※简述堆放方式，是否会对产品质量造成影响？	
		是否与有毒、有害、有异味、易污染物品同库存放？	
		※简述与同类非绿色食品产品一起储藏的如何防混、防污、隔离？	
		防虫、防鼠、防潮措施，使用的药剂种类、剂量和使用方法是否符合 NY/T 393、NY/T 472 规定？所用药剂是否会对产品产生影响？	
		是否有储藏设备管理记录？	
		是否有产品出入库记录？	
24	运输管理	※简述采用何种运输工具？	
		否与化学物品及其他任何有害、有毒、有气味的物品一起运输？	
		铺垫物、遮垫物是否清洁、无毒、无害？	
		运输工具是否同时用于绿色食品和非绿色食品？如何防止混杂和污染？	
		※简述运输工具清洁措施	
		是否有运输过程记录？	

九、废弃物处理及环境保护措施

序号	检查项目	检查内容	检查情况
25	废弃物处理	污水、废旧巢脾、垃圾等废弃物是否及时处理？	
		废弃物存放、处理、排放是否对生产区域及周边环境造成污染？	

十、绿色食品标志使用情况（仅适用于续展）

序号	检查内容	检查情况
27	是否提供了经核准的绿色食品标志使用证书？	
28	是否按规定时限续展？	
29	是否执行了《绿色食品商标标志使用许可合同》？	
30	续展申请人、产品名称等是否发生变化？	
31	质量管理体系是否发生变化？	
32	用标周期内是否出现产品质量投诉现象？	
33	用标周期内是否接受中心组织的年度抽检？产品抽检报告是否合格？	
34	※用标周期内是否出现年检不合格现象？说明年检不合格原因	
35	※核实上一用标周期标志使用数量、原料使用凭证	
36	申请人是否建立了标志使用出入库台账，能够对标志的使用、流向等进行记录和追踪？	
37	※用标周期标志使用存在的问题	

十一、收获统计

※产品名称	※养殖规模（群）	※流蜜期（天）	※预计年采收量（吨）

注：标※内容应具体描述，其他内容做判断评价。

现场检查意见

现 场 检 查 综 合 评 价	
检 查 意 见	□合格 □限期整改 □不合格

检查组成员签字：

年 月 日

我确认检查组已按照《绿色食品现场检查通知书》的要求完成了现场检查工作，报告内容符合客观事实。

申请人法定代表人（负责人）签字：

（盖章）
年 月 日

附件 7

绿色食品现场检查会议签到表

申请人：   年 月 日

	姓名	职责	工作单位	首次会议	总结会
检查员					
	姓名	职务	职责	首次会议	总结会
申请人					

注：请参会人员根据参会情况，在首次会议和总结会栏打"√"或打"×"。

附件 8

现场检查发现问题汇总表

申 请 人			
申请产品			
检查时间			
检查组长		检查员	

发现问题描述	依据

申请人整改措施及时限承诺：

负责人：　　　　　　申请人（盖章）　　　　日期：

整改措施落实情况：

检查组长：　　　　　　　日期：

注：1. 此表一式三份，中心、省级工作机构、申请人各一份。

2. 申请人应在承诺时限内将整改材料提交检查组。

3. 检查组长对整改措施落实情况判定合格后，将此表、整改材料和检查报告一并报送。

4. 现场检查意见为"合格"的可不填写该表。

省级绿色食品工作机构续展审查
工作实施办法

(2015 年 2 月 11 日发布)

第一条　为充分发挥省级绿色食品工作机构（以下简称"省级工作机构"）的职能作用，进一步提高续展工作效率，制定本办法。

第二条　省级工作机构负责本行政区域绿色食品续展申请的受理、初审、现场检查、书面审查及相关工作。中国绿色食品发展中心（以下简称"中心"）负责续展申请材料的备案登记、监督抽查和颁证工作。

第三条　绿色食品检测机构（以下简称"检测机构"）负责绿色食品产地环境、产品检测和评价工作。

第四条　畜禽产品及其加工品、人工养殖的水产品及其加工品、蜂产品，按照《绿色食品标志许可审查程序》，其书面审查工作仍由中心负责。

第五条　承担续展书面审查工作的省级工作机构应具备以下条件：

（一）续展工作的领导分工明确；

（二）续展工作有确定的工作部门和专职检查员；

（三）辖区内地（市）、县级绿色食品工作机构健全、工作力量强、有检查员；

（四）辖区内绿色食品检查员注册专业齐全，能够满足续展书面审查工作需要。

第六条　续展申请按照以下要求执行：

（一）省级工作机构按照《绿色食品标志许可审查程序》《绿色食品现场检查工作规范》《绿色食品标志许可审查工作规范》的要求，完成受理、现场检查、初审、书面审查等工作。

（二）省级工作机构组织至少 1 名绿色食品检查员对续展申请人提交的材料、现场检查报告、环境质量监测报告、产品检验报告等相关材料进行书面审查，填写《绿色食品省级工作机构初审报告》，并分别由检查员和省级工作机构负责人在报告上签字、盖章。书面审查务必确保续展申请材料完备有效，续展申请人缴清前期标志使用费，并在证书上加盖年检章。

（三）省级工作机构应在绿色食品证书有效期满前二十五个工作日完成书面审查，并将审查合格的续展申请材料原件报送中心，同时完成网上报送。逾期未能报送中心的，不予续展。

（四）中心以《绿色食品省级工作机构初审报告》作为续展决定依据，随机抽取10％的续展申请材料进行监督抽查，监督抽查意见与审查结论不一致时，以监督抽查意见为准。监督抽查意见分为以下情况：

1. 需要进一步完善的，续展申请人应在《绿色食品审查意见通知书》规定的时限内补充相关材料，逾期视为放弃续展。

2. 需要现场核查的，由中心委派检查组现场核查并提出核查意见。

3. 合格的，准予续展。

4. 抽查不合格的，不予续展，中心将不予续展意见通知省级工作机构，并由省级工作机构及时通知申请人。

（五）中心主任作出准予续展颁证决定。

（六）续展申请人与中心签订《绿色食品标志使用合同》，履行相关手续后，中心颁发证书并予以公告。

第七条 因不可抗力不能在证书有效期内进行现场检查的，省级工作机构应向中心提出书面申请，说明原因。经中心确认，续展检查应在证书有效期后三个月内实施。

第八条 省级工作机构应结合当地实际情况制定续展审查工作实施细则，并报中心备案。

第九条 本办法由中心负责解释。

第十条 本办法自 2015 年 3 月 1 日施行。原《省级绿色食品管理机构续展综合审核工作实施办法（试行）》废止。

绿色食品检查员注册管理办法

(2014 年 7 月 11 日发布)

第一章 总 则

第一条 为加强绿色食品检查员的管理，提高检查员队伍整体素质和业务水平，促进绿色食品事业持续健康发展，根据《绿色食品标志管理办法》，制定本办法。

第二条 绿色食品检查员（以下简称"检查员"）是指经中国绿色食品发展中心（以下简称"中心"）核准注册的从事绿色食品材料审查和现场检查的人员。

第三条 中心对检查员实行统一注册管理，检查员的注册专业分为种植、养殖和加工。

第四条 绿色食品检查员分为两个级别：检查员和高级检查员。

检查员是指符合本办法相应要求，能够对申请材料实施审查或对申请企业实施现场检查的人员。

高级检查员是指符合本办法相应要求，并具有丰富的材料审查和现场检查的经验，能够对申请绿色食品企业实施现场检查或对申请材料实施审查的人员。

第五条 检查员的来源包括各级绿色食品工作机构的专职工作人员、大专院校、科研机构、行业协会的专家和学者。检查员不得来源于生产企业。

第二章 注册要求

第六条 申请注册的检查员应当具备下列条件：

（一）个人素质

1. 热爱绿色食品事业，对所从事的工作有强烈的责任感；

2. 能够正确执行国家有关方针、政策、法律及法规，掌握绿色食品标准及有关规定；

3. 具有良好观察能力和业务能力，并能根据客观证据作出正确的判断；

4. 具有良好口头和书面表达能力，能够客观全面地表述概念和意见；

5. 具有履行检查员职责所需的保持充分独立性和客观性的能力，具有有效开展审查和检查工作所需的个人组织能力和人际交流能力；

6. 身体健康，具有从事野外工作的能力。

（二）教育和工作经历

申请人应具有国家承认的大学本科以上（含大学本科）学历，至少 1 年相关专业技术或相关农产品质量安全工作经历；或具有国家承认的大专学历，至少 2 年相关专业技术或相关农产品质量安全工作经历。

申请人所学专业为非相关专业的，本科学历申请人至少 4 年相关专业技术或相关农产品质量安全工作经历；大专学历申请人至少 5 年相关专业技术或相关农产品质量安全工作经历。

具有相关专业中级以上（含中级）技术职称视为符合教育和工作经历。

（三）专业背景

注册种植业检查员应具有农学、园艺、植保、农业环保及相关专业的专业；注册养殖业检查员应具有畜牧、兽医、动物营养或水产及相关专业的专业；注册加工业检查员应具有食品加工、发酵及相关专业的专业。

（四）培训经历

申请人应完成中心指定的检查员相关课程的培训，并通过中心或中心委托的有关单位组织的各门专业课程的考试，取得《绿色食品培训合格证书》。

（五）审查和现场检查经历

依据材料审查和现场检查经历对检查员进行分级：

1. 检查员：申请人应在取得《绿色食品培训合格证书》后参加至少 2 次注册专业类别绿色食品材料审查和现场检查见习，并由所在省级绿色食品工作机构（以下简称"省级工作机构"）就申请人的能力给出鉴定意见。

2. 高级检查员：申请人应取得检查员级别注册资格 1 年以上，并至少完成 10 个相关专业类别绿色食品企业的材料审查和现场检查。

3. 所有材料审查和现场检查经历应在申请注册前 3 年内获得。

第七条 检查员可以同时注册多个专业。申请扩大专业注册的，应从申请注册检查员开始，还应提供相关专业考试合格证书复印件或其他有效证明材料。

第三章　注册程序

第八条 申请人填写《绿色食品检查员注册申请表》，并附上第十二条要求提交的相关证明材料，经省级工作机构签署推荐意见后，由省级工作机构统一报送中心。申请人应当同时完成网上注册申请。

第九条　申请人应与中心签订《绿色食品检查员责任书》，切实履行检查员职责，认真落实检查员审查和现场检查工作质量第一责任人制度，如有违反将追究其责任。

第十条　申请人与中心签署保密承诺，确保不泄露申请企业商业和技术秘密。

第十一条　申请人应当签署个人声明，声明其保证遵守（或已经遵守）绿色食品检查员行为准则及绿色食品有关规定。

第十二条　申请注册应当提交下列材料：

（一）初次申请

1.《绿色食品检查员注册申请表》

2. 身份证（复印件）

3. 学历证书、职称证书（复印件）

4.《绿色食品培训合格证书》（复印件）

5.《绿色食品材料审查/现场检查经历表》

（二）再注册申请

1.《绿色食品检查员注册申请表》

2. 身份证（复印件）

3.《绿色食品材料审查/现场检查经历表》

（三）扩大专业申请

1. 绿色食品检查员注册申请表

2. 身份证（复印件）

3. 申请扩大专业的学历或职称证明材料

4. 涉及扩大专业的现场检查/材料审查经历证明材料

第十三条　中心对申请人提交的申请材料进行核定。

第十四条　中心对符合注册要求的申请人予以注册，并公布名单。

第四章　检查员职责、职权和行为准则

第十五条　检查员依据《绿色食品标志管理办法》及有关法律法规履行下列职责：

（一）对申请企业的材料进行审查，核实申请企业提供的信息、资料是否完整，是否符合绿色食品的有关要求等；

（二）依据注册的专业类别，对申请企业实施现场检查，全面核实申请企业提交申请材料的真实性，客观描述现场检查实际情况，科学评估申请企业的生产过程和质量控制体系是否达到绿色食品标准及有关规定的要求综合评估现场检查情况，撰写检查报告；

（三）完成中心交办的其他审查工作。

第十六条　检查员具有下列职权：

（一）检查申请企业的生产现场、库房、产品包装、生产记录和档案资料等有关情况。根据检查需要，可要求受检方提供相关的证据；

（二）依据绿色食品标准独立地对申请企业申请材料提出审查意见，不受任何单位和个人的干预；

（三）指出申请企业在生产过程中不当行为，并要求其整改；

（四）了解申请企业的产地环境监测情况和产品质量检测情况；

（五）向中心如实报告有关绿色食品工作机构、检测机构和申请企业在相关工作中存在的问题；

（六）向上级绿色食品工作机构提出改进绿色食品工作的建议；

（七）有权向绿色食品工作机构申诉对检查员的各种投诉；

（八）检查员依据注册的级别，具有相应的工作职权：检查员有权对所在省绿色食品申请企业进行材料审查和现场检查；高级检查员有权对所在省、国内其他区域和境外绿色食品申请企业进行材料审查和现场检查。

第十七条　检查员应遵守下列行为准则：

（一）遵守国家有关法律法规、绿色食品规章制度和保密协议；

（二）从事材料审查和现场检查工作应遵循科学、公正、公平的原则；

（三）按照注册专业类别从事材料审查和现场检查工作；

（四）不断学习现场检查所需的专业知识，提高自身素质和现场检查能力；

（五）尊重客观事实，如实记录现场检查或材料审查对象现状，保证材料审查和现场检查的规范性和有效性；

（六）检查员在检查前后1年内不得与申请企业有任何有偿咨询服务关系；可以提出生产方面改进意见，但不得收取费用；

（七）不应向申请企业作出颁证与否的承诺；

（八）未经中心书面授权和申请企业同意，不得讨论或披露任何与审查和检查活动有关的信息，法律有特殊要求的除外；

（九）到少数民族地区检查时，应尊重当地文化和风俗习惯；

（十）不接受申请企业任何形式的酬劳；

（十一）不以任何形式损坏中心声誉，并针对违反本行为准则进行的调查工作提供全面合作；

（十二）接受中心的监督管理。

第五章　监督与管理

第十八条　中心统一负责检查员监督管理。省级工作机构负责所辖区域内检查员日常管理工作。

第十九条　检查员注册有效期为3年，检查员需在注册期满前3个月向中心提出书面再注册申请。超过有效期未提交再注册申请或3年内未完成3个以上注册专业类别申请企业材料审查和现场检查的，不予再注册。

第二十条　中心建立检查员工作绩效考核评价制度，每年对检查员工作实施绩效考评，对工作业绩突出和表现优秀的检查员，中心给予表彰和奖励。

第二十一条　对违反检查员行为准则，尚未构成严重后果的，中心依据有关情况给予检查员批评、暂停注册资格等处置。在暂停期内，检查员不得从事相关材料审查和现场检查等活动。对于暂停注册资格的检查员，应在暂停期内采取相应整改措施，并经中心验证后，恢复其注册资格。

第二十二条　有下列情况之一者，撤销其检查员资格：

（一）与申请企业合作（或提示申请企业），故意隐瞒申请产品真实情况的；

（二）经核实，在材料审查或现场检查工作中，存在故意弄虚作假行为的，年度绩效考评为零分的；

（三）严重违反检查员行为准则或由于失职、渎职而出现严重质量安全问题的；

（四）严重违反检查员行为准则，对绿色食品事业或中心声誉造成恶劣影响的。

第二十三条　被中心撤销检查员资格的，1年内不再受理其注册申请。如再申请注册，须经培训、考试，取得《绿色食品培训合格证书》。

第二十四条　中心就检查员的资格处置情况向绿色食品工作系统及其上级行政主管部门等相关方进行通报。

第二十五条　中心建立绿色食品注册检查员档案，对检查员的培训、考试、考核评价信息及检查员注册、再注册、撤销等管理活动进行存档。

第六章 附 则

第二十六条 本办法由中心负责解释。

第二十七条 本办法自 2014 年 8 月 1 日起施行。原《绿色食品检查员注册管理办法》（中绿认〔2009〕60 号）同时废止。

绿色食品企业内部检查员管理办法

（2019 年 5 月 27 日颁布实施）

第一条　为规范绿色食品企业内部检查员管理，不断提高绿色食品企业质量管理能力和标准化生产水平，确保绿色食品产品质量和品牌信誉，依据《绿色食品标志管理办法》，制定本办法。

第二条　绿色食品企业内部检查员（以下简称"内检员"）是指经培训合格，并在企业负责绿色食品生产和质量管理的专业技术人员或管理人员。

第三条　中国绿色食品发展中心（以下简称"中心"）负责内检员的培训指导、注册和统一管理工作。各省（自治区、直辖市）农业行政主管部门所属绿色食品工作机构（以下简称"省级工作机构"）负责内检员的资质审核、培训、监督管理等具体工作。

第四条　注册内检员是绿色食品标志许可的前置条件。企业应建立内检员管理制度，明确界定内检员的岗位职责和权限。

第五条　每个企业至少应有一名注册的内检员。内检员应为企业质量管理的负责人。员工超过 100 人（含 100 人）的企业还应有一名负责质量工作的技术人员注册为内检员。

第六条　省级工作机构可以根据本办法，结合本地区实际，制定绿色食品内检员培训、管理、考核、激励与约束机制等实施细则。

第七条　内检员的主要职责

（一）宣贯绿色食品有关法律法规、技术标准及制度规范等。

（二）落实绿色食品全程质量控制措施，参与制定本企业绿色食品质量管理体系、生产技术规程，协调、指导、检查和监督企业绿色食品原料采购、基地建设、投入品使用、产品检验、标志使用、广告宣传等工作。

（三）指导企业建立绿色食品生产、加工、运输和销售记录档案，配合各级绿色食品工作机构开展绿色食品现场检查和监督管理工作。

（四）负责企业绿色食品相关数据及信息的汇总、统计、编制及报送等工作。

（五）承担企业绿色食品申报、续展、企业年检等工作，负责绿色食品证书和《绿色食品标志商标使用许可合同》的管理。

（六）组织开展绿色食品质量内部检查及改进工作；开展对企业内部员工有关绿色

食品知识的培训。

（七）负责企业绿色食品的其他有关工作。

第八条 内检员资格条件

（一）遵纪守法，坚持原则，爱岗敬业。

（二）具有大专以上相关专业学历或者具有两年以上农产品、食品生产、加工、经营管理实践经验，熟悉本企业的管理制度。

（三）热爱绿色食品事业，熟悉农产品质量安全有关的法律、法规、政策、标准及行业规范；熟悉绿色食品质量管理和标志管理的相关规定。

第九条 内检员培训

（一）采取课堂培训与网上培训相结合的培训方式。

（二）首次注册的内检员必须参加课堂培训或网上培训，并经考试合格。已取得资格的内检员每年还需完成网上继续教育培训。

（三）中心建立统一的网上培训平台，省级工作机构自行建立的培训平台须报中心审核备案。

第十条 内检员注册管理

（一）内检员培训合格后，首次注册的由本人申请，经企业推荐，省级工作机构资格审核并在绿色食品工作系统中进行上报，中心统一注册编号发文生效。

（二）内检员完成网上继续教育培训后，进入绿色食品工作系统完成年度注册；未进行年度注册的，到期自动取消内检员资格。

（三）内检员未按照规定履行职责，违反职业道德、弄虚作假、玩忽职守的，中心将取消其内检员资格。

（四）内检员变更服务企业时，需经过省级工作机构和变更后的企业确认，并由省级工作机构向中心备案。

第十一条 企业须保持内检员的稳定性、连续性，确实需要作出调整的，应及时按本办法的第八条规定推荐接替人选和办理相关手续。

第十二条 本办法由中国绿色食品发展中心负责解释。

第十三条 本办法自发布之日起施行，原《绿色食品企业内部检查员管理办法》（中绿质〔2010〕47号）同时废止。

绿色食品检查员工作绩效考评实施办法

第一章　总　则

第一条　为了强化和规范绿色食品检查员（以下简称"检查员"）工作绩效考核评价的管理，促进工作质量和效率不断提高，依据《绿色食品标志管理办法》和《绿色食品检查员注册管理办法》，制定本办法。

第二条　本办法适用于所有经中国绿色食品发展中心（以下简称"中心"）核准注册的绿色食品检查员。

第三条　中心建立检查员履行材料审核和现场检查职责的个人工作档案，据此考评检查员工作绩效，并将有关情况予以通报。绩效考评结果将作为检查员资格、级别认定的重要依据。

第四条　检查员工作档案的信息主要来自申报材料和中心组织实施的复核检查。

检查员工作档案信息运行以"绿色食品审核与管理系统"为技术支撑，有关申报材料信息必须通过该系统上传中心。

第五条　绩效考核遵循工作数量与工作质量并重、更加注重工作质量的基本原则。

第二章　考核内容

第六条　绩效考核包括以下四项指标：

（一）申报材料完备率：考核申报材料不需补报的一次完备性；

（二）终审合格数量：考核材料审核和现场检查工作的有效量；

（三）终审合格率：考核材料审核和现场检查工作的有效性；

（四）申报材料真实性：考核材料审核和现场检查工作真实程度。

第七条　绩效考核分指标评分，按年度考核，逐年累计。

第三章　评分方法

第八条　申报材料完备率评分以企业数为单位，总分值 40 分。

申报材料完备率得分＝申报材料完备的企业数量÷材料审核（或者现场检查）企业的数量×权重×40。其中：审核企业 1～5 个权重为 0.20，6～10 个权重为 0.40，11～15 个权重为 0.60，16～20 个权重为 0.80，21 个以上权重为 1.00。

参与同一企业材料审核和现场检查的不重复计算企业数。

第九条 终审合格数量评分以企业数及产品数为单位，分值不设上限。

每个企业的材料审核和现场检查各记 2 分，同一企业申报产品数超过 2 个，加乘权数。

同一企业申报产品数未超过 2 个的终审合格数量得分＝（材料审核企业数＋现场检查企业数）×2。

同一企业申报产品数超过 2 个的终审合格数量得分＝（材料审核企业数＋现场检查企业数）×2×[1＋0.1×(X－2)]，X 为产品数。

第十条 终审合格率评分以产品数为单位，总分值 30 分。

终审合格率得分＝终审通过产品数量÷材料审核（或现场检查）产品总数×30。参与同一企业材料审核和现场检查的产品数不重复计算。

第十一条 申报材料真实性评分以审核项目为单位，总分值 30 分，实行加减分制。

（一）全年申报材料未出现虚假项目的，得 30 分。

（二）出现以下情况之一，当年绩效考评为零分：

1. 提供虚假的现场检查证明（如：提供 PS 照片，或用往年或者其他企业现场检查照片代替本企业当期现场检查照片等）；

2. 提供虚假的现场检查记录；

3. 纵容申请人提供虚假材料；

4. 其他同类情况。

（三）出现以下情况之一，扣减 15 分（总分值 30 分，扣完为止）：

1. 材料中出现虚假绿色食品证书；

2. 检查员互相代签相关文件；

3. 其他同类情况。

（四）出现以下情况之一，扣减 10 分（总分值 30 分，扣完为止）：

1. 材料中出现虚假资质性文件（如：营业执照、商标注册证、食品生产许可证、防疫合格证、土地使用证等）；

2. 材料中出现虚假合同（如：虚构合同相关产品、产品量、日期、单位名称、责任人等情况）；

3. 材料中出现其他虚假材料；

4. 其他同类情况。

申报材料不真实及其责任人以及应扣分值的认定，由中心审核评价处处长牵头组成三人以上小组负责。

第十二条　第八条至第十一条的各项得分合计，为检查员年度绩效考评总分值。

第十三条　当年 12 月 10 日以后的绩效考评分值计入下一年度。

第十四条　续展工作绩效考评适用本办法。已下放省绿色食品办公室的续展综合审核工作的绩效考核，中心抽查的部分，其申报材料完备率、终审合格率、申报材料真实性按抽查结果评分；中心未抽查的部分，其申报材料完备率、终审合格率、申报材料真实性按满分评分；所有完成备案的，其数量评分参照第九条执行。

第四章　考核评定

第十五条　中心每年向各省级工作机构通报本省检查员本年度及年度累计绩效考评分值，提出拟评定为本年度优秀等次检查员的名额和名单、不合格检查员名单，征求各省工作机构意见。各省级工作机构应结合本省工作实际和检查员日常工作业绩表现，提出意见反馈中心。

第十六条　中心每年依据绩效考评结果和省级工作机构意见，结合本年审查工作实际，确定优秀检查员和不合格检查员名单。优秀检查员名单在绿色食品工作系统内予以公布。不合格检查员将依据《绿色食品检查员注册管理办法》作出相应处理。

第五章　附　　则

第十七条　本办法由中心审核评价处负责解释。

第十八条　本办法自 2020 年 1 月 1 日起施行，原《绿色食品检查员工作绩效考评暂行办法》同时废止。

绿色食品专家评审工作规范

中绿审〔2020〕28 号

第一条 为规范绿色食品专家评审工作，保证专家评审工作的科学性、公正性和权威性，根据《绿色食品标志管理办法》（以下简称"办法"）、《绿色食品标志许可审查程序》（以下简称"审查程序"）和绿色食品标志许可审查相关规定，制定本规范。

第二条 专家评审是指评审专家对中国绿色食品发展中心（以下简称"中心"）综合审查合格的材料，从专业角度审查申请人申报产品生产全过程、绿色食品工作机构和检查员的审查工作、环境和产品检测工作等，并形成评审意见的过程。

第三条 评审专家应具备较高的专业素质和良好的职业道德，在相关行业管理、专业技术领域享有较高声誉，能严谨、公正、公平地履行评审专家工作职责。

第四条 中心审核评价处（以下简称"审核评价处"）负责专家评审的组织实施和评审意见处理工作。

第五条 审核评价处根据审查工作进度和时间顺序，对综合审查合格的材料按照专业进行汇总编号，在 20 个工作日内，采用会议评审或线上评审方式按批次组织专家评审。

第六条 审核评价处根据评审专家专业分别组建种植、食用菌、畜禽养殖、蜂产品、水产养殖和加工等评审专业组，并根据参加评审产品涉及的行业，随机选取至少 3 名相关专家组成专家组开展评审工作。专家组实行组长负责制，组长由审核评价处指定。

第七条 专家评审工作应遵循以下原则：

（一）专家评审应以《食品安全法》《农产品质量安全法》等法律法规，国家食品安全标准和绿色食品标准，《绿色食品标志许可审查程序》《绿色食品标志许可审查工作规范》和专业生产技术等为依据。

（二）参加评审专家与评审材料申请人无利益关系。

（三）参加评审专家对评审材料中所涉及的有关非公开信息负有保密责任。

第八条 专家评审应按照"绿色食品专家评审要点"，重点对以下内容开展评审工作：

（一）对绿色食品标志申请人生产中使用农药、肥料、饲料、兽药、渔药和食品添加剂等投入品及其他关键技术措施的规范性和科学性进行评审。

（二）对环境和产品检测的科学性、规范性和有效性进行评审。

（三）对绿色食品工作机构和检查员的审查意见进行评审。

（四）对申请人生产过程和质量管理等进行综合风险评估。

第九条 会议评审时，每位评审专家需填写"绿色食品专家评审意见表"（附件1），对每个参加评审产品提出"通过""不通过"或"暂缓通过"的评审意见，"不通过"和"暂缓通过"的产品还应填写具体问题和处理意见。专家组长对组内所有专家的评审意见和建议进行汇总确认，填写"绿色食品专家组评审意见汇总表"（附件2），给出专家组最终评审意见。

线上评审时，审核评价处将材料同时推送给三位专家，由两位专家出具评审意见，推送给专家组组长，系统自动汇总专家评审意见，由专家组长确认并提出专家组最终评审意见，专家组长将评审意见提交审核评价处，专家签字使用电子签名。

第十条 根据专家组最终评审意见，审核评价处在5个工作日内对参加评审产品按以下两种方式分类处理：

（一）评审意见明确为"通过"或"不通过"的，报送中心主任审批，作出颁证与否的决定，并将评审结论上传信息系统平台。对于不予颁证的产品同时向相关省级工作机构和申请人发送"绿色食品不予颁证决定通知"（附件3）。

（二）评审意见为"暂缓通过"的，审核评价处向相关省级工作机构、检测机构和申请人发送"绿色食品专家评审意见通知单"（附件4），并在收到答复意见后反馈至评审专家，由专家签字确认是否符合要求。审核评价处根据专家意见填写"绿色食品专家评审意见处理单"（附件5）。符合要求的为"通过"，不符合要求的为"不通过"，按本条第一款执行。

第十一条 本规范自2020年3月1日起实施。中心2015年5月25日发布的《绿色食品专家评审工作程序》和2016年12月28日发布的《绿色食品专家评审工作规范》同时废止。

第十二条 本规范由中心负责解释。

附件：

1. 绿色食品专家评审意见表

2. 绿色食品专家组评审意见汇总表

3. 绿色食品不予颁证决定通知

4. 绿色食品专家评审意见通知单

5. 绿色食品专家评审意见处理单

6. 绿色食品专家评审要点

附件1

绿色食品专家评审意见表

评审专家：

评审时间：

专家评审批次编号：

一、评审意见汇总清单			
评审序号	企业名称	产品名称	评审意见（通过√，不通过×，暂缓通过△）

二、暂缓通过产品存在问题与处理建议表		
评审序号	存在问题	处理建议

三、不通过产品评审意见汇总表	
评审序号	评审意见内容

四、其他意见及建议

专家签字：

附件 2

绿色食品专家组评审意见汇总表

专家评审批次编号：

专家组组长：
专家组成员（系统自动生成名单）：
评审结论

××××年第××批产品专家评审，参加评审企业××家，产品××个，其中评审通过产品××个，评审不通过产品××个，暂缓通过产品××个。
 	
    不通过产品评审序号为：
    暂缓通过产品评审序号为：

主要问题和建议
 	
                                    专家组长签名：
                                          日期：

附件 3

绿色食品不予颁证决定通知

申请人：   专家评审批次编号：

申请产品	
评审结论	

经专家评审，你单位申请材料由于存在以下严重问题：
 	
———————————————————————————————————
 	
专家评审意见为不通过。依据《绿色食品标志许可审查工作程序》和《绿色食品专家评审工作规范》有关规定，决定不予颁证。
 	
                                 中国绿色食品发展中心
                                            （盖章）
 	
                                   日期：

联系地址：北京市海淀区学院南路 59 号 203 室，邮编：100081；
联系电话：010-59193643/3655/3656，传真：010-59193654。

附件 4

绿色食品专家评审意见通知单

专家评审批次编号：

申请人	
申请产品	
专家评审意见	注：请于＿＿个工作日内对上述意见作出答复，并发送中国绿色食品发展中心审核评价处。
发送单位	□申请人 □省级绿色食品工作机构 □绿色食品检测机构
审核评价处 （盖章）	评审时间

联系地址：北京市海淀区学院南路 59 号 203 室，邮编：100081；

联系电话：010-59193643/3655/3656，传真：010-59193654。

附件 5

绿色食品专家评审意见处理单

专家评审批次编号：

申请人	
申请产品	
专家评审意见	
意见反馈	
专家对反馈情况的评价	□符合要求，评审通过 □不符合要求，评审不通过 原因： 评审专家（签字）日期

检查员（签字） 日期	（盖章）
审核评价处处长（签字） 日期	

附件 6

绿色食品专家评审要点

（一）生产中投入品及其他关键技术措施使用情况		
产品类别	评审要点及标准	评审依据
种植产品	产地环境清洁，远离污染源，生态环境较好，隔离措施符合要求	《绿色食品　产地环境质量》《绿色食品　肥料使用准则》《绿色食品　农药使用准则》农业农村部门及其他相关行业主管部门发布的有关公告、指导原则、管理规范及技术规范
	肥料种类及来源明确，无禁用成分	
	有机氮肥和无机氮肥用量配比合理，符合准则要求	
	肥料处理措施得当、无质量安全风险	
	化学肥料使用合理有效，无使用违禁化学肥料或者土壤改良剂，无隐性添加	
	种苗处理、种植过程和仓储阶段使用的农药有效成分明确、无禁用成分，防治对象合理，用量及安全间隔期符合要求	
	病虫草害发生符合客观规律和当地实际	
	病虫草害综合防治措施科学、有效	
	生物措施、物理措施合理有效	
	化学防治措施合理有效，无使用违禁化学农药，无隐性添加	
	田间管理措施科学，管理水平较高	
	采后处理流程、清洁措施、保鲜措施等符合要求	
畜禽养殖	养殖场址选择、建设条件、规划布局设置合理	《绿色食品　产地环境质量》《畜禽卫生防疫准则》《绿色食品　饲料及饲料添加剂使用准则》《绿色食品　兽药使用准则》农业农村部门及其他相关行业主管部门发布的有关公告、指导原则、管理规范及技术规范
	防疫符合要求	
	畜禽繁育和引进符合规定	
	养殖各阶段饲料组成、配方符合生产实际和标准要求，无禁用饲料及饲料添加剂，无药物、隐性添加隐患	
	饲料来源明确，合同、发票真实有效，数量质量能满足绿色食品生产需要	
	养殖场所疫病预防、控制、扑灭措施完善、科学、有效，疫苗及兽药使用合理、无禁用成分	

（续）

产品类别	评审要点及标准	评审依据
水产养殖	养殖场址选择、建设条件、规划布局设置是否合理	《绿色食品 产地环境质量》《绿色食品 饲料及饲料添加剂使用准则》《绿色食品 渔药使用准则》农业农村部门及其他相关行业主管部门发布的有关公告、指导原则、管理规范及技术规范
	饲料应符合国家水产绿色发展要求，组成配方符合绿色食品标准要求，无禁用饲料及饲料添加剂，无药物、隐性添加隐患	
	饲料来源明确，合同、发票真实有效，数量质量能满足绿色食品生产需要	
	水产健康养殖技术和病害防治措施科学、有效，消毒剂及渔药使用合理、无禁用成分	
加工产品	加工厂选址及厂区环境，厂房车间布局，设施设备，卫生管理符合要求	《绿色食品 产地环境质量》《食品生产通用卫生规范》（GB 14881—2013）《绿色食品 食品添加使用准则》《绿色食品 包装通用准则》《绿色食品 储藏运输准则》农业农村部门及其他相关行业主管部门发布的有关公告、指导原则、管理规范及技术规范
	生产过程、储存、运输的卫生控制情况较好	
	加工原料组成满足90％以上绿色食品来源规定；10％以下其他原料来源固定且符合要求	
	食品配方合理，无禁用食品添加剂，无隐匿或隐性添加成分隐患	
	原料和添加剂相关合同发票真实、有效，购买或订购数量和质量满足生产需要	
	工艺流程、生产技术无质量安全隐患，产品质量可靠，出成率符合生产实际	
	不存在绿色食品原料与非绿色食品原料或产品混用情况	
	食品包装材料、仓储用药符合标准要求	
蜜蜂养殖	蜜源地周边环境生态环境较好，符合绿色食品产地环境要求	《绿色食品 产地环境质量》《绿色食品 肥料使用准则》《绿色食品 农药使用准则》《绿色食品 包装通用准则》《绿色食品 储藏运输准则》农业农村部门及其他相关行业主管部门发布的有关公告、指导原则、管理规范及技术规范
	蜜源植物（不包括野生蜜源植物）种植过程符合绿色食品标准要求	
	如存在人工饲喂，饲料组成、成分应符合标准要求	
	蜂箱及相关设备消毒、蜂螨等常见疾病防治措施及用药符合标准要求	
	如存在转场饲养，饲养方式及管理措施应无明显风险隐患	
	蜂产品收集的方式方法科学，产品质量较高	
	蜂产品储存运输符合绿色食品标准要求	

（续）

产品类别	评审要点及标准	评审依据
食用菌栽培	产地环境	《绿色食品　产地环境质量》《绿色食品　肥料使用准则》《绿色食品　农药使用准则》《绿色食品　包装通用准则》《绿色食品　储藏运输准则》农业农村部门及其他相关行业主管部门发布的有关公告、指导原则、管理规范及技术规范
	菌种来源明确	
	基质配方科学，无禁用成分；合同、发票真实有效，用量满足生产需要	
	菇房、基质消毒及病虫害防治用药符合标准要求	
	采收、采后处理措施科学、操作规范	
	储藏运输符合绿色食品标准要求	

（二）环境和产品检测情况

评审内容	评审要点及标准	评审依据
环境和产品抽样	抽样人员、抽样点、抽样数量、抽样方法、抽样时效等符合规范要求，产品抽样单内容齐全、准确、有效	《绿色食品　产地环境质量》《绿色食品　产地环境调查、监测与评价规范》《绿色食品　产品抽样准则》《绿色食品　产品标准适用目录》相关绿色食品产品标准
检测报告	产品标准适用正确，检测指标齐全，检测方法满足标准要求，数据及结果准确，报告结论规范、签字盖章齐全，出具时间符合时效	

（三）其他风险评估

评审内容	评审要点
生产过程	品种及来源导致的法律及其他风险
	投入品成分及使用不规范导致的风险
	生产技术不科学、操作不严谨、管理不规范、生产不可追溯等导致的质量安全风险
	商品名称存在误导或歧义
组织模式及质量控制	生产组织模式松散导致的不可控风险
	生产操作规程不能满足以下要求：涵盖生产全过程，内容符合企业实际和绿色食品标准要求，措施具体有效，无绿色食品禁用措施和投入品，基本具备指导性和可操作性
	质量控制规范不能满足以下要求：组织机构健全、分工明确，内部各项规章制度基本完善，能满足绿色食品生产管理需要
生产环境及废弃物处理	生产区域及周边环境存在污染源
	生产区域空气、土壤、水等污染物超标或严重逼近限值
	废弃物处理措施不完善造成生产环境和产品质量风险

中国绿色食品发展中心
关于进一步明确绿色食品地方
工作机构许可审查职责的通知

中绿审〔2018〕55号

各地绿办（中心）：

绿色食品标志许可审查工作是保障绿色食品事业可持续健康发展的第一关。多年来，各省级绿色食品工作机构（以下简称"省级工作机构"）坚守入门关，严审严查，为维护绿色食品优质安全的品牌形象发挥了重要作用。随着绿色食品事业的快速发展，标志许可审查工作环节不断向地市县延伸，但省、地市县各级绿色食品工作机构职责划分不甚明晰，一定程度上影响了审查工作质量和效率。为充分发挥各级绿色食品工作机构的职能作用，进一步提高标志许可审查工作质量和效率，中心根据《绿色食品标志管理办法》《绿色食品标志许可审查程序》，结合当前工作实际，对各级绿色食品工作机构承担标志许可审查工作的工作条件和工作职责进一步予以明确（附件1、附件2）。

各省级工作机构要按照通知中规定的工作职责、工作条件和工作要求做好以下工作：一是制定绿色食品标志许可审查相关制度、规范和工作细则；二是结合工作实际进一步明确本行政区域内标志许可审查工作各环节职责分工，突出各环节审查要点，实施分段管理，分级落实审查责任；三是对本行政区域内各地市县级工作机构的工作条件进行评估，确定授权委托机构和工作范围并报备中心审核评价处。

请各省级工作机构高度重视标志许可审查工作，严守规范、落实责任，切实为提升绿色食品发展质量把好审查关口。

特此通知。

附件1：各级绿色食品工作机构标志许可审查工作条件和工作职责
附件2：地方工作机构绿色食品标志许可审查各工作环节的重点内容和具体要求

中国绿色食品发展中心
2018年4月19日

附件 1

各级绿色食品工作机构
标志许可审查工作条件和工作职责

一、绿色食品标志许可审查基本职能的分工与衔接

绿色食品标志许可审查是指绿色食品工作机构对绿色食品标志使用申请的受理审查、现场检查、初审、综合审查、专家评审和颁证决定，具体职责分工如下：

（一）中国绿色食品发展中心（以下简称"中心"）负责全国绿色食品标志使用初次申请的综合审查、专家评审和颁证决定，续展申请的综合审查（抽查）和颁证决定。

（二）省级工作机构负责组织本行政区域内绿色食品标志使用初次申请的受理审查、现场检查和初审，续展申请的受理审查、现场检查、初审和综合审查。

（三）省级工作机构可授权委托有条件的地市县级绿色食品工作机构（以下简称"地市县级工作机构"）承担绿色食品标志使用初次申请和续展申请的受理、组织现场检查或其中部分工作。

二、省级和地市县级绿色食品工作机构开展标志许可审查工作的条件

（一）省级工作机构开展绿色食品标志许可审查工作，应具备以下条件：

1. 有负责绿色食品工作的职能部门，有负责绿色食品工作的主管领导。

2. 有 3 名及以上专门从事绿色食品工作的绿色食品检查员，检查员注册专业齐全。

3. 制定了本行政区域内绿色食品标志使用初次申请受理、现场检查、初审以及续展申请受理、现场检查、初审和综合审查的实施办法或工作细则。

4. 制定了针对地市县级工作机构的管理办法（适用于已授权地市县级工作机构开展审查工作的省级工作机构）。

（二）地市县级工作机构开展绿色食品标志许可审查工作，应具备以下条件：

1. 有 2 名及以上专门从事绿色食品工作的绿色食品检查员，检查员注册专业结构能够满足本行政区域内绿色食品标志许可审查工作需要。

2. 具有上级行政管理机构规定的承担绿色食品工作的职能。

3. 具备省级工作机构规定的其他要求。

三、省级和地市县级绿色食品工作机构标志许可审查的工作职责

（一）省级工作机构在绿色食品标志许可审查工作中的主要职责如下：

1. 负责本行政区域内绿色食品标志使用初次申请的受理、现场检查和初审，续展申请的受理、现场检查、初审和综合审查。授权地市县级工作机构的工作范围除外。

2. 确定并授权委托地市县级工作机构承担许可审查工作范围，并向中心备案。

3. 负责本行政区域内绿色食品标志许可审查相关制度、规范和工作细则的制修订工作；制订本行政区域内绿色食品标志许可审查工作计划并组织实施。

4. 负责组织地市县级工作机构管理人员、检查员、企业内检员的培训工作。

5. 对地市县级工作机构承担的绿色食品申请受理审查、现场检查等工作的情况进行技术指导和监督抽查。

6. 组织协调申请企业进行产地环境和产品检测。

（二）地市县级工作机构在绿色食品标志许可审查工作中的主要职责如下：

1. 按照省级工作机构确定并授权的工作范围开展绿色食品标志许可审查相关工作。

2. 按照《绿色食品标志许可审查工作规范》《绿色食品标志许可现场检查工作规范的要求》和省级工作机构制定的许可审查工作要求开展所授权的相关工作。

3. 组织本行政区域内绿色食品内检员培训，对本行政区域内绿色食品企业生产管理进行指导。

附件 2

<h1 style="text-align:center">地方工作机构绿色食品标志许可审查
各工作环节的重点内容和具体要求</h1>

一、受理审查

承担受理审查的工作机构要对照《绿色食品标志许可审查程序》和《绿色食品标志许可审查工作规范》，重点对申请人资质条件、申报产品条件、申报材料的齐备性、真实性、合理性以及续展申请的及时性进行审查。齐备性重点审查申请人是否按照申请材料清单提交申请材料；真实性重点审查营业执照、商标注册证、食品生产许可证、相关合同等资质证明材料是否真实准确；合理性重点审查质量管理规范的有效性和生产技术规程是否可行有效。受理决定应由实际承担受理审查的工作机构作出，负责人签字，加盖该工作机构公章，并向申请人发出《绿色食品申请受理通知书》。

二、现场检查

承担现场检查的工作机构要严格按照《绿色食品现场检查工作规范》开展工作，重点检查申请人实际生产情况与申报材料的一致性、与绿色食品标准的符合性、质量管理规范和生产技术规程的有效性。对于续展企业申请人还应重点检查绿色食品标志使用情况、协议合同的履行情况以及上一周期年检、现场检查发现问题的整改落实情况等。

现场检查要建立严格的现场检查责任制，检查组长总负责，确定检查任务，明确任务分工，组织本组检查员保质保量完成检查准备、检查实施、检查报告、检查档案等各项任务。做到检查环节齐全、检查过程真实、检查范围全覆盖、检查要点准确、检查评价客观、检查结果有效，杜绝走形式、走过场、应付式检查。每个企业现场检查时间原则上不少于 1 天。检查组应及时提交现场检查报告，报告内容应完整、翔实、无遗漏，评价应客观、公正、有依据，提出问题应具体、真实、有证据，检查报告应交被检查方签字确认，检查现场所取得的资料、记录、照片（应涵盖首末次会、环境调查、现场检查、投入品仓库查验、档案记录查阅、生产技术人员现场访谈、投入品包装等）等文件作为报告的附件一同提交。

承担现场检查的工作机构应对检查组工作情况进行监督，严肃问责不认真负责、不发现问题、不到现场、不写报告、弄虚作假行为。

三、初审

初审应至少由 1 名省级工作机构绿色食品检查员按照《绿色食品标志许可审查工作规范》实施，或由省级工作机构定期组织集中审核并形成初审意见。初审材料包括申请人申报材料、环境和产品质量证明材料、现场检查报告及相关材料等，省级工作机构应对以上材料的完备性、规范性、科学性进行审查，重点对环境和产品质量证明材料、现场检查报告及相关材料进行审查，确保申请人申报材料完备可信、现场检查报告及相关材料真实规范、环境和产品检验报告合格有效。省级工作机构对初审结果负责，主要或分管负责人要出具初审意见并亲笔签字确认，加盖省级工作机构公章。

续展申请的初审与综合审查可合并进行，应至少由1名省级工作机构绿色食品检查员按照《绿色食品标志许可审查工作规范》实施。省级工作机构可组织专家对续展材料进行专家评审，形成综合审查意见，再作出是否续展的决定。

中国绿色食品发展中心
关于进一步规范绿色食品标志许可审查
申诉处理工作的通知

中绿审〔2018〕111号

各地绿办（中心）：

《绿色食品标志许可审查程序》中的申诉处理是维护绿色食品标志许可申请人合法权益的必要工作环节，也是保证绿色食品标志许可审查工作科学性和公正性的制度保障。为规范绿色食品标志许可审查申诉处理工作，保证申诉处理工作的科学性和公正性，中心制定了《绿色食品标志许可审查申诉处理工作细则》，进一步细化申诉处理工作流程，明确工作原则和申诉条件，为科学规范开展申诉处理工作提供依据。

现将《工作细则》印发你办，请遵照执行。

特此通知。

附件：绿色食品标志许可审查申诉处理工作细则

中国绿色食品发展中心

2018 年 7 月 30 日

附件

绿色食品标志许可审查申诉处理工作细则

第一条 为及时、科学、公正地处理绿色食品标志许可审查中的申诉，维护申请人及其他相关方的合法权益，依据《绿色食品标志许可审查程序》，制定本细则。

第二条 本细则所称申诉是指申请使用绿色食品标志的申请人对绿色食品标志许可审查工作中提出的意见、作出的结论存在异议，向中国绿色食品发展中心（以下简称"中心"）提出申述理由，请求重新处理的行为（绿色食品标志许可审查包括受理审查、现场检查、初审、综合审查、专家评审和颁证决定等）。

第三条 中心审核评价处负责绿色食品标志许可审查申诉处理工作。

第四条 申诉处理工作应遵循以下原则：

（一）申诉处理以《食品安全法》《农产品质量安全法》等法律法规，国家食品安全标准和绿色食品标准，《绿色食品标志许可程序》《绿色食品标志许可审查工作规范》和专业生产技术等为依据。

（二）为体现公正性，申诉所涉及的作出原审查意见结论的相关人员不参与申诉处理。

（三）处理申诉的工作人员对所涉及的有关非公开信息负有保密责任。

（四）处理申诉的工作人员应以事实为依据，保持客观公正，不应有针对申诉提出人的任何歧视行为。

第五条 申诉人向中心提出有效申诉应符合以下条件：

（一）申诉人应于收到相关审查意见结果 10 个工作日内提出；

（二）申诉人应以书面文件形式提出，并由申诉人签名或盖章；

（三）申诉人应是申诉事宜的直接相关方；

（四）申诉人应提交相关支持申诉事项的证据。

第六条 中心审核评价处收到申诉人正式提交的相关申诉材料后，对申诉材料进行初步分析，确定是否受理，并填写"绿色食品申诉受理单"。申诉人及申诉事项涉及以下情况之一的，不予受理：

（一）未在规定时限提出申诉申请的；

（二）申请材料中存在造假行为的，如伪造合同、发票、证书、现场检查报告及照片等；

（三）"调查表"或"现场检查报告"中体现使用绿色食品违禁肥料、农药、兽药、饲料及饲料添加剂、食品添加剂等投入品的；

（四）申请材料中存在肥料、农药、食品添加剂等投入品违规超量使用情况，且同时体现在"现场检查报告"中的；

（五）产地环境或产品质量经检测不符合绿色食品标准要求的。

第七条 中心审核评价处受理申诉后，经处长确认，指定专人组成申诉处理工作组，工作组成员组成不少于 3 人。

第八条 申诉处理工作组对申诉事项进行调查、取证及核实。调查方式可包括召集会议、听取双方陈述、现场调查、调取书面文件等。

第九条 申诉处理工作组依据现有证据材料无法作出处理决定，需要进一步现场核实、专家评审的，应提出相应的申诉处理意见，填写"申诉处理意见单"，工作组全体成员签字确认，审核评价处处长签署意见。

第十条 申诉处理工作组在充分调查核实的基础上形成最终处理决定，填写"申诉处理决定审批单"，经审核评价处处长确认后，报分管副主任审核，中心主任签批。

第十一条 申诉处理工作组根据中心主任的签批意见，向申诉人发送"绿色食品申诉处理通知书"，将申诉处理决定书面通知申诉人，并抄送相关省级绿色食品工作机构。

第十二条 中心审核评价处负责将申诉相关材料记录归档于申诉人的申报材料中。

第十三条 申诉人如对处理意见有异议，可向上级主管部门申诉或投诉。

第十四条 本细则自 2018 年 8 月 1 日起实施。

第十五条 本细则由中心审核评价处负责解释。

绿色食品评审专家库管理办法

中绿审〔2020〕142号

第一条 为规范绿色食品评审专家库管理，健全评审专家选聘与退出机制，提高绿色食品评审工作质量，根据《绿色食品标志管理办法》、《绿色食品标志许可审查程序》和《绿色食品专家评审工作规范》等有关规定，制定本办法。

第二条 本办法适用于绿色食品评审专家库（以下简称"专家库"）的设立和管理。

第三条 专家库由中国绿色食品发展中心（以下简称"中心"）设立和管理，审核评价处负责日常维护管理。

第四条 入选专家库的专家，应当具备下列条件：

（一）具有较高政治素质和职业道德，遵纪守法，作风正派，坚持原则，能够客观、公正履行职责；

（二）从事资源环境、种植、养殖和加工、农产品或食品质量安全、质量认证等相关专业、行业工作；

（三）在本专业或者本行业有较深造诣，熟悉本专业或者本行业的国内外情况和动态；

（四）熟悉绿色食品相关法律法规、技术规范和要求，掌握食品质量安全等国家有关法律、法规和政策；

（五）具有副高级以上专业技术职称，从事相关专业领域工作五年以上；

（六）身体健康，本人愿意并且能够胜任评审工作。

第五条 专家入选专家库，主要采用个人申请和单位推荐方式。申请入选专家库的申请人可登录中心网站，下载并填写《绿色食品评审专家申请表》。个人申请的，应提供符合第四条规定条件的证明材料；采用推荐方式的，单位应当事先征得被推荐人同意，应经所在单位或行业组织签署意见并加盖印章后寄送中心。对特殊需要的专家，可经中心邀请，直接进入专家库人选名单。

第六条 中心应当公布专家库入选需求信息和条件；审核评价处对申请人或被推荐人进行遴选，提出符合条件的人选名单，征求相关处室意见后，报中心主任办公会审议批准，列入专家库。

第七条 中心对专家库实行动态管理，原则上每年底进行一次调整，由审核评价处根据需要和实际情况提出，征求相关处室意见，报中心领导批准。

第八条　参加绿色食品专家评审组的专家，应当根据所涉及的专业、行业，从专家库内随机抽取。

第九条　评审专家享有以下权利：

（一）接受中心聘请，担任绿色食品评审专家组成员；

（二）依法依规对参评绿色食品相关申报材料进行评审，独立出具评审意见，不受任何单位或者个人的干预；

（三）对绿色食品审查工作、专家库管理和专家评审工作提出意见和建议；

（四）了解绿色食品相关制度、标准和评审工作动态；

（五）接受参加评审活动的咨询报酬；

（六）国家规定的其他权利。

第十条　评审专家负有以下义务：

（一）认真学习并熟练掌握绿色食品相关法律法规、标准及规范；

（二）按照《绿色食品专家评审工作规范》，客观公正地提出评审意见，并对评审意见承担个人责任；

（三）对评审过程所涉及的工艺流程、产品配方、技术或者贸易合同等非公开信息负有保密责任；

（四）与评审对象及相关方存在利益关系，或遇到其他法定回避情形的，应当主动提出回避；

（五）工作单位、技术职务、聘任资格和通信方式等个人基本信息发生变化时，应及时通知中心审核评价处；

（六）国家规定的其他义务。

第十一条　入选专家库的专家有下列情形之一的，将移出入选专家库：

（一）本人书面提出不再担任专家的；

（二）因健康或者工作等原因不能继续担任专家的；

（三）与被评审对象存在利益关系，或存在法定回避情形，未主动提出回避的；

（四）不负责任，弄虚作假，不客观、不公正履行评审职责的；

（五）泄露评审过程中知悉的技术秘密、商业秘密以及其他不宜公开情况的；

（六）从事与绿色食品评审专家身份不符的工作，或者公开发表不利于绿色食品事业发展言论的。

第十二条　评审专家的报酬支付标准严格按照农业农村部以及中心的相关规定执行。

第十三条　本办法自发布之日起施行。

中国绿色食品发展中心
关于进一步完善绿色食品审查要求的通知

中绿审〔2021〕34 号

各地绿办（中心）：

为深入贯彻农业农村部工作部署和总体要求，落实好绿色食品高质量发展目标任务，扩大绿色食品有效供给，提升绿色食品产业发展水平，推动"十四五"绿色食品事业开好局、起好步，现就推进绿色食品高质量发展的审查要求通知如下。

一、扎实做好引导服务，加大企业主体培育力度，加快申报进程，国家级龙头企业可由中心直接受理审查，省级龙头企业可由省级工作机构受理审查。

二、统筹种植产品、养殖产品、加工产品发展布局，扩大绿色食品有效供给。新发展的绿色食品产品中，加工产品占比应不低于 40％。

三、提高蔬菜、水果最小申报规模。露地蔬菜最小申报规模应在 200 亩（含）以上，设施蔬菜最小申报规模应在 100 亩（含）以上；水果最小申报规模应在 200 亩（含）以上；全国绿色食品原料标准化生产基地、省级绿色优质农产品基地内集群化发展的申报主体，按照原有规定执行。

四、注册商标作为申请绿色食品的基本条件。2021 年起先行对预包装食品增加注册商标（含授权使用商标）的审查要求。

五、严格限制平行生产。对蔬菜或水果初次申报注册，应当一次性完成全部产品申报；对蔬菜或水果续展主体，如存在平行生产情况，要求全部产品统一按照绿色食品标准组织生产后，再申报续展。

六、严格委托加工条件要求。对委托加工产品（不含委托屠宰加工），在执行原有条件基础上，要求被委托方必须是绿色食品企业。

七、进一步加大对续展企业的支持力度，对长期使用绿色食品标志的企业给予优惠政策。

八、建立续展率与新增产品数挂钩的联动工作机制。对当年续展率未达到 60％的省份，中心将在下一年度暂停分配或按比例扣减新增指标。

上述政策要求自 2021 年 5 月 1 日起施行，各地要进一步强化目标导向，切实加强组织领导，积极完善工作机制，落实各项工作责任，全力保障绿色食品高质量发展。

特此通知。

中国绿色食品发展中心

2021 年 3 月 15 日

第四篇

标 识 管 理

绿色食品标志使用证书管理办法

(2014 年 12 月 10 日发布)

第一章 总 则

第一条 为规范绿色食品标志使用证书(以下简称"证书")的颁发、使用和管理,依据《中华人民共和国商标法》、农业部《绿色食品标志管理办法》、国家工商行政管理总局《集体商标、证明商标注册和管理办法》,制定本办法。

第二条 证书是绿色食品标志使用人(以下简称"标志使用人")合法有效使用绿色食品标志的凭证,证明标志使用申请人及其申报产品通过绿色食品标志许可审查合格,符合绿色食品标志许可使用条件。

第三条 证书实行"一品一证"管理制度,即为每个通过绿色食品标志许可审查合格产品颁发一张证书。

第四条 中国绿色食品发展中心(以下简称"中心")负责证书的颁发、变更、注销与撤销等管理事项。

省级绿色食品工作机构(以下简称"省级工作机构")负责证书转发、核查,报请中心核准证书注销、撤销等管理工作。

第二章 证书的颁发、使用与管理

第五条 证书颁发执行中心的《绿色食品颁证程序》。

第六条 证书内容包括产品名称、商标名称、生产单位及其信息编码、核准产量、产品编号、标志使用许可期限、颁证机构、颁证日期等。

第七条 证书分中文、英文两种版式,具有同等效力。

第八条 证书有效期为三年,自中心与标志使用人签订《绿色食品标志使用合同》之日起生效。

经审查合格,准予续展的,证书有效期自上期证书有效期期满次日计算。

第九条 在证书有效期内,标志使用人接受年度检查合格的,由省级工作机构在证书上加盖年度检查合格章。

第十条 获证产品包装标签在标识证书所载相关内容时，应与证书载明的内容准确一致。

第十一条 证书的颁发、使用与管理接受政府有关部门和社会的监督。

第十二条 任何单位和个人不得涂改、伪造、冒用、买卖、转让证书。

第三章 证书的变更与补发

第十三条 在证书有效期内，标志使用人的产地环境、生产技术、质量管理制度等没有发生变化的情况下，单位名称、产品名称、商标名称等一项或多项发生变化的，标志使用人拆分、重组与兼并的，标志使用人应办理证书变更。

第十四条 证书变更程序如下：

（一）标志使用人向所在地省级工作机构提出申请，并根据证书变更事项提交以下相应的材料：

1. 证书变更申请书；

2. 证书原件；

3. 标志使用人单位名称变更的，须提交行政主管部门出具的《变更批复》复印件及变更后的《营业执照》复印件；

4. 商标名称变更的，须提交变更后的《商标注册证》复印件；

5. 如获证产品为预包装食品，须提交变更后的《预包装食品标签设计样张》；

6. 标志使用人拆分、重组与兼并的，须提供拆分、重组与兼并的相关文件，省级工作机构现场确认标志使用人作为主要管理方，且产地环境、生产技术、质量管理体系等未发生变化，并提供书面说明。

（二）省级工作机构收到证书变更材料后，在5个工作日内完成初步审查，并提出初审意见。初审合格的，将申请材料报送中心审批；初审不合格的，书面通知标志使用人并告知原因。

（三）中心收到省级工作机构报送的材料后，在5个工作日内完成变更手续，并通过省级工作机构通知标志使用人。

第十五条 标志使用人申请证书变更，须按照绿色食品相关收费标准，向中心缴纳证书变更审核费。

第十六条 证书遗失、损坏的，标志使用人可申请补发。

第四章 证书的注销与撤销

第十七条 在证书有效期内，有下列情形之一的，由标志使用人提出申请，省级工作机构核实，或由省级工作机构提出，经中心核准注销并收回证书，中心书面通知标志使用人：

（一）自行放弃标志使用权的；

（二）产地环境、生产技术等发生变化，达不到绿色食品标准要求的；

（三）由于不可抗力导致丧失绿色食品生产条件的；

（四）因停产、改制等原因失去独立法人地位的；

（五）其他被认定为可注销证书的。

第十八条 在证书有效期内，有下列情形之一的，由中心撤销并收回证书，书面通知标志使用人，并予以公告：

（一）生产环境不符合绿色食品环境质量标准的；

（二）产品质量不符合绿色食品产品质量标准的；

（三）年度检查不合格的；

（四）未遵守标志使用合同约定的；

（五）违反规定使用标志和证书的；

（六）以欺骗、贿赂等不正当手段取得标志使用权的；

（七）其他被认定为应撤销证书的。

第五章 附 则

第十九条 本办法由中心负责解释。

第二十条 本办法自 2015 年 1 月 1 日起施行，原 2004 年颁布实施的《绿色食品标志商标使用证管理办法》同时废止。

绿色食品颁证程序

（2014 年 12 月 10 日发布）

第一条 为规范《绿色食品标志使用证书》（以下简称"证书"）的颁发（以下简称"颁证"），依据农业部《绿色食品标志管理办法》、国家工商行政管理总局《集体商标、证明商标注册和管理办法》，制定本程序。

第二条 颁证是中国绿色食品发展中心（以下简称"中心"）向通过绿色食品标志许可审查的申请人（以下简称"申请人"）颁发证书的过程，包括核定费用、签订《绿色食品标志使用合同》（以下简称《合同》）、制发证书、发布公告等。

第三条 中心负责核定费用、制发《合同》、编制信息码、产品编号、制发证书等颁证工作。

省级绿色食品工作机构（以下简称"省级工作机构"）负责组织、指导申请人签订《合同》、缴纳费用、向申请人转发证书等颁证工作。

第四条 中心依据颁证决定，按照有关绿色食品收费标准，在 10 个工作日内完成费用核定工作，通过"绿色食品网上审核与管理系统"生成《办证须知》《合同》电子文本，并传送省级工作机构。

第五条 省级工作机构通过"绿色食品网上审核与管理系统"在 10 个工作日内下载《办证须知》《合同》《绿色食品防伪标签订单》等办证文件，并将上述办证文件发送申请人，其中《合同》文本为一式三份。

第六条 申请人收到办证文件后，应按《办证须知》的要求，在 2 个月内签订《合同》（纸质文本，一式三份），并寄送中心，同时按照《合同》的约定，一并缴纳审核费和标志使用费。

第七条 中心收到申请人签订的《合同》后，在 10 个工作日内完成信息码编排、产品编号、证书制作等工作。

证书分中文、英文两种版式，申请人如需要英文证书，应填报《绿色食品英文证书信息表》，中心审核后同时制发英文证书。

第八条 中心在 2 个工作日内完成《合同》、证书、缴费等信息核对工作，核对后将《合同》（一式两份）和证书原件统一寄送省级工作机构，并将《合同》一份、证书复印件一份存档。

第九条　省级工作机构收到中心寄发送的《合同》和证书后，在 5 个工作日内将《合同》（一份）和证书原件转发申请人，并将《合同》一份、证书复印件一份存档。

第十条　中心依据相关规定，对获证产品予以公告。

第十一条　各级绿色食品工作机构应建立颁证工作记录制度，记录颁证工作流程、时间、经办人等情况。建立颁证档案管理制度，加强颁证信息管理。

第十二条　本程序由中心负责解释。

第十三条　本程序自 2015 年 1 月 1 日起施行，2004 年颁布的《绿色食品标志商标使用证管理办法》中有关颁证程序同时废止。

绿色食品颁证文件

(2013 年 6 月 14 日发布，2021 年 11 月修订)

办 证 须 知

你单位申报产品［详见《绿色食品标志使用合同》，以下简称《合同》］已通过我中心审查，请按以下程序办理证书领取手续：

一、签订《合同》。填写《合同》（一式三份）第 1 页的有关项目，并由你单位法定代表人在《合同》最后一页被许可人（乙方）处签字、盖章。如非法人代表签字，须附《法人代表委托书》。请你单位在 2 个月内签订《合同》（一式三份），并寄至我中心标志管理处（通信地址：北京市海淀区学院南路 59 号 204 室，收件人：标志管理处，邮编：100081，电话：010-59193647/3648，传真：010-59193664），过期将被视为自行放弃办证。

二、交纳费用。请你单位按照《合同》第六条核定的审核费及第一年标志使用费电汇至我中心银行账户。收款单位：中国绿色食品发展中心，开户银行：北京银行大钟寺支行（行号：313100000600，账号：01090326500120111158818）。

为便于核对和避免延误办证，办理汇款时务必保持汇款单位名称与申报绿色食品的单位名称一致。并按《合同》约定的时间期限缴费。对上期欠费的续展单位，须一并补交上期《合同》核定的标志使用费（金额：_____元）。

三、开具发票。根据国家税务总局文件规定，请协助提供您单位开票信息（单位全称、纳税人识别号、单位地址和电话、开户行及银行账号、发票种类，详见后附《税务信息收集表》），以便我中心及时为贵单位开具增值税发票，保证中心后续颁证和年检工作的顺利开展。

涉及汇款及发票问题，请与我中心财务处联系（电子邮箱：a62191426@163.com，传真：010-59193627，联系电话：010-59193626，010-59193625）。

四、颁发证书。我中心收到《合同》及费用后，在 10 个工作日内颁发证书，并将证书、《合同》寄送省级绿色食品工作机构，由其在 5 个工作日内转发你单位。如需要英文证书，可填报《绿色食品英文证书信息表》，由我中心审核后制发。

本《办法须知》由办证单位留存。

中国绿色食品发展中心

绿色食品英文证书信息表

申报单位名称（中文）	
申报单位名称（英文）	
商标名称（中文）	商标名称（英文）
产品名称（中文）	产品名称（英文）
年 月 日（盖章）	

附件

绿色食品标志使用合同

合同编号：_____

绿色食品标志使用合同

标志使用许可人（甲方）：中国绿色食品发展中心

地　　址：北京市海淀区学院南路 59 号　邮编：100081

电　　话：(010)-59193647、59193648（标识管理处），

　　　　　(010)-59193626（财务处）

传　　真：(010)-59193664（标识管理处）、59193627（财务处）

银行账户：开户名称：中国绿色食品发展中心

　　　　　开户银行：北京银行大钟寺支行

　　　　　账　　号：0109032650012011158818

标志使用被许可人（乙方）：

地　　址：

邮　　编：

联 系 人：　　　　　电话：　　　　　　　手机号：

传　　真：

　　根据《中华人民共和国商标法》、农业部《绿色食品标志管理办法》的有关规定，甲、乙双方遵循自愿和诚信的原则，经协商一致，签订本《绿色食品标志使用合同》（以下简称《合同》）。

第一节　总　　则

　　第一条　绿色食品标志是依法注册的证明商标，受法律保护。注册号为：第892107 至 892139 号、第 17637076 至 17637135 号；核准商品为《商标注册用商品和服务性国际分类》第 1、2、3、5、29、30、31、32、33 类。

　　第二条　甲方是绿色食品标志的唯一所有人和许可人。甲方根据国家有关法律、法规和有关规定，实施绿色食品标志使用许可。

　　第三条　乙方已充分知悉并保证遵守《绿色食品标志管理办法》《绿色食品标志使用证书管理办法》《绿色食品标志设计使用规范手册》《绿色食品产品质量年度抽检工作管理办法》《绿色食品企业年度检查工作规范》《绿色食品标志市场监察实施办法》等有

关管理规定。上述有关规定可通过中国绿色食品发展中心网站（网址：www.greenfood.org.cn）查询。

在此基础上，乙方愿意按照本《合同》的约定，获得绿色食品标志使用权，并接受甲方和有关地方绿色食品工作机构的监督管理；甲方在乙方遵守绿色食品标志管理规定及本《合同》约定的前提下，许可乙方在核准的产品上使用绿色食品标志。

第二节　绿色食品标志使用许可

第四条　甲方根据审核结论，按照本合同条款，许可乙方在＿＿＿＿＿＿＿＿＿＿＿＿＿＿＿＿＿＿＿＿＿＿＿＿＿＿产品上使用绿色食品标志，其核准产量在《绿色食品标志使用证书》（以下简称《证书》）中载明。

第五条　许可使用绿色食品标志的期限为三年，许可使用期限以《证书》为准。乙方如继续使用绿色食品标志，必须于许可期满前3个月提出申请，通过核准后与甲方续签合同，由甲方颁发新的《证书》。

第三节　缴　　费

第六条　乙方须按照下列规定向甲方缴纳费用：

1. 领取《证书》前，一次性缴纳审查费，按本合同核准产品数，共计＿＿＿＿＿＿＿元；

2. 分年度缴纳绿色食品标志使用费，各年缴纳数额及时限为：

第一年，人民币＿＿＿＿＿＿＿元，于领取《证书》前缴纳；

第二年，人民币＿＿＿＿＿＿＿元，于使用绿色食品标志第一年期满前一个月缴纳；

第三年，人民币＿＿＿＿＿＿＿元，于使用绿色食品标志第二年期满前一个月缴纳。

第七条　乙方应当于本合同签订后缴齐本合同第六条第1项审核费及第2项第一年绿色食品标志使用费。甲方核实后，向乙方颁发《证书》。

乙方亦可合并缴纳其余年度的绿色食品标志使用费。

第八条　乙方申请续展时，如在上一许可期内欠缴绿色食品标志使用费，须按上期合同核定的金额补交。

第四节　权利与义务

第九条　甲方负责保证绿色食品标志注册的有效性和标志许可的合法性。

第十条 甲方通过媒体对乙方获得《证书》的产品（以下简称获证产品）和被撤销绿色食品标志使用权的产品予以公告。

第十一条 甲方和有关地方绿色食品工作机构依据绿色食品标志管理相关规定，对乙方实施产品质量年度抽检、企业年度检查、标志市场监察等跟踪检查。

第十二条 在《证书》有效期内，乙方应当严格按照绿色食品标准生产，对其生产的绿色食品产品质量和信誉负责；遵守本合同的相关约定；按照甲方的相关规定，规范使用绿色食品标志。

第十三条 在《证书》有效期内，乙方应当根据甲方和有关地方绿色食品工作机构的要求，如实提供有关获证产品统计数据及其他有关情况。

第五节 合同生效与终止

第十四条 本合同自双方法定代表人签字，并加盖单位公章或合同专用章之日起生效。发生下列情况之一时，本合同自动终止，乙方必须自终止之日起停止使用绿色食品标志，并交回《证书》：

1. 乙方违反有关规定和本合同约定，被甲方取消绿色食品标志使用权；

2. 由于不可抗力导致乙方丧失绿色食品生产条件；

3. 乙方停业、解散、倒闭、吊销、注销，或者失去原独立法人地位和独立承担民事责任的能力。

第十五条 在本合同执行过程中，第四条所述获证产品数发生改变时，乙方应按甲方重新核定的数额缴纳绿色食品标志使用费。

第十六条 本合同生效后，乙方自行放弃办证，或因超过规定办证时限甲方不予颁证，甲方仅退还乙方已缴纳的绿色食品标志使用费，其他费用不予退还。在《证书》有效期内，由于乙方原因导致获证产品失去绿色食品标志使用权，乙方所交费用均不予退回。

第六节 附 则

第十七条 本合同中涉及的有关绿色食品标志管理制度如有实质性修订，甲方将通过中国绿色食品发展中心网站及时发布，双方按照修订后的制度执行。

第十八条 因本合同的解释和履行而引起的争议，甲、乙双方应先行协商解决，若自争议发生之日起30日内双方仍未能达成一致意见，则任何一方均有权向甲方所在地有管辖权的人民法院起诉。

  第十九条 本合同一式三份，甲、乙双方和乙方所在地的省级绿色食品工作机构各执一份，具有同等法律效力。

标志使用许可人（甲方）：   标志使用被许可人（乙方）：

  盖章：   盖章：

  法定代表人：   法定代表人：

      年 月 日   年 月 日

中国绿色食品发展中心
关于推行使用绿色食品粘贴式标签的通知

各地绿办（中心）：

为适应绿色食品事业发展的需要，进一步规范绿色食品标志使用，方便绿色食品获证企业用标，中心决定停止印制绿色食品防伪标签，推行使用粘贴式标签。现将有关事项通知如下：

1. 自 2021 年 11 月 1 日起，生鲜、散装等不适于在包装上印刷商标标志的产品可选用粘贴式标签（样式见《中国绿色食品商标标志设计使用规范手册》）。

2. 粘贴式标签由绿色食品用标企业按《粘贴式标签订制须知》自行向印刷单位订购。《粘贴式标签订制须知》将随《绿色食品使用证书》由各地绿办（中心）在颁发《绿色食品标志使用证书》时一并发给获证企业。

3. 绿色食品防伪标签于 2021 年 11 月 1 日起停止印制。为避免浪费，已经印刷并在使用的防伪标签，企业在证书有效期内仍然可以继续过渡使用，用完为止。过渡期限最长不超过 2024 年 10 月 31 日。

4. 在绿色食品粘贴式标签使用过程中，如有困难和问题，请及时与中心标识管理处联系。电话：010-59193763。

特此通知。

中国绿色食品发展中心

2021 年 10 月 21 日

绿色食品认证及标志使用收费管理办法

（2003年12月23日发布）

第一条 为规范绿色食品认证及标志使用收费行为，维护绿色食品标志所有者和使用者的合法权益，促进绿色食品事业的健康发展，特制定本办法。

第二条 农业部负责组织实施绿色食品的质量监督、认证工作，中国绿色食品发展中心依据标准认定绿色食品，依据《商标法》实施绿色食品标志商标管理。

第三条 中国绿色食品发展中心开展绿色食品认证和绿色食品标志许可工作，可收取绿色食品认证费和标志使用费。

第四条 绿色食品认证费由申请获得绿色食品标志使用许可的企业在申请时缴纳，具体收费标准按附件二的规定执行。

第五条 绿色食品标志使用费由获得绿色食品标志使用许可的企业在每个绿色食品标志使用年度开始前缴纳，标志使用权有效期3年。具体收费标准按附件二的规定执行。

第六条 下列产品的标志使用费按优惠政策收取：

（一）国家扶贫开发工作重点县企业的初级产品、初加工产品、深加工产品；

（二）西部地区企业的初级产品；

（三）获得绿色食品标志商标使用许可当年的产品。具体优惠政策按农业部的规定执行。

第七条 在申请绿色食品标志使用过程中需接受环境监测和产品检验的企业，应按规定缴纳环境监测费和产品检验费，环境监测费和产品检验费由具有环境监测或产品检验资格的单位在实施监测或检验时收取，收费单位应按规定到指定的价格主管部门申领《收费许可证》，并使用规定的收费票据。环境监测费和产品检验费的具体收费标准按附件三、四的规定执行。

第八条 在企业使用绿色食品标志期间，为实施监督管理所进行的产品检验和环境监测，其费用由实施监督管理的单位负担；监督管理要求的企业整改复检，其费用由企业负担；企业申请的仲裁检验，其费用先由企业垫付，再根据仲裁检验结果由责任方负担。

第九条　绿色食品认证费和标志使用费的收入作为绿色食品事业的一项资金来源。认证费主要用于受理认证申请、认证检查、认证审核、制发证书、颁布公告等；标志使用费主要用于标志管理和发展绿色食品事业。

第十条　收取认证费和标志使用费的有关事项，应在《绿色食品标志商标使用许可合同》中依照本办法的有关规定予以约定。

第十一条　未按规定缴纳认证费或标志使用费的，中国绿色食品发展中心可以对其作出不予或终止绿色食品标志使用许可的处理。

第十二条　中国绿色食品发展中心收取绿色食品认证费和绿色食品标志使用费，应到国家发展改革委办理《收费许可证》，使用税务发票，依法纳税。

第十三条　中国绿色食品发展中心除收取绿色食品认证费和绿色食品标志使用费外，不得另外收取绿色食品标志工本费，收费单位应严格按照本办法规定执行，不得擅自扩大收费范围、提高收费标准，自觉接受社会监督。

第十四条　本办法由国家发展和改革委员会负责解释。

第十五条　本办法自二〇〇四年一月一日起施行。

绿色食品认证及标志使用费收费标准

（国家发展和改革委员会 2003 年 12 月 23 日发布）

一、绿色食品认证费收费标准

绿色食品认证费收费标准具体为：每个产品 8 000 元，同类的（57 小类）系列初级产品，超过两个的部分，每个产品 1 000 元；主要原料相同和工艺相近的系列加工产品，超过两个的部分，每个产品 2 000 元；其他系列产品，超过两个的部分，每个产品 3 000 元。

二、绿色食品标志年度使用费标准

表 1　绿色食品标志使用收费标准（单位：万元）

类别编号	产品类别	非系列产品	系列产品
一	初级产品		
（一）	农林产品		
0.1	小麦	0.1	0.03
0.5	玉米	0.1	0.03
0.7	大豆	0.1	0.03
0.9	油料作物产品	0.1	0.03
11	糖料作物产品	0.1	0.03
13	杂粮	0.1	0.01
15	蔬菜	0.1	0.01
18	鲜果类	0.1	0.03
19	干果类	0.1	0.03
21	食用菌及山野菜	0.1	0.03
23	其他食用农林产品	0.1	0.03
（二）	畜禽类产品		
25	猪肉	0.18	0.06
26	牛肉	0.18	0.06
27	羊肉	0.18	0.06

（续）

类别编号	产品类别	非系列产品	系列产品
28	禽肉	0.18	0.06
29	其他肉类	0.18	0.06
31	禽蛋	0.18	0.06
（三）	水产类产品		
36	水产品	0.18	0.06
二	初加工产品		
（一）	农林类加工产品		
0.2	小麦粉	0.18	0.06
0.3	大米	0.18	0.06
0.6	玉米加工品（初加工）	0.18	0.06
14	杂粮加工品（初加工）	0.18	0.06
16	冷冻、保鲜蔬菜	0.18	0.06
17	蔬菜加工品（初加工）	0.18	0.06
20	果类加工品（初加工）	0.18	0.06
22	食用菌及山野菜加工品	0.18	0.06
24	其他农林加工食品（初加工）	0.18	0.06
（二）	畜禽类加工产品		
32	蛋制品	0.25	0.08
35	蜂产品（初加工）	0.25	0.08
（三）	水产类产品		
37	水产加工品（初加工）	0.25	0.08
（四）	饮料类产品		
44	精制茶	0.15	0.05
（五）	其他加工产品		
50	方便主食品	0.18	0.06
54	食盐	0.18	0.06
55	淀粉	0.18	0.06
三	深加工产品		
（一）	农林类加工产品		
0.4	大米加工品	0.3	0.1
0.6	玉米加工品（深加工）	0.3	0.1
0.8	大豆加工品	0.3	0.1

（续）

类别编号	产品类别	非系列产品	系列产品
10	食用植物油及其制品	0.3	0.1
12	机制糖	0.3	0.1
14	杂粮加工品（深加工）	0.25	0.08
17	蔬菜加工品（深加工）	0.25	0.08
20	果类加工品（深加工）	0.25	0.08
24	其他农林加工食品（深加工）	0.28	0.08
（二）	畜禽类产品		
30	肉食加工品	0.3	0.1
33	液体乳	0.3	0.1
34	乳制品	0.3	0.1
35	蜂产品（深加工）	0.3	0.1
（三）	水产类产品		
37	水产加工品（深加工）	0.3	0.1
（四）	饮料类产品		
38	瓶（罐）装饮用水	0.3	0.1
39	碳酸饮料	0.3	0.1
40	果蔬汁及其饮料	0.3	0.1
41	固体饮料	0.3	0.1
42	其他饮料	0.3	0.1
43	冷冻饮料	0.3	0.1
45	其他茶	0.3	0.1
（五）	其他产品		
51	糕点	0.25	0.08
52	糖果	0.25	0.08
53	果脯蜜饯	0.25	0.08
56	调味品类	0.25	0.08
57	食品添加剂	0.25	0.08
四	酒类产品		
46	白酒	1.25	0.4
47	啤酒	0.75	0.25
48	葡萄酒	0.75	0.25
49	其他酒	0.75	0.25

中国绿色食品发展中心
关于调整绿色食品收费标准的通知

各地绿办（中心）：

为贯彻落实党中央、国务院关于深化"放管服"改革精神，按照农业农村部农产品质量安全工作部署和要求，经中心研究，决定在原绿色食品收费标准基础上，自 2019 年 5 月 1 日起（以绿色食品核费时间为准），对所有绿色食品申报主体认证审核费和标志使用费统一下调 20%，原 5 个以上系列产品的相关优惠政策不再执行。现将调整后的绿色食品认证审核费和标志使用费收费标准印发给你们，请协助做好收费政策宣传和标准执行工作。

特此通知。

附件：绿色食品认证审核费和标志使用费收费标准调整前后一览表

中国绿色食品发展中心

2019 年 4 月 10 日

附件

绿色食品认证审核费及标志使用费收费标准调整前后一览表

单位：万元

收费项目和产品类别	调整前收费标准	调整后收费标准
一、绿色食品认证审核费 收费标准	绿色食品认证审核费收费标准具体为：每个产品0.8万元，同类的（57小类）系列初级产品，超过两个的部分，每个产品0.1万元；主要原料相同和工艺相近的系列加工产品，超过两个的部分，每个产品0.2万元；其他系列产品，超过两个的部分，每个产品0.3万元	绿色食品认证审核费收费标准具体为：每个产品0.64万元，同类的（57小类）系列初级产品，超过两个的部分，每个产品0.08万元；主要原料相同和工艺相近的系列加工产品，超过两个的部分，每个产品0.16万元；其他系列产品，超过两个的部分，每个产品0.24万元

二、绿色食品标志年度使用费标准		调整前收费标准		调整后收费标准	
类别编号	产品类别	非系列产品	系列产品	非系列产品	系列产品
一	初级产品				
（一）	农林产品				
1	小麦	0.1	0.03	0.08	0.024
5	玉米	0.1	0.03	0.08	0.024
7	大豆	0.1	0.03	0.08	0.024
9	油料作物产品	0.1	0.03	0.08	0.024
11	糖料作物产品	0.1	0.03	0.08	0.024
13	杂粮	0.1	0.01	0.08	0.008
15	蔬菜	0.1	0.01	0.08	0.008
18	鲜果类	0.1	0.03	0.08	0.024
19	干果类	0.1	0.03	0.08	0.024

（续）

二、绿色食品标志年度使用费标准		调整前收费标准		调整后收费标准	
类别编号	产 品 类 别	非系列产品	系列产品	非系列产品	系列产品
21	食用菌及山野菜	0.1	0.03	0.08	0.024
23	其他食用农林产品	0.1	0.03	0.08	0.024
（二）	畜禽类产品				
25	猪肉	0.18	0.06	0.144	0.048
26	牛肉	0.18	0.06	0.144	0.048
27	羊肉	0.18	0.06	0.144	0.048
28	禽肉	0.18	0.06	0.144	0.048
29	其他肉类	0.18	0.06	0.144	0.048
31	禽蛋	0.18	0.06	0.144	0.048
（三）	水产类产品				
36	水产品	0.18	0.06	0.144	0.048
二	初加工产品				
（一）	农林加工产品				
2	小麦粉	0.18	0.06	0.144	0.048
3	大米	0.18	0.06	0.144	0.048
6	玉米加工品（初加工）	0.18	0.06	0.144	0.048
14	杂粮加工品（初加工）	0.18	0.06	0.144	0.048
16	冷冻、保鲜蔬菜	0.18	0.06	0.144	0.048
17	蔬菜加工品（初加工）	0.18	0.06	0.144	0.048
20	果品加工类（初加工）	0.18	0.06	0.144	0.048
22	食用菌及山野菜加工品	0.18	0.06	0.144	0.048
24	其他农林加工食品（初加工）	0.18	0.06	0.144	0.048
（二）	畜禽类产品				
32	蛋制品	0.25	0.08	0.2	0.064
35	蜂产品（初加工）	0.25	0.08	0.2	0.064
（三）	水产类产品				
37	水产加工品（初加工）	0.25	0.08	0.2	0.064
（四）	饮料类产品				

（续）

二、绿色食品标志年度使用费标准		调整前收费标准		调整后收费标准	
类别编号	产品类别	非系列产品	系列产品	非系列产品	系列产品
44	精制茶	0.15	0.05	0.12	0.04
（五）	其他产品				
50	方便主食品	0.18	0.06	0.144	0.048
54	食盐	0.18	0.06	0.144	0.048
55	淀粉	0.18	0.06	0.144	0.048
三	深加工产品				
（一）	农林加工产品				
4	大米加工品	0.3	0.1	0.24	0.08
6	玉米加工品（深加工）	0.3	0.1	0.24	0.08
8	大豆加工品	0.3	0.1	0.24	0.08
10	食用植物油及其制品	0.3	0.1	0.24	0.08
12	机制糖	0.3	0.1	0.24	0.08
14	杂粮加工品（深加工）	0.25	0.08	0.2	0.064
17	蔬菜加工品（深加工）	0.25	0.08	0.2	0.064
20	果品加工品（深加工）	0.25	0.08	0.2	0.064
24	其他农林加工食品（深加工）	0.28	0.08	0.224	0.064
（二）	畜禽类产品				
30	肉食加工品	0.3	0.1	0.24	0.08
33	液体乳	0.3	0.1	0.24	0.08
34	乳制品	0.3	0.1	0.24	0.08
35	蜂产品（深加工）	0.3	0.1	0.24	0.08
（三）	水产类产品				
37	水产加工品（深加工）	0.3	0.1	0.24	0.08
（四）	饮料类产品				
38	瓶（罐）装饮用水	0.3	0.1	0.24	0.08
39	碳酸饮料	0.3	0.1	0.24	0.08
40	果蔬汁及其饮料	0.3	0.1	0.24	0.08
41	固体饮料	0.3	0.1	0.24	0.08

（续）

二、绿色食品标志年度使用费标准		调整前收费标准		调整后收费标准	
类别编号	产 品 类 别	非系列产品	系列产品	非系列产品	系列产品
42	其他饮料	0.3	0.1	0.24	0.08
43	冷冻饮料	0.3	0.1	0.24	0.08
45	其他茶	0.3	0.1	0.24	0.08
（五）	其他产品				
51	糕点	0.25	0.08	0.2	0.064
52	糖果	0.25	0.08	0.2	0.064
53	果脯蜜饯	0.25	0.08	0.2	0.064
56	调味品类	0.25	0.08	0.2	0.064
57	食品添加剂	0.25	0.08	0.2	0.064
四	酒类产品				
46	白酒	1.25	0.4	1	0.32
47	啤酒	0.75	0.25	0.6	0.2
48	葡萄酒	0.75	0.25	0.6	0.2
49	其他酒类	0.75	0.25	0.6	0.2

关于绿色食品认证及标志使用收费
管理办法的实施意见

（2004 年 4 月 12 日发布）

为了实施国家发展和改革委员会印发的《绿色食品认证及标志使用收费管理办法》（以下简称《收费办法》）及相关的收费标准，根据农业部《关于印发〈绿色食品认证及标志使用收费管理办法〉的通知》的精神，提出以下意见：

一、缴费额的核定

绿色食品认证费和标志使用费的应缴金额，由中国绿色食品发展中心（以下简称"中心"）根据认证产品的类别、核准产品的数量和《收费办法》规定的标准核定。

二、系列产品和非系列产品的界定

《收费办法》规定的认证费和标志使用费收费标准所指的系列产品为，同一企业申报并被同时核准的同类别（57 小类，下同）产品中超过两个的部分；两个以下（含两个）的产品为非系列产品。不是同时核准的，或不属同一类别的产品，或主要原料不同的同类别产品均不构成系列产品。不同类别的产品应分别按类计算产品数，再确定非系列产品或系列产品。

三、缴费办法及时间

认证费和标志使用费均直接向中心缴纳。认证费应于产品认证合格后，在领取准用证前一次性缴纳；标志使用费第一年应与认证费同时缴纳，第二年、第三年应分别在每个标志使用年度开始前一个月缴纳。超过标志使用年度开始日期六个月未缴纳标志使用费的，中心按其自行放弃标志使用权处理，并根据《绿色食品标志商标使用许可合同》（以下简称《合同》）的规定予以公告。

四、有关产品的标志使用费优惠政策

（一）国家级扶贫开发工作重点县企业的初级产品、初加工产品、深加工产品（酒类除外），同时认证的同类产品超过 5 个的部分，其标志使用费按系列产品收费标准优惠 10% 收取。

（二）西部地区企业的初级产品，同时认证的同类产品超过 5 个的部分，其标志使用费按系列产品收费标准优惠 10% 收取。

（三）获得绿色食品标志商标使用许可当年的产品（酒类除外），同时认证的同类产品超过 5 个的部分，其标志使用费按系列产品收费标准优惠 10% 收取。

五、《收费办法》施行前签订《合同》的处理

在 2004 年 1 月 1 日《收费办法》施行前签订的《合同》，原则上应按《合同》执行。《收费办法》施行前已按《合同》规定执行的，或已到《合同》执行时限的仍按原《合同》规定数额缴费；《收费办法》施行后尚未到《合同》第二年或第三年执行时限的，其标志使用费可由中心按《收费办法》规定标准重新核定。《收费办法》施行前超过《合同》规定时限仍未缴纳标志使用费的，须按《合同》规定数额补缴欠费；补缴欠费有困难并符合减免条件的，企业可向当地的中心委托管理机构提出减免申请，经审核后报中心批准。未缴清欠费的，不予核准证书，并按自行放弃标志使用权处理，其中标志使用期满的，其续展申请不予受理。

六、自《收费办法》施行之日起，按《收费办法》规定标准签订《合同》的，或按《收费办法》规定标准重新核定标志使用费的，中心不再受理和批准其减免申请。

七、中心及其委托管理机构为实施监督管理所进行的产品检验和环境监测。其收费标准由实施监督管理的单位与有关监测单位参照有关标准商定；企业整改复检和仲裁检验收费参照社会收费标准执行。

八、各委托管理机构要根据《合同》的有关规定，切实履行职责，进一步加强收费管理工作，保障《收费办法》的施行。要进行深入细致地调查研究，了解《收费办法》施行中存在的问题，及时向中心和有关部门报告。

关于调整绿色食品畜禽分割产品
认证费核定标准的通知

中绿标〔2014〕104 号

各地绿办（中心）：

为鼓励畜禽企业申报绿色食品，降低畜禽分割产品审核成本，方便获证产品使用绿色食品标志，在前期调研的基础上，依据绿色食品标志许可使用及收费管理的有关规定，中心决定，调整畜禽分割产品认证费核定标准。现将有关事项通知如下：

一、继续实行"一品一证、一品一号"原则

继续依据中心核准的产品名称和数量制发绿色食品证书，即"一个产品一张证书，一个产品一个产品编号"。畜禽分割产品应按此原则申报绿色食品，办理绿色食品证书，使用绿色食品标志。

二、调整畜禽分割产品认证费核定标准

畜禽企业在申报绿色食品时，根据其市场销售需要，如需按分割产品销售的，应按分割产品种类分别申报，在核定认证费时将分割产品作为一个整体（不包括畜禽副产品）核定，即按一个产品核定认证费，标志使用费则仍按系列产品核定。

本《通知》自 2014 年 7 月 1 日起施行，在此之前的畜禽获证产品仍按原规定执行，请各绿办（中心）做好相关宣传、解释工作。

特此通知。

2014 年 6 月 5 日

绿色食品标志使用管理规范（试行）

中绿标〔2020〕97号

第一章　总　　则

第一条　为加强绿色食品标志保护，规范绿色食品标志使用，依据《中华人民共和国食品安全法》《中华人民共和国农产品质量安全法》《中华人民共和国商标法》《集体商标、证明商标注册和管理办法》《农产品包装和标识管理办法》等法律法规，以及《食品安全国家标准预包装食品标签通则》标准规范，按照《绿色食品标志管理办法》的相关规定，制定本规范。

第二条　本规范所称的绿色食品标志，是经国家知识产权局商标局依法注册的质量证明商标，包括"绿色食品"中英文字、标志图形及图文组合，中国绿色食品发展中心（以下简称"中心"）为商标的注册人，对该商标享有所有权。

第三条　经中心审查合格许可、获得绿色食品标志使用权的单位为绿色食品标志使用人（以下简称"标志使用人"），绿色食品标志使用证书（以下简称"证书"）是标志使用人合法有效使用绿色食品标志的证明。

第四条　标志使用人在证书有效期内，应在其获证产品包括但不限于包装、标签、说明书、广告宣传、展览展销等市场营销活动，以及办公、生产区域中规范使用绿色食品标志。

第五条　中心和各级绿色食品工作机构可按照《中国绿色食品商标标志设计使用规范手册》（以下简称《手册》）相关规定使用绿色食品标志，但均不得在自己提供的商品上使用绿色食品标志。

第六条　中心依法负责全国绿色食品标志使用的统一管理，并组织实施绿色食品标志使用监督管理，各级绿色食品工作机构负责所辖区域绿色食品标志使用的日常监管。

第二章　标志使用

第七条　标志使用人应按《手册》规定在其获证产品包装、标签、说明书上使用绿色食品标志，各级绿色食品工作机构应积极鼓励、引导标志使用人将绿色食品标志用于其获证产品的广告宣传、展览展销等市场营销活动和形象宣传活动，以及办公、生产区域中。

第八条 获证产品包装、标签、说明书应符合《农产品包装和标识管理办法》《食品安全国家标准 预包装食品标签通则》（GB7718）及《绿色食品 包装通用准则》（NY/T 658）等相关规定。

第九条 标志使用人应将绿色食品标志印刷（或加贴）在其获证产品包装、标签、说明书上。中心对加贴型绿色食品标志将在《手册》中进行说明。

第十条 标志使用人在其获证产品包装、标签、说明书上使用绿色食品标志时，应按《手册》规定同时使用绿色食品标志组合和绿色食品企业信息码。

第十一条 绿色食品标志组合矢量图可通过中心网站（http：//www. greenfood. org. cn）下载。绿色食品标志组合矢量图可根据需要按比例放大或缩小，不得就各要素间的尺寸、组合方式做任何更改。

第十二条 标志使用人在证书有效期内，其获证产品的包装、标签、说明书上使用的绿色食品标志形式有变化时，应按规定程序报中心审核备案。

第三章 标志管理

第十三条 标志使用人应按《手册》规定规范使用绿色食品标志，应加强对印制绿色食品标志的包装、标签、说明书的管理，建立相应的管理制度，确保印制绿色食品标志的包装、标签、说明书使用在相应的获证产品上。

第十四条 中心和各级绿色食品工作机构应当加强绿色食品标志的管理工作，组织对绿色食品标志使用情况进行跟踪检查，省级绿色食品工作机构应定期组织开展绿色食品企业年检、标志市场监察活动，并积极鼓励、指导标志使用人规范使用绿色食品标志。

第十五条 标志使用人在使用绿色食品标志的过程中，自行改变绿色食品标志形式或内容，或其获证产品包装、标签、说明书所载内容与证书载明内容不一致的，或有其他不规范行为的，由省级绿色食品工作机构责令限期整改；期满不改正的，省级绿色食品工作机构应报请中心取消其绿色食品标志使用权。

第十六条 标志使用人有下列情形之一的，中心有权取消其绿色食品标志使用权，必要时移交行政执法部门调查处理，或寻求司法途径解决：

（一）私自转借、转让、变相转让、出售、赠与绿色食品标志使用权的；

（二）在非获证产品包装、标签、说明书及其经营活动中使用绿色食品标志的；

（三）逾期未提出续展申请，或者申请续展未通过继续使用绿色食品标志的；

（四）连续两年被查出违规使用绿色食品标志的；

（五）不按规定使用绿色食品标志，并拒绝整改的；

（六）其他违反规定使用或损害绿色食品标志行为的。

第十七条 有下列情形之一的，中心依照相关法律法规和相关规定进行处理，必要时移交相关行政执法部门调查处理或向法院起诉，对情节严重，构成犯罪的，报请司法机关依法追究刑事责任：

（一）未经中心许可擅自使用绿色食品标志的；

（二）伪造绿色食品标志的；

（三）使用与绿色食品标志相近、易产生误解的名称或标识及可能误导消费者的文字或图案标志的，使消费者将该产品误认为绿色食品标志的；

（四）对绿色食品标志专用权造成其他损害的。

第十八条 中心鼓励单位和个人对标志使用人的绿色食品标志使用情况、侵犯绿色食品标志专用权的行为进行社会监督。

第四章 附   则

第十九条 本规范由中心负责解释。

第二十条 本规范自颁布之日起实施。

中国绿色食品商标标志设计使用 规范手册（2021版）

说 明

1. 为了指导绿色食品企业规范使用绿色食品标志，依据《绿色食品标志管理办法》《绿色食品包装通用准则》《绿色食品标志使用管理规范》，中国绿色食品发展中心对2013年年编制的《中国绿色食品商标标志设计使用规范手册（摘要）》进行了修订。绿色食品企业应严格按照本《手册》的要求，在其获证产品包装设计及宣传广告中规范使用绿色食品标志。

2. 本《手册》对绿色食品标志的图形（以下简称"绿标"）、中英文字体、颜色等基本要素作了标准规定，绿色食品企业在其获证产品包装上使用时，可根据需要按比例进行缩放，但不得对要素间的尺寸做任何更改。

3. 绿色食品预包装产品包装上应印刷绿色食品商标标志。不适于印刷商标标志的产品可选用粘贴式标签，粘贴式标签须向中心指定的印刷单位订购。

4. 绿色食品标志图形在包装上使用时，须附注注册商标符号。绿色食品企业须按照"标志图形、中英文文字与企业信息码"的组合形式设计获证产品包装。"获证产品包装设计样稿"须随申报材料同时报送中国绿色食品发展中心审核。

5. 绿色食品标志图形在宣传活动中使用时，不附注注册商标符号。未经商标注册人许可，任何单位及个人不得随意使用绿色食品标志图形。

6. "绿色食品标志图形、中英文版式"矢量图可通过中国绿色食品网下载（网址：www.greenfood.org）。

7. 本《手册》自修订之日其施行，原《摘要》（2013年版）同时废止。

8. 本《手册》由中国绿色食品发展中心负责解释。

2021年10月

绿色食品新编号制度

（2009 年 6 月 29 日发布）

一、新编号制度的主要内容

（一）继续实行"一品一号"原则。现行产品编号只在绿色食品标志商标许可使用证书上体现，不要求企业将产品编号印在该产品包装上。

（二）为每一获证企业建立一个可在续展后继续使用的企业信息码。要求将企业信息码印在产品包装上原产品编号的位置，并与绿色食品标志商标（组合图形）同时使用。没有按期续展的企业，在下一次申报时将不再沿用原企业信息码，而使用新的企业信息码。

（三）企业信息码的编码形式为 GF×××××××××××××。GF 是绿色食品英文"GREEN FOOD"头一个字母的缩写组合，后面为 12 位阿拉伯数字，其中一到六位为地区代码（按行政区划编制到县级），七到八位为企业获证年份，九到十二位为当年获证企业序号。

（四）完善绿色食品标志商标许可使用证书。一是在证书原有内容的基础上增加企业信息码；二是采用证书复印防伪技术，增加水印底纹，防止证书复印件涂改造假。

（五）建立监管信息查询系统。在我中心建立企业查询数据库，向社会公开，可通过访问我中心网站（www. greenfood. org. cn）获得企业认证产品信息。

二、新旧编号制度的过渡

（一）为便于企业消化库存包装，2009 年 8 月 1 日前已获证的产品在有效期内可以继续使用印有原产品编号的包材，待再次印制包材或续展后启用新编号方式。企业信息码可从我中心网站"查询专栏"中获取或电话查询。电话：（010）59193647/3648。

（二）2009 年 8 月 1 日后完成续展的产品，原产品包装没有用完的，经向我中心书面申请并获得书面同意后，可延期使用，但最长不超过六个月。

（三）过渡期截止到 2012 年 7 月 31 日。此后，所有获证产品包装上统一使用企业信息码。

关于调整绿色食品产品编号制度的通告

（2018年1月4日发布）

各地绿办（中心）：

为适应新时代绿色食品事业发展的需要，从2018年1月1日起，我中心对绿色食品产品编号制度进行调整，现通告如下：

一、从2018年度开始，我中心颁发的绿色食品证书，产品编号中的当年获证序号由4位调整为5位。

调整后的产品编号形式为：LB-××-×××××××××××A，LB是绿色食品标志（简称"绿标"）的汉语拼音首字母的缩写组合，后面为13位阿拉伯数字，其中1～2位为产品分类代码，3～6位为产品获证的年份及月份，7～8位为地区代码（按行政区划编制到省级），9～13位为产品当年获证序号，A为获证产品级别。

二、2017年度颁发的绿色食品证书，产品编号中的当年获证序号如果超出9999的，当年获证序号自动由4位升到5位；没有超出9999的，继续按原产品编号制度执行。

特此通告。

中国绿色食品发展中心

2018年1月4日

绿色食品企业信息码与产品编号编码规则

一、绿色食品企业信息码

GF　　　　×××××× 　　×× 　　　　××××

绿色食品　　　地区代码　　获证年份　　　获证企业序号

英文缩写

二、绿色食品企业信息码使用示例

示例1　　　　　　　　　　　　　　　　　　　　示例2

三、绿色食品产品编号

LB- 　××- 　　　×× 　×× 　　　×× 　　××××　　　A

绿标　产品类别　　标志许可年份　月份　　　省份（国别）　产品序号　　级别

绿色食品统计工作规范（试行）

（2013年11月1日发布）

第一章　总　则

第一条　为了规范绿色食品统计工作，确保统计资料的真实性和准确性，依据《中华人民共和国统计法》、农业部《农业综合统计工作规范》《绿色食品标志管理办法》，结合绿色食品事业发展实际，制定本工作规范。

第二条　本规范适用于各级绿色食品工作机构、绿色食品申报单位及获证单位。

第三条　绿色食品统计工作以农业部"金农工程——绿色食品审核与管理系统"（以下简称"金农系统"）为技术支撑，建立统计数据库。

第四条　中国绿色食品发展中心（以下简称"中心"）及各地工作机构应加强对绿色食品统计工作的组织领导，为统计工作提供必要的保障。

第二章　统计范围及指标体系

第五条　绿色食品统计范围：

（一）业务范围：绿色食品产业发展（包括绿色食品获证单位与产品、全国绿色食品原料标准化生产基地）、绿色食品工作体系与队伍建设等情况。

（二）区域范围：全国、分地区（省、自治区、直辖市）以及境外绿色食品情况。

第六条　中心根据体现绿色食品产业的完整性以及经济效益、社会效益和生态效益协调性的原则，设立全国统一的绿色食品统计指标体系（附件1）。

第三章　统计数据采集与审核

第七条　绿色食品按产品类别设置统一的统计代码（附件2）。编码方式如下：现行绿色食品产品5个大类、57个小类分别为一级、二级类别，现行国家农业、食品工业细分产品种类分别为三级、四级分类（未细分三级、四级的用00、00表示），每级编排 2 位数码，共 8 位数码。各地工作机构应根据绿色食品申报产品类别，选定产品统计代码。

第八条 绿色食品申报单位按照《绿色食品标志使用申请书》（初次申报、续展申报）设立的统计指标，以及有关统计方法（附件 3），填报"申报产品产量、产品年产值、年销售额、出口量、出口额、监测面积"等统计数据。省级绿色食品工作机构（以下简称"省级工作机构"）组织向金农系统录入统计数据。

第九条 中心根据实际工作需要，设计有关年度统计报表，由省级工作机构组织填报，审核后报送中心。

第十条 省级工作机构对统计数据进行审核，中心予以复核。统计数据审核的重点是：①完整性。填报的统计指标及数据是否齐全。②规范性。统计数据的整理、汇总、推算、报送等过程是否合乎要求，计量单位是否正确等。③逻辑性。统计指标及其数据之间的关系是否矛盾、数量关系是否平衡。④合理性。统计数据与全国或当地农产品生产、食品加工业相关指标是否吻合。

第十一条 年度统计报表数据统计及录入的截止日期为每年的 12 月 10 日。

第四章 统计数据管理与使用

第十二条 中心和各地工作机构应建立绿色食品统计数据管理制度，加强对原始记录、年度数据、统计报告、统计年报等统计资料的保管、移交、归档等工作，并根据实际工作需要，建立和不断完善统计数据库。

第十三条 中心和各地工作机构应执行国家有关保密规定，加强对统计数据的管理。

第十四条 中心每年编制《全国绿色食品统计年报》。各地工作机构可根据实际工作需要，编制本地区《绿色食品统计年报》。中心每年定期通过农业部信息网绿色食品子站（网址：www. greenfood. moa. gov. cn）和中国绿色食品网（网址：www. green-food. org. cn）发布绿色食品有关统计数据。全国和分地区绿色食品统计数据以中心发布的统计数据为准。

第五章 统计工作职责

第十五条 中心负责组织开展全国绿色食品统计工作，包括统计指标设计、全国统计数据的收集、汇总、审核和发布、统计报告编制、统计信息化与工作体系建设等工作。各地工作机构负责组织开展辖区内绿色食品统计工作。

第十六条 中心标识管理处负责统筹绿色食品统计指标与统计报表设计、统计数据的收集、汇总、整理、核对、分析与发布等工作，其他相关处室协助开展以下统计工作：

（一）办公室负责核查全国绿色食品工作机构与队伍建设统计数据；

（二）审核评价处负责核查省级工作机构录入金农系统的统计数据，提供全国绿色食品检查员统计数据；

（三）科技标准处负责提供全国绿色食品原料标准化生产基地、绿色食品指定监测机构统计数据；

（四）质量监督处负责提供全国绿色食品监管员及企业内检员统计数据；

（五）市场信息处负责统计数据网上发布工作。

第十七条 省级工作机构履行以下统计工作职责：

（一）及时采集、审核并通过金农系统录入、上传统计数据；

（二）填报中心制发的有关绿色食品统计报表。

第十八条 中心相关处室及各地工作机构应设立绿色食品统计工作岗位，配备专职或兼职统计员，并明确统计工作负责人。省级工作机构统计工作负责人、专职或兼职统计员报中心备案。

第十九条 绿色食品申报单位和获证单位应按照农业部《绿色食品标志管理办法》第十一条规定和《绿色食品标志商标使用许可合同》第十三条约定，客观、准确、完整、及时地填报《绿色食品标志使用申请书》中有关统计数据，并对填报数据的真实性负责。

第二十条 各地工作机构统计员应对采集、录入、审核、填报、上传的统计数据的真实性、准确性、完整性以及与绿色食品申报和获证单位填报的统计数据的一致性负责。

第二十一条 绿色食品企业内检员应按照《绿色食品企业内检员管理办法》的有关规定，履行绿色食品统计工作职责。

第二十二条 各地工作机构统计员应指导、检查和督促绿色食品申报单位填报《绿色食品标志使用申请书》中有关统计数据，对其提供的不真实、不准确、不完整的统计数据，应予以及时纠正，并重新填报。

第二十三条 中心和各地工作机构及其统计员在开展统计工作中应保守绿色食品申报和获证单位商业秘密和个人信息，不得对外提供和披露，不得用于统计以外的目的。

第二十四条 中心和各地工作机构鼓励统计员参加国家统计专业技术职务资格考

试，取得专业资质证书，并支持其参加绿色食品统计业务培训，提高专业素质；建立统计工作激励机制，对工作表现优秀的统计员予以表扬和奖励。

第二十五条　各地工作机构及其统计员有以下情形的，中心将予以通报批评：

（一）未如实采集、录入、上传统计资料，所报统计资料缺乏真实性、准确性和完整性；

（二）拒报、迟报、误报、漏报统计资料；

（三）篡改统计资料或者编造虚假数据。

第六章　附　　则

第二十六条　本规范由中国绿色食品发展中心负责解释。

第二十七条　本规范自发布之日起施行。

附件1

绿色食品统计指标体系

（一）绿色食品获证单位与产品

1. 当年获证的绿色食品单位与产品

2. 三年有效用标的绿色食品单位与产品

3. 绿色食品获证单位类型

（1）农业产业化龙头企业（国家级、省级、地市县级）

（2）农民专业合作社

4. 绿色食品产品结构

（1）类别结构：按5大类统计：农林及其加工产品、畜禽类产品、水产类产品、饮品类产品、其他类产品。

（2）级别结构：初级产品、加工产品。

5. 境外绿色食品获证单位与产品

（二）绿色食品产品年产量

（三）绿色食品产品年产值

（四）绿色食品产品国内年销售额

（五）绿色食品产品年出口量、出口额

（六）绿色食品产地环境监测面积

1. 农作物（包括粮食作物、油料作物、糖料作物、蔬菜瓜果、其他农作物）

2. 果园

3. 茶园

4. 林地

5. 草场

6. 水产养殖（包括淡水养殖、海水养殖）

7. 其他（包括蜜源植物、海盐与湖盐监测面积等）

（七）绿色食品原料标准化生产基地

1. 总量统计：建设单位数量、基地数量、基地面积、产量、带动农户数量、农民增收情况。

2. 结构统计：粮食作物、油料作物、糖料作物、蔬菜、水果、茶叶、畜禽、水产、其他种植（养殖）业基地面积与产量。

（八）绿色食品工作体系与队伍建设

1. 工作机构：省级、地市级、县市级；专职、挂靠。

2. 工作人员：专职、兼职；绿色食品检查员、监管员。

3. 绿色食品指定监测机构：环境监测机构、产品检测机构。

4. 绿色食品企业内检员。

附件 2

绿色食品产品统计代码

一、农林产品及其加工产品

01　小麦

02　小麦粉

03　大米

04　大米加工品

05　玉米

06　玉米加工品

07　大豆

08　大豆加工品

（1）熟制大豆

（2）豆粉

（3）豆浆粉（速溶豆粉）

（4）豆浆

（5）豆腐

（6）豆腐花（豆腐脑）

（7）豆腐干

（8）臭豆腐类

（9）腐竹类

（10）膨化豆制品类

（11）发酵类

（12）大豆蛋白

（13）豆芽

（14）豆粕

（15）其他豆制品

09　油料作物产品

（1）花生

（2）油菜籽

（3）芝麻

（4）胡麻籽

（5）向日葵籽

（6）其他油料

10 食用植物油及其制品

（1）大豆油

（2）花生油

（3）菜籽油

（4）芝麻油

（5）棉籽油

（6）玉米油

（7）米糠油

（8）葵花籽油

（9）胡麻油

（10）亚麻仁油

（11）茶籽油

（12）棕榈油

（13）橄榄油

（14）色拉油

（15）食用调和油

（16）其他食用植物油及其制品

11 糖料作物产品

（1）甘蔗

（2）甜菜

（3）其他糖料

12 机制糖

（1）甘蔗糖

（2）甜菜糖

（3）其他糖

13 杂粮

（1）谷物杂粮

（2）豆类杂粮

（3）薯类杂粮（不含马铃薯）

（4）其他杂粮

14　杂粮加工品（包括杂粮粉等）

15　蔬菜（包括瓜果类）

（1）蔬菜类（含菜用瓜）

——叶菜类（菠菜、芹菜、大白菜、圆白菜、油菜等）

——瓜菜类（黄瓜、冬瓜、丝瓜、西葫芦等）

——块根类（萝卜、胡萝卜、牛蒡、榨菜等）

——茄果菜类（茄子、番茄、辣椒等）

——葱蒜类（大蒜、蒜头、韭菜、洋葱等）

——菜用豆类（四季豆、豇豆等）

——甘蓝类（花椰菜、芥蓝等）

——薯芋类（土豆、生姜、山药、魔芋、葛根等）

——水生菜类（莲藕、茭白等）

——其他蔬菜（百合、蕨菜等）

（2）瓜果类（含果用瓜）

——西瓜

——甜瓜

——草莓

——其他瓜果

16　冷冻保鲜蔬菜

（1）冷冻蔬菜

（2）保鲜蔬菜

（3）干制蔬菜

（4）蔬菜罐头

（5）其他冷冻保鲜蔬菜

17　蔬菜加工品（包括番茄酱等）

18　鲜果类

（1）苹果

（2）梨

（3）柑橘

——柑

——橘

——橙

——柚

——其他柑橘

（4）热带亚热带水果

——香蕉

——菠萝

——荔枝

——龙眼

——其他热带亚热带水果

（5）其他园林水果

——桃

——猕猴桃

——葡萄

——柿子

——其他园林水果

19 干果类（包括坚果）

（1）核桃

（2）板栗

（3）松子

（4）开心果

（5）红枣

（6）其他干果

20 果类加工品

（1）水果加工品

（2）干果加工品（包括烘焙/炒制坚果与籽类）

（3）其他果类加工品

21 食用菌及山野菜

（1）食用菌

（2）山野菜

22 食用菌及山野菜加工品

（1）食用菌加工品

（2）山野菜加工品

23　其他食用农林产品

（1）农作物

——水稻

——高粱

——薯类（包括作为粮食作物的马铃薯）

——其他农作物

（2）热带作物

——咖啡豆

——椰子

——腰果

——香料

——其他热带作物

（3）食用林产品

——油茶籽

——竹笋

——人参

——西洋参

——枸杞

——其他食用林产品

（4）其他食用农林产品

24　其他农林加工产品

二、畜禽类产品

25　猪肉

26　牛肉

27　羊肉

28　禽肉

（1）鸡肉

（2）鸭肉

（3）其他禽肉

29　其他肉类（如兔肉等）

30　肉食加工品

（1）生制品

（2）熟制品

（3）畜禽副产品加工品

（4）肉禽类罐头

（5）其他肉食加工品

31 禽蛋

（1）鸡蛋

（2）鸭蛋

（3）其他禽蛋

32 蛋制品（如咸蛋、皮蛋等）

33 液体乳（包括巴氏杀菌乳、灭菌乳、酸乳等）

34 乳制品

（1）乳粉（全脂、全脂加糖、脱脂、婴幼儿、中老年奶粉等）

（2）奶油

（3）干酪

（4）炼乳

（5）乳清粉

（6）其他乳制品

35 蜂产品

（1）蜂蜜

（2）蜂王浆

（3）蜂花粉

（4）蜂胶

（5）其他蜂产品

三、水产类产品

36 水产品

（1）淡水产品

——鱼类

——甲壳类（虾、蟹等）

——贝类

——藻类

——其他类淡水产品

（2）海水产品

——鱼类

——甲壳类（虾、蟹等）

——贝类

——藻类（海带、紫菜等）

——头足类（鱿鱼、章鱼等）

——其他类海水产品（海蜇、海参等）

37　水产加工品

（1）淡水产加工品

——水产冷冻品（冷冻品、冷冻加工品）

——鱼糜制品

——干淹制品

——藻类加工品（螺旋藻等）

——罐制品

——其他淡水产加工品

（2）海水产加工品

——水产冷冻品（冷冻品、冷冻加工品）

——鱼糜制品

——干腌制品（虾米、鱿鱼干、干贝、干海带、紫菜、烤鱼片、鱿鱼丝、休闲鱼干等）

——藻类加工品（海苔等）

——罐制品

——其他海水产加工品

四、饮料类产品

38　瓶（罐）装饮用水

39　碳酸饮料

40　果蔬汁及其饮料

（1）果汁饮料

（2）蔬菜汁饮料

（3）其他果蔬汁及其饮料

41　固体饮料

（1）果汁粉

（2）咖啡粉

（3）乳精

（4）其他固体饮料

42　其他饮料

（1）含乳饮料及植物蛋白饮料

（2）茶饮料及其他软饮料（冰红茶、奶茶等）

（3）其他饮料

43　冰冻饮品

（1）冰淇淋

（2）雪糕

（3）冰棍

（4）雪泥

（5）甜味冰

（6）食用冰

（7）其他冰冻饮品

44　精制茶

（1）绿茶

（2）红茶

（3）乌龙茶

（4）紧压茶

（5）其他精制茶

45　其他茶（如代用茶：花类、叶类、果类、根茎类、混合类）

46　白酒

47　啤酒

48　葡萄酒

49　其他酒类

（1）黄酒（绍兴黄酒、即墨老酒、福建老酒、竹叶青等）

（2）果酒（枸杞果酒、沙棘酒、山楂酒、蓝莓酒、桑葚酒、石榴酒、猕猴桃酒、五味子酒等）

（3）露酒（参茸酒、三鞭酒、虫草酒、灵芝酒等）

（4）其他酒（米酒等）

五、其他加工产品

50　方便主食品

（1）米制品（米粉等）

（2）面制品（挂面等）

（3）非油炸方便面

（4）方便粥

（5）速冻食品（水饺、馄饨、汤圆等）

（6）其他方便主食品

51 糕点

（1）焙烤食品

——面包

——糕点（月饼等）

——饼干

——其他焙烤食品（煎饼、烤馍片等）

（2）膨化食品（米酥、雪饼、薯片、锅巴、虾条等）

（3）其他糕点

52 糖果（包括糖果、巧克力、果冻等）

53 果脯蜜饯（包括果脯类、凉果类、话化类、果糕、果丹类等）

54 食盐

（1）海盐

（2）井矿盐

（3）湖盐

（4）其他食盐

55 淀粉（包括淀粉加工品）

（1）淀粉（玉米、木薯、甘薯、马铃薯、小麦淀粉及粉丝、粉条、粉皮等）

（2）变性淀粉

（3）淀粉糖（葡萄糖、麦芽糖等）

（4）糖醇（山梨醇、木糖醇等）

（5）其他淀粉

56 调味品（包括发酵制品）

（1）味精

（2）酱油

（3）食醋

（4）料酒

（5）复合调味料（如鸡精等）

（6）酱腌菜（如榨菜等）

（7）辛香料

（8）调味酱

（9）水产调味品（蚝油、虾油、鱼露等）

（10）其他调味品、发酵制品（包括西餐调味品、调味食品原料、汤料、火锅调料等）

57　食品添加剂

（1）食用香精香料

（2）食用着色剂（含焦糖色素）

（3）甜味剂

（4）防腐、抗氧、保鲜剂

（5）增稠、乳化剂

（6）品质改良剂

（7）营养强化剂

（8）其他食品添加剂（柠檬酸、乳酸、酶制剂、酵母等）

附件 3

绿色食品有关统计指标与统计方法说明

一、产品年产值

（1）统计目的：主要反映申报单位的经济规模。

（2）统计方法：分申报产品逐个统计年产值。

产品年产值＝申报产量×当年产品平均出厂价格

（国家统计规定，从 2004 年开始，以当年价格计算产值）

（3）数据汇总：按三年有效用标产品总数统计年产值。

（4）统计单位：万元。

二、产品国内年销售额

（1）统计目的：主要反映申报单位的经济效益。

（2）统计方法：按申报产品逐个统计上年度国内销售额。

（3）数据汇总：按三年有效用标产品总数统计年国内销售额。

（4）统计单位：万元。

三、产品出口量、出口额

（1）统计目的：主要反映申报单位的出口贸易情况。

（2）统计方法：分申报产品逐个统计上个年度的出口量、出口额。

（3）数据汇总：按三年有效用标产品总数统计年出口量、出口额。

（4）统计单位：万美元。

四、监测面积

（一）统计目的

（1）反映绿色食品初级农林产品、加工产品原料生产规模，延伸反映绿色食品生产种养殖面积占农业生产总规模的比例。

（2）体现绿色食品产业的生态效益。

（二）统计范围

（1）农产品种植面积。

（2）林产品林地监测面积。

（3）畜牧产品放牧草场监测面积。

（4）水产品养殖面积。

（三）统计方法

1. 初级产品

需要统计监测面积的初级产品：

（1）农林类初级产品：直接统计种植面积，包括粮食作物（水稻、小麦、玉米、大豆、高粱、杂粮、薯类等）、油料作物、糖料作物、蔬菜瓜果、其他农作物、鲜果类、干果类（包括坚果类）、山野菜、热带作物、食用林产品、其他食用农林产品。

（2）畜禽类初级产品：牛、羊肉产品既要统计放牧草场监测面积，又要统计主要饲料原料（如玉米、小麦、大豆等）的种植面积。猪肉、禽肉与禽蛋类产品只统计主要饲料原料种植面积。

（3）水产类初级产品（包括淡水、海水产品）：只统计水面养殖面积，不统计饲料主要原料种植面积。

不需要统计监测面积的初级产品：食用菌。

2. 加工产品

主要原料需要统计的监测面积，分三种情况统计：

（1）原料是绿色食品产品，不再重复统计监测面积；

（2）原料来自全国绿色食品标准化原料生产基地的，需统计监测面积；

（3）原料来自申报单位自建基地的，需统计监测面积。

需要统计主要原料监测面积的加工产品：

（1）农林类加工产品：小麦粉、大米、大米加工品、玉米加工品、大豆加工品、食用植物油及其制品、机制糖、杂粮加工品、冷冻保鲜蔬菜、蔬菜加工品、果类加工品、山野菜加工品、其他农林加工产品。

（2）畜禽类加工产品：蛋制品、液体乳、乳制品、蜂产品。

（3）水产类加工产品（只统计养殖面积）：淡水加工品、海水加工品。

（4）饮料类产品：果蔬汁及其饮料、固体饮料（果汁粉、咖啡粉）、其他饮料（含乳饮料及植物蛋白饮料、茶饮料及其他软饮料）、精制茶、其他茶（如代用茶）、白酒、啤酒、葡萄酒、其他酒类（黄酒、果酒、米酒等）。

（5）其他加工产品：方便主食品（米制品、面制品、非油炸方便面、方便粥）、糕点（焙烤食品、膨化食品、其他糕点）、果脯蜜饯、淀粉、调味品（味精、酱油、食醋、料酒、复合调味料、酱腌菜、辛香料、调味酱）、食盐（海盐、湖盐）。

以下加工产品的主要原料（或饲料）不需要统计监测面积：

（1）农林类加工产品：食用菌加工品。

（2）畜禽类加工产品：肉食加工品（包括生制品、熟制品、畜禽副产品加工品、肉禽类罐头、其他肉食加工品）。

（3）饮料类产品：瓶（罐）装饮用水、碳酸饮料、固体饮料（乳精、其他固体饮料）、冰冻饮品、其他酒类（露酒）。

（4）其他加工产品：方便主食品（包括速冻食品、其他方便主食品）、糖果（包括糖果、巧克力、果冻等）、食盐（包括井矿盐、其他盐）、调味品（包括水产调味品、其他调味品、发酵制品）、食品添加剂。

（四）数据汇总

先按单个产品逐一统计监测面积，然后按三年有效用标产品总数以及 7 个大的类别分别汇总，包括农作物（粮食作物、油料作物、糖料作物、蔬菜瓜果、其他农作物）、果园、茶园、林地、草场、水产养殖（淡水养殖、海水养殖）、其他（蜜源植物、海盐与湖盐监测面积等）。

（五）统计单位：万亩。

绿色食品标志管理公告、通报实施办法

（2004 年 8 月 17 日发布）

第一章　总　　则

第一条　为了建立健全绿色食品公告和通报制度，加强绿色食品标志管理工作，根据《绿色食品标志管理办法》和《绿色食品企业年度检查工作规范》，制定本办法。

第二条　绿色食品公告是指通过媒体向社会发布绿色食品重要事项或法定事项。

第三条　绿色食品通报是指以文件形式向绿色食品工作系统及有关企业告知绿色食品重要事项或法定事项。

第四条　中国绿色食品发展中心（以下简称"中心"）负责发布绿色食品公告和通报。

第二章　公告、通报的事项

第五条　以下事项予以公告：

一、通过中心认证并获得绿色食品标志使用许可的产品；

二、经中心组织抽检或国家及行业监督检验，质量安全指标不合格，被中心取消标志使用权的产品；

三、违反绿色食品标志使用规定，被中心取消标志使用权的产品；

四、逾期未缴纳绿色食品标志使用费，视为其自动放弃标志使用权的产品；

五、逾期未参加中心组织的年检，视为其自动放弃标志使用权的产品；

六、绿色食品标志使用期满，逾期未提出续展申请的产品；

七、其他有关绿色食品标志管理的重要事项或法定事项。

第六条　以下事项予以通报：

一、本办法第五条第二至六款予以公告的；

二、因产品抽检不合格限期整改的；

三、在标志管理工作中作出突出成绩的绿色食品管理机构、定点监测机构及有关个人予以表彰的；

四、在标志管理工作中严重失职、造成不良后果的绿色食品管理机构、定点监测机构及有关个人予以批评教育，并作出相应处理的；

五、绿色食品产品质量年度抽检结果；

六、绿色食品监管员注册、考核结果。

第三章 公告、通报的内容、形式和范围

第七条 产品公告的内容包括：公告事由、企业名称、产品名称、商标、绿色食品编号；其他公告的内容根据具体事由确定。

第八条 通报的内容包括：

（一）本办法第七条规定的产品公告内容；

（二）限期整改企业的名称、产品名称、商标、绿色食品编号、整改原因、整改期限等；

（三）其他通报的内容根据具体事由确定。

第九条 公告的形式以全国发行的报纸杂志和国际互联网等为载体公开发布。

第十条 通报的形式为中心印发《绿色食品标志管理通报》寄送各级绿色食品管理机构、定点监测机构和绿色食品行政主管部门及有关企业。

第四章 公告、通报的发布

第十一条 中心标志管理部门负责公告、通报的具体工作。

第十二条 涉及终止标志使用许可、企业整改、表彰、处罚的公告和通报，中心标志管理部门应先报经中心作出相应处理决定，再依据处理决定发布公告或通报。

第十三条 中心作出终止标志使用许可的处理决定前，应函告相关委托管理机构和企业。在确认无异议后，方可公告或通报。对处理意见有异议的，应于接到函告5个工作日（以当地邮戳日期为准）内向中心书面提出，逾期则视为无异议。中心应于接到书面异议后10个工作日内核实情况，并作出相应的处理决定。

第十四条 公告时限如下：

（一）符合第五条第一款，自标志使用许可之日起3个月内公告。

（二）符合第五条第二至三款的，自作出处理决定之日起2个月内公告。

（三）符合第五条第四至六款的，逾期3个月后公告。

（四）符合第五条第七款的，及时予以公告。

第十五条 通报时限如下：

（一）符合第六条第一款的，自公告之日起 1 个月内通报。

（二）符合第六条第二至四款的，自作出决定之日起 5 个工作日内通报。

（三）绿色食品产品质量年度抽检结果于次年第一季度通报。

（四）符合第六条第六至七款的，及时予以通报。

第五章　申请复议和投诉

第十六条 企业对中心公告、通报内容有异议的，可于公告、通报之日起 15 天内向中心书面提出复议申请。

第十七条 中心在收到复议申请 15 个工作日内将复议结果通知复议申请人。如确认公告或通报内容有误，中心应于 15 日内以公告或通报的形式予以更正。

第十八条 发现在公告、通报过程中有违反国家或中心有关规定的行为，任何人都可以向中心书面投诉，中心查实后按有关规定严肃处理，并将处理结果通知投诉人。

第六章　附　　则

第十九条 有关绿色食品生产资料、绿色食品基地的公告和通报参照执行本办法。

第二十条 本办法由中心负责解释。

第二十一条 本办法自颁布之日起施行。

绿色食品认证档案管理办法（试行）

（2012年6月27日发布）

第一章 总 则

第一条 为了加强绿色食品认证档案（以下简称"认证档案"）工作，提高认证档案管理水平，发挥认证档案在绿色食品事业发展中的作用，根据《中华人民共和国档案法》及农业部有关规定，制定本办法。

第二条 本办法所称认证档案，是指在绿色食品认证申请、检查审核等业务工作中直接形成的具有保存价值的历史记录。具体包括：认证申请材料、现场检查报告及图片、环境监测报告、产品检测报告、认证评审报告、产品包装设计送审稿、证书复印件等与绿色食品获证单位相关的技术和管理资料。

第三条 本办法适用纸质认证档案管理。

第四条 认证档案实行中国绿色食品发展中心（以下简称"中心"）统一管理、部门协助配合的工作机制。中心标识管理处为认证档案主管部门，承担认证档案的收集、整理、归档、保管以及办理查询、借阅等工作；审核评价处负责认证申报、审核材料的整理和移交工作；后勤服务中心负责认证档案硬件设施建设工作。中心相关处室应安排专人负责认证档案管理工作。

第五条 中心应创造条件，加强规范管理，维护认证档案的完整性与安全性，不断提高认证档案的管理水平和服务能力。

第二章 认证档案的立卷归档

第六条 认证档案应齐全、整洁、无破损。立卷时，卷内资料排列要条理化、系统化。

第七条 认证档案按年份、年内颁证流水号依次编号。编号组成：年份—年内颁证流水号，年内颁证流水号为产品编号末位四位数字。编号时，应使用附着力强、不易褪色的油性记号笔在认证档案袋的正反面写上认证档案的编号，编号书写须工整、清晰、无涂改。

　　第八条　中心标识管理处应在绿色食品证书制作后 10 个工作日内完成认证档案的编号、归档工作，并转移到专用认证档案库保存。

第三章　认证档案的保管和借阅

　　第九条　认证档案管理人员根据认证档案编号顺序，按年份、年内编号从小到大的顺序入库上架排列，并妥善保管。年度认证档案之间应设立标示牌，以示区分。

　　第十条　认证档案库房应符合基本安全要求，门窗要坚固，要配置足够的认证档案专用柜架，并配有防火、防盗、防潮、防鼠、防虫等设施。

　　第十一条　中心工作人员因业务工作需要借阅认证档案的，须办理相应的借阅手续。外单位人员未经中心批准不得查阅或借阅认证档案。

　　第十二条　借阅人必须严格履行借阅登记手续，在《绿色食品认证档案借阅登记表》上登记，并经借阅人所在部门负责人签字同意后方可借阅认证档案。借阅人凭《绿色食品认证档案借阅登记表》借阅认证档案，当面点清数量，归还时予以核对。

　　第十三条　借阅认证档案必须遵守以下规定：

　　（一）不得擅自拆卷、翻印、拍照、复制，确因工作需要必须拆卷、翻印、拍照、复制，须经中心标识管理处负责人同意，并由认证档案管理人员办理。

　　（二）爱护认证档案，严禁在认证档案资料中随意标注、画线、打圈、作记号，严禁涂改、抽取和损坏认证档案。

　　（三）不得泄密、遗失认证档案。

　　（四）不得转借或擅自将认证档案带出中心。

　　（五）认证档案借阅时间最长不超过 10 天，过期仍需借阅者，应及时办理续借手续。因公长期出差、休假，应提前归还所借认证档案，不得滞留积存。如工作调动、辞职或退休，须归还所借认证档案。

　　第十四条　确因特殊需要将认证档案携带出中心的，须经中心标识管理处负责人审批后办理有关手续。

第四章　认证档案的保存与销毁

　　第十五条　认证档案实行长期保存与短期保存相结合的管理制度，保存期限按以下规定执行：

（一）获证单位连续通过续展认证的，长期保存。

（二）获证单位未续展的，延期保存一年，期满后，由中心标识管理处审查，并报中心领导批准后予以销毁。

第十六条 销毁工作应由两人在指定地点监销，并在销毁清册上注明"已销毁"和销毁日期，由监销人签字，作为查考的凭据。

第五章　附　　则

第十七条 本办法由中心标识管理处负责解释。

第十八条 本办法自颁布之日起施行。

绿色食品产品包装标签变更备案暂行规定

为规范绿色食品标志使用人的用标行为，维护标志使用人的合法权益，根据农业部《绿色食品标志管理办法》及有关规定，中心决定对绿色食品产品包装标签变更建立备案制度，并规定如下。

一、绿色食品产品包装标签备案是指：标志使用人在绿色食品证书有效期内，且在绿色食品证书登记内容未发生变化的前提下，其绿色食品产品包装主要展示版面或绿色食品标志用标形式发生变化，或产品包装标签中净含量和规格等其中一项或多项发生变化的，标志使用人应在包装标签调整前向中心提出变更备案申请。

二、中心负责全国绿色食品产品包装标签备案审核工作，省级工作机构负责本行政区域绿色食品产品包装标签备案受理和初审工作。

三、标志使用人及其绿色食品产品包装标签变更备案应具备下列条件：

（一）符合国家包装标签、农业农村部的有关规定，以及绿色食品相关规定；

（二）产地环境、生产技术、生产工艺、质量管理制度等未发生变化；

（三）产品配料组成及配比未发生变化；

（四）符合国家法律、法规规定的其他条件。

四、绿色食品产品包装标签变更备案应按以下程序进行：

（一）标志使用人向中心提出书面申请，申请中应载明变更内容，同时提交变更后的《预包装食品标签设计样张》，并报送省级工作机构初审。

（二）省级工作机构应对产品包装标签内容是否符合备案受理条件进行初审，并提出初审意见。初审合格的，将变更申请材料报送中心审批；初审不合格的，书面通知标志使用人并告知原因。

（三）中心根据省级工作机构出具的初审意见作出是否同意备案的决定，并将《中国绿色食品发展中心关于绿色食品产品包装标签变更备案通知书》同时送至标志使用人和省级工作机构。

本规定自发布之日起执行。

2018 年 8 月 20 日

第五篇

质 量 监 督

中国绿色食品发展中心
绿色食品质量安全突发事件应急预案

中绿标〔2020〕98 号

1　总则

1.1　编制目的

建立健全绿色食品质量安全突发事件应急处置机制，有效预防、积极应对绿色食品质量安全突发事件，提高应急处置工作效率，最大限度地减少绿色食品质量安全突发事件的危害，防范行业性重大质量安全风险，保障消费者健康、生命安全和绿色食品事业持续健康发展，依法维护绿色食品品牌的美誉度和公信力。

1.2　编制依据

根据《中华人民共和国突发事件应对法》《中华人民共和国商标法》《中华人民共和国食品安全法》《中华人民共和国农产品质量安全法》《国家食品安全事故应急预案》《国家突发公共事件总体应急预案》《农业部农业突发公共事件应急预案管理办法》《农产品质量安全突发事件应急预案》《绿色食品标志管理办法》《绿色食品质量安全预警管理规范（试行）》等法律法规和规章制度，制订本预案。

1.3　处置原则

在农业农村部的统一领导下，按照《绿色食品标志管理办法》及有关规定，由中心组织省级绿色食品工作机构实施，各级绿色食品工作机构根据职责分工，依法开展工作。

（1）以人为本，减少危害。把保障消费者健康和生命安全作为应急处置的首要任务，最大限度减少绿色食品质量安全突发事件造成的健康损害和人员伤亡。

（2）统一领导，协同联动。按照"统一领导、协同联动、分级负责、属地管理"的绿色食品质量安全应急管理体制，建立快速反应、协同应对的绿色食品质量安全突发事件应急处置机制。

（3）科学分析，依法处置。有效使用风险监测、风险评估和预测预警等科学手段，第一时间监测获取有关事件信息；充分发挥专家队伍的作用，开展科学客观的分析研判；严格按照国家有关法律法规和职能分工有序开展处置应对；坚持个案处理，做好责任切割，处理不盲从、处置不过头，依法、科学、合理、及时、精准、有效。

（4）快速反应，信息透明。建立起由中心、各级绿色食品工作机构、事件主体组成的沟通机制，确保信息准确畅通，及时回应社会关切，有效化解绿色食品质量安全风险。

（5）重点监控，长效监管。中心应建立健全绿色食品质量安全日常风险监测、评估及预警管理制度，加强绿色食品审核和证后监管，特别对重点领域、重点行业、重点时段及高风险产品采取重点监控，及时跟踪风险动态，防患于未然。加强宣教培训，提高公众自我防范和应对绿色食品质量安全突发事件的意识和能力。

1.4 事件分级

本预案所称绿色食品质量安全突发事件，是指因食用绿色食品而对人体健康产生危害或者可能有潜在危害的事故，或者因消费者维权引起的质量纠纷事件，或者因各种媒介报道的与绿色食品质量安全有关的舆情事件等。按照国家有关应急预案的分级办法，结合绿色食品有关规范制度规定，绿色食品质量安全突发事件相应分为四个级别：特别严重（Ⅰ）级、严重（Ⅱ）级、较重（Ⅲ）级和一般（Ⅳ）级四级。事件等级的评估核定，由中国绿色食品发展中心（以下简称"中心"）会同有关部门、行业专家依照有关规定进行。绿色食品质量安全突发事件分级标准如下：

（1）特别严重（Ⅰ）级：指发生在整个行业内并可能造成全国性或国际性负面影响的、大范围和长时间存在的严重质量安全事件。

（2）严重（Ⅱ）级：指发生在行业局部或区域范围内有一定规模和持续性的质量安全事件。

（3）较重（Ⅲ）级：指发生在行业内个别企业或省域内小规模和短期性的质量安全事件。

（4）一般（Ⅳ）级：指各种媒介报道的绿色食品某个企业产品质量安全舆情事件，或单位和个人举报、投诉的绿色食品某个企业产品质量安全事件。

1.5 适用范围

本预案适用于Ⅱ级绿色食品质量安全突发事件处置，指导全国绿色食品质量安全突发事件应对工作。

Ⅰ级绿色食品质量安全突发事件处置，按照国家和农业农村部有关应急预案开展工作，中心全力做好配合。Ⅲ级和Ⅳ级绿色食品质量安全突发事件处置，由省级绿色食品工作机构可根据实际情况制定应急预案，或按当地有关应急预案开展工作。

2 组织机构及职责

2.1 应急处置指挥领导小组设置

中心应组织成立由相关处室、绿色食品工作机构、行业专家、资深媒体人组成的绿色食品质量安全突发事件应急处置指挥领导小组（以下简称"应急处置指挥领导小组"），统一组织开展绿色食品质量安全突发事件应急处置工作。

应急处置指挥领导小组组长由中心主任担任，副组长由中心分管监管的副主任担任，成员单位根据绿色食品质量安全突发事件的性质、范围、业务领域和应急处置工作条件保障等需要确定，包括中心办公室、财务处、体系标准处、审核评价处、标识管理处、品牌发展处、基地建设处、国际合作与信息处等处室以及事件发生地省级绿色食品工作机构。

应急处置指挥领导小组办公室设在中心标识管理处，办公室主任由标识管理处处长担任，成员由应急处置指挥领导小组成员处室负责同志和省级绿色食品工作机构负责同志担任。中心受理电话：010-59193665，010-59193669，中心应急处置指挥领导小组办公室地址：北京市海淀区学院南路59号；邮编：100081；电话：010-59193661，010-59193669；传真：010-59193664。

2.2 应急处置指挥领导小组职责

在农业农村部农产品质量安全监管司的指导下，负责Ⅱ级绿色食品质量安全突发事件的应急处置工作，指导、督促有关部门和省级绿色食品工作机构采取措施，对绿色食品质量安全突发事件开展应急处置工作。

2.3 应急处置指挥领导小组办公室职责

应急处置指挥领导小组办公室承担应急处置指挥领导小组的日常工作，负责贯彻落实应急处置指挥领导小组的各项部署，组织实施事件应急处置工作。

2.4 应急处置指挥领导小组成员职责

各成员在应急处置指挥领导小组统一领导下开展工作，加强对事件发生地省级绿色食品工作机构工作的指导和督促。

2.5 应急处置指挥领导小组成员单位职责

各成员单位在应急处置指挥领导小组统一领导下开展工作，加强对事件发生地省级绿色食品工作机构工作的督促和指导。

办公室：负责绿色食品质量安全突发事件的信息汇总上报和对外发布等工作。

财务处：负责应急处置资金保障及管理，并制订绿色食品突发质量安全事件年度预算方案，积极争取农业农村部财政资金支持。

体系标准处：负责将绿色食品定点检测机构提供的相关信息，反馈给标识管理处，并配合标识管理处开展事件处置等相关工作。

审核评价处：负责应急处置涉及企业及其产品业务档案总体评估、核查等相关工作，参与事件调查、处置等工作。

标识管理处：承担应急处置指挥领导小组办公室的日常工作；负责突发应急事件相关信息的接收和报告；拟定应急处置预案，组织协调应急处置、信息收集、动态分析等工作。

品牌发展处：负责绿色食品突发质量安全事件后的舆情监测和产销对接的组织协调与指导，维护市场稳定；负责应急事件发生后的组织宣传等工作。

基地建设处：负责由绿色食品原料标准化生产基地引起的产品质量安全突发事件的调查，依法开展事件处置等相关工作。

国际合作与信息处：在发生可能产生国际影响的绿色食品质量安全突发事件时，及时收集、汇总境外舆情信息，并按规定程序向应急处置指挥领导小组提供相关信息。

中心其他处室和相关省级绿色食品工作机构按照职责分工，在应急处置指挥领导小组的统一领导下，协助开展应急处置工作。

2.5.1 事件调查组

组成：应急处置指挥领导小组根据事件发生的原因、环节和地点，明确牵头处室，并抽调中心、地方绿色食品工作机构相关人员组成。

职责：调查事件发生原因、性质及严重程度，作出调查结论，评估事件影响，提出事件处置建议。

2.5.2 事件处置组

组成：由事件发生环节的中心业务处室为主负责。

职责：组织协调省级绿色食品工作机构实施应急处置工作，依法配合有关执法、监管部门实施行政监督、行政处罚，监督封存、召回问题产品，按照绿色食品有关制度，严格控制流通渠道，监督相应措施落实，依法追究责任人责任。

2.5.3　技术专家组

组成：依托现有专家队伍，由绿色食品评审专家、绿色食品质量安全预警专家组、中心法律顾问及中心和地方绿色食品相关业务专家组成。

职责：负责为事件处置提供技术支持，评价分析和综合研判，查找事件原因和评估事件发展趋势，预测事件后果及造成的危害，为制订现场处置方案提供参考。

2.5.4　新闻宣传组

按照国家信息发布有关规定和本预案事件级别，品牌发展处组织事故处置宣传报道和舆论引导，做好信息发布工作。

3　预测预警和报告评估

3.1　预测预警

中心建立绿色食品质量安全预测预警制度。标识管理处负责绿色食品质量安全监测工作的综合协调、归口管理和监督检查；体系标准处、审核评价处、基地建设处等相关业务处室通过风险评估、风险监测，及时发现存在问题隐患，提出防控措施建议。

3.2　事件报告

中心建立健全绿色食品质量安全突发事件报告制度，包括信息报告和通报，以及社会监督、舆论监督、信息采集和报送等。

3.2.1　责任报告单位和人员

（1）绿色食品生产、收购、储藏、运输单位和个人。

（2）绿色食品检验检测机构和科研院所。

（3）绿色食品质量安全突发事件发生单位。

（4）地方各级绿色食品工作机构。

（5）经核实的公众举报信息。

（6）经核实的媒体披露与报道信息。

（7）其他单位和个人。

任何单位和个人对绿色食品质量安全突发事件不得瞒报、迟报、谎报或者授意他人瞒报、迟报、谎报，不得阻碍他人报告。

3.2.2　报告程序

遵循自下而上逐级报告原则，紧急情况可以越级上报。鼓励其他单位和个人向农业农村行政主管部门或绿色食品工作机构报告绿色食品质量安全突发事件的发生情况。

（1）绿色食品质量安全突发事件发生后，有关单位和个人应当采取控制措施，第一时间向所在地县级人民政府农业农村行政主管部门或县级绿色食品工作机构报告，或直接向地市级绿色食品及省级工作机构报告，收到报告的部门应当立即处理。

（2）发生Ⅱ级及以上事件时，省级绿色食品工作机构应当在2小时内报告中心，并及时报告当地农业农村行政主管部门。中心在接到Ⅱ级及以上事件报告后，由应急处置指挥领导小组办公室及时通报有关业务处室，按程序及时向应急处置指挥领导小组报告。属Ⅰ级事件的，应同时按程序报告农业农村部。

（3）发生Ⅲ级和Ⅳ级绿色食品质量安全突发事件时，省级绿色食品工作机构应当在4个小时内同时向中心和当地农业农村行政主管部门，并立即组织开展事件核查工作。

（4）鼓励任何单位和个人向中心、各级绿色食品工作机构依法实名举报或报告绿色食品质量安全问题。

3.2.3 报告要求

事件发生地绿色食品工作机构应尽可能报告事件发生的时间、地点、单位、涉事绿色食品品牌名称、可能原因、危害程度、伤亡人数、事件报告单位及报告时间、报告单位联系人员及联系方式、事件发生原因的初步判断、事件发生后采取的措施及事件控制情况等，如有可能应当报告事件的简要经过。

3.2.4 通报

绿色食品质量安全突发事件发生后，有关部门之间应当及时通报。

中心接到绿色食品质量安全突发事件报告后，应当及时与事件发生地省级绿色食品工作机构沟通，并将有关情况按程序通报相关部门，Ⅰ级事件还应及时上报农业农村部；有蔓延趋势的，还应向相关地区的农业农村行政主管部门通报，加强预警预防工作。

3.3 事件评估

绿色食品质量安全突发事件评估是为了核定绿色食品质量安全突发事件级别和确定应采取的措施。评估内容包括：事件可能导致的健康危害及所涉及的范围，是否已造成健康损害后果及严重程度；事件的影响范围及严重程度；事件发展蔓延趋势；事件对绿色食品品牌美誉度、公信力影响程度等。

4 应急响应

4.1 应急机制启动

绿色食品质量安全突发事件发生后，中心依法组织对事件进行分析评估，核定事件级别并组织启动应急机制。核定为Ⅰ级事件的，按农业农村部《农产品质量安全突发事件应急预案》Ⅰ级事件有关规定组织实施；核定为Ⅱ级事件的，由中心绿色食品质量安全突发事件应急处置指挥领导小组统一领导和指挥事件应急处置工作；核定为Ⅲ级和Ⅳ级事件的，在省级绿色食品工作机构组织下，成立相应应急处置机构，统一组织开展应急处置工作，并及时向中心报告事件处置进展情况。

4.2　分级响应

按照《国家食品安全事故应急预案》和《农产品质量安全突发事件应急预案》，绿色食品质量安全突发事件的应急响应分为四级。Ⅰ级响应，由中心报农业农村部按要求启动实施；Ⅱ级响应，由中心启动实施；Ⅲ级、Ⅳ级响应，由省级绿色食品工作机构报中心同意后组织启动实施，中心加强指导、协调和督促。

4.3　指挥协调

（1）中心应急处置指挥领导小组指挥协调绿色食品质量安全突发事件应急预案响应；提出应急行动原则要求，协调指挥应急处置行动。

（2）中心应急处置指挥领导小组办公室指挥协调相关处室向中心应急处置指挥领导小组提出应急处置重大事项决策建议；派出有关专家和人员参加、指导现场应急处置指挥工作；协调、组织实施应急处置；及时向应急处置指挥领导小组报告应急处置行动的进展情况；指导对受威胁的周边危险源的监控工作，确定重点保护区域。

4.4　现场处置

现场处置主要依靠事发地的应急处置力量。绿色食品质量安全突发事件发生后，事发责任单位和当地绿色食品工作机构及相关部门应当按照应急预案迅速采取措施，控制事态发展。

4.5　响应终止

绿色食品质量安全突发事件隐患或相关危险因素消除后，突发事件应急处置即终止，应急处置队伍撤离现场。随即应急处置指挥领导小组办公室组织有关专家进行分析论证，经现场评价确认无危害和风险后，提出终止应急响应的建议，报应急处置指挥领导小组批准宣布应急响应结束。

5　后期处置

5.1　善后处置

各级绿色食品工作机构在省级绿色食品工作机构和当地农业农村行政主管部门的领

导下，负责组织绿色食品质量安全突发事件的究责问责，召回赔付，修复受损的公信力，避免类似情况再次发生。

5.2 总结报告

Ⅱ级绿色食品质量安全突发事件善后处置工作结束后，中心应急处置指挥领导小组办公室组织总结事件应急处置全过程；Ⅲ级、Ⅳ级绿色食品质量安全突发事件善后处置工作结束后，省级绿色食品工作机构应当及时总结分析应急处置过程，提出预防类似事件的措施办法及改进应急处置工作的建议，完成应急处置总结报告，报送中心应急处置指挥领导小组办公室。

6 应急保障

6.1 信息保障

中心建立绿色食品质量安全突发事件信息报告系统，由中心相关业务处室负责绿色食品质量安全突发事件信息的收集、处理、分析和传递等工作。

6.2 技术保障

绿色食品质量安全突发事件的技术鉴定工作必须由有国家认可资质的专业技术机构承担。

6.3 物资保障

绿色食品质量安全突发事件应急处置所需物资和资金由中心办公室和财务处负责，相关经费纳入年度财务预算，各级绿色食品工作机构应积极争取财政资金支持。

7 监督管理

7.1 奖励与责任

对在绿色食品质量安全突发事件应急处置工作中有突出贡献或者成绩显著的单位、个人，给予表彰和奖励。对绿色食品质量安全突发事件应急处置工作中有失职、渎职行为的单位或工作人员，根据情节，由其所在单位或上级机关给予处分；构成犯罪的，依法移送司法部门追究刑事责任。

7.2　宣教培训

各级绿色食品工作机构应当加强对绿色食品生产经营者和广大消费者的绿色食品质量安全生产、安全消费知识培训，提高风险防范意识。

绿色食品质量安全突发事件应急处置培训工作由中心负责组织，由省级绿色食品工作机构按年度组织实施。

8　附则

8.1　预案管理更新

国家及相关部委与绿色食品质量安全突发事件处置有关的法律法规和职能职责及相关内容作出调整时，要结合实际及时修订与完善本预案。

省级绿色食品工作机构可以参照本预案，制订地方绿色食品质量安全突发事件应急预案。地方绿色食品质量安全突发事件应急预案对绿色食品质量安全突发事件的分级应当与本预案相协调一致。

8.2　演习演练

省级绿色食品工作机构应在农业农村行政主管部门的领导下，定期组织开展绿色食品质量安全突发事件应急处置演习演练，检验和强化应急准备和应急响应能力，并通过演习演练，不断完善应急预案。

8.3　预案解释实施

本预案由中心负责解释，自印发之日起施行。

抄送：农业农村部监管司。

中国绿色食品发展中心办公室　　　　　　　　　　2020 年 9 月 2 日印发

绿色食品企业年度检查工作规范

（2014年9月5日发布）

第一章 总 则

第一条 为了规范绿色食品企业年度检查（以下简称"年检"）工作，加强对绿色食品企业产品质量和绿色食品标志使用的监督检查，根据国家《农产品质量安全法》《商标法》和农业部《绿色食品标志管理办法》等法律法规，制定本规范。

第二条 年检是指绿色食品工作机构对辖区内获得绿色食品标志使用权的企业在一个标志使用年度内的绿色食品生产经营活动、产品质量及标志使用行为实施的监督、检查、考核、评定等。

第二章 年检的组织实施

第三条 年检工作由省级人民政府农业行政主管部门所属绿色食品工作机构（以下简称"省级工作机构"）负责组织实施，标志监管员具体执行。

第四条 省级工作机构应根据本地区的实际情况，制定年检工作实施办法，并报中国绿色食品发展中心（以下简称"中心"）备案。

第五条 省级工作机构应建立完整的年检工作档案，年检工作档案至少保存三年。省级工作机构应于每年12月20日前，将本年度年检工作总结和《核准证书登记表》（附表）电子版报中心备案。

第六条 中心对各地年检工作进行指导、监督和检查。

第三章 年检内容

第七条 年检的主要内容是通过现场检查企业的产品质量及其控制体系状况、规范使用绿色食品标志情况和按规定缴纳标志使用费情况等。

第八条 产品质量控制体系状况，主要检查以下方面：

（一）绿色食品种植、养殖地和原料产地的环境质量、基地范围、生产组织结构等情况；

（二）企业内部绿色食品检查管理制度的建立及落实情况；

（三）绿色食品原料购销合同（协议）、发票和出入库记录等使用记录；

（四）绿色食品原料和生产资料等投入品的采购、使用、保管制度及其执行情况；

（五）种植、养殖及加工的生产操作规程和绿色食品标准执行情况；

（六）绿色食品与非绿色食品的防混控制措施及落实情况。

第九条　规范使用绿色食品标志情况，主要检查以下方面：

（一）是否按照证书核准的产品名称、商标名称、获证单位及其信息码、核准产量、产品编号和标志许可期限等使用绿色食品标志；

（二）产品包装设计和印制是否符合国家有关食品包装标签标准和《绿色食品标志商标设计使用规范》要求。

第十条　企业缴纳标志使用费情况，主要检查是否按照《绿色食品标志商标使用许可合同》的约定按时足额缴纳标志使用费。

第四章　年检结论处理

第十一条　省级工作机构根据年度检查结果以及国家食品质量安全监督部门和行业管理部门抽查结果，依据绿色食品管理相关规定，作出年检合格、整改、不合格结论，并通知企业。

第十二条　年检结论为合格的企业，省级工作机构应在规定工作时限内完成核准程序，在合格产品证书上加盖年检合格章。

第十三条　年检结论为整改的企业，必须于接到通知之日起一个月内完成整改，并将整改措施和结果报告省级工作机构。省级工作机构应及时组织整改验收并作出结论。

第十四条　企业有下列情形之一的，年检结论为不合格：

（一）生产环境不符合绿色食品环境质量标准的；

（二）产品质量不符合绿色食品产品质量标准的；

（三）未遵守标志使用合同约定的；

（四）违反规定使用标志和证书的；

（五）以欺骗、贿赂等不正当手段取得标志使用权的；

（六）未使用绿色食品原料的；

（七）拒绝接受年检的；

（八）年检中发现其他违规行为的。

第十五条 年检结论为不合格的企业，省级工作机构应直接报请中心取消其标志使用权。

第十六条 获证产品的绿色食品标志使用年度为第三年的，其年检工作可由续展审核检查替代。

第五章　复议和仲裁

第十七条 企业对年检结论如有异议，可在接到书面通知之日起15个工作日内，向省级工作机构书面提出复议申请或直接向中心申请仲裁，但不可同时申请复议和仲裁。

第十八条 省级工作机构应于接到复议申请之日起在规定工作时限内作出复议结论。中心应于接到仲裁申请30个工作日内作出仲裁决定。

第六章　附　　则

第十九条 本规范自公布之日起施行，原《绿色食品企业年度检查工作规范》同时废止。

第二十条 本规范由中国绿色食品发展中心负责解释。

绿色食品产品质量年度抽检工作管理办法

(2014 年 9 月 23 日发布)

第一章 总 则

第一条 为了进一步规范绿色食品产品质量年度抽检（以下简称"产品抽检"）工作，加强对产品抽检工作的管理，提高产品抽检工作的科学性、公正性、权威性，依据《绿色食品标志管理办法》和《绿色食品检测机构管理办法》，制定本办法。

第二条 产品抽检是指中国绿色食品发展中心（以下简称"中心"），对已获得绿色食品标志使用权的产品采取的监督性抽查检验。

第三条 所有获得绿色食品标志使用权的企业在标志使用的有效期内，应当接受产品抽检。

第四条 当年的产品抽检报告可作为绿色食品标志使用续展审核的依据。

第二章 机构及其职责

第五条 产品抽检工作由中心制定抽检计划，委托相关绿色食品产品质量检测机构（以下简称"检测机构"）按计划实施，省及市、县绿色食品工作机构（以下简称"省级工作机构"）予以配合。

（一）中心的产品抽检工作职责：

1. 制定全国抽检工作的有关规定；

2. 组织开展全国的抽检工作；

3. 下达年度抽检计划；

4. 指导、监督和评价各检测机构的抽检工作；

5. 依据有关规定，对抽检不合格的产品作出整改或取消标志使用权的决定，并予以通报或公告。

（二）检测机构的产品抽检工作职责：

1. 根据中心下达的抽检计划制定具体组织实施方案；

2. 按时完成中心下达的检测任务；

3. 按规定时间及方式向中心、相关省级工作机构和企业出具检验报告；

4. 向中心及时报告抽检中出现的问题和有关企业产品质量信息。

（三）各级工作机构的产品抽检工作职责：

1. 配合中心及检测机构开展产品抽检工作；

2. 向中心提出产品抽检工作计划的建议；

3. 根据中心作出的整改决定，督促企业按时完成整改，并组织验收；

4. 及时向中心报告企业的变更情况，包括企业名称、通信地址、法人代表以及企业停产、转产等情况。

第三章　工作程序

第六条　中心于每年2月底前制定产品抽检计划，并下达有关检测机构和省级工作机构。

第七条　检测机构根据抽检计划和产品周期适时派专人赴企业或市场上规范抽取样品，也可以委托相关省级工作机构协助进行，由绿色食品标志监管员规范抽样并寄送检测机构，封样前应与企业有关人员办理签字手续，确保样品的代表性。在市场上抽取的样品，应确认其真实性，检验的产品应在用标有效期内。

第八条　检测机构应及时进行样品检验，出具检验报告，检验报告结论要明确、完整，检测项目指标齐全，检验报告应以特快专递方式分别送达中心、有关省级工作机构和企业各一份。

第九条　检测机构最迟应于标志年度使用期满前3个月完成抽检。

第十条　检测机构须于每年12月20日前将产品抽检汇总表及总结报中心。总结内容应全面、详细、客观，未完成抽检计划的应说明原因。

第四章　计划的制订与实施

第十一条　制订产品抽检计划必须遵循科学、高效、公正、公开的原则，突出重点产品和重点指标，并考虑上年度抽检计划完成情况及当年任务量。

第十二条　检测机构必须承检中心要求检测的项目，未经中心同意，不得擅自增减检测项目。

第十三条　对当年应续展的产品，检测机构应及时抽样检验并将检验报告提供给企业，以便作为续展审核的依据。

第五章　问题的处理

第十四条　产品抽检中发现倒闭、停产、无故拒检或提出自行放弃绿色食品标志使用权的企业，检测机构应及时报告中心及有关省级工作机构。

第十五条　企业对检验报告如有异议，应于收到报告之日起（以收件人签收日期为准）5 日内向中心提出书面复议（复检或仲裁）申请，未在规定时限内提出异议的，视为认可检验结果。对检出不合格项目的产品，检测机构不得擅自通知企业送样复检。

第十六条　产品抽检结论为食品标签、感官指标不合格，或产品理化指标中的部分非营养性指标（如：水分、灰分、净含量等）不合格的，中心通知企业整改，企业必须于接到通知之日起一个月内完成整改，并将整改措施和结果报告省级工作机构，省级工作机构应及时组织整改验收并抽样寄送中心定点检测机构检验。检测机构应及时对样品进行检验，出具检验报告，并以特快邮递方式将检验报告分别送达中心和有关省级工作机构各一份。复检合格的可继续使用绿色食品标志，复检不合格的取消其标志使用权。

第十七条　产品抽检结论为卫生指标或安全性指标（如有害微生物、药残、重金属、添加剂、黄曲霉、亚硝酸盐等）不合格的，取消其绿色食品标志使用权。对于取消标志使用权的企业及产品，中心及时通知企业及相关省级工作机构，并予以公告。

第六章　省级工作机构的抽检工作

第十八条　省级工作机构对辖区内的绿色食品质量负有监督检查职责，应在中心下达的年度产品抽检计划的基础上，结合当地实际编制自行抽检产品的年度计划，填写《绿色食品省级工作机构自行抽检产品备案表》，一并报中心备案。中心接到备案材料后十个工作日内，将备案结果书面反馈有关省级工作机构。经在中心备案的抽检产品，其抽检工作视同中心组织实施的监督抽检。

第十九条　省级工作机构自行抽检产品的检验项目、内容，不得少于中心年度抽检计划规定的项目和内容。

第二十条　省级工作机构自行抽检的产品必须在绿色食品定点检测机构进行检验，检测机构应出具正式检验报告，并将检验报告分别送达省级工作机构和企业。

第二十一条　产品抽检不合格的企业，省级工作机构要及时上报中心，由中心作出整改或取消其标志使用权的决定。

第七章　附　　则

　　第二十二条　本办法自颁布之日起施行，原 2004 年 4 月 22 日颁布的《绿色食品产品质量年度抽检工作管理办法》和《绿色食品产品质量年度抽检工作管理办法补充规定》同时废止。

　　第二十三条　本办法由中国绿色食品发展中心负责解释。

绿色食品标志市场监察实施办法

(2014 年 9 月 18 日发布)

第一章 总 则

第一条 为了加强绿色食品标志使用的市场监督管理，规范企业用标，打击假冒行为，维护绿色食品品牌的公信力，根据国家《商标法》《农产品质量安全法》、农业部《农产品包装和标识管理办法》《绿色食品标志管理办法》及有关管理规定，制定本办法。

第二条 绿色食品标志市场监察是对市场上绿色食品标志使用情况的监督检查。市场监察是对绿色食品证后质量监督的重要手段和工作内容，是各级绿色食品工作机构（以下简称"工作机构"）及标志监管员的重要职责。各级工作机构应明确负责市场监察工作的部门和人员，为工作开展提供必要的条件。

第三条 中国绿色食品发展中心（以下简称"中心"）负责全国绿色食品标志市场监察工作；省及省以下各级工作机构负责本行政区域的绿色食品标志市场监察工作。

第四条 市场监察的采集产品工作由省及省以下各级工作机构的工作人员完成。市场监察工作可与农产品质量安全监督执法相结合，在当地农业行政管理部门组织协调下开展。

第五条 中心将各地市场监察工作情况定期通报，并作为考核评定工作机构及标志监管员工作的重要依据。

第二章 市场选定、工作任务及采样要求

第六条 监察市场分为固定市场和流动市场。固定市场作为市场监察工作的常年定点监测的市场，由中心在全国范围内选定。流动市场由各省级工作机构安排，在各省级机构辖区内选择 1～2 家市场，主要采购固定市场监察点未能采样的标称绿色食品的产品。

第七条 标志市场监察工作的主要任务是：

（一）检查和规范获标企业绿色食品标志的使用；

（二）发现并查处不规范和违规、假冒绿色食品标志的行为；

（三）掌握全国流通市场绿色食品用标产品的基本情况，为中心制定相关决策提供基础数据。

第八条 产品采样要求：

（一）固定市场监察点应对市场中全部标称绿色食品的产品进行采样（限购产品除外）；

（二）流动市场监察点作为固定市场监察点的补充，应避免对同一地区的固定市场监察点的同一样品进行重复采样；

（三）应以最简易、最小包装为单位购买，单价不得超过200元；

（四）同一产品的抽样不需考虑年份、等级、规格、包装等方面的区别，只采购一个样品即可；

（五）各省级工作机构应尽量将本省辖区内监察市场上的获证产品采购齐全。

第三章 工作时间、方法及程序

第九条 市场监察工作在中心统一组织下进行，每年集中开展一次，原则上每年监察行动于4月15日启动，11月底结束。

第十条 每次行动由各地工作机构按照中心规定的固定市场监察点，以及各地省级工作机构自主选择的流动市场监察点，对各市场监察点所售标称绿色食品的产品实施采样监察。

第十一条 监察采样可采取购买方式。购买样品的费用由中心承担，先由绿色食品工作机构垫付，事后在中心的专项经费预算中列支。具体操作办法另行规定。

第十二条 对监察过程中的问题产品和疑似问题产品的包装应妥善保存，同时对产品相关图片和资料信息拍照、存档。

第十三条 监察采样时应索取购物小票、发票等采样凭证，并尽可能要求监察市场对购物清单予以确认。采样凭证应妥善保存，以备查证。

第十四条 市场监察工作按照以下程序进行：

（一）工作机构组织有关人员根据产品采样要求对各监察点所售标称绿色食品的产品进行采样、登记、疑似问题产品拍照，将采样产品有关信息在"绿色食品审核与管理系统"录入上传；再将采购样品的发票和购物小票的复印件于采样后1个月内寄送中心。

（二）中心对各地报送的采样信息逐一核查，对存在不同问题的产品于6月底前分别作出以下处理，并通知省级工作机构：

1. 属违反有关标志使用规定的，交由省级工作机构通知企业限期整改；

2. 属假冒绿色食品的，交由省级工作机构提请工商行政管理部门和农业行政管理部门依法予以查处。

（三）各有关工作机构在接到上述通知后，立即部署本省辖区内相关企业的整改工作，企业整改期限一个月；同时有关绿色食品工作机构应联合当地工商行政管理部门和农业行政管理部门落实打假工作。

（四）各有关工作机构对本省整改后的企业进行现场检查，核查整改措施的落实，对整改结果进行验收，并将企业整改措施、绿色食品工作机构验收报告及行政执法部门的查处结果于9月底前书面报告中心。

（五）中心在对各地市场监察整改情况进行实地检查、抽查后，于当年11月底将市场监察结果向全国绿色食品工作系统通报。

第十五条　同一企业的产品连续两年被查出违规用标，按照绿色食品标志管理的有关规定，由中心取消其标志使用权。

第十六条　企业对市场监察所采样品的真实性或处理意见持有异议，必须在接到整改通知后（以收件人签收日期为准）15个工作日内提出复议申诉，同时提供相关证据。

第四章　附　　则

第十七条　本办法自颁布之日起施行。

第十八条　本办法由中心负责解释。

绿色食品质量安全预警管理规范（试行）

（2009 年 7 月 21 日发布）

第一章 总 则

第一条 为加强绿色食品质量安全预警管理，有效实施认证及证后监管，防范行业性重大质量安全风险，依据《农产品质量安全法》《食品安全法》和《绿色食品标志管理办法》等有关法律法规及管理规定，制定本规范。

第二条 本规范适用于对绿色食品认证和获证后可能存在的质量安全风险的防范工作。

第三条 中国绿色食品发展中心（以下简称"中心"）负责组织开展绿色食品质量安全预警工作，中心科技与标准处（以下简称"科技处"）承担质量安全预警的日常工作。

第四条 质量安全预警工作以维护绿色食品品牌安全为目标，坚持"重点监控，兼顾一般；快速反应，长效监管；科学分析，分级预警"的原则。

第二章 质量安全信息收集

第五条 绿色食品质量安全信息主要分为使用违法违禁物质、违规使用农业投入品、违规使用食品添加剂等。

第六条 绿色食品质量安全信息主要来源于绿色食品专业监测机构和绿色食品质量安全预警信息员（以下简称"信息员"），以及有关政府部门质量安全监管等。

第七条 绿色食品专业监测机构通过分析有关监测数据，结合对行业生产现状的调研情况，编写《季度行业质量安全信息分析报告》，于下季度第一个月的 15 日前报送科技处，对于突发性或重大的行业质量安全信息，随时上报。传真：010-62191421；电子邮箱：kejichu@greenfood.org。

第八条 信息员通过企业调查、市场调查或其他方式和渠道收集相关质量安全信息，在确认信息真实性后，及时采用传真或电子邮件等方式报送科技处。

第九条　中心网站负责日常收集有关政府网站的质量安全信息，并及时向科技处通报。

第三章　质量安全信息分析评价

第十条　科技处将质量安全信息进行汇总，按行业类别、信息来源、涉及范围、危害程度等内容进行初步识别，并定期提交质量安全信息专家组进行分析评价。

第十一条　质量安全信息专家组由中心分管副主任，综合处、标识管理处、认证处和科技处等处室负责人，及相关行业内熟悉绿色食品认证和监管工作的专家组成，负责质量安全信息分析评价工作，确定质量安全信息等级。

第十二条　质量安全信息分为红色风险、橙色风险和黄色风险等三个级别：

（一）红色风险：指发生在整个行业内的危害，并可能造成全国性或国际性影响的、大范围和长时期存在的严重质量安全风险；

（二）橙色风险：指发生在行业局部或可能造成区域范围内、有一定规模和持续性的危害风险；

（三）黄色风险：指发生在行业内个别企业或可能造成省域内、小规模和短期性的危害风险。

第十三条　质量安全信息专家组确定的红色风险和橙色风险信息，须报中心领导班子予以审定。

第四章　风险处置

第十四条　风险处置部门由标识管理处、认证处、科技处、综合处和省级绿色食品管理机构组成，根据质量安全信息分级，分别采取处置措施：

（一）红色级别风险处置

1. 立即对相关企业的产品进行专项检测或检查，确认质量问题后取消其绿色食品标志使用权；

2. 暂停受理该行业产品的认证；

3. 对该行业获得绿色食品标志使用权的产品进行专项检查，并对问题及时作出相应处理；

4. 跟踪风险动态，及时采取应对措施以避免风险扩大。

（二）橙色级别风险处置

1. 立即对相关企业的产品进行专项检测或检查，确认质量问题后取消其绿色食品标志使用权；

2. 暂停受理相关区域内的该行业产品认证；

3. 对其他地区的该行业申请认证产品加检风险项目，并加强现场检查；

4. 对相关区域内的该行业获得绿色食品标志使用权的产品进行专项检查，并对问题及时作出处理；

5. 继续跟踪风险动态，及时采取应对措施以避免风险扩大。

（三）黄色级别风险处置

1. 立即对相关企业的产品进行专项检测或检查，确认质量问题后取消其绿色食品标志使用权；

2. 要求所在省加强对同行业企业的认证检查、产品检测及证后监管，以避免风险扩大。

第十五条　经中心领导班子审核批准后，综合处负责将相关红色风险信息情况上报农业部农产品质量安全监管局。

第五章　监督管理

第十六条　中心与绿色食品专业监测机构签订委托合同，监测机构定期提交相关质量安全信息报告。对于长期未能按照合同要求提供有效信息的机构，中心取消对其委托。

第十七条　中心与信息员签订委托合同，信息员应确保上报信息的真实性、准确性、保密性和及时性。对于未能履行合同的质量安全信息员，中心取消对其委托。

第十八条　中心有关部门在企业调查、材料审核、产品抽检、受理咨询和投诉等工作中发现质量安全隐患，应立即向科技处通报。

第十九条　建立信息来源激励机制。对提供有效质量安全信息的专业监测机构和信息员，根据质量安全信息的等级给予相应奖励。

第六章　附　　则

第二十条　本规范由中国绿色食品发展中心负责解释，自发布之日起执行。

绿色食品标志监督管理员
注册管理办法

(2012 年 1 月 11 日发布)

第一章 总 则

第一条 为了不断提高绿色食品标志管理队伍的整体素质和业务水平,适应绿色食品事业发展和加强绿色食品标志管理的需要,特制定本办法。

第二条 绿色食品标志监督管理员(以下简称"监管员")是指各级绿色食品管理机构中,经中国绿色食品发展中心(以下简称"中心")核准注册的从事绿色食品标志管理的工作人员。绿色食品管理机构应配备与当地绿色食品事业发展相适应的监管员。

第三条 中心对监管员实行统一注册管理。监管员应在中心注册,取得《绿色食品标志监督管理员证书》。

第二章 监管员注册条件

第四条 申请监管员注册必须具备以下基本条件:

一、热爱绿色食品事业,对绿色食品标志管理工作有强烈的责任感,遵纪守法,坚持原则,秉公办事;

二、能够正确执行国家的有关法律、法规和方针、政策,熟悉绿色食品标准及有关管理规定;

三、具有一年以上从事绿色食品管理工作的经验;

四、具有大专以上学历或中级以上技术职称,掌握绿色食品标志管理业务知识;

五、具有较强的组织管理能力。

第五条 监管员注册必须经由中心委托管理机构推荐,接受专门培训并考试合格。

第三章　监管员注册程序

第六条　监管员注册遵循以下程序：

一、申请。符合本办法第四条规定的均可向中心提出监管员注册申请，经由中心委托管理机构向中心书面推荐，并提交申请人有关证明材料。

二、审核。中心对申请人基本条件进行审核，并将审核意见书面通知推荐单位。

三、培训。中心对通过审核的申请人统一组织注册培训。

四、考试。培训结束后，由中心统一组织考试。

五、颁证。经过培训并考试合格者，由中心颁发《绿色食品标志监管员证书》。

第四章　监管员的职责、职权和行为准则

第七条　监管员依据《绿色食品标志管理办法》《绿色食品标志商标使用许可合同》以及有关法律法规和管理规定履行以下职责：

一、指导企业履行绿色食品办证手续、规范使用绿色食品标志、严格执行绿色食品标准，为企业提供相关咨询服务；

二、对绿色食品企业进行检查、复查，按年度核准《绿色食品标志商标准用证》（以下简称《准用证》）；

三、督促绿色食品企业履行《绿色食品标志商标使用许可合同》，按时足额缴纳标志使用费；

四、配合绿色食品产品质量监测机构实施中心下达的产品监督抽查计划，协助开展实地检查、产品抽样等工作；

五、开展市场监督检查，配合政府有关部门对假冒绿色食品和违规使用绿色食品标志的进行查处，维护绿色食品市场秩序；

六、负责收缴丧失绿色食品标志使用权企业的《准用证》，监督其停止使用绿色食品标志；

七、指导下级绿色食品管理机构的标志监管员开展工作；

八、完成中心布置的其他标志管理工作。

第八条　监管员具有以下职权：

一、查验绿色食品企业的《准用证》和《绿色食品标志商标使用许可合同》；

二、检查绿色食品企业的生产现场、仓库、产品包装以及生产记录和档案资料等有

关情况；

三、了解绿色食品企业的产地环境监测和产品检测的情况；

四、指出绿色食品企业在生产过程中的不当行为并要求其改正；

五、指出有关单位和个人在绿色食品标志使用方面的不当行为，并要求其改正；

六、根据有关规定对违反绿色食品管理规定的企业暂行收缴其《准用证》，并于 5 个工作日内报请中心做进一步处理；

七、向中心如实报告有关绿色食品管理机构、监测机构和企业在绿色食品质量管理和标志使用方面存在的问题；

八、向上级绿色食品管理机构和所在单位提出改进督管工作的建议。

第九条　监管员应遵守以下行为准则：

一、遵守有关绿色食品标志管理的规章制度，忠于职守；

二、努力学习有关专业知识，不断提高标志管理的能力；

三、不以权谋私，不接受可能影响本人正常行使职责的回扣、馈赠及其他任何形式的好处；

四、如实向中心及所在单位报告情况，不弄虚作假；

五、接受中心的培训、指导和监督管理；

六、保守受检企业的商业秘密。

第十条　绿色食品标志管理工作实行绿色食品管理机构的主管领导和监管员共同负责制。各级绿色食品管理机构上报有关企业年检、整改、变更、减免收费、取消标志使用权等的报告、请示，应载明有关监管员关于事实认定的意见，该监管员应对其认定的事实负责。

第五章　监管员的管理

第十一条　应保持监管员工作岗位相对稳定。监管员工作岗位发生变动，其所在单位应及时报经中心委托管理机构向中心备案。

第十二条　《绿色食品标志监督管理员证书》有效期三年，有效期满前三个月由中心委托管理机构统一向中心申报换证。超过有效期未办理换证手续的，视为自动放弃监管员资格。

第十三条　中心对监管员的工作进行考核。对工作业绩显著的予以表彰；对不称职的取消其监管员资格，收回证书。具体考核办法另行制定。

第六章　附　则

第十四条　本办法由中心负责解释。

第十五条　中心委托管理机构可根据本办法制定实施细则。

第十六条　本办法自颁布之日起开始实施，中心一九九五年十二月三日颁发的《绿色食品标志专职管理人员资格认可暂行办法》同时废止。

绿色食品标志监督管理员
工作绩效考评实施办法

第一章　总　　则

第一条　为加强绿色食品质量监督检查工作，强化和规范绿色食品标志监督管理员（以下简称"监管员"）工作绩效考核，充分调动监管员的积极性，依据《绿色食品标志管理办法》和《绿色食品标志监督管理员注册管理办法》及相关工作制度，特制定本办法。

第二条　本办法适用于所有经中国绿色食品发展中心（以下简称"中心"）核准注册的并在监管岗位履职的监管员。

第三条　监管员工作绩效考核遵循工作数量和工作质量相结合的原则，每年度考核一次，考核结果在绿色食品工作系统内予以公布。

第二章　考核内容

第四条　绩效考评内容：

（一）指导绿色食品用标企业（以下简称"企业"）贯彻执行绿色食品管理制度和生产标准，督促企业履行《绿色食品标志许可使用合同》，为企业提供相关咨询服务的情况。

（二）对企业进行年检实地检查及完成情况。

（三）协助配合绿色食品定点监测机构开展产品抽检工作情况。

（四）开展绿色食品标志市场监察，配合行政执法部门查处违规用标和假冒绿色食品，维护绿色食品市场秩序工作情况。

（五）查找、收集质量安全风险预警信息，协助做好绿色食品行业与区域质量安全风险防控工作情况。

（六）指导、支持下级绿色食品管理机构的监管员和企业内检员开展工作情况。

（七）参加中心和省级工作管理机构培训活动。

（八）开展绿色食品监督检查工作调查研究工作情况。

第三章　考核组织

第五条　省级工作管理机构负责组织开展本辖区监管员的考核工作，中心标识管理处具体负责核准工作。

第六条　省级工作管理机构须于当年 12 月 31 日前将本年度考核结果报中心。

第七条　中心于次年 1 月底完成核准工作，其间将对各省的考核结果和工作情况进行抽查。如发现存在弄虚作假情况将取消当事人监管员资格并对相关省级工作机构通报批评。

第四章　考核项目指标及分值

第八条　依据绩效考核内容，按照以下项目指标和相应分值进行分项考评：

（一）是否指导企业执行绿色食品标准，并为企业提供相关咨询服务（是，1分；否，0分）。

（二）完成全年企业年检工作计划 100％的（3分）；完成全年企业年检工作计划 80％的（含80％）（2分）；完成全年企业年检工作计划 50％（含50％）的（1分）；没对企业进行年检的不得分。

（三）是否对企业进行年检实地检查工作（是，3分；否，0分）。

（四）是否配合监测机构实施监督抽查计划、协助开展实地检查、产品抽样等工作（是，3分；否，0分）。

（五）是否主动开展市场监察工作、积极配合执法部门查处违规用标和假冒绿色食品，维护市场秩序（是，2分；否，0分）。

（六）是否指导下级绿色食品管理机构的监管员开展本辖区内的监管工作（是，1分；否，0分）。

（七）是否指导、支持本辖区企业内检员开展工作（是，1分；否，0分）。

（八）是否在履职期内组织、参加监管员培训活动（是，1分；否，0分）。

第九条　监管员在年度考评中，如出现以下情况则采取加减分：

（一）年度内在公开发行刊物上发表过绿色食品监管内容文章的加1分。

（二）年度内在核心刊物上发表过绿色食品监管内容文章的加2分。

（三）年度内向中心提供过风险预警信息或提出风险防范措施并被采纳的，每采纳一次加1分。

（四）发现监管员在检查企业过程中有影响组织机构形象不当行为的，每发现一起减2分。

第五章　考核结果评定

第十条　根据年度考核分值，总分9分以上为合格（含9分），总分9分以下（不含9分）为不合格。

第十一条　各省级工作管理机构须按照本办法规定的时间将全部参加考评人员的名单及结果报送中心，并按年度考核合格人员10%的比例向中心推荐优秀监管员人选（不足一人按一人推选），并将优秀人选名单及其评优材料上报中心核定。对于绩效考核不合格者，中心将取消其监管员资格。

第六章　附　　则

第十二条　本办法自2020年1月1日起实施，由中心标识管理处负责解释。原《绿色食品标志监督管理员工作绩效年度考核与奖励暂行办法》同时废止。

第六篇

基 地 建 设

全国绿色食品原料标准化生产基地
建设与管理办法

（2020 年 12 月 21 日发布实施）

第一章　总　　则

第一条　为加强绿色食品原料标准化生产基地建设与管理，进一步夯实绿色食品发展基础，保障绿色食品加工企业的原料供给，进一步强化绿色食品标准化生产，发挥示范农业绿色发展作用，推进绿色食品事业持续健康发展，根据《绿色食品标志管理办法》及有关规定，制定本办法。

第二条　全国绿色食品原料标准化生产基地（以下简称"基地"）是指符合绿色食品产地环境质量标准，按照绿色食品技术标准、全程质量控制体系等要求实施生产与管理，建立健全并有效运行基地管理体系，具有一定规模，并经中国绿色食品发展中心（以下简称"中心"）审核批准的种植区域或养殖场所。

第三条　基地建设原则上由县级人民政府负责组织实施，以发挥示范农业绿色发展和夯实绿色食品发展基础为目标，坚持"政府推进、产业化经营、相对集中连片、适度规模发展"的原则，推动农产品的区域化布局、标准化生产、产业化经营、规模化发展和品牌化引领，增强农业竞争力，促进农业增效、农民增收。落实绿色食品全程质量控制的各项标准及制度，全面推行绿色食品标准化生产，强化产销对接能力，为绿色食品生产企业提供所需的优质原料，逐步成为绿色食品加工和养殖企业的原料供应主体。

第四条　基地建设与管理工作包括创建、验收、续报与监管等内容。中心负责基地的审核认定、基地监管工作的督导。省级绿色食品工作机构（以下简称"省级工作机构"）负责本行政区域内基地创建、验收、续报申请的受理、初审，并负责基地建设指导和监督管理工作。基地建设单位负责基地建设和日常管理工作，接受省级工作机构监督管理，保证基地产品质量安全，并对基地原料产品质量及信誉负责。

第二章　创　　建

第五条　创建基地是经中心批准，进入创建期至验收合格阶段的基地。创建基地不具备"全国绿色食品原料标准化生产基地"资格，其原料产品不得作为绿色食品原料对外供应。

第六条　申请创建基地基本条件：

（一）申请创建基地的县级人民政府对县域绿色食品原料标准化生产基地建设有规划、措施和经费保障。

（二）县级人民政府应成立由主管领导和有关部门负责人组成的基地建设领导小组，统一指导基地建设工作。基地建设领导小组下设基地建设办公室（以下简称"基地办"），具体承担基地日常生产管理、技术指导和组织协调等各项工作。基地办须具备统筹、组织、协调农技推广、农业投入品监管等与基地建设密切相关部门的能力，能够依托现有架构建立符合基地建设所需专门技术服务和质量保障体系。基地建设涉及各生产单元（或有关乡镇）应配套落实基地建设责任人，技术服务、质量监督和综合管理人员，各村落实具体负责人员。县级人民政府应建立健全基地建设目标责任制度，将基地建设管理工作纳入各部门绩效考核体系。

（三）申请创建的基地环境符合《绿色食品　产地环境质量》标准要求。基地周围5公里和主导风向的上风向20公里范围内不得有污染源。

（四）申请创建的基地农业生产基础设施配套齐全，农业技术推广服务体系健全，县乡村三级技术管理制度完善。

（五）土地相对集中连片，已实现区域化、专业化、规模化种植。基地应以1种农产品为主，轮作可有多种作物。同一农产品种植规模不少于3万亩，对于部分地区（特别是南方地区），有地方特色、带动能力强的优势农产品，其创建基地规模可调整为不低于1万亩。

（六）申请创建的基地基本结束小规模农户分散生产经营模式，通过土地流转或统一管理、合作经营等形式，初步具备了产业化对接企业或农民专业合作社（以下简称"对接企业"）参与基地日常生产管理、监督与营销的条件，在一定范围内实现了"基地＋企业＋农户"生产经营模式，具备实行统一优良品种、统一生产操作规程、统一投入品供应和使用、统一田间管理、统一收获的生产管理基础。

（七）申请创建的基地建设单位具备一定的绿色食品工作基础，包括已有绿色食品管理人员，同时具有绿色食品产品申报及管理经验。

（八）具备设立试验示范田的能力，能够依托县域农技服务部门或种植（养殖）大户力量开展绿色食品生产资料和绿色防控技术等大田试验、示范及数据收集整理工作。

（九）农业生产者（农户）有建设基地的要求。

（十）对于蔬菜和水果基地的创建，除满足本条第（一）至（九）项外，还应满足基地原料产品有对接企业收购加工并开发出绿色食品产品，或属于供港澳蔬菜种植基地、备案的出口蔬菜种植基地。

第七条　申请创建基地须提交的材料：

（一）全国绿色食品原料标准化生产基地创建申请表（见附件1）。

（二）拟创建基地地图及生产单元分布图。清晰反映县域行政区划范围内基地的具体位置及基地生产单元分布情况，标明现状公路、铁路及工矿业区情况。生产单元须统一编号。

（三）县级环保部门出具的基地环境现状证明材料，须包括申报年度县域空气、土壤、水及污染源分布等情况描述。

（四）拟创建基地建设规划、措施和经费保障等相关证明材料。

（五）基地建设组织管理体系文件：

1. 成立基地建设领导小组文件，包括成员单位名单及其职责。

2. 成立基地建设办公室文件，明确机构职能、人员及职责分工。

3. 基地单元负责人、技术服务、质量监督和综合管理人员以及各村配备具体工作人员名单。

4. 各基地单元全部农户档案，应包含农户姓名、生产单元地块编号、生产面积、种植/养殖品种、联系方式等信息（以电子表格形式提交）。

5. 县、乡、村监督管理队伍体系架构图。

6. 县、乡、村农业技术推广服务体系架构图。

（六）基地建设管理制度包括：

1. 基地环境保护制度。

2. 生产技术指导和推广制度，包括按照绿色食品技术标准制定的生产作业指导书样本、基地范围内病虫害统防统治具体措施、绿色防控技术推广措施等。

3. 绿色食品专项培训制度。

4. 生产档案管理和质量可追溯制度，包含投入品购买记录、田间生产管理与投入品使用记录、收获记录、仓储记录、交售记录样本，其中田间生产管理与投入品使用记录内容应包括生产地块编号、种植者、作物名称、品种、种植面积、播种或移栽时间、土壤耕作情况、施肥时间、施肥量、病虫草害防治种类、施药时间、用药品种、剂型规格及数量等。

5. 农业投入品管理制度，包含县域内投入品管理体系、市场准入制度、监督管理制度、基地允许使用的农药清单及肥料使用准则、基地允许使用的投入品销售及使用监管措施等。

6. 综合监督管理及检验检测制度，包括针对基地环境、生产过程、产品质量及相关档案记录的具体监督检查措施。

（七）对接企业与农户对接监管模式及随机抽取的 3 份购销协议复印件。

（八）基地拟设试验田位置图、管理人员名单、职责分工及运行管理、成果推广制度。试验田布点要科学合理，能够满足示范辐射覆盖全部基地生产单元。

（九）创建蔬菜和水果基地，除提供本条第（一）至（八）项材料外，还须提供对接加工企业情况或供港澳蔬菜种植基地、备案的出口蔬菜种植基地证明材料。蔬菜基地提供各基地单元作物种类、种植面积、轮作计划等详细情况说明。

第八条 创建基地申请程序：

（一）由县级人民政府向省级工作机构提出创建基地申请，提交第七条要求的全部材料，按所列顺序编制成册。

（二）省级工作机构对申请材料进行初审，对初审合格者进行现场检查，出具报告，并对现场检查合格者委托符合《绿色食品标志管理办法》第七条规定的检测机构进行基地环境质量监测，并由其出具环境质量监测报告。

（三）省级工作机构将申请材料、环境质量监测报告、现场检查报告、现场检查照片和《创建全国绿色食品原料标准化生产基地省级工作机构初审报告》一并报中心。

（四）中心对省级工作机构递交的材料进行审核。通过审核的单位，由中心批准进入创建期。获批创建单位与省级工作机构签订基地创建管理协议，报中心备案。

（五）自批准创建之日起计算，基地创建期为两年。创建期满，创建单位可根据实际情况提出验收申请或创建延期申请。延期申请经省级工作机构报中心批准后，创建期可延长 1 年。对逾期未提出任何申请的单位，取消其创建资格。

第九条 创建期工作要求：

（一）创建单位按照申请材料中审核通过的各项内容及制度有关要求，认真组织实施以下相关工作：

1. 依托现有农技推广服务体系，培养建设专门的绿色食品生产技术推广员队伍。

2. 完成对基地各级管理人员、农技推广人员、对接企业生产管理人员及基地内所有农户的绿色食品知识、技术、基地建设管理制度专项培训，培训档案完整保存。向农户发放绿色食品生产操作规程、绿色食品生产者使用手册、基地允许使用的农药清单及肥料使用准则，并指导其使用。

3. 保持和优化农业生态系统，采用农业措施和物理生物措施，防治病虫草害。

4. 在基地各生产单元的生产、生活区设置绿色食品生产技术宣传栏（形式不限），向基地内农户普及绿色食品标准和相关技术。宣传栏必须覆盖全部基地单元。

5. 组织力量建立县、乡、村、户生产管理体系，逐级落实生产管理任务，并安排基层工作人员按照生产档案管理制度要求，统一发放、指导并督促农户如实填写投入品购买、田间生产管理与投入品使用、收获、仓储、交售记录。以上各项记录应完整翔实，在产品出售后 10 日内提交基地办存档，并完整保存 5 年。

6. 在基地内积极开展示范乡（镇）、示范村和示范户建设工作，有效推进标准化生产。

7. 实行基地允许使用农业投入品公告制，在各基地单元宣传栏明示基地允许使用的农药清单及肥料使用准则。

8. 建立基地投入品专供点，指导农户按照绿色食品投入品使用要求购买及使用。专供点内须张贴基地允许使用的农药清单和肥料使用准则，并对绿色食品生产用投入品的销售进行台账登记管理。有条件的基地可以引入绿色食品生产投入品供应和使用统一托管服务，严把投入品源头使用关。

9. 县区级有关部门每年应对基地投入品销售及使用情况进行专项监督检查。基地办须将所有检查情况及问题予以记录归档留存。

10. 建立由相关部门组成的综合监督管理队伍，开展经常性综合监督检查，有关检查记录交基地办统一归档留存。有条件的单位，建立检验检测体系，定期对基地产品和环境进行检验检测。

11. 建立基地保护区。不得在基地周围 5 公里和主导风向的上风向 20 公里范围内新增污染源，防止对基地造成污染。基地内的畜禽养殖场粪水要经过无害化处理，施用的农家肥必须经高温发酵，确保无害。

12. 加强山、水、林、田、路等综合设施建设，不断改善和提高基地的生产条件和环境质量。

13. 指导对接企业按照第七条第（七）项提交的监管模式，积极参与基地生产管理、产品收购、加工与销售。

（二）依托已有绿色食品工作基础，积极支持、指导基地对接企业开展绿色食品产品申报工作。

（三）在基地试验田组织开展绿色食品生产资料、绿色防控技术等相关大田试验，收集数据比对分析，对效果良好的绿色食品生产资料和防控技术加以推广普及。

（四）严格按照创建申报的作物种类进行种植生产，如因故调整基地范围内作物种类，须向省级工作机构提交情况说明，报中心核准。

（五）每年11月底前须向省级工作机构提交创建基地年度工作总结和县级环保部门出具的基地环境现状证明材料。

（六）创建单位可自愿选择设立标识牌。标识牌须按照统一模板（见附件2）要求，规范填写基地创建单位、基地名称、范围、面积、栽培品种、主要技术措施等内容。标识牌必须标明"创建期"字样。

（七）自觉接受省级工作机构的业务指导、监督与管理。

第十条 在创建期内，对出现下列情况的创建单位，取消其创建资格：

（一）创建基地范围内环境发生变化，无法达到《绿色食品 产地环境质量》标准要求。

（二）创建基地范围内使用绿色食品禁用投入品。

（三）未按要求组织开展基地试验田试验、示范及数据分析工作。

（四）未按照创建申报的作物种类进行种植生产，且未按要求申请核准。

（五）未按时提交创建基地年度工作总结和县级环保部门出具的年度基地环境现状证明材料。

（六）标识牌上未注明"创建期"字样，或超范围标识基地范围、产品种类等。

（七）未获得绿色食品证书的创建基地产品使用绿色食品标志。创建基地产品包装上标注"全国绿色食品原料标准化生产基地"字样。

第十一条 被取消创建资格的单位，原则上两年内不再受理其创建申请。

第三章 验 收

第十二条 中心对创建基地验收工作进行统一管理。

第十三条 验收依据：

（一）《绿色食品标志管理办法》。

（二）绿色食品生产技术标准及规范。

（三）绿色食品基地管理相关制度。

（四）国家相关法律、法规及规章。

第十四条 申请验收条件：

（一）创建期满后，经自查，创建基地已建立健全包括组织管理、生产管理、投入品管理、技术服务、基础设施和环境保护、产业化经营、监管在内的七大体系，并运行良好。

（二）各类创建档案资料齐全，且管理规范。

（三）完成创建基地区域内各级管理人员、农技推广人员、对接企业工作人员和农户全员培训工作。上述人员基本掌握绿色食品技术标准和生产操作规程。

（四）创建基地区域内已有以本基地产品为原料来源获得绿色食品标志使用权的产品或已获得绿色食品标志使用权的加工企业在创建基地区域内建设了稳定的生产基地。创建基地内获得绿色食品标志使用权的产品产量所需原料量不低于基地原料总量的 15%。

（五）按时提交创建基地年度工作总结和县级环保部门出具的各年度基地环境现状证明材料。工作总结内容完整翔实，环境评价报告真实、有效反映基地范围内环境现状。

（六）基地原料产品质量符合绿色食品产品适用标准相关要求，经检测合格。

（七）创建基地试验田管理良好，发挥了绿色食品生产技术、绿色食品生产资料、绿色防控技术等示范推广作用。

第十五条 申请验收须提交的材料：

（一）《全国绿色食品原料标准化生产基地验收申请表》（见附件3）。

（二）申请之日前1年内，创建基地原料产品全项检测报告。

（三）对接企业的绿色食品产品证书复印件。

第十六条 申请验收程序：

（一）申请验收前，创建单位组织有关力量对创建期工作进行全面自查后填写《全国绿色食品原料标准化生产基地验收申请表》，并将完整的申报材料报省级工作机构审查。

（二）省级工作机构对文审合格的创建基地进行现场检查，出具报告；对文审不合格的创建基地，提出整改意见，整改期最长为3个月，整改后再行提交验收申请。逾期未提交申请者，视为自动放弃创建资格。

（三）省级工作机构将创建基地验收申报材料、现场检查报告及现场检查照片报中心。

（四）中心对相关材料进行审核，并委派专家组成验收小组对通过材料审核的创建基地进行现场核查。

（五）验收小组按照有关要求开展验收工作，提交验收现场核查报告、现场照片等材料。

（六）中心进行审议。对综合评定合格的创建基地，由中心正式批准成为全国绿色食品原料标准化生产基地，颁发证书。证书标注基地作物名称、基地规模，有效期为 5 年。同时获批基地建设单位与中心、省级工作机构签订基地建设管理协议。对综合评定未达标的创建基地，根据专家意见，分别予以延长创建期 1 年或者取消创建资格且两年内不再受理其创建申请的批复。

第四章　基地建设管理

第十七条　获得"全国绿色食品原料标准化生产基地"资格的基地须按照如下要求，认真开展基地建设管理工作：

（一）严格按绿色食品技术标准要求，强化基地七大管理体系建设，按照第九条第（一）至（三）项中包含的各项内容及有关制度要求开展基地建设工作。

（二）每年 11 月底前须向省级工作机构提交基地建设年度工作总结和县级环保部门出具的基地环境现状证明材料。

（三）基地建设单位可自愿设立基地标识牌。标识牌按照统一模板（见附件 4）要求规范填写基地建设单位、基地名称、基地范围、基地面积、栽培品种、技术措施等内容。

（四）基地作物类别、面积发生变化，须以书面形式将有关情况上报省级工作机构。省级工作机构核实后，上报中心。中心视具体情况予以批复。

（五）参与基地建设并经中心备案的对接企业，其收购、销售的原料产品包装上可以标注"全国绿色食品原料（作物名称）标准化生产基地"字样。

第十八条　对出现下列情况的基地，中心将撤销其"全国绿色食品原料标准化生产基地"资格：

（一）基地范围内环境发生变化，无法达到《绿色食品　产地环境质量》标准要求。

（二）基地范围内使用绿色食品禁用投入品。

（三）未获得绿色食品证书的基地产品使用绿色食品标志。

（四）基地范围内发生农产品质量安全事件。

（五）未按时提交基地建设年度工作总结和年度基地环境现状证明材料。

（六）基地作物类别、面积发生变化，未按要求上报。

第五章　续　　报

第十九条　基地建设单位在证书有效期满前 6 个月，自愿进行基地续报申请。

第二十条　续报申请条件：

（一）基地作物类别、面积及产地环境未发生变化或变化已报批。

（二）基地生产符合绿色食品标准要求，基地七大管理体系运行良好。

（三）有加工企业使用基地原料生产的产品获得绿色食品标志使用权，其产品产量使用基地原料量，目标性要求应达到50％。

（四）基地年度监督检查结论均为合格。

（五）基地原料产品质量检测合格。

（六）基地建设各类档案资料齐全，且管理规范。

（七）绿色食品生产资料、防控技术推广应用范围广，成效显著。

第二十一条　续报申请须提交材料：

（一）全国绿色食品原料标准化生产基地续报申请表（见附件5）。

（二）基地证书复印件。

（三）全部对接企业绿色食品产品证书复印件。

（四）申请之日前1年内基地原料产品全项检测报告。

（五）产地范围、面积、环境质量等均未发生改变，县级环保部门出具的各年度环境现状证明材料齐备，并经省级工作机构审核符合《绿色食品　产地环境质量》标准要求的，可免予环境监测；产地范围、面积、环境质量中任何一项发生变化且确需环境监测的，按有关规定实施环境补充监测，提交环境质量监测报告。

第二十二条　续报申请程序：

（一）基地证书有效期满前6个月，符合续报申请条件的基地建设单位自愿向省级工作机构提交全国绿色食品原料标准化生产基地续报申请表和有关材料。

（二）省级工作机构以第十三条为依据，在基地证书有效期满前3个月组织专家对提出续报申请的基地进行现场检查，出具现场检查报告及审查意见。

（三）基地续报审查意见为合格的，省级工作机构将续报申请材料、现场检查报告、现场检查照片及审查意见报中心。基地续报审查意见为整改的，基地建设单位必须于省级工作机构出具审查意见之日起3个月内完成整改，并将整改措施和结果报省级工作机构申请复查。省级工作机构及时组织复查并作出结论后，随上述材料一并报中心。

（四）中心对省级工作机构提交的全部材料进行审核，视具体情况选择性安排现场核查，最终根据审核结果作出评定。

（五）评定合格者继续保持"全国绿色食品原料标准化生产基地"资格，有效期5年。有效期满前6个月，自愿再行续报。有效期内，继续按照基地建设管理要求开展工作。评定不合格者，中心撤销其"全国绿色食品原料标准化生产基地"资格。

（六）基地建设单位对省级工作机构审查意见有异议的，可在省级工作机构出具审查意见之日起 15 日内，向中心提出复议申请，中心于接到复议申请 30 个工作日内作出决定。

第六章 监 管

第二十三条 省级工作机构应结合当地绿色食品质量监督检查工作安排，制定基地监管工作实施细则，对辖区内基地开展有效监管。

第二十四条 省级工作机构应采取定期年检和不定期抽检相结合的方式进行监管。基地监管工作中的抽检可与当地自行抽检产品年度计划相结合。

（一）基地年度检查

1. 年度检查是省级工作机构每年对辖区内基地七大管理体系有效运行情况实施的监督检查工作。

2. 年度检查主要检查基地产地环境、生产投入品、生产管理、质量控制、档案记录、产品预包装标签、产业化经营等方面情况。年度检查材料应当包括年度现场检查报告和全国绿色食品原料标准化生产基地监督管理综合意见表（以下简称"综合意见表"）。

3. 年度检查应当在作物（动物）生长期进行，由至少 2 名具有绿色食品检查员或监管员资质的工作人员实施。检查应当包括听取汇报、资料审查、现场检查、访问农户和产业化经营企业、总结 5 个基本环节。要求对每个工作环节进行拍照留档。

4. 检查人员在完成检查后，须向省级工作机构分管基地工作的负责人提交年度现场检查报告。年度检查报告应全面、客观地反映基地各方面情况，并随附现场检查照片。

5. 自创建期起，省级工作机构须每年对辖区内蔬菜基地产品进行监督抽检并出具报告。抽检范围须覆盖基地核准的全部种类，对基地范围内已全部开发为绿色食品产品的种类可免予本项抽检。

6. 省级工作机构根据年度检查报告（蔬菜基地包括抽检产品报告）对基地进行综合评定，并在综合意见表中签署意见。评定结论分为合格、整改和不合格 3 个等级。基地现场检查人员、省级工作机构分管基地工作的负责人分别对年度检查报告和年度综合评定结论负责。

7. 评定结论为整改的，基地建设单位必须在接到省级工作机构通知之日起 3 个月内完成整改，并将整改情况报省级工作机构申请复查。省级工作机构及时组织复查并作出结论。评定结论为不合格、超过 3 个月不提出复查申请或复查不合格的，由省级工作机构报请中心撤销其"全国绿色食品原料标准化生产基地"资格。

8. 基地建设单位对年度监督管理结论有异议的，可在接到通知之日起 15 个工作日内，向省级工作机构提出复议申请或直接向中心申请仲裁。省级工作机构应于接到复议申请 15 个工作日内作出复议结论，中心应于接到仲裁申请 30 个工作日内作出仲裁决定。不可同时申请复议和仲裁。

9. 省级工作机构应于每年年底前完成辖区内基地年度检查工作。

（二）不定期抽检

1. 省级工作机构应编制年度抽检基地产品计划，每年抽检基地数量不得低于辖区基地总量的 30%。

2. 按照计划对辖区内基地产品进行抽样检测。抽检产品的检验项目和内容不得少于中心年度抽检规定的项目和内容。

3. 基地建设单位应自觉接受监管。对拒不接受监管和抽检产品不合格的基地，由省级工作机构报中心，撤销其"全国绿色食品原料标准化生产基地"资格。

第二十五条　省级工作机构对辖区内各基地上报的基地建设年度工作总结（或创建基地年度工作总结）和年度环境现状证明材料予以审核，对发现的问题，按照第九、十、十七、十八条有关规定，视情况要求基地进行整改或上报中心。

第二十六条　省级工作机构应于每年 12 月 31 日前将辖区内基地年度监管工作总结、各基地年度现场检查报告副本、蔬菜基地抽检产品报告副本、全国绿色食品原料标准化生产基地监督管理综合意见表以及各基地上报的基地建设年度工作总结（或创建基地年度工作总结）和年度环境现状证明材料一并报中心。

第二十七条　省级工作机构应制定基地风险信息报告制度，要求基地建设单位加强日常巡查，对已发现基地环境、产品安全风险信息的，及时报告省级工作机构。

第二十八条　省级工作机构应及时收集和整理主动监测、执法监管、实验室检验、国内外机构组织通报、媒体网络报道、投诉举报以及相关部门转办等与基地环境、产品安全等内容有关的各类信息，并组织开展基地质量安全风险分析。对经核实、整理的信息提出初步处理意见，并及时向中心报告。中心接到报告后，应及时启动应急处置预案，进行风险评估和处置。

第二十九条　省级工作机构应当建立完整的基地管理工作档案。档案资料须包括基地创建材料、验收材料、续报材料、全国绿色食品原料标准化生产基地证书复印件、年度检查材料、基地抽检产品报告、基地年度工作总结、年度环境现状证明材料和风险预警材料等。

第三十条　对未按要求完成辖区内基地年检和不定期抽检工作、未按要求提交第二十六条所列材料的省级工作机构，中心暂停其辖区内下一年度基地创建申报受理工作。

第三十一条　基地暂停和注销：

（一）因不可抗拒的外力原因致使基地暂时丧失建设或续报条件的，基地建设单位应经省级工作机构向中心提出暂时停止使用"全国绿色食品原料标准化生产基地"资格的申请，暂停期间基地绿色食品原料供给资格同时暂停。待基地各方面条件恢复原有水平，经省级工作机构实地考核评价合格，并报中心批准后，再行恢复其资格。

（二）申请自动放弃基地认定资质的，经省级工作机构报中心，由中心注销其"全国绿色食品原料标准化生产基地"资格。对于期满后超过 3 个月未提交续报申请的基地，视为自动放弃。

第三十二条　中心对被撤销和注销"全国绿色食品原料标准化生产基地"资格的基地予以通报，省级工作机构负责收回有效期内证书。被撤销基地资格的单位，原则上 5 年内不再受理其创建申请。

第七章　附　　则

第三十三条　本办法适用于种植业基地。养殖业（含水产养殖）基地相关管理办法另行制定。

第三十四条　农垦系统可独立组织基地创建与管理工作，具体要求参照本办法。

第三十五条　本办法由中心负责解释。

第三十六条　本办法自公布之日起施行。原农业部绿色食品管理办公室和中国绿色食品发展中心印发的《全国绿色食品原料标准化生产基地建设与管理办法（试行）》（农绿〔2017〕14 号）同时废止。

附件：

附录 1. 全国绿色食品原料标准化生产基地创建申请表

附录 2. 全国绿色食品原料标准化生产基地（创建期）标识牌模板

附录 3. 全国绿色食品原料标准化生产基地验收申请表

附录 4. 全国绿色食品原料标准化生产基地标识牌模板

附录 5. 全国绿色食品原料标准化生产基地续报申请表

附件1

全国绿色食品原料标准化生产基地
创建申请表

申请单位（盖章）：

基　地　名　称：创建××××××××××基地

填　表　日　期：　　　年　　　月　　　日

中国绿色食品发展中心

填 写 说 明

一、本表一式两份，一份留存省级工作机构，一份报送中国绿色食品发展中心。

二、本表无盖章、签字无效。

三、本表的内容可打印或用蓝、黑钢笔或签字笔填写，语言规范准确、印章（签名）端正清晰。

四、本表所有项目应如实填写，不得空缺，未填部分应说明理由。

五、本表可从 http：//www. greenfood. agri. cn 下载，用 A4 纸打印。

六、本表由中国绿色食品发展中心负责解释。

表一 申请创建基地概况

填表日期: 年 月 日 (申请单位盖章)

基地作物名称		种植规模 (万亩)	
总产量 (基地作物名称)		种植规模 (万亩)	
总产量 (吨)		农户数 (户)	
基地轮作作物名称		总产量 (吨)	
县域耕地总面积 (万亩)		上一年度县域农业年产值 (万元)	
是否在全国优势农产品产业带		上一年度基地作物年产值 (万元)	
对接企业 (家)		企业对接面积 (万亩)	
其中: 龙头企业 (家)		其中: 龙头企业 (万亩)	
基地建设领导小组负责人		联系电话/邮箱	
基地办负责人		联系电话/邮箱	
产业化经营负责人		联系电话/邮箱	
联系地址		邮编	
基地环境质量现状描述			

（续）

县域土地利用情况和耕作模式描述	
基地开展绿色食品工作基础情况	

备注：1. 如本页不够，可附加表格。

2. 产业化经营负责人是负责基地原料产品购销业务工作的人员。

3. 绿色食品工作基础应包含管理人员、管理经验、绿色食品产品申报情况等内容，如基地产品已开发成为绿色食品，列明对接面积和获证产量。

填表人：

表二　基地生产单元概况

填表日期：　　年　月　日　（申请单位盖章）

基地单元名称 （乡、镇）	基地单元 编号	基地单元 规模（亩）	自然村数 （个）	农户数 （户）	基地单元 负责人	联系电话
合计						

备注：如本页不够，可附加表格。

填表人：

表三　基地生产概况

填表日期：　　年　　月　　日　（申请单位盖章）

作物名称		作物品种	
种植规模（万亩）		年产量（吨）	
播种（育苗）时间		收获时间	
土壤培肥方式			
主要病虫草害			
农业及生态防治方法和对象			
优势防治推广技术			

（续）

作物收获方式及预处理（筛选/分级/干燥/保鲜/其他）	
原料仓储方式及防鼠、防虫、防潮等防治有害生物的具体措施	
原料交售方式及交通运输工具的管理	
生产、收获、预处理、仓储、运输、销售各环节防止与非绿色食品生产方式作物产品混淆的具体措施	

备注：1. 如本页不够，可附加表格。

　　　2. 若有轮作、间作或套作作物，请分别填写病虫草害及其防治情况。

基地种植生产负责人：　　　　　　　　　　　　　　　　　填表人：

表四　试验示范田规划情况

填表日期：　　　年　　月　　日　（申请单位盖章）

试验田编号	辐射基地单元名称	试验田面积（亩）	负责人	联系电话

备注：如本页不够，可附加表格。

填表人：

表五 基地农药、肥料使用情况

填表日期： 年 月 日 （申请单位盖章）

	农药通用名称	防治对象			
农药使用情况					
	肥料名称	有效成分（氮/磷/钾）（%）	施用时间	施用方法	施用量（kg/亩）	全年用量（吨）
肥料使用情况						

备注：1. 如本页不够，可附加表格。

2. 相关标准见《绿色食品 农药使用准则》（NY/T 393）、《绿色食品 肥料使用准则》（NY/T 394）。

3. 若有轮作、间作或套作作物，请分别填写。

基地种植生产负责人： 填表人：

表六 对接企业名单

填表日期：　　　年　　月　　日　　（申请单位盖章）

企业名称	对接基地单元名称	对接基地单元面积（亩）	购销/加工基地原料	年使用基地原料量（吨）	企业性质	产业化对接联系人	联系电话/邮箱

备注：1. 如本页不够，可附加表格。

2. 购销/加工基地原料为对接企业对基地原料产品的处理方式，收购并销售填写"购销"，收购后加工成产品填写"加工"。

3. 产业化对接联系人为负责与基地范围外企业开展贸易对接的人员。

4. 企业性质包括以下四项，可选择其中一项或两项（A. 国家级龙头企业；B. 省级龙头企业；C. 市级龙头企业；D. 绿色食品企业）。

填表人：

附件 2

全国绿色食品原料（作物名称）标准化生产基地
（创建期）

范　　围：

面　　积：　　　　万亩

栽培品种：

技术措施：

基地创建单位：

批准创建时间：　　　　年　　月

附件 3

全国绿色食品原料标准化生产基地
验收申请表

申请单位（盖章）：

基 地 名 称：××××××××××基地（创建期）

填 表 日 期： 年 月 日

中国绿色食品发展中心

填　写　说　明

一、本表一式两份，一份留存省级工作机构，一份报送中国绿色食品发展中心。

二、本表无盖章、签字无效。

三、本表的内容可打印或用蓝、黑钢笔或签字笔填写，语言规范准确、印章（签名）端正清晰。

四、本表所有项目应如实填写，不得空缺，未填部分应说明理由。

五、本表可从 http：//www. greenfood. agri. cn 下载，用 A4 纸打印。

六、本表由中国绿色食品发展中心负责解释。

表一 申请验收基地概况

填表日期：   年   月   日 （申请单位盖章）

基地作物名称		种植规模（万亩）	
总产量（吨）		基地创建起始日期	
基地轮作作物名称		总产量（吨）	
上一年度县域农业年产值（万元）		上一年度基地作物年产值（万元）	
农户数（户）		农户总增收（万元）	
对接企业（家）		企业对接面积（万亩）	
其中：绿色食品企业数		其中：绿色食品面积	
绿色食品获证产品		绿色食品获证产量（吨）	
基地建设领导小组负责人		联系电话/邮箱	
基地办负责人		联系电话/邮箱	
产业化经营负责人		联系电话/邮箱	
联系地址		邮编	

备注：1. 如本页不够，可附加表格。

2. 产业化经营负责人是负责基地原料产品购销业务工作的人员。

3. 基地创建起始日期是农业部绿办和中心批准创建之日。

填表人：

表二 绿色食品对接企业名单

填表日期: 年 月 日 (申请单位盖章)

企业名称	对接基地单元名称	对接基地单元面积（亩）	年使用基地原料量（吨）	获证产量（吨）	获证产品比例（%）	企业性质	产业化对接联系人	联系电话/邮箱

备注：1. 如本页不够，可附加表格。

2. 获证产品比例是绿色食品获证产量占该企业产品年总产量的百分比。

3. 企业性质包括以下四项，可选择其中一项或两项（A. 国家级龙头企业；B. 省级龙头企业；C. 市级龙头企业；D. 其他）。

4. 产业化对接联系人为负责与基地范围外企业开展贸易对接的人员。

填表人：

表三　试验示范田建设情况

填表日期：　　年　　月　　日　（申请单位盖章）

试验田编号	辐射基地单元名称	试验田面积（亩）	绿色食品生资产品名称	来源企业赞助/市场购买	负责人	联系电话

备注：1. 如本页不够，可附加表格。

　　　2. 来源是生产绿色食品生资企业的名称。

填表人：

表四　申请验收基地自查报告

填表日期：　　年　月　日　（申请单位盖章）

组织管理体系运行情况	主要阐述基地领导小组、基地办及县、乡、村各级人员的综合管理工作情况。
基础设施和环保体系维护情况	主要阐述基地环境保护、可持续生产，基础设施维护和强化工作情况。

（续）

生产管理体系落实情况	主要阐述基地单元规划生产，土壤肥力保护，病虫草害防治及对农户生产管理、生产记录完善、档案管理的情况。
农业投入品管理体系运行情况	主要阐述基地农业投入品管理、销售、使用和专项监督检查的情况。

技术服务体系推广情况	主要阐述基地绿色食品生产技术推广队伍建设，绿色食品专项农技培训，绿色食品生产技术指导情况、基地试验田管理及试验示范推广应用情况。
监督管理体系工作情况	主要阐述基地综合监督管理队伍建设，相互制约的监督机制，及对基地环境、生产过程、投入品使用、产品质量、市场及生产档案等各类监督检查工作的落实情况。

（续）

产业化经营体系带动情况	主要阐述基地对接企业参与基地生产管理、产品收购、加工和销售情况及开展绿色食品申报工作情况。
基地建设自查自纠开展情况	主要阐述基地建设现阶段存在的问题和解决方案。

（空白不够，可自行增加）

附件 4

全国绿色食品原料（作物名称）
标准化生产基地

基地范围：

基地面积： 万亩

栽培品种：

技术措施：

基地建设单位：

有 效 期： 年 月 — 年 月

附件 5

全国绿色食品原料标准化生产基地
续报申请表

申请单位（盖章）：

基 地 名 称：全国绿色食品原料（作物名称）
标准化生产基地

填 表 日 期： 年 月 日

中国绿色食品发展中心

填 写 说 明

一、本表一式两份，一份留存省级工作机构，一份报送中国绿色食品发展中心。

二、本表无盖章、签字无效。

三、本表的内容可打印或用蓝、黑钢笔或签字笔填写，语言规范准确、印章（签名）端正清晰。

四、本表所有项目应如实填写，不得空缺，未填部分应说明理由。

五、本表可从 http：//www. greenfood. agri. cn 下载，用 A4 纸打印。

六、本表由中国绿色食品发展中心负责解释。

表一　申请续报基地概况

填表日期：　　年　　月　　日　（申请单位盖章）

创建日期		验收通过日期	
续报次数		基地作物名称	
种植规模（万亩）		总产量（吨）	
基地轮作作物名称		总产量（吨）	
上一年度县域农业年产值（万元）		上一年度基地作物年产值（万元）	
农户数（户）		农户总增收（万元）	
对接企业（家）		企业对接面积（万亩）	
其中：龙头企业数		其中：龙头企业面积	
绿色食品企业数		绿色食品企业面积	
绿色食品获证产品		绿色食品获证产量（吨）	
基地建设领导小组负责人		联系电话/邮箱	
基地办负责人		联系电话/邮箱	
产业化经营负责人		联系电话/邮箱	
联系地址		邮编	

备注：1. 如本页不够，可附加表格。

　　　2. 续报次数根据实际情况填写首次续报/第二次续报/第（　　）次续报等。

　　　3. 创建日期、验收通过日期以中心发文批准之日为准。

　　　4. 产业化经营负责人是负责基地原料产品购销业务工作的人员。

填表人：

表二 续报基地变化情况

填表日期： 年 月 日 （申请单位盖章）

基地领导小组成员及基地办人员是否发生变化。如变化，请提供变化后名单	
基地产品的品种是否发生变化。如变化，请提供新品种的相关资料	
种植基地环境（大气、土壤、灌溉水）是否发生变化。如变化，请提供有关环境监测材料	
基地生产总面积是否发生变化。如变化，请提供出现变化的生产单元和地块分布图并说明变化原因	

（续）

种植规程是否发生变化。如变化，请提供新的种植规程	
基地建设组织管理、基础设施和环保、生产管理、农业投入品管理、技术服务、监督管理、和产业化经营等制度是否发生变化。如变化，请提供新的管理制度及相关材料	
基地产业化对接单位是否发生变化。如变化，请列明具体增加或减少的单位名称，并提供增加的产业化对接单位与农户对接监管模式及证明材料	
基地原料产品开发为绿色食品产品情况变化（与验收或上一次续报的开发情况进行比较，并注明实际开发比例）	

填表人：

表三 续报基地生产单元概况

填表日期： 年 月 日 （申请单位盖章）

基地单元名称 （乡、镇）	基地单元 编号	基地单元 规模（亩）	自然村数 （个）	农户数 （户）	基地单元 负责人	联系电话
合计						

备注：如本页不够，可附加表格。

填表人：

表四 续报基地农药、肥料使用情况

填表日期：   年   月   日 （申请单位盖章）

	农药通用名称	防治对象			
农药使用情况					
	肥料名称	有效成分（氮/磷/钾）（％）	施用时间	施用方法	施用量（kg/亩）	全年用量（吨）
肥料使用情况						

备注：1. 如本页不够，可附加表格。

2. 本表为续报基地近1年内的农药、肥料使用情况，相关标准见《绿色食品 农药使用准则》（NY/T 393）、《绿色食品 肥料使用准则》（NY/T 394）。

3. 若有轮作、间作或套作作物，请分别填写。

基地种植生产负责人：   填表人：

表五 试验示范田建设情况

填表日期： 年 月 日 （申请单位盖章）

试验田编号	辐射基地单元名称	试验田面积（亩）	绿色食品生资产品名称	来源企业赞助/市场购买	负责人	联系电话

备注：1. 如本页不够，可附加表格。

2. 来源是生产绿色食品生资企业的名称。

填表人：

表六　绿色食品对接企业名单

填表日期：　　年　月　　日　（申请单位盖章）

企业名称	对接基地单元名称	对接基地单元面积（亩）	年使用基地原料量（吨）	获证产量（吨）	获证产品比例（％）	企业性质	产业化对接联系人	联系电话/邮箱

备注：1. 如本页不够，可附加表格。

　　　2. 获证产品比例是绿色食品获证产量占该企业产品年总产量的百分比。

　　　3. 企业性质包括以下四项，可选择其中一项或两项（A. 国家级龙头企业；B. 省级龙头企业；C. 市级龙头企业；D. 其他）。

　　　4. 产业化对接联系人为负责与基地范围外企业开展贸易对接的人员。

填表人：

表七 对接企业名单

填表日期： 年 月 日 （申请单位盖章）

企 业 名 称	对接基地单元名称	对接基地单元面积（亩）	购销/加工基地原料	年使用基地原料量（吨）	企业性质	产业化对接联系人	联系电话/邮箱

备注：1. 本表填写非绿色食品对接企业信息。如本页不够，可附加表格。

2. 购销/加工基地原料为对接企业对基地原料产品的处理方式，收购并销售填写"购销"，收购后加工成产品填写"加工"。

3. 企业性质包括以下四项，可选择其中一项或两项（A. 国家级龙头企业；B. 省级龙头企业；C. 市级龙头企业；D. 其他）。

4. 产业化对接联系人为负责与基地范围外企业开展贸易对接的人员。

填表人：

全国有机农产品基地管理办法（试行）

中绿基〔2020〕147 号

第一章 总 则

第一条 为推动有机农业高质量发展，发挥有机农产品基地在农业绿色发展中的带动作用，助推乡村产业振兴，结合我国有机农产品发展实际，制定本办法。

第二条 有机农产品基地（以下简称"基地"）是指取得有机产品认证，达到一定规模，具有示范带动作用，并经中国绿色食品发展中心（以下简称"中心"）批准的有机农产品生产区域。

第三条 基地申报主体。县级（市、区，林区，垦区）农业农村管理部门为申报单位。申报的基地可为单一品种或多个品种综合基地。

第四条 基地建设与管理。中心负责基地的审核认定、监管督导；省级绿色食品工作机构负责辖区内基地建设发展、申报受理、现场检查、审查推荐、监督管理等工作，并指导地县级绿色食品管理机构做好基地技术培训，组织基地建设的具体实施工作。

第二章 申报要求与条件

第五条 基地申报要求

（一）特色农业产业优势明显。资源特色鲜明、产业规模适度、绿色生态发展，拥有较好产业基础和相对完善的产业链条。

（二）市场培育和品牌建设有力。产品品质优良，拥有一定影响力的农产品区域公用品牌或知名度高、美誉度好、影响力广的产品品牌。

（三）推进措施有效。地方政府重视有机农产品基地发展，在产业扶持政策方面措施有力。

（四）引领产业高质量发展。在农业绿色发展和乡村产业振兴中引领示范作用明显，对特色产业高质量发展具有较强的带动作用。

第六条 基地申报应具备以下条件：

（一）基地产品全部由纳入绿色食品工作机构监管的认证机构认证为有机产品。

（二）取得有机产品认证的产品纳入绿色食品工作机构监管范围。

（三）县域范围内基地同类产品三年内没有发生质量安全事故。

（四）基地产品生产主体连续三年总资产、销售收入和利润等主要经济指标稳定增长。

（五）基地产品相对集中连片，具有一定规模。

（六）基地品种规模指导性标准为：

种　植	地块面积（亩）
大宗作物（粮食作物、豆类等）	≥5 000
水果	≥2 000
蔬菜	≥1 000
设施栽培	≥500
茶叶	≥2 000
其他作物	≥2 000
多品种复合种植	≥2 000
野生资源采集	≥10 000

畜禽养殖	养殖量（头/只）
生猪（年出栏量）	≥4 000
肉用禽（年出栏量）	≥20 000
肉牛（年出栏量）	≥2 000
羊（年出栏量）	≥10 000
奶牛（存栏量）	≥3 000
蛋禽（存栏量）	≥10 000

放牧养殖	地块面积（亩）
天然草场	≥30 000

水产养殖或捕捞	水域面积（亩）
开放水体	≥15 000
非开放水体	≥1 000

（七）省级绿色食品工作机构可根据当地主要特色产业实际情况，适当调整基地品种规模，最低不得低于指导性标准的 50%。

第三章　申报考核程序

第七条　对符合要求和条件的有机农产品基地，经县级人民政府同意并经地级绿色食品管理机构批准后向省级绿色食品工作机构提出申请，并提交申报材料。

第八条　申报材料

（一）全国有机农产品基地申请表（见附件 1）。

（二）基地建设情况报告（见附件 2）。

（三）基地有机产品认证证书复印件。

（四）基地区域位置图：

1. 种植基地提供生产单元分布图；

2. 加工基地提供加工厂区平面图及车间设备位置图；

3. 养殖基地提供养殖区域分布图；

4. 野生采集基地提供采集区域分布图；

5. 天然牧场位置图和区域分布图。

第九条　初审。省级绿色食品工作机构负责对有机农产品基地申报材料进行审查，开展实地核查，出具现场检查和审核报告，并将申报材料和审核报告报送中心（见附件 3）。

第十条　复审。中心对各省报送的申请材料进行审核。必要时，中心对部分基地直接进行现场核查。

第十一条　公告。经中心复审合格的基地，认定为"全国有机农产品（＊＊产品）基地"，并予以公告。

第四章　监督管理

第十二条　纳入绿色食品工作机构监管的认证机构，承担基地内有机产品的监督管理，按规定实施年度检查和产品抽检。年度检查报告抄送中心和省级绿色食品工作机构。

第十三条　地县级绿色食品管理机构应当加强基地监督管理工作，定期对基地进行监督检查和抽查。

第十四条　各省级绿色食品工作机构对辖区内基地进行动态监管，并及时向中心报送基地变更情况。

第十五条　有下列情况之一的，经省级绿色食品工作机构核实后，由中心撤销其"全国有机农产品基地"认定资质：

（一）基地有机产品证书被撤销或注销的。

（二）基地有机产品年度检查或抽检不合格的。

（三）基地年度检查存在问题逾期不改或整改不合格的。

（四）基地内存在未通过有机认证的产品使用有机产品标志情形的。

（五）在申报、监督过程中弄虚作假的。

第五章　附　　则

第十六条　本办法由中心负责解释。

第十七条　本办法自发布之日起实施。原农业部绿色食品管理办公室 2010 年 7 月 26 日印发的《有机农业示范基地创建与管理办法（试行)》（农绿〔2010〕8 号）同时废止。

附件：

附录 1. 全国有机农产品基地申请表

附录 2. 基地建设情况报告

附录 3. 全国有机农产品基地现场检查及审核报告

附件 1

全国有机农产品基地申请表

申报单位			
工作联系人姓名		联系电话	
基地详细地址			
邮政编码		邮件地址	
申报单位	负责人签字： （公章） 年　月　日		
县政府意见	负责人签字： （公章） 年　月　日		

附件 2

基地建设情况报告
（申报单位填写）

（一）基地有机认证情况：

有机产品生产主体情况。基地有机农产品生产与认证情况。

	基地有机产品生产企业名称	有机产品	面积（亩）	产量（吨）
1				
2				
3				
4				
5				
6				
……				
	合计			

（二）基地发展情况：

1. 产业发展、品牌建设、生产发展规划等情况。

2. 农产品质量安全和带动高质量发展等情况。

3. 推进基地建设的组织机构、扶持措施和管理措施等情况。

（续）

（可另附页）

地市级绿色食品管理部门审核意见	
	负责人签字：　　　　　　　　　　　　　　（公章） 　　　　　　　　　　　　　　　　年　月　日

附件 3

全国有机农产品基地现场检查及审核报告
（省绿办现场检查及审核填写）

受检基地单位	
现场检查及审查情况：	
现场检查意见	检查人签字： 年　　月　　日
省绿办审核意见	绿办负责人签字： （公章） 年　　月　　日

全国绿色食品（有机农业）
一二三产业融合发展园区建设办法

中绿基〔2020〕148 号

第一章　总　　则

第一条　为进一步拓展绿色食品（有机农业）产业功能，延长绿色食品（有机农业）产业链条，培育绿色食品和有机农产品产业新业态，在农业绿色发展和农业高质量发展中发挥示范作用，助推乡村产业振兴，特制定全国绿色食品（有机农业）一二三产业融合发展园区建设办法。

第二条　全国绿色食品（有机农业）一二三产业融合发展园区（以下简称"园区"）是指以绿色食品或有机农业生产为基础，与生产加工、休闲消费、商务流通等有机整合、紧密相连、协同发展，具有一定规模、管理规范、运营良好、效益显著、示范带动性强，并经中国绿色食品发展中心（以下简称"中心"）予以认定的产业园区。

第三条　园区由建设单位自愿申报。县级（市、区，林区，垦区）农业农村管理部门推荐。省级绿色食品工作机构（以下简称"省级工作机构"）负责园区的申请受理、现场检查及材料核验等工作，并指导地县级绿色食品管理机构开展园区监督管理。中心负责园区的审定工作。

第四条　园区基于绿色食品或有机农业生产，分别认定为"全国绿色食品一二三产业融合发展园区"或"全国有机农业一二三产业融合发展园区"。园区审核及认定工作原则上每年进行一次。

第二章　申报条件与认定

第五条　园区申报单位必须具备以下条件：

（一）具有独立法人资格或由多个独立法人组成的联合体，具备以农业农村为基础，通过要素、制度和技术创新，将绿色食品（有机农业）种植、养殖或加工延伸拓展至科技、电商、消费、休闲、旅游、物流、金融、培训等方面，把生产、加工、流通和消费联系起来，形成一二三产业融合发展。

（二）拥有长期稳定的土地经营权（不少于 20 年），拟申报园区辖区内土地使用符合国家法律法规和政策规定。

（三）园区内产业化生产并出售的产品应全部获得绿色食品标志使用权或取得有机产品认证，并规范用标。

（四）园区内有机产品认证必须由纳入绿色食品工作机构监管的认证机构完成，所有获证产品已纳入绿色食品工作机构监管范围。

（五）园区种植（或养殖）、加工、服务、功能拓展等区域布局合理，集中连片，具有一定规模。以种植为基础的园区面积，原则上绿色食品不低于 2 000 亩，有机农产品不低于 1 000 亩。以养殖为基础的园区可酌情降低面积要求。

（六）严格落实绿色食品或有机农产品生产操作规程，园区种植、养殖、加工生产记录完整有效，具备质量安全检查能力并定期开展自查工作，绿色食品或有机产品年度检查及产品抽检合格率达 100%。

（七）经营管理规范，遵纪守法，制度完善，近三年内没有发生安全生产事故和质量安全事故；连续三年总资产、销售收入和利润等主要经济指标稳定增长；上一年度总产值达 2 000 万元以上，吸纳农村劳动力占职工总数的 60% 以上。

（八）拟申报园区应充分发挥绿色食品（有机农业）生态环境条件好、品牌影响力大、产业特色鲜明、经营主体实力强的优势，突出特色产业文化和绿色食品（有机农业）文化，具有教育、示范功能。应着力展示绿色食品标志形象或有机产品认证形象，形成主题鲜明的绿色食品或有机农业文化氛围。服务区及功能拓展区须具备绿色食品（有机农业）理念、制度、标准、标志等科普知识的宣传展示与体验设施。

（九）园区内从业人员应加强绿色食品或有机农业知识培训，熟知绿色食品或有机农业发展理念、相关技术标准、生产操作规程。

第六条 园区申报认定程序

（一）园区申报由县级（市、区，林区，垦区）农业农村管理部门推荐，经县级政府同意并经地县级绿色食品管理机构审核后向省级工作机构提交下列材料：

1. 全国绿色食品（有机农业）一二三产业融合发展园区申请表（见附件 1）；

2. 企业营业执照、绿色食品或有机产品证书等复印件；

3. 园区情况表（见附件 2）；

4. 申报单位三年经营状况报告，随附同时段资产负债表和损溢表；

5. 园区管理规范及企业生产、服务和员工培训等相关管理制度；

6. 园区内绿色食品（有机农业）发展理念与品牌文化宣传方案；

7. 园区地图、园区环境及配套设施照片。

（二）省级工作机构负责申报材料的核验并负责园区的现场检查。省级工作机构在现场检查合格的基础上出具核验意见，随申报材料一并上报中心（见附件3）。

（三）中心在收到申请材料和省级工作机构核验意见后组织开展审定工作，根据情况可安排现场检查，核实相关情况。

（四）经中心审定合格后，认定为"全国绿色食品一二三产业融合发展园区"或"全国有机农业一二三产业融合发展园区"，并予以通报。

第三章 监督管理

第七条 获得认定的园区建设单位要健全和落实各项规章制度，加强管理与服务，确保园区安全有效运营。严格按照绿色食品或有机产品标准进行生产，确保产品质量。地县级绿色食品管理部门要加强对园区运营工作的日常指导与监督管理。

第八条 省级工作机构于每年1月31日前将本省园区上一年度总结材料汇总上报中心。依据本办法第五条，省级工作机构每3年对园区运营情况进行一次现场检查，并于年底前向中心上报园区监管核查表（见附件4）。

第九条 中心对园区运营情况不定期进行抽查。

第十条 出现下列问题之一的园区，由中心撤销其全国绿色食品一二三产业融合发展园区或全国有机农业一二三产业融合发展园区认定资质：

（一）产品质量抽检不合格，被取消绿色食品标志使用权或被取消有机产品认证证书；

（二）园区企业绿色食品标志使用权或有机产品认证到期未进行续展；

（三）园区从事违法经营活动被当地政府相关部门依法处罚并被责令停业整顿；

（四）园区因经营不善或其他原因导致停业或注销；

（五）园区申请自动放弃认定资质。

第四章 附 则

第十一条 本办法由中国绿色食品发展中心负责解释。

第十二条 本办法自发布之日起实施。原农业部绿色食品管理办公室和中国绿色食品发展中心印发的《全国绿色食品一二三产业融合发展示范园建设试点办法》（农绿

〔2016〕26 号）同时废止。

附件：

附件 1. 全国绿色食品（有机农业）一二三产业融合发展园区申请表

附件 2. 全国绿色食品（有机农业）一二三产业融合发展园区情况表

附件 3. 全国绿色食品（有机农业）一二三产业融合发展园区现场检查及审核意见表

附件 4. 全国绿色食品（有机农业）一二三产业融合发展园区监管核查表

附件 1

全国绿色食品（有机农业）
一二三产业融合发展园区申请表

申报单位名称			
法人代表		联系电话	
申报单位地址			
邮编		E-mail	
园区名称			
园区所在地址			
园区负责人		联系电话	
邮编		E-mail	
申报单位	负责人签字： （公章） 年　月　日		
县级农业农村主管部门推荐意见	负责人签字： （公章） 年　月　日		
县政府意见	负责人签字： （公章） 年　月　日		

附件 2

全国绿色食品（有机农业）
一二三产业融合发展园区情况表

（申请单位填写、地级绿色食品管理部门审核）

总面积（亩）：		其中：种植（或养殖）　亩、产品加工车间　亩、三产区域　亩	
种植或养殖业 （一产）	产品名称	□（有效使用绿色食品标志　年） □（有效使用有机食品标志　年）	
	总产量（吨）		
产品加工 （二产）	产品名称	□（有效使用绿色食品标志　年） □（有效使用有机食品标志　年）	
	总产量（吨）		
产业拓展 （三产）	融合形式 及发展和 效益情况		
上一年度总产值（万元）：		其中：一产　万元、二产　　万元、三产　　万元	
园区一二三产业获得县级 以上荣誉情况			
园区内部绿色食品或有机 农业知识、技术规范培训 情况			
园区示范带动效应（促进 农业增效、农民增收等方面） 情况			
园区情况介绍（须包含本 办法第五条所列内容）		（可另附页）	
地级绿色食品管理部门审 核意见		负责人签字：　　　　　　　　　　　　　　　（公章） 　　　　　　　　　　　　　　　　　年　月　日	

附件3

全国绿色食品（有机农业）
一二三产业融合发展园区现场检查及审核意见表

（省级工作机构现场检查及审核填写）

受检园区名称	
现场检查情况：	
	（可另附页）
现场检查意见	检查人员签字： 年　月　日
省级工作机构 意见	负责人签字： （公章） 年　月　日

附件 4

全国绿色食品（有机农业）
一二三产业融合发展园区监管核查表

（省级工作机构填写）

核查时间： 年 月

园区名称	
园区发展及 核查情况	
	核查人签字： 年 月 日

（续）

省级工作机构 审核意见	负责人签字： （公章） 年　　月　　日

第七篇

绿 色 生 资

绿色食品生产资料标志管理办法

第一章 总 则

第一条 为了加强绿色食品生产资料（以下简称"绿色生资"）标志管理，保障绿色生资的质量，促进绿色食品事业发展，依据《中华人民共和国商标法》《农产品质量安全法》《绿色食品标志管理办法》等相关规定，制定本办法。

第二条 本办法中所称绿色生资，是指获得国家法定部门许可、登记，符合绿色食品生产要求以及本办法规定，经中国绿色食品协会（以下简称"协会"）审核，许可使用特定绿色生资标志的生产投入品。

第三条 绿色生资标志是在国家商标局注册的证明商标，协会是绿色生资商标的注册人，其专用权受《中华人民共和国商标法》保护。

第四条 绿色生资标志用以标识和证明适用于绿色食品生产的生产资料。

第五条 绿色生资管理实行证明商标使用许可制度。协会按照本办法规定对符合条件的生产资料企业及其产品实施标志使用许可。未经协会审核许可，任何单位和个人无权使用绿色生资标志。

第六条 绿色生资标志使用许可的范围包括：肥料、农药、饲料及饲料添加剂、兽药、食品添加剂，以及其他与绿色食品生产相关的生产投入品。

第七条 协会负责制定绿色生资标志使用管理规则，组织开展标志使用许可的审核、颁证和证后监督等管理工作。省级绿色食品工作机构（以下简称"省级工作机构"）负责受理所辖区域内使用绿色生资标志的申请、现场检查、材料审核和监督管理工作。

第八条 各级绿色食品工作机构应积极组织开展绿色生资推广、应用与服务工作，鼓励和引导绿色食品企业和绿色食品原料标准化生产基地优先使用绿色生资。

第二章 标志许可

第九条 凡具有法人资格，并获得相关行政许可的生产资料企业，可作为绿色生资标志使用的申请人。申请人应当具备以下资质条件：

（一）能够独立承担民事责任。

（二）具有稳定的生产场所及厂房设备等必要的生产条件，或依法委托其他企业生产绿色生资申请产品。

（三）具有绿色生资生产的环境条件和技术条件。

（四）具有完善的质量管理体系，并至少稳定运营一年。

（五）具有与生产规模相适应的生产技术人员和质量控制人员。

第十条　申请使用绿色生资标志的产品（以下简称"用标产品"）必须同时符合下列条件：

（一）经国家法定部门许可。

（二）质量符合企业明示的执行标准（包括相关的国家、行业、地方标准及备案的企业标准），符合绿色食品投入品使用准则，不造成使用对象产生和积累有害物质，不影响人体健康。

（三）有利于保护或促进使用对象的生长，或有利于保护或提高使用对象的品质。

（四）在合理使用的条件下，对生态环境无不良影响。

（五）非转基因产品和以非转基因原料加工的产品。

第十一条　申请和审核程序：

（一）申请人向省级工作机构提出申请，并提交《绿色食品生产资料标志使用申请书》及相关证明材料（一式两份）。有关申请表格可通过协会网站（www. greenfood. agri. cn/lsspxhpd）或中国绿色食品网（www. greenfood. agri. cn）下载。

（二）省级工作机构在 15 个工作日内完成对申请材料的初审。初审符合要求的，组织至少 2 名有资质的绿色生资管理员在 30 个工作日内对申请用标企业及产品的原料来源、投入品使用和质量管理体系等进行现场检查，并提出初审意见。初审合格的，将初审意见及申请材料报送协会。初审和现场检查不符合要求的，作出整改或暂停审核决定。

省级工作机构应当对初审结果负责。

（三）协会在 20 个工作日内完成对省级工作机构提交的初审合格材料和现场检查情况的复审。在复审过程中，协会可根据有关生产资料行业风险预警情况，委托省级工作机构和具有法定资质的监测机构对申请用标产品组织开展常规检项之外的专项检测，检测费用由申请使用绿色生资标志的企业（以下简称"申请用标企业"）承担。必要时，协会可进行现场核查。

（四）复审合格的，协会组织绿色生资专家评审委员会在 15 个工作日内完成对申请用标产品的评审。复审不合格的，协会在 10 个工作日内书面通知申请用标企业，并说明理由。

（五）协会依据绿色生资专家评审委员会的评审意见，在 15 个工作日内作出审核结论。

第十二条 审核结论合格的，申请用标企业与协会签订《绿色食品生产资料标志商标使用许可合同》（以下简称《合同》）。审核结论不合格的，协会在 10 个工作日内书面通知申请企业，并说明理由。

第十三条 按照《合同》约定，申请用标企业须向协会分别缴纳绿色生资标志使用许可审核费和管理费。

第十四条 完成上述事项后，由协会颁发《绿色食品生产资料标志使用证》（以下简称《使用证》）。

第十五条 协会对获得绿色生资标志使用许可的产品（以下简称"获证产品"）予以公告。公告内容包括：企业名称、获证产品名称、编号、商标、核准产量和标志使用有效期等内容。

第十六条 初审、现场检查和综合审核中任何一项不合格者，本年度不再受理其申请。

第三章　标志使用

第十七条 获证产品必须在其包装上使用绿色生资标志和绿色生资产品编号。具体使用式样参照《绿色食品生产资料证明商标设计使用规范》执行。

第十八条 绿色生资标志产品编号形式及含义如下：

LSSZ———××———××　　　××　　　××　　　××××

绿色生资　产品类别　核准年份　核准月份　省份（国别）　产品序号

省份代码按全国行政区划的序号编码；国外产品，从 51 号开始，以各国第一个产品获证的先后为序依次编码。

产品编号在绿色生资标志连续许可使用期间不变。

第十九条 获得绿色生资标志许可使用的企业（以下简称"获证企业"）可在其获证产品的包装、标签、说明书、广告上使用绿色生资标志及产品编号。标志和产品编号使用范围仅限于核准使用的产品和数量，不得擅自扩大使用范围，不得将绿色生资标志及产品编号转让或许可他人使用，不得进行导致他人产生误解的宣传。

第二十条 获证产品的包装标签必须符合国家相关标准和规定。

第二十一条 绿色生资标志许可使用权自核准之日起三年内有效，到期愿意继续使用的，须在有效期满前 90 天提出续展申请。逾期视为放弃续展，不得继续使用绿色生资标志。

第二十二条 《使用证》所载产品名称、商标名称、单位名称和核准产量等内容发生变化，获证企业应及时向协会申请办理变更手续。

第二十三条 获证企业如丧失绿色生资生产条件，应在一个月内向协会报告，办理停止使用绿色生资标志的有关手续。

第四章 监督管理

第二十四条 协会负责组织绿色生资产品质量抽检，指导省级工作机构开展企业年度检查和标志使用监察等监管工作。

第二十五条 省级工作机构按照属地管理原则，负责本地区的绿色生资企业年度检查、标志使用监察和产品质量监督管理工作，定期对所辖区域内获证的企业和产品质量、标志使用等情况进行监督检查。

第二十六条 获证企业有下列情况之一的，由省级工作机构作出整改决定：

（一）获证产品未按规定使用绿色生资标志、产品编号的。

（二）获证产品的产量（指实际销售量）超过核准产量的。

（三）违反《合同》有关约定的。

整改期限为一个月，整改合格的，准予继续使用绿色生资标志；整改不合格的，由省级工作机构报请协会取消相关产品绿色生资标志使用权。

第二十七条 对发生下列情况之一的获证企业，由协会对其作出取消绿色生资标志使用权的决定，并予以公告：

（一）许可使用绿色生资标志产品不能持续符合绿色生资技术规范要求的。

（二）违规添加绿色生资禁用品的。

（三）擅自全部或部分采用未经协会核准的原料或擅自改变产品配方的。

（四）未在规定期限内整改合格的。

（五）丧失有关法定资质的。

（六）将绿色生资标志用于其他未经核准的产品或擅自转让、许可他人使用的。

（七）违反《合同》有关约定的。

第二十八条 获证企业自动放弃或被取消绿色生资标志使用权后，由协会收回其《使用证》。

第二十九条 获证企业应当严格遵守绿色生资标志许可条件和监管制度，建立健全质量控制追溯体系，对其生产和销售的获证产品的质量负责。

第三十条 任何单位和个人不得伪造、冒用、转让、买卖绿色生资标志和《使用证》。

第三十一条 从事绿色生资标志管理的工作人员应严格依据绿色生资许可条件和管理制度，客观、公正、规范地开展工作。凡因未履行职责导致发生重大质量安全事件的，依据国家相关规定追究其相应的责任。

第五章　附　　则

第三十二条 协会依据本办法制定相应实施细则。

第三十三条 境外企业及其产品申请绿色生资标志使用许可的有关办法，由协会另行制定。

第三十四条 本办法由协会负责解释。

第三十五条 本办法自 2019 年 8 月 26 日起施行，原《绿色食品生产资料标志管理办法》及其实施细则同时废止。

附图：

绿色食品生产资料标志

绿色食品生产资料标志含义：绿色外圆，代表安全、有效、环保，象征绿色生资保障绿色食品产品质量、保护农业生态环境的理念；中间向上的三片绿叶，代表绿色食品种植业、养殖业、加工业，象征绿色食品产业蓬勃发展；基部橘黄色实心圆点为图标的核心，代表绿色食品生产资料，象征绿色食品发展的物质技术条件。

绿色食品生产资料标志管理办法
实施细则（肥料）

第一章 总 则

第一条 根据《绿色食品生产资料标志管理办法》（以下简称《管理办法》），制定本细则。

第二条 本细则适用于申请使用绿色食品生产资料标志（以下简称"绿色生资标志"）的肥料产品，包括有机肥料、微生物肥料、有机无机复混肥料、微量元素水溶肥料、含腐殖酸水溶肥料、含氨基酸水溶肥料、中量元素肥料、土壤调理剂，以及农业农村部登记管理的、适用于绿色食品生产的其他肥料。

第二章 标志许可

第三条 申请使用绿色生资标志的肥料产品必须具备下列条件：

（一）企业在农业农村部或农业农村部授权的有关单位办理备案登记手续，取得《肥料登记证》，并在有效期内。

（二）产品符合《绿色食品 肥料使用准则》（NY/T 394）的要求。

第四条 申请人应向省级绿色食品工作机构（以下简称"省级工作机构"）提交下列材料（一式两份），并附目录，按顺序装订：

（一）《绿色食品生产资料标志使用申请书》。

（二）企业营业执照复印件。

（三）产品《肥料登记证》复印件。

（四）委托其他企业加工的，应当提供委托加工合同（协议）、委托加工质量管理制度复印件。

（五）产品毒理试验报告复印件。

（六）产品添加微生物成分的，应提供使用的微生物种类（拉丁种名、属名）及具有法定资质的检测机构出具的菌种安全鉴定报告复印件。已获农业农村部登记的微生物肥料所用菌种可免于提供。

（七）县级以上环保行政主管部门出具的环保合格证明或竣工环保验收意见或环境质量监测报告复印件。

（八）所有外购原料的购买合同及发票（收据）复印件。

（九）产品执行标准复印件，系列产品应有相应的备案后的企业标准。

（十）具备法定资质的第三方质量监测机构出具的一年内的产品质量检验报告复印件，产品质量检验报告应根据执行标准进行全项检测，且应包含杂质（主要重金属）限量和卫生指标（粪大肠菌群数、蛔虫卵死亡率）。

（十一）产品商标注册证复印件（包括续展证明、商标转让证明、商标使用许可证明等）。

（十二）含有绿色生资标志的包装标签及使用说明书的彩色设计样张。

（十三）绿色生资与非绿色生资生产全过程（从原料到成品）区分管理制度。如申请人生产的所有产品均申请绿色生资，应予以说明，可免于提交。

（十四）其他需提交的材料。

第五条 同类产品中，产品的成分、配比、名称等不同的，按不同产品分别申报。

第六条 审核程序如下：

（一）省级工作机构收到申请材料后，15个工作日内完成初审工作。初审内容包括：

1. 材料审查

（1）申报产品是否符合第三条规定的条件；

（2）申请材料是否齐全、规范；

（3）同类产品中的不同产品是否按第五条的规定分别申报；

（4）产品有效成分及其他成分是否明确、安全，有效成分及杂质等含量是否符合绿色生资的要求。

材料不齐备的，企业应于10个工作日内补齐。

2. 现场检查

初审符合要求的，省级工作机构组织绿色生资管理员在30个工作日内对申请用标企业及产品的原料来源、投入品使用和质量管理体系等进行现场检查，并填写《企业检查表》。现场检查应安排在申报产品生产加工时段进行，由至少2名有资质的绿色生资管理员共同完成。文审和现场检查不符合要求的，作出整改或暂停审核决定。

（二）文审和现场检查合格的，由省级工作机构组织签署意见，将一份申请材料和《企业检查表》一并报送中国绿色食品协会（以下简称"协会"），同时进行存档。

（三）协会收到初审材料后，在 20 个工作日内完成复审。

1. 企业需补充材料的，应在 20 个工作日内，按审核通知单要求将申报材料补齐。

2. 需加检的产品，由省级工作机构负责抽样、送检。

3. 必要时，协会可派人赴企业检查，复审时限可相应延长。

（四）复审合格的，协会组织绿色生资专家评审委员会在 15 个工作日内完成对申请用标产品的评审。复审不合格的，协会在 10 个工作日内书面通知申请企业，并说明理由。

（五）协会依据绿色生资专家评审委员会的评审意见，在 15 个工作日内作出审核结论。

第七条　审核合格的，申请用标企业与协会签订《绿色食品生产资料标志商标使用许可合同》（以下简称《合同》）。

第八条　按照《合同》约定，申请用标企业须向协会缴纳绿色生资标志许可审核费和管理费。

第九条　完成上述事项后，由协会颁发《绿色食品生产资料标志使用证》（以下简称《使用证》），并对获得绿色生资标志使用许可的产品（以下简称"获证产品"）予以公告。

第三章　标志使用

第十条　绿色生资肥料产品的类别编号为"01"，编号形式如下：

LSSZ ——— 01 ——— ×× 　　×× 　　×× 　　××××

绿色生资　产品类别　核准年份　核准月份　省份（国别）　当年序列号

第十一条　获证产品的包装标签必须符合国家相关标准和规定，标明适用作物的种类，并按《绿色食品生产资料证明商标设计使用规范》要求，正确使用绿色生资标志。

第四章　监督管理

第十二条　协会负责组织绿色生资产品质量抽检，指导省级工作机构定期对获得绿色生资标志使用许可的企业（以下简称"获证企业"）进行监督管理，实施年度检查和标志使用监察等工作。

第十三条　企业年度检查由省级工作机构对获证企业进行现场检查，内容包括：

（一）生产过程及生产车间、产品质量检验室、库房等相关场所。

（二）生产厂区的环境及环保变化状况。

（三）企业各项管理制度执行情况及变化。

（四）查阅有关档案材料及票据，包括不同批次产品的原料配比及投料单、原料和产品的出入库凭证。

（五）规范用标情况。

（六）产品销售、使用效果及安全信息反馈情况。

第十四条 绿色生资产品质量监督抽检计划由协会制定，并下达有关质量监测机构和省级工作机构，产品抽样工作由省级工作机构协助监测机构完成。监测机构将检验报告分别提交协会、省级工作机构和有关获证企业。

检测结果关键项目一项不合格的，取消绿色生资标志使用权；非关键项目不合格的，限期整改。获证企业对检测结果有异议的，可以提出复检要求，复检费用自付。

第十五条 获证产品的《肥料登记证》被吊销，绿色生资标志许可也随之失效。

第十六条 当获证企业发生《管理办法》第二十五条中所列问题时，由省级工作机构作出整改决定。整改期限为一个月，整改合格的，准予继续使用绿色生资标志；整改不合格的，由省级工作机构报请协会，并由协会取消相关产品绿色生资标志使用权。

第十七条 当获证企业发生《管理办法》第二十六条中所列问题时，由协会作出取消绿色生资标志使用权的决定，并予以公告。

第五章 附 则

第十八条 本细则由协会负责解释。

第十九条 本细则自颁布之日起施行。

绿色食品生产资料标志管理办法
实施细则（农药）

第一章　总　　则

第一条　根据《绿色食品生产资料标志管理办法》（以下简称《管理办法》），制定本细则。

第二条　本细则适用于申请使用绿色食品生产资料标志（以下简称"绿色生资标志"）的农药产品，包括低毒的生物农药、矿物源农药及部分低毒、低残留有机合成农药等符合《绿色食品　农药使用准则》（NY/T 393）的农药产品。

第二章　标志许可

第三条　申请使用绿色生资标志的农药产品必须具备下列条件：

（一）企业在农业农村部办理检验登记手续，获得《农药登记证》，并在有效期内。

（二）产品符合《绿色食品　农药使用准则》（NY/T 393）的要求。

第四条　申请人应向省级绿色食品工作机构（以下简称"省级工作机构"）提交下列材料（一式两份），并附目录，按顺序装订：

（一）《绿色食品生产资料标志使用申请书》。

（二）企业营业执照复印件。

（三）《农药生产许可证》复印件。

（四）委托其他企业加工的，应当提供委托加工合同（协议）、委托加工质量管理制度、受托方的《农药生产许可证》复印件。

（五）《农药登记证》复印件。

（六）所使用原药的《生产许可证》复印件。

（七）所使用原药的《农药登记证》复印件。

（八）县级以上环保行政主管部门出具的环保合格证明或竣工环保验收意见或环境质量监测报告复印件。

（九）所有外购原药和助剂的购买合同及发票（收据）复印件。

（十）产品执行标准复印件，系列产品应有相应的备案后的企业标准。

（十一）具备法定资质的第三方质量监测机构出具的一年内的产品质量检验报告复印件，产品质量检验报告应根据执行标准进行全项检测。

（十二）产品商标注册证复印件（包括续展证明、商标转让证明、商标使用许可证明等）。

（十三）含有绿色生资标志的包装标签及使用说明书的彩色设计样张。

（十四）同类不同剂型产品中，绿色生资与非绿色生资生产全过程（从原料到成品）区分管理制度。如申请人生产的所有产品均申请绿色生资，应予以说明，可免于提交。

（十五）田间药效试验报告、毒理等试验报告、农药残留试验报告和环境影响试验报告的摘要资料。若无，应说明理由。

（十六）其他需提交的材料。

第五条　名称、有效成分含量或配比、剂型等不同的，按不同产品分别申报。

第六条　审核程序如下：

（一）省级工作机构收到申请材料后，15 个工作日内完成初审工作。初审内容包括：

1. 材料审查

（1）申报产品是否符合第三条规定的条件；

（2）申请材料是否齐全、规范；

（3）同类产品中的不同产品是否按第五条的规定分别申报；

（4）产品成分是否明确、完全，是否混配；有效成分及其他成分含量是否符合相关标准及绿色生资的要求；剂型是否标明。

材料不齐备的，企业应于 10 个工作日内补齐。

2. 现场检查

初审符合要求的，省级工作机构组织绿色生资管理员在 30 个工作日内对申请用标企业及产品的原料来源、投入品使用和质量管理体系等进行现场检查，并填写《企业检查表》。现场检查应安排在申报产品生产加工时段进行，由至少 2 名有资质的绿色生资管理员共同完成。文审和现场检查不符合要求的，作出整改或暂停审核决定。

（二）文审和现场检查合格的，由省级工作机构组织签署意见，将一份申请材料和《企业检查表》一并报送中国绿色食品协会（以下简称"协会"），同时进行存档。

（三）协会收到初审材料后，在 20 个工作日内完成复审。

1. 企业需补充材料的，应在 20 个工作日内，按审核通知单要求将申报材料补齐。

2. 需加检的产品，由省级工作机构负责抽样、送检。

3. 必要时，协会可派人赴企业检查，复审时限可相应延长。

（四）复审合格的，协会组织绿色生资专家评审委员会在 15 个工作日内完成对申请用标产品的评审。复审不合格的，协会在 10 个工作日内书面通知申请用标企业，并说明理由。

（五）协会依据绿色生资专家评审委员会的评审意见，在 15 个工作日内作出审核结论。

第七条　审核合格的，申请用标企业与协会签订《绿色食品生产资料标志商标使用许可合同》（以下简称《合同》）。

第八条　按照《合同》约定，申请用标企业须向协会缴纳绿色生资标志许可审核费和管理费。

第九条　完成上述事项后，由协会颁发《绿色食品生产资料标志使用证》（以下简称《使用证》），并对获得绿色生资标志使用许可的产品（以下简称"获证产品"）予以公告。

第三章　标志使用

第十条　绿色生资农药产品的类别编号为"02"，编号形式如下：

LSSZ ——— 02 ———×× 　　×× 　　×× 　　××××

绿色生资　产品类别　核准年份　核准月份　省份（国别）　当年序列号

第十一条　获证产品的包装标签必须符合国家相关标准和规定，并按《绿色食品生产资料证明商标设计使用规范》要求，正确使用绿色生资标志。

第四章　监督管理

第十二条　协会负责组织绿色生资产品质量抽检，指导省级工作机构定期对获得绿色生资标志使用许可的企业（以下简称"获证企业"）进行监督管理，实施年度检查和标志使用监察等工作。

企业年检由省级工作机构对获证企业进行现场检查，内容包括：

（一）生产过程及生产车间、产品质量检验室、库房等相关场所。

（二）生产厂区的环境及环保变化状况。

（三）企业各项管理制度执行情况及变化。

（四）查阅有关档案材料及票据，包括不同批次产品的原料配比及投料单、原料和产品的出入库凭证。

（五）规范用标情况。

（六）产品销售、使用效果及安全信息反馈情况。

第十三条　绿色生资产品质量监督抽检计划由协会制订，并下达有关质量监测机构和省级工作机构，产品抽样工作由省级工作机构协助监测机构完成。

第十四条　监测机构将检验报告分别提交协会、省级工作机构和有关获证企业。

第十五条　企业的《农药登记证》《生产许可证》被吊销，绿色生资标志许可也随之失效。

第十六条　当获证企业发生《管理办法》第二十五条中所列问题时，由省级工作机构作出整改决定。整改期限为一个月，整改合格的，准予继续使用绿色生资标志；整改不合格的，由省级工作机构报请协会取消相关产品绿色生资标志使用权。

第十七条　当获证企业发生《管理办法》第二十六条中所列问题时，由协会作出取消绿色生资标志使用权的决定，并予以公告。

第五章　附　　则

第十八条　本细则由协会负责解释。

第十九条　本细则自颁布之日起施行。

绿色食品生产资料标志管理办法 实施细则（饲料及饲料添加剂）

第一章 总 则

第一条 根据《绿色食品生产资料标志管理办法》（以下简称《管理办法》），制定本细则。

第二条 本细则适用于申请使用绿色食品生产资料标志（以下简称"绿色生资标志"）的饲料和饲料添加剂产品，包括供各种动物食用的单一饲料（包括牧草或经加工成颗粒、草粉的饲料）、饲料添加剂及添加剂预混合饲料、浓缩饲料、配合饲料和精料补充料。

第二章 标志许可

第三条 申请使用绿色生资标志的饲料及饲料添加剂产品必须具备下列条件：

（一）符合《饲料和饲料添加剂管理条例》中相关规定，生产企业获得农业行政主管部门或省级饲料管理部门核发的《生产许可证》，申请用标产品获得省级饲料管理部门核发的产品批准文号，并在有效期内。

（二）饲料原料、饲料添加剂品种应在农业行政主管部门公布的目录之内，且使用范围和用量要符合相关标准的规定。

（三）产品符合《绿色食品 饲料及饲料添加剂使用准则》（NY/T 471）的要求。

（四）非工业化加工生产的饲料及饲料添加剂产品的产地生态环境良好，达到绿色食品的质量要求。

第四条 申请人应向省级绿色食品工作机构（以下简称"省级工作机构"）提交下列材料（一式两份），并附目录，按顺序装订：

（一）《绿色食品生产资料标志使用申请书》。

（二）企业营业执照复印件。

（三）企业《生产许可证》和产品批准文号复印件。

（四）委托其他企业加工的，应当提供委托加工合同（协议）、委托加工质量管理制度复印件。

（五）动物源性饲料产品《安全合格证》复印件。新饲料添加剂《产品证书》复印件。

（六）处于监测期内的新饲料和新饲料添加剂《产品证书》复印件和该产品的《毒理学安全评价报告》《效果验证试验报告》复印件。

（七）县级以上环保行政主管部门出具的环保合格证明或竣工环保验收意见或环境质量监测报告复印件。

（八）以绿色食品产品或绿色食品原料标准化生产基地产品为原料的，须提交相关证书、采购合同及购买发票（收据）复印件；合同及发票（收据）上的产品名称，应与绿色食品证书或基地证书上一致或标注为绿色食品（基地）副产物。

（九）自建、自用原料基地的产品，须按照绿色食品生产方式生产，并提交具备法定资质的监测机构出具的产地环境质量监测及现状评价报告，以及本年度内的基地产品检验报告、生产操作规程、基地和农户清单、基地与农户订购合同（协议）复印件。

（十）所有外购原料的购买合同及发票（收据）复印件；矿物盐原料应在合同中体现饲料级（或食品级）字样；复合维生素、复合氨基酸、矿物盐、预混料产品要提交标签原件；进口原料需提交饲料、饲料添加剂进口登记证和检验合格证明复印件。

（十一）产品执行标准复印件，系列产品应有相应的备案后的企业标准。

（十二）具备法定资质的第三方质量监测机构出具的一年内的产品质量检验报告复印件，产品质量检验报告应根据执行标准进行全项检测。

（十三）产品商标注册证复印件（包括续展证明、商标转让证明、商标使用许可证明等）。

（十四）含有绿色生资标志的包装标签及使用说明书的彩色设计样张。

（十五）系列产品中，绿色生资与非绿色生资生产全过程（从原料到成品）区分管理制度。如申请人生产的所有产品均申请绿色生资，应予以说明，可免于提交。

（十六）其他需提交的材料。

第五条 同类产品中，产品的成分、配比、名称等不同的，按不同产品分别申报。

第六条 审核程序如下：

（一）省级工作机构收到申请材料后，15 个工作日内完成初审工作。初审内容包括：

1. 材料审查

（1）申报产品是否符合第三条规定的条件；

（2）申请材料是否齐全、规范；

（3）同类产品中的不同产品是否按第五条的规定分别申报；

（4）产品成分是否明确、完全；有效成分及杂质等含量是否符合绿色生资的要求。

材料不齐备的，企业应于 10 个工作日内补齐。

2. 现场检查

初审符合要求的，省级工作机构组织绿色生资管理员在 30 个工作日内对申请用标企业及产品的原料来源、投入品使用和质量管理体系等进行现场检查，并填写《企业检查表》。现场检查应安排在申报产品生产加工时段进行，由至少 2 名有资质的绿色生资管理员共同完成。文审和现场检查不符合要求的，作出整改或暂停审核决定。

（二）文审和现场检查合格的，由省级工作机构组织签署意见，将一份申请材料和《企业检查表》一并报送中国绿色食品协会（以下简称"协会"），同时进行存档。

（三）协会收到初审材料后，在 20 个工作日内完成复审。

1. 企业需补充材料的，应在 20 个工作日内，按审核通知单要求将申报材料补齐。

2. 需加检的产品，由省级工作机构负责抽样，送协会指定的机构检测，检测费用由企业承担。

3. 必要时，协会可派人赴企业检查，复审时限可相应延长。

（四）复审合格的，协会组织绿色生资专家评审委员会在 15 个工作日内完成对申请用标产品的评审。复审不合格的，协会在 10 个工作日内书面通知申请企业，并说明理由。

（五）协会依据绿色生资专家评审委员会的评审意见，在 15 个工作日内作出审核结论。

第七条 审核合格的，申请用标企业与协会签订《绿色食品生产资料标志商标使用许可合同》（以下简称《合同》）。

第八条 按照《合同》约定，申请用标企业须向协会缴纳绿色生资标志许可审核费和管理费。

第九条 完成上述事项后，由协会颁发《绿色食品生产资料标志使用证》（以下简称《使用证》），并对获得绿色生资标志使用许可的产品（以下简称"获证产品"）予以公告。

第三章 标志使用

第十条 绿色生资饲料及饲料添加剂产品的类别编号为"03"，编号形式如下：

LSSZ —— 03 —— ×× ×× ×× ××××

绿色生资 产品类别 核准年份 核准月份 省份（国别） 当年序列号

第十一条　获证产品的包装标签必须符合国家相关标准和规定，并按《绿色食品生产资料证明商标设计使用规范》要求，正确使用绿色生资标志。

第四章　监督管理

第十二条　协会负责组织绿色生资产品质量抽检，指导省级工作机构定期对获得绿色生资标志使用许可的企业（以下简称"获证企业"）进行监督管理，实施年度检查和标志使用监察等工作。

企业年检由省级工作机构对获证企业进行现场检查，内容包括：

（一）生产过程及生产车间、产品质量检验室、库房等相关场所。

（二）生产厂区的环境及环保变化状况。

（三）企业各项管理制度执行情况及变化。

（四）查阅有关档案材料及票据，包括不同批次产品的原料配比及投料单、原料和产品的出入库凭证。

（五）规范用标情况。

（六）产品销售、使用效果及安全信息反馈情况。

第十三条　绿色生资产品质量监督抽检计划由协会制订，并下达有关质量监测机构和省级工作机构，产品抽样工作由省级工作机构协助监测机构完成。

第十四条　监测机构将检验报告分别提交协会、省级工作机构和有关获证企业。

第十五条　获证企业的《生产许可证》、产品批准文号、新饲料和饲料添加剂证书、所用原料的饲料添加剂进口登记证等任一证书被吊销，绿色生资标志许可也随之失效。

第十六条　当获证企业发生《管理办法》第二十五条中所列问题时，由省级工作机构作出整改决定。整改期限为一个月，整改合格的，准予继续使用绿色生资标志；整改不合格的，由省级工作机构报请协会，并由协会取消相关产品绿色生资标志使用权。

第十七条　当获证企业发生《管理办法》第二十六条中所列问题时，由协会作出取消绿色生资标志使用权的决定，并予以公告。

第五章　附　　则

第十八条　本细则由协会负责解释。

第十九条　本细则自颁布之日起施行。

绿色食品生产资料标志管理办法
实施细则（兽药）

第一章　总　　则

第一条　根据《绿色食品生产资料标志管理办法》（以下简称《管理办法》），制定本细则。

第二条　本细则适用于申请使用绿色食品生产资料标志（以下简称"绿色生资标志"）的兽药产品，包括国家兽医行政管理部门批准的微生态制剂和中药制剂；高效、低毒和低环境污染的消毒剂；无最高残留限量规定、无停药期规定的兽药产品。

第二章　标志许可

第三条　申请使用绿色生资标志的兽药产品必须具备下列条件：

（一）企业取得国务院兽医行政部门颁发的《兽药生产许可证》和产品批准文件，并在有效期内；

（二）产品符合《绿色食品　兽药使用准则》（NY/T 472）的要求。

第四条　申请人应向省级绿色食品工作机构（以下简称"省级工作机构"）提交下列材料（一式两份），并附目录，按顺序装订：

（一）《绿色食品生产资料标志使用申请书》。

（二）企业营业执照复印件。

（三）企业《兽药生产许可证》和产品批准文号复印件。

（四）《兽药GMP》证书复印件。

（五）委托其他企业加工的，应当提供委托加工合同（协议）、委托加工质量管理制度复印件。

（六）县级以上环保行政主管部门出具的环保合格证明或竣工环保验收意见或环境质量监测报告复印件。

（七）新兽药需提供毒理学安全评价报告和效果验证试验报告复印件。

（八）所有外购原料的购买合同及发票（收据）复印件。

（九）产品执行标准复印件，系列产品应有相应的备案后的企业标准。

（十）具备法定资质的第三方质量监测机构出具的一年内的产品质量检验报告复印件，产品质量检验报告应根据执行标准进行全项检测。

（十一）产品商标注册证复印件（包括续展证明、商标转让证明、商标使用许可证明等）。

（十二）含有绿色生资标志的包装标签及使用说明书的彩色设计样张。

（十三）绿色生资与非绿色生资生产全过程（从原料到成品）区分管理制度。如申请人生产的所有产品均申请绿色生资，应予以说明，可免于提交。

（十四）其他需提交的材料。

第五条 同类产品中，产品的剂型、名称等不同的，按不同产品分别申报。

第六条 审核程序如下：

（一）省级工作机构收到申请材料后，15个工作日内完成初审工作。初审内容包括：

1. 材料审查

（1）申报产品是否符合第三条规定的条件；

（2）申请材料是否齐全、规范；

（3）同类产品中的不同产品是否按第五条的规定分别申报；

（4）产品成分是否明确、完全；有效成分及杂质等含量是否符合绿色生资的要求。

材料不齐备的，企业应于10个工作日内补齐。

2. 现场检查

初审符合要求的，省级工作机构组织绿色生资管理员在30个工作日内对申请用标企业及产品的原料来源、投入品使用和质量管理体系等进行现场检查，并填写《企业检查表》。现场检查应安排在申报产品生产加工时段进行，由至少2名有资质的绿色生资管理员共同完成。文审和现场检查不符合要求的，作出整改或暂停审核决定。

（二）文审和现场检查合格的，由省级工作机构组织签署意见，将一份申请材料和《企业检查表》一并报送中国绿色食品协会（以下简称"协会"），同时进行存档。

（三）协会收到初审材料后，在20个工作日内完成复审。

1. 企业需补充材料的，应在20个工作日内，按审核通知单要求将申报材料补齐；

2. 需加检的产品，由省级工作机构负责抽样、送检；

3. 必要时，协会可派人赴企业检查，复审时限可相应延长。

（四）复审合格的，协会组织绿色生资专家评审委员会在15个工作日内完成对申请用标产品的评审。复审不合格的，协会在10个工作日内书面通知申请企业，并说明理由。

（五）协会依据绿色生资专家评审委员会的评审意见，在 15 个工作日内作出审核结论。

第七条　审核合格的，申请用标企业与协会签订《绿色食品生产资料标志商标使用许可合同》（以下简称《合同》）。

第八条　按照《合同》约定，申请用标企业须向协会缴纳绿色生资标志许可审核费和管理费。

第九条　完成上述事项后，由协会颁发《绿色食品生产资料标志使用证》（以下简称《使用证》），并对获得绿色生资标志使用许可的产品（以下简称"获证产品"）予以公告。

第三章　标志使用

第十条　绿色生资兽药产品的类别编号为"04"，编号形式如下：

LSSZ ——— 04 ——— ×× 　　×× 　　×× 　　××××

绿色生资　产品类别　核准年份　核准月份　省份（国别）　当年序列号

第十一条　获证产品的包装标签必须符合国家相关标准和规定，并按《绿色食品生产资料证明商标设计使用规范》要求，正确使用绿色生资标志。

第四章　监督管理

第十二条　协会负责组织绿色生资产品质量抽检，指导省级工作机构定期对获得绿色生资标志使用许可的企业（以下简称"获证企业"）进行监督管理，实施年度检查和标志使用监察等工作。

企业年检由省级工作机构对获证企业进行现场检查，内容包括：

（一）生产过程及生产车间、产品质量检验室、库房等相关场所。

（二）生产厂区的环境及环保变化状况。

（三）企业各项管理制度执行情况及变化。

（四）查阅有关档案材料及票据，包括不同批次产品的原料配比及投料单、原料和产品的出入库凭证。

（五）规范用标情况。

（六）产品销售、使用效果及安全信息反馈情况。

第十三条 绿色生资产品质量监督抽检计划由协会制订，并下达有关质量监测机构和省级工作机构，产品抽样工作由省级工作机构协助监测机构完成。

第十四条 监测机构将检验报告分别提交协会、省级工作机构和有关获证企业。

第十五条 获证产品的《兽药生产许可证》和产品批准文号被吊销，绿色生资标志许可也随之失效。

第十六条 当获证企业发生《管理办法》第二十五条中所列问题时，由省级工作机构作出整改决定。整改期限为一个月，整改合格的，准予继续使用绿色生资标志；整改不合格的，由省级工作机构报请协会，并由协会取消相关产品绿色生资标志使用权。

第十七条 当获证企业发生《管理办法》第二十六条中所列问题时，由协会作出取消绿色生资标志使用权的决定，并予以公告。

第五章　附　　则

第十八条 本细则由协会负责解释。

第十九条 本细则自颁布之日起施行。

绿色食品生产资料标志管理办法
实施细则（食品添加剂）

第一章 总 则

第一条 根据《绿色食品生产资料标志管理办法》（以下简称《管理办法》），制定本细则。

第二条 本细则适用于申请使用绿色食品生产资料标志（以下简称"绿色生资标志"）、符合绿色食品生产要求的食品添加剂产品。

第二章 标志许可

第三条 申请使用绿色生资标志的食品添加剂产品必须具备下列条件：

（一）企业取得省级产品质量监督部门颁发的《生产许可证》，并在有效期内。

（二）产品符合《食品安全国家标准 食品添加剂使用标准》（GB 2760）规定的品种及使用范围。

（三）产品符合《绿色食品 食品添加剂使用准则》（NY/T 392）的要求。

（四）产品符合《食品企业通用卫生规范》（GB 14881）或《食品添加剂生产企业卫生规范》的要求。

第四条 申请人应向省级绿色食品工作机构（以下简称"省级工作机构"）提交下列材料（一式两份），并附目录，按顺序装订：

（一）《绿色食品生产资料标志使用申请书》。

（二）企业营业执照复印件。

（三）企业《生产许可证》（包括副本）复印件。

（四）委托其他企业加工的，应当提供委托加工合同（协议）、委托加工质量管理制度复印件。

（五）微生物制品需提交具备法定资质的检测机构出具的有效菌种的安全鉴定报告复印件。

（六）复合食品添加剂需提交产品配方等相关资料。

（七）县级以上环保行政主管部门出具的环保合格证明或竣工环保验收意见或环境质量监测报告复印件。

（八）以绿色食品产品或绿色食品原料标准化生产基地产品为原料的，须提交相关证书、采购合同及发票（收据）复印件；合同及发票（收据）上的产品名称，应与绿色食品证书或基地证书上一致或标注为绿色食品（基地）副产物。

（九）自建、自用原料基地的产品，须提交具备法定资质的监测机构出具的产地环境质量监测及现状评价报告和本年度内的基地产品检验报告、生产操作规程、基地和农户清单、基地与农户订购合同（协议）复印件。

（十）绿色食品加工用水检测报告复印件（如涉及）。

（十一）所有外购原料的购买合同及发票（收据）复印件。

（十二）产品执行标准复印件，系列产品应有相应的备案后的企业标准。

（十三）具备法定资质的第三方质量监测机构出具的一年内的产品质量检验报告复印件，产品质量检验报告应根据执行标准进行全项检测。

（十四）产品商标注册证复印件（包括续展证明、商标转让证明、商标使用许可证明等）。

（十五）含有绿色生资标志的包装标签及使用说明书的彩色设计样张。

（十六）系列产品中，绿色生资与非绿色生资生产全过程（从原料到成品）区分管理制度。如申请人生产的所有产品均申请绿色生资，应予以说明，可免于提交。

（十七）其他需提交的材料。

第五条 同类产品中，产品的品种、名称等不同的，按不同产品分别申报。

第六条 审核程序如下：

（一）省级工作机构收到申请材料后，15个工作日内完成初审工作。初审内容包括：

1. 材料审查

（1）申报产品是否符合第三条规定的条件；

（2）申请材料是否齐全、规范；

（3）同类产品中的不同产品是否按第五条的规定分别申报；

（4）产品成分是否明确、完全；有效成分及杂质等含量是否符合绿色生资的要求。

材料不齐备的，企业应于10个工作日内补齐。

2. 现场检查

初审符合要求的，省级工作机构组织绿色生资管理员在30个工作日内对申请用标企业及产品的原料来源、投入品使用和质量管理体系等进行现场检查，并填写《企业检查表》。现场检查应安排在申报产品生产加工时段进行，由至少 2 名有资质的绿色生资管理员共同完成。文审和现场检查不符合要求的，作出整改或暂停审核决定。

（二）文审和现场检查合格的，由省级工作机构组织签署意见，将一份申请材料和《企业检查表》一并报送中国绿色食品协会（以下简称"协会"），同时进行存档。

（三）协会收到初审材料后，在 20 个工作日内完成复审。

1. 企业需补充材料的，应在 20 个工作日内，按审核通知单要求将申报材料补齐。

2. 需加检的产品，由省级工作机构负责抽样、送检。

3. 必要时，协会可派人赴企业检查，复审时限可相应延长。

（四）复审合格的，协会组织绿色生资专家评审委员会在 15 个工作日内完成对申请用标产品的评审。复审不合格的，协会在 10 个工作日内书面通知申请企业，并说明理由。

（五）协会依据绿色生资专家评审委员会的评审意见，在 15 个工作日内作出审核结论。

第七条　审核合格的，申请用标企业与协会签订《绿色食品生产资料标志商标使用许可合同》（以下简称《合同》）。

第八条　按照《合同》约定，申请用标企业须向协会缴纳绿色生资标志许可审核费和管理费。

第九条　完成上述事项后，由协会颁发《绿色食品生产资料标志使用证》（以下简称《使用证》），并对获得绿色生资标志使用许可的产品（以下简称"获证产品"）予以公告。

第三章　标志使用

第十条　绿色生资食品添加剂产品的类别编号为"05"，编号形式如下：

LSSZ ——— 05 ———×× 　　×× 　　×× 　　××××

绿色生资　产品类别　核准年份　核准月份　省份（国别）　当年序列号

第十一条　获证产品的包装标签必须符合国家法律、法规的规定，并符合相关标准的规定；并按《绿色食品生产资料证明商标设计使用规范》要求，正确使用绿色生资标志。

第四章　监督管理

第十二条　协会负责组织绿色生资产品质量抽检，指导省级工作机构定期对获得绿色生资标志使用许可的企业（以下简称"获证企业"）进行监督管理，实施年度检查和标志使用监察等工作。

企业年检由省级工作机构对获证企业进行现场检查，内容包括：

（一）生产过程及生产车间、产品质量检验室、库房等相关场所。

（二）生产厂区的环境及环保变化状况。

（三）企业各项管理制度执行情况及变化。

（四）查阅有关档案材料及票据，包括不同批次产品的原料配比及投料单、原料和产品的出入库凭证。

（五）规范用标情况。

（六）产品销售、使用效果及安全信息反馈情况。

第十三条　绿色生资产品质量监督抽检计划由协会制订，并下达有关质量监测机构和省级工作机构，产品抽样工作由省级工作机构协助监测机构完成。

第十四条　监测机构将检验报告分别提交协会、省级工作机构和有关获证企业。

第十五条　获证企业的《生产许可证》被吊销，绿色生资标志许可也随之失效。

第十六条　当获证企业发生《管理办法》第二十五条中所列问题时，由省级工作机构作出整改决定。整改期限为一个月，整改合格的，准予继续使用绿色生资标志；整改不合格的，由省级工作机构报请协会，并由协会取消相关产品绿色生资标志使用权。

第十七条　当获证企业发生《管理办法》第二十六条中所列问题时，由协会作出取消绿色生资标志使用权的决定，并予以公告。

第五章　附　　则

第十八条　本细则由协会负责解释。

第十九条　本细则自颁布之日起施行。

绿色食品生产资料申报指南

一、申请材料总体要求

（1）申报产品应符合《绿色食品 肥料使用准则》（NY/T 394）、《绿色食品 农药使用准则》（NY/T 393）、《绿色食品 饲料及饲料添加剂使用准则》（NY/T 471）、《绿色食品 兽药使用准则》（NY/T 472）、《绿色食品 食品添加剂使用准则》（NY/T 392）等绿色食品投入品标准的规定。

（2）有关申请资料可在协会网站（www. greenfood. agri. cn/lsspxhpd）或中国绿色食品网（www. greenfood. agri. cn）下载。

（3）申请材料应真实、完整，字迹整洁、术语规范、印章清晰。

（4）申请材料应使用 A4 纸打印或复印（可双面），装订成册，编制页码，附目录，并加盖骑缝章。

（5）申请材料及补充材料一式三份，协会秘书处一份，省绿办一份，申请企业一份。

（6）提交的证件均必须是有效证件。

（7）材料复印件均要求与原件等同大小、字迹清晰。

（8）续展产品的申请材料应根据《绿色生资标志使用许可续展程序》中的附录进行整理。

二、《绿色食品生产资料标志使用申请书》填写规范

（一）一般要求

（1）一份《绿色食品生产资料标志使用申请书》（以下简称《申请书》）只能填报一个产品，多个产品需分开提交，不得以类别或系列产品集合填写《申请书》。

（2）所有表格栏目不得空缺，如不涉及本项目，应在表格栏目内注明"无"；如表格栏目不够，可附页并加盖公章。

（3）封面及企业声明页需填写企业名称、产品名称、法人签名并加盖公章。

（4）"申请企业名称"要与产品生产厂家一致，独立核算的分公司应分别申报。

（5）申请产品名称应与登记证、批准文号、执行标准一致。若申报名称为商品名，要明确标注，通用名不得自行添加宣传语。

（6）"商标"栏的填写应与商标注册证一致。若有图形、英文或拼音等，应按"文

字＋拼音＋图形"或"文字＋英文"等形式填写；若一个产品同一包装标签中使用多个商标，商标之间应用逗号隔开。

（7）申请的产品应在营业执照的经营范围内，并填写在"生产经营范围"栏。

（8）"设计生产规模""实际生产规模""销售量""出口量"等应填写年产量（重量以"kg"或"t"为单位）。

（9）应根据年生产情况确定申报产品的核准产量（即申报量，会在绿色生资证书上体现），填写在"实际生产规模"栏，且不应超过"设计生产规模"。

（10）"省级绿色食品工作机构意见"栏，省绿办须填写意见、签字并盖章。

（11）"原料供应情况"栏应列出所有原料（包括主要原料、辅料、菌种、添加剂等）及其所占比例（％），依据用量从大到小填写，不得使用"其他"等含混字样，原料配比之和应为100％；原料名称与提供的合同及发票（收据）材料一一对应。

（12）凡须经法定部门检验登记或许可的原料要填写"登记许可情况（证号）"栏；如有购买自绿色食品或绿色食品原料标准化生产基地的原料，也应在此栏填写相关绿色食品（基地）证书编号。

（13）"原料供应量"栏应真实且满足生产申报产品的年供应需求。

（14）"供应单位"栏需填写具体的供货单位全称，若有中间供货商，应分行注明中间商及生产商，并与提交的合同和发票（收据）一一对应；原则上不允许无固定供货单位，不允许从市场上零星购买原料。

（15）"供应方式"根据申请用标企业与供货方的实际关系，分3种形式：

① 申请企业本身是原料生产单位，如生产肥料的原料鸡粪，填写"自给"；

② 申请企业有稳定的（或自建）基地，基地负责组织农户生产，填写"自建基地""协议供应""订单农业"等；

③ 从企业购买原料，填写"合同供应"，并附合同及发票（收据）复印件。

（16）"主要生产设备、仪器"是指用于生产的主要设备、仪器，应能够符合产品生产工艺要求；若企业有自检能力，还需填写质量检验设备、仪器，并能符合产品检验要求。

（17）"生产流程"栏应详细地说明生产过程，可使用文字或流程图，明确指出所有原料的投入点，具体说明各种原料的投入程序、投入品名称（成分）、作用及用量，保证产品质量的关键控制点及其技术措施，不合格半成品（成品）处理，产品检验、包装方式等，不能是笼统的生产顺序。

（18）"产品分析方法"栏要说明对主要成分进行分析的具体方法名称，不是执行标准的名称或编号。

（19）"产品检测能力"是指企业在产品生产过程中对质量自检或委托检测的项目和方法。"检测频率"是指抽检间隔时间（日、周、月，批次，入库前）。

（二）各类"产品情况"填写要求

1. 肥料类

（1）"适用作物"不得超出《肥料登记证》的登记作物范围，如需增加，应提交相应田间试验报告；根据绿色生资有关规定，适用范围不得包括非食品类棉花、烟草。

（2）"主要技术指标""限制指标"需与登记证、执行标准、产品标签一致，其他成分要详细列出；不得使用"其他""等"含混的词语。

（3）原料、辅料中不得包含有毒物质（如重金属、杂菌、霉菌）的有机物料，不得包含工业垃圾、生活垃圾、稀土元素等；

（4）"毒理试验"应根据具体试验报告填写。

（5）"效果试验"应根据具体试验报告填写，"效果"应写明申报产品在增产增收、改善品质等方面的实际作用。

2. 农药类

（1）申请产品有效成分应在《绿色食品　农药使用准则》（NY/T 393）绿色食品生产允许使用的农药产品清单内。

（2）"产品说明"栏中的毒性、适用作物、防治对象、用量、施用方法、安全间隔期、有效期限、储存条件等应与农药登记证、产品标签一致。

（3）"原料"栏应包含有效成分、助剂、载体等所有成分，应填写通用名称全称，若使用代码，则应在其下方以括号形式写出其通用名称。

3. 饲料及饲料添加剂类

（1）"产品说明"栏应与执行标准和产品标签一致，不得出现"等""其他"字样。

（2）"原料名称和配比"应包含所有成分，比例相加应为100%。

（3）单一饲料"农药使用情况""肥料使用情况"应符合《绿色食品　农药使用准则》（NY/T 393）、《绿色食品　肥料使用准则》（NY/T 394）的要求。

4. 兽药类

（1）申报产品不应是或包含《绿色食品　兽药使用准则》（NY/T 472）中规定的不应使用的药物。

（2）"产品说明"应与产品批准文号及产品说明书一致。

（3）原料药应填写所有原料，包括辅料、助剂等。

（4）中药制剂所用的中药材应符合绿色食品生产要求。

5. 食品添加剂

（1）产品使用范围应符合《食品安全国家标准　食品添加剂使用标准》（GB 2760）、《食品安全国家标准　食品营养强化剂使用标准》（GB 14880）的规定。

（2）"产品说明"应与提供的产品标签、产品说明一致。

（3）微生物制品应填写菌种安全性评价。

三、证明材料规范要求

（1）提交的报告、证明材料须由具法定资质单位出具。

（2）环保合格证明或证书应说明申请企业的废气、废液、废渣的排放，是否合格达标，一般是由县级及以上相关部门出具的环保合格证明或排污许可证，或者竣工环保验收意见，或者由具有相关资质的检测机构出具的环境质量检测报告，而不是未经验收的企业建设项目立项评估报告。

（3）原料来源于绿色食品或绿色食品原料标准化生产基地的，应提供相关证书复印件；合同及发票（收据）上的产品名称，应与绿色食品证书或基地证书上一致。

（4）产品执行标准应为现行的、有效的国家标准、行业标准、地方标准，若无上述标准，应提交经备案的企业标准；系列产品应提交相应的备案后的企业标准；企标上应标注出相应的申请用标产品名称及编号。

（5）初次申报提供的产品质量检验报告复印件需为一年内、具有资质的检测机构出具，且应根据执行标准进行全项检测，不得漏项；续展时应提供两年内的产品质量检验报告。

（6）商标注册证复印件应包括续展证明、变更证明等，若商标注册人与产品申请人不一致，还应包括商标转让证明或授权使用协议等。

（7）产品包装标签及说明书应符合实际，对其成分和作用的介绍不得有夸大不实之词；绿色生资标志可根据《绿色生资商标设计使用规范》设计，或从协会网站（绿色食品生产资料—文件下载）中直接下载矢量图。

（8）有平行生产（企业同时生产非绿色生资产品）的，应提供绿色生资与非绿色生资区分管理制度，包括原料采购、验收、存放、出库，设备清洗、加工程序、包装、储运、仓储、产品标识等环节。

（9）申报企业无自检能力、长期委托检验的，需提交委托检验协议及被委托单位资质证明复印件。

（10）肥料类申报产品原料可能存在转基因技术的，如玉米、大豆、油菜籽、棉籽等及其副产品的，应由行政主管部门出具的非转基因产品的有关证明材料，或提供检测报告。原料为绿色食品产品或副产品的，应提供其绿色食品证书复印件，可免于提供非转基因证明。

（11）根据《绿色食品　饲料及饲料添加剂使用准则》（NY/T 471）规定，饲料及饲料添加剂类申报产品的植物源性饲料原料应是已通过认定的绿色食品及其副产品，或来源于绿色食品原料标准化生产基地的产品及其副产品，或按照绿色食品生产方式生产、并经绿色食品工作机构认定基地生产的产品及其副产品；动物源性饲料原料只应使用乳及乳制品、鱼粉，其他动物源性饲料不应使用；鱼粉应来自经国家饲料管理部门认定的产地或加工厂；进口饲料原料应来自经过绿色食品工作机构认定的产地或加工厂。

（11）食品添加剂产品在生产加工过程中，若涉及加工用水，需符合《绿色食品产地环境质量》（NT/T 391—2013）中 6.4 或 6.5 要求，提供加工用水检测报告。

（12）一个申请企业提供一份《企业检查表》即可，企业负责人应在"企业对检查结论意见"栏填写意见，并签字盖章；检查员应在"总体评价"栏填写综合检查情况，提出初审建议和同意申报理由，并签名盖章。

绿色食品生产资料标志使用许可续展程序

第一条　为规范绿色食品生产资料（以下简称"绿色生资"）标志使用许可续展工作，依据《绿色食品生产资料标志管理办法》及有关《实施细则》，制定本程序。

第二条　续展是指绿色生资企业在绿色生资标志使用许可期满前，按规定时限和要求完成申请、审核和颁证工作，并被许可继续在其产品上使用绿色生资标志的过程。

第三条　中国绿色食品协会（以下简称"协会"）负责续展综合审核和颁证工作。省级绿色食品工作机构（以下简称"省级工作机构"）负责续展申请材料的初审、现场检查及有关组织协调工作。

第四条　申请续展企业（以下简称"企业"）应在绿色生资标志商标使用证（以下简称"证书"）有效期满前三个月向其所在地省级工作机构提交续展材料，一式两份（见附件）。增报产品应与续展产品同时提交申请材料。提交材料附目录，按顺序装订。

第五条　省级工作机构收到续展申请材料后，组织绿色生资管理员完成初审，并制定现场检查计划，同时通知企业。现场检查应安排在申报产品生产加工时段进行，由至少 2 名有资质的绿色生资管理员共同完成。

第六条　绿色生资管理员按《绿色食品生产资料企业检查表》（以下简称《检查表》）的检查内容和标准逐项检查，并参考前一周期用标情况、执行《绿色食品生产资料标志管理办法》情况进行评定，并予以说明。省级工作机构在证书有效期满前 1 个月将初审合格的一份续展申请材料和《检查表》一并报送协会，同时进行存档。

第七条　协会收到省级工作机构提交的初审合格材料和《检查表》后，在 10 个工作日内完成复审。复审结论为"需补充材料"的，省级工作机构需在收到审核意见通知单后 20 个工作日内将补充材料报送协会。

第八条　复审合格的，协会组织绿色生资专家评审委员会在 10 个工作日内完成对续展申请用标产品的评审。

第九条　协会依据绿色生资专家评审委员会的评审意见作出续展审核结论，并报协会领导审批。

第十条　审核合格的，企业与协会签订《绿色食品生产资料标志商标使用许可合同》（以下简称《合同》）。

第十一条　企业按照《合同》约定，向协会缴纳绿色生资标志使用许可审核费和管理费后，由协会颁发证书，证书起始时间与上一个周期的终止日期相衔接。

第十二条　初审、现场检查和综合审核中任何一项不合格者，本年度不再受理其申请。

第十三条　未按规定时限完成续展的，再行申请使用绿色生资标志时，按初次申请程序执行。

第十四条　本程序由协会负责解释。

第十五条　本程序自颁布之日起施行，原《绿色食品生产资料标志使用许可续展程序》废止。

附件 1

绿色食品生产资料肥料类产品

（一）《绿色食品生产资料标志使用申请书》；

（二）企业营业执照复印件；

（三）产品《肥料登记证》复印件；

（四）委托其他企业加工的，应当提供委托加工合同（协议）复印件；

（五）县级以上环保行政主管部门出具的上一用标周期内的环保合格证明或竣工环保验收意见或环境质量监测报告复印件；生产加工场地、设施、设备及配套的污染防治设施和措施、相关环境管理制度未发生变化的，经绿色生资管理员确认，并在《检查表》上注明，可免于提交；

（六）所有外购原料的购买合同及发票（收据）复印件；

（七）产品执行标准复印件，系列产品应有相应的备案后的企业标准；

（八）具备法定资质的第三方质量监测机构出具的两年内的产品质量检验报告复印件，检测报告中应包括有害物质和卫生指标；

（九）产品商标注册证复印件（包括续展证明、商标转让证明、商标使用许可证明等）；

（十）含有绿色生资标志的包装标签及使用说明书的彩色设计样张；

（十一）上一用标周期绿色生资证书复印件。

附件 2

绿色食品生产资料农药类产品

（一）《绿色食品生产资料标志使用申请书》；

（二）企业营业执照复印件；

（三）《农药登记证》复印件；

（四）委托其他企业加工的，应当提供委托加工合同（协议）、受托方的《农药生产许可证》复印件；

（五）县级以上环保行政主管部门出具的上一用标周期内的环保合格证明复印件或竣工验收后的环境质量监测报告复印件；生产加工场地、设施、设备及配套的污染防治设施和措施、相关环境管理制度未发生变化的，经绿色生资管理员确认，并在《检查表》上注明，可免于提交；

（六）所有外购原药和助剂的购买合同及发票（收据）复印件；

（七）产品执行标准复印件，系列产品应有相应的备案后的企业标准；

（八）具备法定资质的第三方质量监测机构出具的两年内的产品质量检验报告复印件；

（九）产品商标注册证复印件（包括续展证明、商标转让证明、商标使用许可证明等）；

（十）含有绿色生资标志的包装标签及使用说明书的彩色设计样张；

（十一）上一用标周期绿色生资证书复印件。

附件 3

绿色食品生产资料饲料及饲料添加剂类产品

（一）《绿色食品生产资料标志使用申请书》；

（二）企业营业执照复印件；

（三）企业《生产许可证》和产品批准文号复印件；

（四）委托其他企业加工的，应当提供委托加工合同（协议）复印件；

（五）县级以上环保行政主管部门出具的上一用标周期内的环保合格证明复印件或竣工验收后的环境质量监测报告复印件；生产加工场地、设施、设备及配套的污染防治设施和措施、相关环境管理制度未发生变化的，经绿色生资管理员确认，并在《检查表》上注明，可免于提交；

（六）以绿色食品产品或绿色食品原料标准化生产基地产品为原料的，须提交相关证书、采购合同及购买发票（收据）复印件；合同及发票（收据）上的产品名称，应与绿色食品证书或基地证书上一致或标注为绿色食品（基地）副产物；

（七）自建基地在地点、种植面积无变化的情况下，经绿色生资管理员确认并在《检查表》上注明，可免于提交环境监测及评价报告、生产规程、农户清单，但仍需提供基地与农户购销合同（协议）及购买发票（收据）复印件、两年内的基地产品质检报告复印件；

（八）所有外购原料的购买合同及发票（收据）复印件；矿物盐原料应在合同中体现饲料级（或食品级）字样；复合维生素、复合氨基酸、矿物盐、预混料产品要提交标签原件；进口原料需提交饲料、饲料添加剂进口登记证和检验合格证明；

（九）产品执行标准复印件，系列产品应有相应的备案后的企业标准；

（十）具备法定资质的第三方质量监测机构出具的两年内的产品质量检验报告复印件；

（十）产品商标注册证复印件（包括续展证明、商标转让证明、商标使用许可证明等）；

（十一）含有绿色生资标志的包装标签及使用说明书的彩色设计样张；

（十二）上一用标周期绿色生资证书复印件。

附件 **4**

绿色食品生产资料兽药类产品

（一）《绿色食品生产资料标志使用申请书》；

（二）企业营业执照复印件；

（三）企业《兽药生产许可证》和产品批准文号复印件；

（四）委托其他企业加工的，应当提供委托加工合同（协议）复印件；

（五）县级以上环保行政主管部门出具的上一用标周期内的环保合格证明复印件或竣工验收后的环境质量监测报告复印件；生产加工场地、设施、设备及配套的污染防治设施和措施、相关环境管理制度未发生变化的，经绿色生资管理员确认，并在《检查表》上注明，可免于提交；

（六）所有外购原料的购买合同及发票（收据）复印件；

（七）产品执行标准复印件，系列产品应有相应的备案后的企业标准；

（八）具备法定资质的第三方质量监测机构出具的两年内的产品质量检验报告复印件；

（九）产品商标注册证复印件（包括续展证明、商标转让证明、商标使用许可证明等）；

（十）含有绿色生资标志的包装标签及使用说明书的彩色设计样张；

（十一）上一用标周期绿色生资证书复印件。

附件 5

绿色食品生产资料食品添加剂类产品

（一）《绿色食品生产资料标志使用申请书》；

（二）企业营业执照复印件；

（三）企业《生产许可证》（包括副本）复印件；

（四）委托其他企业加工的，应当提供委托加工合同（协议）复印件；

（五）县级以上环保行政主管部门出具的上一用标周期内的环保合格证明复印件或竣工验收后的环境质量监测报告复印件；生产加工场地、设施、设备及配套的污染防治设施和措施、相关环境管理制度未发生变化的，经绿色生资管理员确认，并在《检查表》上注明，可免于提交；

（六）以绿色食品产品或绿色食品原料标准化生产基地产品为原料的，须提交相关证书、采购合同及购买发票（收据）复印件；

（七）自建基地在地点、种植面积无变化的情况下，经绿色生资管理员确认，并在《检查表》上注明，可免于提交环境监测及评价报告、生产规程、农户清单，但仍需提供基地与农户购销合同（协议）及购买发票（收据）复印件；

（八）所有外购原料的购买合同及发票（收据）复印件；

（九）产品执行标准复印件，系列产品应有相应的备案后的企业标准；

（十）具备法定资质的第三方质量监测机构出具的两年内的产品质量检验报告复印件；

（十一）产品商标注册证复印件（包括续展证明、商标转让证明、商标使用许可证明等）；

（十二）含有绿色生资标志的包装标签及使用说明书的彩色设计样张；

（十三）上一用标周期绿色生资证书复印件。

绿色食品生产资料标志境外产品
使用许可程序

(2012 年 9 月 13 日发布)

第一条 为加强绿色食品生产资料（以下简称"绿色生资"）标志境外产品使用许可的管理，规范境外许可工作，依据《绿色食品生产资料标志管理办法》，制定本程序。

第二条 境外申请人申请使用绿色生资标志按照本程序执行。香港、澳门、台湾地区申请人参照本程序执行。

第三条 凡具有法人资格，并获得所在国相关行政许可的生资生产企业，可作为绿色生资标志使用的申请人。申请人可以委托设在境内的办事处或代理机构代办申请。

第四条 申请使用绿色生资标志的产品（以下简称"用标产品"）必须同时符合下列条件：

（一）经申请人所在国法定部门或机构检验、登记；

（二）须在我国申请登记，经审查批准正式登记，并获得我国相关行政主管部门的进口许可；

（三）质量符合所在国相关技术标准，同时，必须达到我国的相关技术标准的要求，符合《绿色食品生产资料使用准则》；

（四）不造成使用对象产生和积累有害物质，不影响人体健康。有利于保护和促进使用对象的生长，或有利于保护和提高使用对象的品质；

（五）符合环保要求，在合理使用的条件下，对生态环境无不良影响；

（六）非转基因产品和以非转基因原料加工的产品。

第五条 申请人向协会提出申请，提交《绿色食品生产资料标志 境外产品使用许可申请书》（中英文各一份）及相关材料。

第六条 协会收到上述申请材料后，30 个工作日内完成对申请材料的初审工作。初审意见为"需要补充材料"的，申请人应在收到《绿色食品生产资料审核意见通知单》（以下简称《审核通知单》）后 30 个工作日内提交补充材料。协会收到补充材料并再次审核后，达到初审要求的，协会委派 2～3 名绿色生资管理员对申请用标企业及产品的原料来源、投入品使用和质量管理体系等进行现场检查，现场检查所需相关费用由境外申请人承担。现场检查合格，进行产品抽样。境外申请人将样品、产品执行标准寄送绿色生资产品质量定点监测机构，检测费由申请人承担。现场检查不合格，不安排产品抽样。初审不符合要求的，作出整改或暂停审核决定。

第七条 协会依据现场检查情况，在 30 个工作日内完成对初审合格材料的复审。在复审过程中，协会可根据有关生产资料行业风险预警情况，要求申请人对申请用标产品进行技术指标补测，产品检测由绿色生资产品质量定点检测机构执行，检测费由申请人承担。

第八条 绿色生资产品质量定点监测机构自收到样品、产品执行标准、检测费后，应在 20 个工作日内完成检测工作，出具产品检验报告并寄送到协会。

第九条 复审合格的，由协会组织绿色生资专家评审委员会在 15 个工作日内完成对申请用标产品的评审。复审不合格的，协会在 10 个工作日内书面通知企业，并说明理由。

第十条 协会依据绿色生资专家评审委员会的评审意见，在 15 个工作日内作出审核结论。

第十一条 审核结论合格的，申请人与协会签订《绿色食品生产资料标志商标使用许可合同》（以下简称《合同》）。审核结论不合格的，协会在 10 个工作日内书面通知申请人，并说明理由。

第十二条 按照《合同》规定，申请人须向协会分别缴纳绿色生资标志使用许可审核费和管理费。

第十三条 完成上述事项后，由协会颁发《绿色食品生产资料标志使用证》。

第十四条 协会对获得绿色生资标志使用许可的产品予以公告。公告内容包括：获证产品名称、编号、商标和企业名称。

第十五条 本程序由协会负责解释。

绿色食品生产资料标志管理公告、
通报实施办法

(2012 年 9 月 13 日发布)

第一章　总　　则

第一条　为了建立健全绿色食品生产资料（以下简称"绿色生资"）公告和通报制度，加强绿色生资标志管理工作，根据《绿色生资标志管理办法》和《绿色生资产品质量年度抽检工作管理办法》，制定本办法。

第二条　绿色生资公告是指通过媒体向社会发布绿色生资重要事项或法定事项。

第三条　绿色生资通报是指以文件形式向绿色生资及绿色食品工作系统及有关企业告知绿色生资重要事项或法定事项。

第四条　中国绿色食品协会（以下简称"协会"）负责发布绿色生资公告和通报。

第二章　公告、通报的事项

第五条　以下事项予以公告：

一、通过协会审核并获得绿色生资标志使用许可的产品；

二、经协会组织抽检或国家及行业监督检验，质量安全指标不合格，被协会取消标志使用权的产品；

三、违反绿色生资标志使用规定，被协会取消标志使用权的产品；

四、逾期未缴纳绿色生资标志使用费，视为其自动放弃标志使用权的产品；

五、逾期未参加协会组织的年检，视为其自动放弃标志使用权的产品；

六、绿色生资标志使用期满，逾期未提出续展申请的产品；

七、其他有关绿色生资标志管理的重要事项或法定事项。

第六条　以下事项予以通报：

一、本办法第五条第二至六款予以公告的；

二、因产品抽检不合格限期整改的；

三、在标志管理工作中作出突出成绩的绿色生资管理机构、定点监测机构及有关个人予以表彰的；

四、在标志管理工作中严重失职、造成不良后果的绿色生资管理机构、定点监测机构及有关个人予以批评教育，并作出相应处理的；

五、绿色生资产品质量年度抽检结果；

六、绿色生资管理员注册、考核结果；

七、其他有关绿色生资标志管理的重要事项或法定事项。

第三章　公告、通报的内容、形式和范围

第七条　产品公告的内容包括：公告事由、企业名称、产品名称、商标、绿色生资产品编号；其他公告的内容根据具体事由确定。

第八条　通报的内容包括：

（一）本办法第七条规定的产品公告内容；

（二）限期整改企业的名称、产品名称、商标、绿色生资产品编号、整改原因、整改期限等；

（三）其他通报的内容根据具体事由确定。

第九条　公告的形式以全国发行的报纸杂志和国际互联网等为载体公开发布。

第十条　通报的形式为协会印发《绿色生资标志管理通报》寄送各级绿色食品管理机构、定点监测机构和绿色生资行政主管部门及有关企业。

第四章　公告、通报的发布

第十一条　协会负责公告、通报的具体工作。

第十二条　涉及终止标志使用许可、企业整改、表彰、处罚的公告和通报，协会应先作出相应处理决定，再依据处理决定发布公告或通报。

第十三条　协会作出终止标志使用许可的处理决定前，应函告相关委托管理机构和企业。在确认无异议后，方可公告或通报。对处理意见有异议的，应于接到函告 5 个工作日（以当地邮戳日期为准）内向协会书面提出，逾期则视为无异议。协会应于接到书面异议后 10 个工作日内核实情况，并作出相应的处理决定。

第十四条　公告时限如下：

（一）符合第五条第一款，自标志使用许可之日起 3 个月内公告；

（二）符合第五条第二至三款的，自作出处理决定之日起 2 个月内公告；

（三）符合第五条第四至六款的，逾期 3 个月后公告；

（四）符合第五条第七款的，及时予以公告。

第十五条 通报时限如下：

（一）符合第六条第一款的，自公告之日起 1 个月内通报；

（二）符合第六条第二至四款的，自作出决定之日起 5 个工作日内通报；

（三）绿色生资产品质量年度抽检结果于次年第一季度通报；

（四）符合第六条第六至七款的，及时予以通报。

第五章　申请复议和投诉

第十六条 企业对协会公告、通报内容有异议的，可于公告、通报之日起 15 天内向协会书面提出复议申请。

第十七条 协会在收到复议申请 15 个工作日内将复议结果通知复议申请人。如确认公告或通报内容有误，协会应于 15 日内以公告或通报的形式予以更正。

第十八条 发现在公告、通报过程中有违反国家或协会有关规定的行为，任何人都可以向协会书面投诉，协会查实后按有关规定严肃处理，并将处理结果通知投诉人。

第六章　附　　则

第十九条 本办法由协会负责解释。

第二十条 本办法自颁布之日起施行。

绿色食品生产资料年度
检查工作管理办法

（2017年7月7日发布）

第一章　总　　则

第一条　为进一步规范绿色食品生产资料（以下简称"绿色生资"）企业年度检查（以下简称"年检"）工作，加强绿色生资产品质量和标志使用监督检查，根据《绿色食品生产资料标志管理办法》及有关《实施细则》，制定本办法。

第二条　年检是指绿色食品工作机构对辖区内获得绿色生资标志使用权的企业，在一个标志使用年度内的绿色生资生产经营活动、产品质量及标志使用行为实施的监督、检查、考核、评定等。

第二章　年检的组织实施

第三条　年检工作由省级绿色食品工作机构（以下简称"省绿办"）负责组织实施，绿色生资管理员具体执行。

第四条　省绿办根据本地区的实际情况，制定年检工作实施办法，并报中国绿色食品协会（以下简称"协会"）备案。

第五条　省绿办要建立完整的企业年检工作档案，内容包括产品用标概况、年检时间、年检中的问题（质量、用标、缴费、其他）及处理意见、绿色生资管理员签字等。档案至少保存三年。

第六条　协会对各地年检工作进行指导、监督和检查。

第三章　年检程序

第七条　企业使用绿色生资标志一个年度期满前2个月，省绿办向企业发出实施年检通知，并告知年检的程序和要求。

第八条 企业接到通知后，应按年检内容和要求对年度用标情况进行自检，并向省绿办提交自检报告。

第九条 省绿办指派绿色生资管理员对企业自检报告进行审查，审查按年检内容逐项进行，根据企业实际情况提出问题，并确定企业年检的重点和日程。

第十条 绿色生资管理员按年检内容及检查重点对企业进行现场检查，填写《绿色生资年度检查表》（附表1）。

第十一条 省绿办须于每年12月20日前将本年度年检工作总结和《绿色生资年度检查表》电子版报协会备案。

第四章 年检内容

第十二条 年检的内容是通过现场检查企业的产品质量控制体系情况、规范使用绿色生资标志情况和绿色生资使用许可合同执行情况等。

第十三条 产品质量控制体系情况，主要检查以下方面：

（一）企业的绿色生资管理机构设置和运行情况；

（二）绿色生资、辅料购销合同（协议）及其执行情况，发票和出入库记录登记等情况；

（三）自建原料基地的环境质量、基地范围、生产组织及质量管理体系等变化情况；

（四）绿色生资与非绿色生资（原料、成品）防混控制措施落实情况；

（五）产品生产操作规程、产品标准及绿色食品投入品准则执行情况；

（六）是否存在违规使用绿色生资禁用或限用物料情况；

（七）产品检验制度、不合格半成品和成品处理制度执行情况。

第十四条 规范使用绿色生资标志情况，主要检查以下方面：

（一）是否按照证书核准的产品名称、商标名称、获证单位、核准产量、产品编号和标志许可期限等使用绿色生资标志；

（二）产品包装设计是否符合国家相关产品包装标签标准和《绿色食品生产资料证明商标设计使用规范》的要求。

第十五条 绿色生资使用许可合同执行情况，主要检查以下方面：

（一）是否按照《绿色食品生产资料标志商标使用许可合同》的规定按时、足额缴纳标志许可使用费；

（二）标志许可使用费的减免是否有协会批准的文件依据。

第十六条 其他检查内容，包括：

（一）企业的法人代表、地址、商标、联系人、联系方式等变更情况；

（二）接受国家法定登记管理部门和行政管理部门的产品质量监督检验情况；

（三）具备生产经营的法定条件和资质情况；

（四）进行重大技术改造和工业"三废"处理情况；

（五）产品销售及使用效果情况；

（六）审核检查和上年度现场检查中存在问题的改进情况。

第五章　年检结论处理

第十七条 省绿办根据年度检查结果以及年度抽检（或国家相关主管部门抽查）结果，依据绿色生资管理相关规定，作出年检合格、整改、不合格结论。需整改或不合格的应列出整改或不合格项目，并及时通知企业。

第十八条 年检结论为合格或整改合格的企业，省绿办可进行证书核准。企业应于标志年度使用期满前提交下列核准证书申请材料：

1.《绿色生资年度检查表》；

2. 标志许可使用费当年缴费凭证；

3. 绿色生资证书原证。

省绿办收到申请后 5 个工作日内完成核准程序，并在证书上加盖"绿色生资年检合格章"。

第十九条 年检结论为整改的企业必须于接到通知之日起一个月内完成整改，并将整改措施和结果报告省绿办。省绿办应及时组织整改验收并作出结论。

第二十条 企业有下列情形之一的，年检结论为不合格：

（一）产品质量不符合绿色生资相关质量标准的；

（二）未遵守标志使用合同约定的；

（三）违规使用标志和证书的；

（四）以欺骗、贿赂等不正当手段取得标志使用权的；

（五）拒绝接受年检的；

（六）年检中发现企业其他违规行为的。

第二十一条 年检结论为不合格的企业，省绿办应直接报请协会取消其标志使用权。

第二十二条 获证产品的绿色生资标志使用年度为第三年的，其年检工作可由续展审核检查替代。

第六章　复议和仲裁

第二十三条　企业对年检结论如有异议，可在接到书面通知之日起 15 个工作日内向省绿办提出复议申请或直接向协会申请裁定，但不可以同时申请复议和裁定。

第二十四条　省绿办应于接到复议申请之日起 15 个工作日内向作出复议结论。协会应于接到裁定申请 30 个工作日内作出裁定决定。

第七章　附　　则

第二十五条　本规范由协会负责解释。

第二十六条　本规范自颁布之日起施行。

附表 1

绿色生资年度检查表

（　　　年）

企业名称			
企业地址			
联系人		电话（手机）	
获证产品	注册商标	证书编号	批准产量
是否增加产量		标志许可使用费缴费时间	
问题	以往现场检查（申报、年检、抽检等）中存在的问题：		
改进情况			
企业年度生产经营情况			

（续）

原、辅料 来源情况	
产品质量控制 体系情况	
绿色生资标志 使用情况	
生产场所环保 达标情况	
标志使用费 缴纳情况	
绿色生资 管理员 现场检查 意见	管理员（签字）： 　　年　　月　　日

（续）

企业意见	法　人（签字）： （加盖企业印章） 　　年　　月　　日
地市级 绿办意见	负责人（签字）： （加盖印章） 　　年　　月　　日
省级 绿办意见	负责人（签字）： （加盖印章） 　　年　　月　　日

注：年检时企业应向绿色生资管理员提供获证产品证书原件、留档申报材料、本年度原料采购发票、产品包装实样、标志许可使用费缴费凭证等。

绿色食品生产资料产品质量年度抽检工作管理办法

(2012 年 9 月 13 日发布)

第一章 总 则

第一条 为了进一步规范绿色食品生产资料质量年度抽检（以下简称"绿色生资抽检"）工作，加强对绿色生资抽检工作的管理，提高绿色生资抽检工作的科学性、公正性、权威性，依据《绿色食品生产资料标志管理办法》及其《实施细则》，制定本办法。

第二条 绿色生资抽检是指中国绿色食品协会（以下简称"协会"），对已获得绿色生资标志使用许可的产品（以下简称"获证产品"）采取的监督性抽查检验，是企业年度检查工作的重要组成部分。

第三条 所有获得绿色生资标志使用许可的企业（以下简称"获证企业"），必须接受绿色生资抽检。

第四条 申请续展的绿色生资产品，其当年的抽检检验报告可作为绿色生资标志使用续展审核的依据。

第二章 机构及其职责

第五条 绿色生资抽检工作由协会负责制定抽检计划，委托相关绿色生资质量监测机构（以下简称"监测机构"）按计划实施，省级绿色食品工作机构（以下简称"省绿办"）予以配合。

（一）协会的绿色生资抽检工作职责：

1. 制定全国抽检工作的有关规定；

2. 确定具有法定资质的监测单位承担绿色生资产品抽检工作，作为绿色生资定点监测机构；

3. 组织开展全国的抽检工作；

4. 下达年度抽检计划（企业名称、产品名称、检测项目、加检项目及其标准、时限）；

5. 根据食品安全风险监测及生资安全性评估的有关信息，或接到举报发现生资可能存在安全隐患时，立即组织绿色生资专项检测；

6. 指导、监督和考核各监测机构的抽检工作；

7. 依据有关规定，对抽检不合格的产品作出整改或取消绿色生资标志使用权的决定，并予以通报或公告；

8. 及时向省绿办和监测机构公布有效使用绿色生资标志企业及其产品名录。

（二）省绿办的绿色生资抽检工作职责：

1. 向协会推荐具有资质的监测单位，经协会审核备案后，承担绿色生资产品抽检工作；

2. 依据本管理办法制定本地区实施细则；

3. 配合协会及监测机构开展绿色生资抽检和专项检测工作；

4. 向协会提出绿色生资抽检工作计划的建议；

5. 根据协会对抽检不合格产品作出的整改决定，督促企业按时完成整改，并组织验收，同时抽样寄送协会指定监测机构；

6. 及时向协会报告企业的变更情况，包括企业名称、通信地址、法人代表以及企业停产、转产等情况。

（三）监测机构的绿色生资抽检工作职责：

1. 根据协会下达的抽检计划制定具体实施方案；

2. 按时完成协会下达的检测（包括专项检测）任务；

3. 按规定时间及方式向协会、省绿办和企业出具检验报告；

4. 向协会及时报告抽检中出现的问题和有关企业产品质量信息。

第三章　工作程序

第六条　协会于每年 3 月底前制订绿色生资抽检计划，并下达有关监测机构和省绿办。

第七条　监测机构根据抽检计划和专项检测任务，适时派专人赴相关企业规范随机抽取样品，也可以委托相关省绿办协助进行，由绿色生资管理员抽样并寄送监测机构，封样前应与企业有关人员办理签字手续，确保样品的代表性。

第八条　监测机构应及时进行样品检验，出具检验报告（一式三份），检验报告结论要明确、完整，检测项目指标齐全，检验报告应以特快专递方式分别寄送协会、相关省绿办和企业。

第九条　监测机构应于时限前完成抽检，并将检验报告分别寄送协会、相关省绿办和企业。

第十条　监测机构须于每年 12 月 20 日前将绿色生资抽检汇总表及总结报送协会，专项检测汇总表及总结必须于时限前报送协会。总结内容应全面、详细、客观，未完成抽检任务的应说明原因。

第四章　计划的制订与实施

第十一条　制订绿色生资抽检计划必须遵循科学、高效、公正、公开的原则，突出重点生资和关键指标，并考虑上年度抽检计划完成情况及当年任务量。

第十二条　监测机构必须承检协会要求检测的项目，未经协会同意，不得擅自增减检测项目。

第十三条　对当年应续展的产品，监测机构应及时抽样检验并将检验报告提供给企业，以便作为续展审核的依据。

第五章　问题的处理

第十四条　绿色生资抽检中出现倒闭、无故拒检或提出自行放弃绿色生资标志使用权的企业，监测机构应及时报告协会及相关省绿办。

第十五条　企业对检验报告如有异议，应于收到报告之日起（以当地邮局邮戳为准）15 日内向协会提出书面复议申请，未在规定时限内提出异议的，视为认可检验结果。对检出不合格项目的绿色生资产品，监测机构不得擅自通知获证企业送样复检。

第十六条　绿色生资抽检结论为产品包装及标签（标识）、感（外）官指标不合格，或绿色生资标志使用不规范的，协会通知企业整改，企业须于接到通知之日起一个月内完成整改，并将整改措施和结果报告省绿办，省绿办应及时组织整改验收。需复检的，抽样寄送绿色生资定点监测机构检验。监测机构应及时进行检验，出具检验报告，并以特快邮递方式将检验报告分别寄送协会和有关省绿办。复检合格的可继续使用绿色生资标志，复检不合格的取消其标志使用权。

第十七条　绿色生资抽检结论为主要技术指标（有效成分或主要营养成分）、限量指标（卫生指标）不合格，或有绿色生资禁用品的，协会报请中国绿色食品协会取消企业及产品的绿色生资标志使用权。协会及时通知企业及相关省绿办，并予以公告。

第六章　工作考核与奖惩

第十八条　协会对监测机构工作进行考核，并根据考核结果予以奖惩，具体办法另行制定。

第十九条　监测机构出具虚假报告，或出具错误数据造成不良影响的，或发生严重失职和违反规定的，协会将按照《绿色食品生产资料监测机构管理办法》作出暂停或取消对其业务委托的处理，并予以通报或公告，必要时进一步追究其责任。

第七章　附　　则

第二十条　本办法由协会负责解释。

第二十一条　本办法自颁布之日起施行。

绿色食品生产资料管理员注册管理办法

(2012 年 9 月 13 日发布)

第一章 总 则

第一条 为了加强对绿色食品生产资料（以下简称"绿色生资"）管理员的管理，促进绿色生资健康发展，根据《绿色生资标志管理办法》的有关规定，制定本办法。

第二条 绿色生资管理员（以下简称"管理员"）是经中国绿色食品协会（以下简称"协会"）核准注册的从事绿色生资审核、现场检查的人员。管理员的主要来源为：各级绿色食品工作机构的专职人员以及大专院校、科研机构、生产资料技术推广服务、绿色生资定点监测机构等单位的有关专家。

第三条 协会对管理员实行统一注册管理。管理员须经协会考核、注册，取得《绿色食品生产资料管理员证书》。

第四条 协会对管理员实行分级管理，依据工作经历和成效，分为管理员和高级管理员。

第二章 注册条件

第五条 申请注册的管理员应当具备以下条件：

（一）个人素质

1. 热爱绿色食品事业，对所从事的工作有强烈的责任感；

2. 能够正确执行国家有关政策、法律及法规，掌握绿色生资审核程序、标志许可条件及有关管理规定；

3. 具有开展绿色生资审核、现场检查、监督管理等工作所需的组织能力和业务能力；

4. 身体健康，适应从事企业现场检查工作。

（二）教育和工作经历

具有国家承认的大专以上（含大专）学历。

（三）专业知识

注册管理员应掌握一定的绿色生资相关专业知识。

（四）培训经历

申请注册管理员应完成协会或协会委托省级绿色食品工作机构（以下简称"省绿办"）组织的管理员课程培训，并通过考试，取得培训合格证书。

第六条 申请注册的高级管理员应取得管理员级别注册资格两年以上，并至少完成5个绿色生资企业的材料审核和现场检查。

第三章 注册程序

第七条 申请人自愿填写相应的申请表格，并附本办法规定的有关材料，经省绿办签署推荐意见后报协会。

第八条 申请人与协会签署保密协议，确保不泄露申请使用绿色生资标志企业的商业和技术秘密。

第九条 申请人应签署个人声明，声明其保证遵守绿色生资管理员行为准则及绿色生资管理有关规定。

第十条 申请注册应当提供以下材料：

《绿色食品生产资料管理员注册申请表》、省绿办推荐意见、保密协议、个人声明、学历与职称复印件、工作经历、近期免冠1寸照片2张。

申请注册高级管理员还应附管理员证书复印件。

第十一条 协会对申请人提交的申请材料进行审核评定，合格的申请人予以注册，并颁发《绿色食品生产资料管理员证书》。

第十二条 《绿色食品生产资料管理员证书》的内容包括：管理员姓名、工作单位、注册级别、注册日期、注册有效期、注册编号、发证机构名称、专业类别等。

第四章 工作职责、职权和行为准则

第十三条 依据《绿色生资标志管理办法》等有关规定，管理员履行以下职责：

（一）对申请使用绿色生资标志企业（以下简称"用标企业"）的申请材料进行审核，核实企业提供的有关信息、资料；

（二）按照绿色生资的有关规定和要求，对申请用标企业实施现场检查，客观描述现场检查实际情况，科学评定申请用标企业的生产过程和质量控制体系，综合评估现场检查情况，编写书面现场检查报告；

（三）在省绿办的统一组织和协调下，开展绿色生资的监督管理、宣传、培训、推广服务等工作；

（四）完成其他相关工作。

第十四条　管理员具有以下职权：

（一）依据绿色生资许可条件，独立地对申请用标企业的申请材料提出审核意见；

（二）检查申请用标企业的生产现场、库房、产品包装、生产记录和档案资料等有关情况。根据检查需要，可要求受检方提供相关的证据；

（三）指出申请用标企业在生产过程中存在的问题，并要求其整改，同时向协会如实报告有关情况；

（四）向当地绿办和协会提出改进绿色生资工作的意见和建议。

第十五条　管理员应遵守以下行为准则：

（一）遵守国家有关法律法规、绿色生资工作程序、管理制度和保密协议；

（二）遵循客观、公正、公平的原则，如实记录现场检查或审核对象现状，保证审核和现场检查的规范性和有效性；

（三）管理员不得与企业有任何有偿咨询服务关系。可以向企业提出改进意见，但不得收取费用；

（四）不得向企业作出颁证与否的承诺；

（五）未经协会书面授权和企业同意，不得讨论或披露任何与审核和检查活动有关的信息；

（六）不接受企业任何形式的酬劳；

（七）不以任何形式损坏绿色生资工作的声誉。

第十六条　绿色生资审核和现场检查实行管理员负责制。管理员须在审核报告和现场检查报告上签字，对检查结果负责。

第五章　监督管理

第十七条　省绿办负责对所辖区域内管理员的监督管理工作。

第十八条　管理员证书有效期为3年。管理员须在注册证书期满前3个月向协会提出更换证书书面申请，超过有效期未提交更换证书申请或3年内未开展审核和现场检查工作的，视为自动放弃管理员资格。

第十九条　根据协会对地方绿色食品管理机构工作激励机制，建立管理员绩效考评制度，对工作业绩突出的管理员给予表彰和奖励。

第二十条 对违反管理员行为准则，尚未构成严重后果的，协会依据有关规定给予批评、暂停注册资格等处置。在暂停期内，管理员不得从事相关审核和现场检查等活动。对于暂停注册资格的管理员，应在暂停期内采取相应整改措施，并经协会考核后，恢复其注册资格。

第二十一条 有下列情况之一者，撤销其管理员资格：

（一）与企业合作，或提示企业，故意隐瞒申请产品真实情况而骗取绿色生资标志使用许可的；

（二）经核实，在审核或现场检查中存在弄虚作假行为的；

（三）违反管理员行为准则或由于失职、渎职而出现严重质量安全问题的；

（四）违反管理员行为准则，对绿色生资标志商标或协会声誉造成恶劣影响的。

第二十二条 被协会撤销注册资格的人员，一年内不再受理其注册申请。

第二十三条 协会就管理员的资格处置情况向绿色食品工作系统进行通报。

第二十四条 严重违反本办法要求，构成犯罪的，由国家有关部门追究其刑事责任。

第六章　附　　则

第二十五条 本办法由协会负责解释。

第二十六条 本办法自颁布之日起实施。

图书在版编目（CIP）数据

绿色食品工作指南：2022版 / 张华荣主编 . —北京：中国农业出版社，2022.3
ISBN 978 - 7 - 109 - 29271 - 0

Ⅰ.①绿… Ⅱ.①张… Ⅲ.①绿色食品－食品加工－指南 Ⅳ.①TS205 - 62

中国版本图书馆 CIP 数据核字（2022）第 051984 号

中国农业出版社出版

地址：北京市朝阳区麦子店街 18 号楼
邮编：100125
责任编辑：刘 伟 廖 宁
版式设计：王 晨 责任校对：周丽芳
印刷：三河市国英印务有限公司
版次：2022 年 3 月第 1 版
印次：2022 年 3 月河北第 1 次印刷
发行：新华书店北京发行所
开本：787mm×1092mm 1/16
印张：43.25
字数：870 千字
定价：158.00 元